S

問題編

化学 ［化学基礎・化学］
標準問題精講 六訂版

Standard Exercises in Chemistry

旺文社

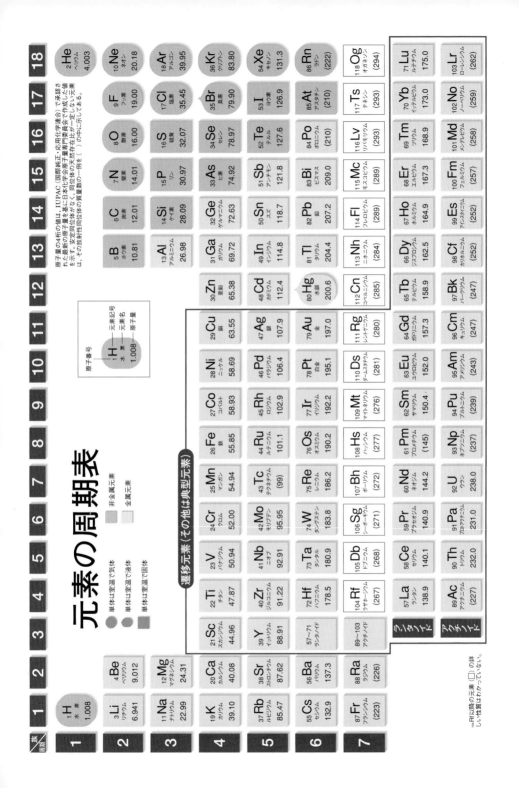

学ぶ人は、変えてゆく人だ。

目の前にある問題はもちろん、
人生の問いや、
社会の課題を自ら見つけ、
挑み続けるために、人は学ぶ。
「学び」で、
少しずつ世界は変えてゆける。
いつでも、どこでも、誰でも、
学ぶことができる世の中へ。

旺文社

Standard Exercises in Chemistry

化　学

[化学基礎・化学]

標準問題精講

六訂版

鎌田 真彰・橋爪 健作　共著

問題編

旺文社

はじめに

　難関大学の入試で合否の分かれ目になる問題とは，初見の人は頭を抱え，経験のある人はさっと処理できるような難しめの頻出問題といえましょう。毎年の大学入試問題を眺めても必ずといっていいほど，この手の問題が数多くの大学で出題されています。合格するための条件は，こういう問題をさっと処理できるようになることにつきるといえましょう。

　本書『化学［化学基礎・化学］標準問題精講（六訂版）』は，各分野から選ばれたこのような問題から構成されています。

　まずは本書の問題を自力で解いてください。次に 精講 ， Point ， 解説 を熟読し，自分の解いたものをもう一度見直してください。このときに大切なことは「何が正解なのか？」ということではなく「自分はどうやったのか？　それは正しいのか？　間違っているとすればどこがおかしいのか？　何が不足しているのか？」と徹底的に考え抜くことです。これこそが脳の筋力トレーニングともいえる行為であり，思考力を身につける鍛錬なのです。この鍛錬をせずに安易に解き方をいくら暗記しても，あまり学力は上がらないでしょう。見かけが少し変わると違う問題だと思い解けないかもしれませんし，不測の事態に対処できる柔軟な思考力も養えません。つまり真の意味で問題が処理できるようになったとはいえないのです。

　そして考え抜いて納得ができたら，一度本書から目を離してください。そして今解いた問題が，どういう問題だったか思い出してください。思い出せなかったら，もう一度問題文をしっかり読んでください。そして，どこから着手し，どうやって解いたかを頭の中でリピートしましょう。全体像が浮かび上がりますか？　浮かび上がったら完了です。これが速く処理するための鍛錬です。

　1つの問題集をやるときは，これくらい徹底的にやってください。そして最低2，3回は本書を繰り返してください。そうすれば，同じような問題が出ても短時間で処理できるようになり，難関大学への合格が近づいてくることでしょう。

鎌田　真彰

橋爪　健作

本書の特長と使い方

　入試では，ほとんどの受験生が解ける基本問題を完全に解答することはもちろん，標準～やや難しい問題もかなり解けないと，合格はおぼつきません。

　本書は国公立大二次・私立大の入試問題を徹底的に分析し，難関大学の入試で合否の分かれ目になる問題を厳選して，それらを解くためにはどのような学習をしたらよいのかを示しながら丁寧に解説したものです。したがって，基本的な学習を終了した上で本書にチャレンジしてください。なお，本書の姉妹書として『化学［化学基礎・化学］基礎問題精講（四訂版）』がありますので，基礎力に少し不安のある人は，そちらを理解してから本書にとりかかってください。

　本書は3章106標問で構成されています。どの項目からでも学習できますので，学習の進度に応じて，自分にあった学習計画をたて，効果的に活用してください。

> 本書は，「問題編」と「解答・解説編」の2冊で構成されています。2冊は完全に分離させることができますので，とり外して使ってください。

標問
国公立大二次・私立大の入試問題を徹底的に分析し，化学基礎・化学の全範囲から，難関大学の入試で合否の分かれ目になる問題を厳選し，適宜，改題しました。

扱うテーマ
関連する分野を示しました。チャレンジしたい問題を探すときの目安に使うなど，うまく活用してください。

解答・解説 p.●●
各問題の解答・解説が掲載されているページ（解答・解説編）を示しています。

「化学基礎」「化学」
使いやすいように「化学基礎」「化学」の範囲を示しました。

★印
無印……必修問題（入試の基礎レベルの問題）

★………合格ラインの問題（難関大の合否を決める問題［難関大の化学で，平均点をとるためには正解することが必要]）

★★……チャレンジ問題（難関大の化学で，点差をつけたい人が正解したい問題）

3

目　次

はじめに …………………………………………………………………………… 2

本書の特長と使い方 ……………………………………………………………… 3

/第1章/ 理論化学

標問 No.	問題タイトル	扱うテーマ	範囲	ページ
標問 1	原子の構造と電子配置	元素／原子の構造／電子配置	化学基礎	…… 8
標問 2	同位体と原子量	原子量／同位体／放射性同位体／半減期	化学基礎 化学	…… 9
標問 3	周期表と元素	元素／周期表／電子配置	化学基礎 化学	…… 10
標問 4	アボガドロ定数の測定実験	アボガドロ定数／物質量／溶液の濃度	化学基礎	…… 11
標問 5	物質量	物質量／化学反応式と量的関係	化学基礎 化学	…… 12
標問 6	イオン化エネルギーと電子親和力	イオン化エネルギー／電子親和力	化学基礎 化学	…… 13
標問 7	結合と極性	電気陰性度／化学結合／極性	化学基礎 化学	…… 14
標問 8	分子の形と極性	電子式／分子の形／分子の極性／電子対反発則	化学基礎 化学	…… 16
標問 9	金属結晶の構造	金属の結晶格子／最密構造／結晶の密度	化学	…… 17
標問 10	面心立方格子のすきまとイオン結晶	面心立方格子／面心立方格子のすきま／イオン結晶	化学	…… 18
標問 11	イオンの半径比と結晶型	イオン結晶の安定性と半径比／閃亜鉛鉱型構造の結晶／ダイヤモンドの結晶構造と密度	化学	…… 19
標問 12	黒鉛の結晶構造	黒鉛の結晶構造／黒鉛の密度	化学	…… 20
標問 13	分子間相互作用	ファンデルワールス力／水素結合／化学結合	化学基礎 化学	…… 21
標問 14	理想気体の定量的なとり扱い(1)	理想気体の状態方程式／混合気体の圧力	化学	…… 22
標問 15	理想気体の定量的なとり扱い(2)	気体反応における変化量の計算／混合気体の反応	化学	…… 24
標問 16	気体の分子量測定実験	理想気体の状態方程式と分子量／蒸気圧	化学	…… 25
標問 17	理想気体と実在気体	理想気体／実在気体	化学	…… 27
標問 18	ファンデルワールスの状態方程式	実在気体の状態方程式／実在気体／理想気体	化学	…… 28
標問 19	蒸気圧(1)	蒸気圧を利用した状態の判定	化学	…… 29
標問 20	蒸気圧(2)	蒸気圧／混合気体／蒸気圧曲線／混合気体の圧力	化学	…… 30
標問 21	状態図とそのとり扱い方	状態図／物質の三態とその変化	化学基礎 化学	…… 31
標問 22	水蒸気蒸留	水蒸気蒸留／混合気体／蒸気圧／蒸気圧曲線	化学	…… 33
標問 23	分留	混合気体／分圧／沸騰	化学	…… 34
標問 24	溶液の濃度	溶液／溶液の濃度	化学基礎 化学	…… 36
標問 25	固体の溶解度	固体の溶解度／溶液の濃度／結晶水をもつ物質の溶解度	化学基礎 化学	…… 37
標問 26	ヘンリーの法則	気体の溶解度／ヘンリーの法則	化学	…… 38
標問 27	希薄溶液の性質(1)	希薄溶液／蒸気圧降下	化学	…… 39
標問 28	希薄溶液の性質(2)	希薄溶液／沸点上昇／凝固点降下	化学	…… 40
標問 29	冷却曲線	溶媒の冷却曲線／溶液の冷却曲線／凝固点降下	化学	…… 41
標問 30	希薄溶液の性質(3)	浸透圧	化学	…… 42
標問 31	希薄溶液の性質(4)	浸透／浸透圧	化学	…… 43

4

標問 No.	問題タイトル	扱うテーマ	範囲	ページ
標問 32	熱化学計算(1)	反応熱／熱化学方程式／ヘスの法則	化学	……44
標問 33	熱化学計算(2)	反応熱／熱化学方程式	化学	……45
標問 34	イオン結晶に関する熱サイクル	格子エネルギー	化学	……46
標問 35	反応熱測定実験	反応熱の測定／比熱	化学	……47
標問 36	反応速度	反応速度／反応速度式／活性化エネルギー	化学	……48
標問 37	平衡定数と平衡移動(1)	化学平衡の法則(質量作用の法則)／平衡定数／平衡移動	化学	……49
標問 38	平衡定数と平衡移動(2)	ルシャトリエの原理／平衡定数／平衡移動	化学	……50
標問 39	反応速度と化学平衡	反応速度／反応速度式／化学平衡／平衡定数	化学	……51
標問 40	オキソ酸(酸素酸)	オキソ酸(酸素酸)	化学基礎 化学	……52
標問 41	指示薬の理論	電離平衡／電離定数／指示薬／二段階滴定	化学基礎 化学	……53
標問 42	逆滴定	逆滴定	化学基礎 化学	……54
標問 43	水素イオン濃度の計算(1) （強酸）	強酸の水素イオン濃度／強酸の pH	化学基礎 化学	……55
標問 44	水素イオン濃度の計算(2) （弱酸）	弱酸の水素イオン濃度／弱酸の pH／電離度	化学基礎 化学	……56
標問 45	緩衝液・塩の加水分解における pH	緩衝液／緩衝液の pH／塩の加水分解における水素イオン濃度／中和滴定	化学基礎 化学	……57
標問 46	炭酸塩の滴定実験・電離平衡	炭酸ナトリウムの二段階滴定／電離平衡／緩衝液	化学基礎 化学	……58
標問 47	過マンガン酸カリウム滴定(1)(COD の測定)	酸化還元滴定／化学的酸素要求量(COD)	化学基礎	……59
標問 48	過マンガン酸カリウム滴定(2)(鉄(Ⅱ)イオンの定量)	酸化還元滴定／鉄(Ⅱ)イオンの定量	化学基礎	……60
標問 49	ヨウ素滴定(オゾン濃度の測定)	ヨウ素滴定／オゾン濃度の測定	化学基礎	……61
標問 50	金属のイオン化傾向とダニエル型電池	金属のイオン化傾向／ダニエル型電池／起電力	化学基礎 化学	……62
標問 51	各種電池	鉛蓄電池の放電と充電／燃料電池／電気分解	化学基礎 化学	……63
標問 52	実用的な二次電池	リチウムの反応／リチウムイオン電池／二次電池	化学基礎 化学	……65
標問 53	電気分解(1)	電気分解／直列と並列／電気分解における量的関係	化学基礎 化学	……66
標問 54	電気分解(2)	電気分解／水酸化ナトリウムの製造／イオン交換膜法	化学基礎 化学	……67

第2章 無機化学

標問 No.	問題タイトル	扱うテーマ	範囲	ページ
標問 55	定性的な実験による塩の決定	沈殿／錯イオン／炎色反応／イオンや化合物の色	化学	……68
標問 56	溶解度積(1)	電離定数／溶解度積／硫化物の沈殿	化学	……69
標問 57	溶解度積(2)	溶解度積／沈殿反応を利用した滴定	化学	……71
標問 58	錯体	錯イオン／錯イオンの構造とシストランス異性体／キレート滴定	化学	……72
標問 59	イオンの分離	金属イオンの系統分離／溶解度積	化学	……73
標問 60	気体の発生実験	気体の性質・捕集法／気体の発生実験／気体の検出方法	化学	……74
標問 61	1族(アルカリ金属)	アルカリ金属元素の単体と化合物の性質／工業的製法	化学基礎 化学	……75

5

標問 No.	問題タイトル	扱うテーマ	範囲	ページ
標問 62	2族	アルカリ土類金属元素の単体と化合物の性質／熱分解反応	化学	……76
標問 63	8族(Fe) (1)	鉄の単体と化合物の性質／鉄の精錬／鉄イオンの色と検出	化学	……77
標問 64	8族(Fe) (2)	イオン化傾向／鉄の腐食実験／電池の原理／鉄イオンの反応(応用)	化学基礎 化学	……78
標問 65	11族(Cu)	銅の単体と化合物の性質／銅の電解精錬	化学	……79
標問 66	12族(Zn, Hg)	亜鉛と水銀の単体と化合物の性質／金属イオンの反応	化学	……80
標問 67	13族(Al)	アルミニウムの単体と化合物の性質／アルミニウムの製錬	化学	……81
標問 68	14族(C)	炭素の単体と化合物の性質／結合エネルギー／結晶の密度	化学	……82
標問 69	14族(Si)	ケイ素の単体と化合物の性質	化学	……83
標問 70	14族(Sn, Pb)	スズと鉛の単体・イオン・化合物の性質	化学	……85
標問 71	15族(N)	窒素の単体と化合物の性質／アンモニアの工業的製法／硝酸の工業的製法／肥料	化学	……86
標問 72	15族(P)	リンの単体と化合物の性質／リンの工業的製法／肥料	化学	……87
標問 73	16族(S)	硫黄の単体と化合物の性質／硫酸の工業的製法／硫酸の pH	化学	……88
標問 74	17族(ハロゲン)	ハロゲンの単体と化合物の性質／溶解度積	化学	……89
標問 75	18族(貴(希)ガス)	貴ガスの性質	化学	……90

/第3章/有機化学

標問 No.	問題タイトル	扱うテーマ	範囲	ページ
標問 76	元素分析	元素分析／分子式の決定	化学	……91
標問 77	不飽和度	不飽和度の求め方／異性体の数え方	化学	……92
標問 78	異性体(1)	異性体の数え方／シス-トランス異性体(幾何異性体)／鏡像異性体(光学異性体)	化学	……93
標問 79	異性体(2)	鏡像異性体(光学異性体)／ジアステレオ異性体	化学	……94
標問 80	炭化水素の反応(1)	アルカン／アルケン／アルカンの反応／アルカンとアルケンの構造決定	化学	……95
標問 81	炭化水素の反応(2)	アルケンへの臭素の付加／立体異性体	化学	……96
標問 82	炭化水素の反応(3)	不飽和炭化水素の付加反応	化学	……97
標問 83	アルコールとその誘導体の性質	異性体／アルコール・アルデヒド・ケトンの性質と反応	化学	……98
標問 84	カルボン酸とエステル	カルボン酸の性質と反応／酸無水物／エステル	化学	… 100
標問 85	エステルの合成	カルボン酸やエステルの性質と反応／エステルの合成実験	化学	… 101
標問 86	芳香族化合物(1)	ベンゼンの構造／ベンゼンの性質と反応／シクロプロパンの開環水素付加	化学	… 102
標問 87	芳香族化合物(2)	ベンゼンからの誘導体の合成	化学	… 103
標問 88	芳香族化合物(3)	芳香族炭化水素とその誘導体	化学	… 104
標問 89	芳香族化合物(4)	芳香族化合物の分離	化学	… 105
標問 90	芳香族化合物(5)	エステルの加水分解／エステルの構造決定	化学	… 106
標問 91	芳香族化合物(6)	医薬品／染料／配向性	化学	… 107

標問 No.	問題タイトル	扱うテーマ	範囲	ページ
標問 92	核磁気共鳴法(NMR)	異性体の数え方, フェノールのニトロ化	化学	… 108
標問 93	化学発光	化学反応と光エネルギー	化学	… 109
標問 94	糖類	元素分析／二糖類とその性質	化学	… 111
標問 95	糖の還元性	再生繊維(レーヨン)／デンプンとその性質／糖の還元性	化学	… 112
標問 96	多糖	アミロペクチンの構造	化学	… 114
標問 97	油脂	油脂とその性質	化学	… 115
標問 98	アミノ酸	アミノ酸とその性質／アミノ酸の等電点／アミノ酸の電離平衡	化学	… 116
標問 99	ペプチド	タンパク質／アミノ酸の配列順序／タンパク質とアミノ酸の検出反応	化学	… 117
標問 100	酵素	酵素とその性質／酵素の反応速度	化学	… 119
標問 101	核酸	DNA と RNA ／ DNA の二重らせん構造	化学	… 120
標問 102	合成樹脂	合成樹脂と熱による性質／ビニル系高分子／付加縮合による合成樹脂	化学	… 121
標問 103	繊維	天然繊維／再生繊維／半合成繊維／合成繊維	化学	… 122
標問 104	ゴム	天然(生)ゴム／合成ゴム	化学	… 123
標問 105	機能性高分子化合物	イオン交換樹脂／アミノ酸の等電点／導電性高分子／吸水性高分子／生分解性高分子	化学	… 124
標問 106	感光性樹脂(フォトレジスト)	感光性樹脂／化学反応と光	化学	… 127

著者紹介

鎌田　真彰（かまた　まさてる）

東進ハイスクール・東進衛星予備校 化学科講師。明快な語り口と, 日々の入試問題の研究で培われたツボをおさえた授業は, 幅広い層の受験生から絶大な支持を得ている。著書に『問題精講シリーズ（化学：入門, 基礎, 標準）』（共著, 旺文社）,『大学受験 Do シリーズ（理論化学, 無機化学, 有機化学）』（旺文社）,『鎌田の化学基礎をはじめからていねいに』（東進ブックス）などがある。

橋爪　健作（はしづめ　けんさく）

東進ハイスクール・東進衛星予備校 化学科講師, 駿台予備学校講師。高校 1 年生から高卒クラスまで幅広く担当。その授業は基礎から応用まであらゆるレベルに対応。やさしい語り口と情報が体系的に整理された見やすくわかりやすい板書で, すべての受講生から圧倒的に高い支持を受けている。著書に『問題精講シリーズ（化学：入門, 基礎, 標準）』（共著, 旺文社）,『大学受験 Do Start シリーズ（理論化学, 無機・有機化学）』（旺文社）,『大学入学共通テスト 化学の点数が面白いほどとれる本』（KADOKAWA）,『化学一問一答【完全版】』（東進ブックス）などがある。

第1章　理論化学

標問 1　原子の構造と電子配置

扱うテーマ：元素，原子の構造，電子配置

今，私たちが知っている元素は100種類をこえる。ヒトには，H, C, N, O, Cl, Fe, I などの必要な元素とともに，大量に体内にとり入れれば健康障害を引き起こす水銀（　ア　），ヒ素（　イ　），カドミウム（　ウ　）などの元素も微量検出されている。

原子は，各元素に対応する基本的粒子であり，正の電荷をもつ原子核と負の電荷をもつ電子で構成されている。原子核内の（　エ　）は正の電荷をもち，その数は原子番号を表し，（　オ　）の数との和は質量数を表す。

原子中の電子の配列のしかたを，水素原子から原子番号順にみていくと，電子は原子核に近い内側の電子殻から順に配置されていく。しかし，（　カ　）原子からは，電子はM殻が完全に満たされる前に，外側のN殻に配置される。次に，（　キ　）原子からは，電子は再び内側のM殻にも配置されはじめる。このように，不規則な電子配置となるのは，M殻やN殻の電子殻が，複数の部分（副殻）に分かれており，それらに対する電子の入りやすさが異なるからである。

問1　文中の（　ア　）～（　ウ　）に入る適切な元素記号を答えよ。

問2　文中の（　エ　），（　オ　）に入る適切な語句を答えよ。

問3　$^{127}_{53}$I の1価の陰イオンに存在する電子と中性子の数を求めよ。

★問4　文中の（　カ　），（　キ　）に入る適切な元素記号を答えよ。

問5　右図は原子①～⑥の電子配置を模式的に示したものであり，中心の丸は原子核を，その外側の同心円は電子殻を，円周上の黒丸は電子をそれぞれ表す。

電子配置が Ne と同じ構造で最もイオン半径の小さい安定なイオンを生じる原子を原子①～⑥から選べ。また，その元素記号も記せ。

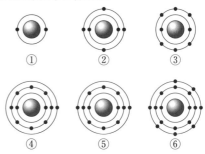

| 問1～3　香川大，問4　慶應義塾大（理工），問5　明治薬科大 |

標 問	**2**	同位体と原子量	解答・解説 p.8

扱う テーマ　原子量，同位体，放射性同位体，半減期　　　　　　　　　　　　化学基礎・化学

〔**I**〕　次の文章を読み，下の問いに答えよ。計算値は断りのない限り，有効数字2桁で示せ。

　　原子は，その中心にある1個の原子核と，それをとりまく何個かの電子で構成されており，原子核は，一般に正の電荷をもつ陽子と電荷をもたない中性子からできている。右表に示すように，自然界の多くの元素には同位体が存在し，その存在比はほぼ一定である。また，原子の相対質量は，炭素の同位体である ^{12}C の質量を基準に定められている。

元　素	同位体	相対質量	存在比〔%〕
水　素	^1H	1.008	99.99
	^2H	2.014	0.01
	^3H	3.016	極微量
炭　素	^{12}C	12（定義）	98.90
	^{13}C	13.00	1.10
	^{14}C	14.00	極微量
酸　素	^{16}O	15.99	99.76
	^{17}O	17.00	0.04
	^{18}O	18.00	0.20

〈水素，炭素，酸素の同位体，相対質量，および存在比〉

★　問1　水素の同位体の1つである ^3H は放射性であり，ベータ線（電子線）を放出する。この交換過程で生成する元素の記号を，解答例にならって，質量数を付けて記せ。　　　　〔解答例　^{13}C〕

　　問2　炭素の同位体の1つである ^{13}C の原子核中の陽子数と中性子数を記せ。

　　問3　天然に存在する炭素は ^{12}C と ^{13}C の2種類の同位体のみを含むとして，炭素の原子量を有効数字4桁まで求めよ。

★　問4　大気の二酸化炭素中には，放射性同位体である ^{14}C が存在する。生物体は，生きている限り大気中と同じ存在比で ^{14}C を保持しているが，死滅すると外界からの ^{14}C のとり込みが停止する。ある地層から出土した木片の極微量の ^{14}C の存在比を測定したところ，現在の存在比の $\dfrac{1}{4}$ であることがわかった。この木は何年前まで生存していたかを推定せよ。ただし，^{14}C の半減期は5700年とし，大気中の ^{14}C の存在比は数万年前から現在まで一定であると仮定する。　　　　　　　　　　　　　│ 東北大 │

★★　〔**II**〕　次の文章を読み，文中の ［　　　］ に適するものをそれぞれの解答群から1つ選べ。

　　塩素には ^{35}Cl と ^{37}Cl の同位体が存在し，存在比はそれぞれ約76%と24%である。^{37}Cl の中性子の数は ［ A ］ 個である。^{35}Cl または ^{37}Cl と炭素で構成される四塩化炭素のうち，存在比が最も大きいのは ［ B ］ である。

〔解答群〕　A：(イ)　17　　(ロ)　18　　(ハ)　19　　(ニ)　20　　(ホ)　22
　　　　　　B：(い)　$C^{35}Cl_4$　　(ろ)　$C^{35}Cl_3{}^{37}Cl$　　(は)　$C^{35}Cl_2{}^{37}Cl_2$　　(に)　$C^{35}Cl^{37}Cl_3$
　　　　　　　　(ほ)　$C^{37}Cl_4$

│ 早稲田大 │

第1章　理論化学　　9

| 標問 | **3** | 周期表と元素 | 解答・解説 p.12 |

扱うテーマ　元素，周期表，電子配置　　　　　　　　　　　　　　　　　　　化学基礎・化学

　物質を構成する基本成分を元素という。現在，約　ア　種類ほどの元素が知られており，そのうち約　イ　種類は天然に存在し，他は人工的につくられたものである。元素を　ウ　の小さい順に並べると，20 番目までは(a)性質のよく似た元素が周期的に現れる。

　このような周期的な規則性を元素の周期律という。また，元素を　ウ　の小さい順に並べ，周期律に従って性質のよく似た元素を縦に並べた表を元素の周期表という。

　周期律は，1860 年代に　ウ　ではなく　エ　の小さい順に元素を並べて発見された。これは，当時知られていた約 60 種類の元素をその性質から系統的に分類・整理しようとしたニューランズ，マイヤー，　オ　らの努力の成果である。また，当時の周期表にはいくつか空所があり，　オ　は周期表の空所にあてはまる元素の存在とその性質を，(b)周期表の上下左右の性質から予言した。その中の 1 つエカケイ素は，後に発見された(c)ゲルマニウムの性質と予言の性質がほぼ一致し，彼の名声と周期表の地位を不動のものとした。

問1　文章中の　ア　～　エ　に，あてはまる適語・数値を次の①～⑪から選べ。

① 8　　　② 9　　　③ 10　　　④ 90　　　⑤ 120　　　⑥ 130
⑦ 150　　⑧ 原子半径　　⑨ 原子番号　　⑩ 原子量　　⑪ 分子量

問2　文章中の　オ　に，あてはまる人名を答えよ。

★問3　下線部(a)の理由を 30～50 字程度で説明せよ。

問4　下線部(b)，(c)について，現在の周期表においてゲルマニウムは 14 族，第 4 周期に属する。ゲルマニウムの上に隣接する元素は何か。名称と元素記号を答えよ。

問5　ニホニウム (原子番号 113) と似た化学的性質を示すと考えられる最も軽い元素を元素記号で記せ。

│ 問 1 ～ 4　三重大，問 5　名古屋大 │

標問 4 アボガドロ定数の測定実験

扱うテーマ：アボガドロ定数，物質量，溶液の濃度

アボガドロ定数 N_A 〔/mol〕を求めるために次の実験を行った。下の問いに答えよ。数値での解答は右の(例)にならって，有効数字2桁で記せ。必要ならば，原子量として次の値を使え。H=1.00，C=12.0，O=16.0　　(例) $5.2×10^{-5}$

ステアリン酸分子（$C_{17}H_{35}COOH$）は，図1に示すように親水性のカルボキシ基（-COOH）と疎水性のアルキル基（$C_{17}H_{35}-$）をもつ。(i)0.0142 g のステアリン酸をベンゼンに溶かし，メスフラスコを用いて 250 mL の溶液にした。(ii)この溶液 0.100 mL を水面に滴下した。ベンゼンが蒸発すると，ステアリン酸分子は，図2のように，カルボキシ基を水中に，アルキル基を空気中に向けて重なりあうことなく配列し，膜となって水面にひろがった。このとき，水面に形成された膜の面積は，24.8 cm² であった。

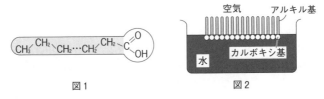

図1　　　　　　　　　図2

問1　下線部(i)において，
(1) メスフラスコの概略図を描け。
(2) 溶液の密度を 0.880 g/mL とすると，ステアリン酸の溶液の質量パーセント濃度は何％か。
(3) ステアリン酸の溶液のモル濃度は何 mol/L か。

問2　下線部(ii)で，水面に滴下したステアリン酸の物質量は何 mol か。

★問3　水面にひろがった膜の中で，1個のステアリン酸分子は $2.00×10^{-15}$ cm² の面積を占める。上で述べた実験の結果より得られる N_A〔/mol〕の値はいくらか。ただし，ステアリン酸分子間のすきまは無視できるものとする。

｜大阪工業大｜

標問 5 物質量

解答・解説
p.16

扱うテーマ　物質量，化学反応式と量的関係

化学基礎・化学

次の〔Ⅰ〕～〔Ⅲ〕に答えよ。ただし，原子量は H＝1.0，C＝12，N＝14，O＝16，Ne＝20，S＝32，標準状態（0℃，$1.013×10^5$ Pa）の気体のモル体積 22.4 L/mol，アボガドロ定数 $6.02×10^{23}$〔/mol〕とする。

〔Ⅰ〕　物質量が最も小さいものはどれか。次の⑦～⑨の中から1つ選べ。

　⑦　2 mol/L の水酸化ナトリウム水溶液 100 mL 中に溶けている水酸化ナトリウム
　④　標準状態で 5.6 L の二酸化炭素
　⑨　6 g のネオン
　⑤　$3.01×10^{23}$ 個の水素原子を含む水
　⑦　水素を完全燃焼させたとき 1 g の水素から得られる水

自治医科大

〔Ⅱ〕　ある金属元素Mの硝酸塩 W_1〔g〕から硫酸塩 W_2〔g〕が生じる。この金属の炭酸塩 Z〔g〕から得られる二酸化炭素の標準状態（0℃，$1.013×10^5$ Pa）での体積 V〔L〕を求めたい。金属Mの原子量を X，Mの陽イオンの価数を n として次の問いに答えよ。ただし，各塩におけるMの陽イオンの価数は同じものとする。

★問1　$\dfrac{X}{n}$ を W_1，W_2 で表せ。

★問2　V を W_1，W_2，Z で表せ。

順天堂大（医）

〔Ⅲ〕　酸素の同位体の存在比（原子数百分率）は，^{16}O が 99.757％，^{17}O が 0.038％，^{18}O が 0.205％ である。エタノール（密度 0.789 g/cm³）1.00 L 中には，^{18}O を含む分子は何gあるか。最も近い値を，次の⑦～⑪の中から1つ選べ。ただし，^{18}O の相対質量＝18.0 とする。

　⑦　1.59　　④　1.62　　⑨　1.65　　⑤　1.67　　⑦　1.69　　⑪　1.72

千葉工業大

12

標問 6 イオン化エネルギーと電子親和力

扱うテーマ：イオン化エネルギー，電子親和力

★問1　イオン化エネルギーは次のように定義される。

「原子から1個の電子をとり去って1価の陽イオンにするのに必要な最小のエネルギーを第一イオン化エネルギーという。さらに，2個目，3個目の電子をとり去るのに要する最小のエネルギーを第二イオン化エネルギーおよび第三イオン化エネルギーという。」

この定義を考慮すると，各原子が有する電子数によって，イオン化エネルギーは特徴的な傾向を示すといえる。図に，次の金属元素 (K, Mg, Al) の第一，第二および第三の各イオン化に対応するイオン化エネルギーをプロットし，示してある。図中の(ア)～(ウ)で示す線に対応する金属をそれぞれ元素記号で示せ。

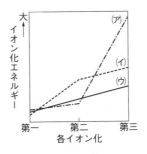

★問2　電子親和力は，原子の最外電子殻に1個の電子が入って，1価の陰イオンになるときに放出されるエネルギーであると定義される。その定義を考慮し，フッ素 F とネオン Ne について，電子親和力の値の大小関係を予測して不等号で示せ。

｜岡山大｜

標 問	**7**	**結合と極性**	解答・解説 p.20

扱う テーマ　電気陰性度，化学結合，極性　　　　　　　　　　　　　　　　　化学基礎・化学

　異なる原子からなる二原子分子（異核二原子分子）では，一般にイオン結合と共有結合の両方の寄与がみられる。NaCl，HCl分子がその例である。2種類の原子の「電子を引き寄せる力（電気陰性度）」が異なるので，一方がやや負に，他方がやや正に帯電する。これを分極とよぶ。分極が進みイオン結合の寄与が増大すると結合はより強固なものになっていく。

　「電子を引き寄せる力」の目安として，イオン化エネルギー（原子から電子を奪いとるのに要するエネルギー）と電子親和力（原子が電子をとり込んで安定化するエネルギー）を使うことができる。どちらも核が外殻の価電子をどれだけ強く引きつけているかを反映している。このような観点からマリケンは，イオン化エネルギーと電子親和力の和を用いて電気陰性度を定義した。ここで電気陰性度の差は，二原子分子の「分極の大きさ」の指標になると考えられる。

原子半径		イオン半径	
Na	1.86	Na$^+$	1.16
F	0.72	F$^-$	1.19
Cl	0.99	Cl$^-$	1.67
Br	1.14	Br$^-$	1.82

表1　ナトリウムとハロゲンの原子半径とイオン半径〔×10^{-10} m〕

元素	Na	H	F	Cl	Br
電気陰性度	1.0	2.7	3.9	3.1	2.9

表2　ナトリウム，水素，ハロゲンの電気陰性度

（マリケンの定義による）

　化学結合の強さは，分子内の結合を切断し原子状にするのに必要なエネルギーである解離エネルギーの大きさではかることができる。解離エネルギーに対するイオン結合の寄与の目安として，実測の解離エネルギーから「共有結合のみに由来する仮想的な解離エネルギー」を差し引くという方法がある。このような観点からポーリングは，「異核二原子分子の解離エネルギー」から「それぞれの核からなる等核二原子分子の解離エネルギーの平均値」を差し引いたもの（次ページの(1)式に示す$\varDelta$）の平方根を用いて電気陰性度の差を定義した。

化合物	H-F	H-Cl	H-Br
解離エネルギー	565	431	366

表3　異核二原子分子の解離エネルギー〔kJ・mol^{-1}〕

化合物	H-F	H-Cl	H-Br
双極子モーメント	1.82	1.09	0.79

表4　ハロゲン化水素分子の双極子モーメント（デバイ）(注)

(注)　距離rだけ離れた$+q$および$-q$の2つの電荷に対して，双極子モーメントの大きさ(μ)を$\mu=q \times r$と定義する。その大きさを表すのにデバイという単位が用いられる。

化合物	H-H	F-F	Cl-Cl	Br-Br
解離エネルギー	436	155	243	194

表5　等核二原子分子の解離エネルギー〔kJ・mol^{-1}〕

14

マリケンとポーリングによって定義された電気陰性度の値は，互いにほぼ比例関係にある。

　高等学校の化学の知識を基礎に，いくつかの実験データを解析しながら，文章の完全な理解を目指すことにしよう。次の問いに答えよ。

問1　表2にマリケンの定義による電気陰性度が示してある。また表3にハロゲン化水素分子の解離エネルギーが示してある。HF，HCl，HBr の解離エネルギーの系統的変化は，何に由来すると考えられるか。表1も参照して2つ挙げよ。

★問2　表4にハロゲン化水素分子の分極を表す「双極子モーメント（(注) 参照）」の値が示してある。これらの値と，表2に示した電気陰性度の値を比較し，両者の関係について説明せよ。

★★問3　表5には等核二原子分子の解離エネルギーの値が示してある。HF，HCl，HBr 3種類の異核二原子分子 A-B について，ポーリングの電気陰性度の定義に関連した次の(1)式を用いて Δ の値を計算し，表2のマリケンの定義による A，B 原子の電気陰性度の差を比較し，両者の関係について説明せよ。

$$\Delta = D_{\text{A-B}} - \frac{D_{\text{A-A}} + D_{\text{B-B}}}{2} \quad \cdots(1)$$

　ここで，$D_{\text{A-A}}$，$D_{\text{B-B}}$ は等核二原子分子 (A-A，B-B) の解離エネルギーを，また $D_{\text{A-B}}$ は異核二原子分子 (A-B) の解離エネルギーを示す。

★問4　説明文の下線部は，どのような科学的背景に由来しているのか。次の文章の □□□ に，その下に示した語群から最適なものを選んで入れ，この問いに対する解答とせよ。

　異核二原子分子の │ a │ の差に由来する │ b │ が，解離エネルギーへの │ c │ の寄与を支配し，│ d │ の差を決定しているから。

{語群}　ポーリングの電気陰性度　　マリケンの電気陰性度　　共有結合
　　　　イオン結合　　分極　　イオン化エネルギー　　電子親和力

│ 関西学院大 │

第1章　理論化学　　15

| 標問 | **8** | **分子の形と極性** | 解答・解説 p.22 |

扱うテーマ ▶ 電子式，分子の形，分子の極性，電子対反発則

化学基礎・化学

問1　H_2O，CO_2，PH_3 の中で1分子のもつ非共有電子対の数が最も多いのはどれか。また，その数はいくつか。

★問2　ある原子のまわりにある電子対は，互いに反発しあい，その反発をできるだけ避けるように空間的に位置する性質がある。例えば，CH_4 ではCのまわりに電子対が4個あるため，各水素原子はCを中心にして正四面体の頂点の位置にある。そのため，CH_4 の分子構造は正四面体形となる。また NH_3 ではNのまわりに共有電子対が3個，非共有電子対が1個あり，その分子構造は三角錐形となる。PH_3 と BF_3 それぞれの分子構造を予想し，その理由とともに示せ。

★問3　二酸化炭素分子は無極性であるが，二酸化窒素分子は極性を有する。それぞれについて理由を説明せよ。

｜東京大｜

16

標問 9	金属結晶の構造

扱うテーマ　金属の結晶格子，最密構造，結晶の密度

〔I〕 ある単体の金属結晶模型を組み立てる方法について考えてみよう。金属原子を硬い球と近似し，以下の順序で組み立てる。まず，球を平面に敷き詰めると，最密充填構造は次図(a)のようになり，球①のまわりには球②〜⑦が接する。次に，この第1層上に球を最密に敷き詰めるため，次図(b)のように，第1層にできたくぼみの上に球⑧〜⑩の要領で球を積み重ね，これを第2層とする。さらに，第3層として，第2層の上に次図(c)のように球⑪〜⑬の要領で球を積み重ねる。この第3層上に，第1層，第2層，第3層の順に球を積み重ねる操作を繰り返す。

(a)

(b)

(c)

★ 問1　組み立てようとしている結晶格子の名称を答えよ。また，この結晶格子では，1個の球のまわりに何個の球が接しているか答えよ。

★★ 問2　上図の球①〜⑬のうち，球⑦との中心間距離が，組み立てようとしている結晶の単位格子の1辺の長さと等しい球の番号を答えよ。ただし，該当する球は1つとは限らない。該当する球の番号がない場合は「なし」と答えよ。

|名古屋大|

★ 〔II〕 鉄は温度上昇にともなって，900℃付近までは(1)の結晶格子をつくるが，900〜1400℃の温度では結晶格子が(2)に変化する。鉄の結晶格子が(1)から(2)に変化したとき，鉄の密度は何倍になるか，有効数字2桁で答えよ。ただし，鉄原子の直径は一定とし，$\sqrt{2}=1.41$，$\sqrt{3}=1.73$ とする。

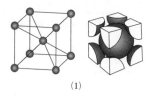
(1)
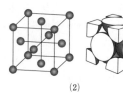
(2)

|鹿児島大|

標問 10 面心立方格子のすきまとイオン結晶

扱うテーマ：面心立方格子，面心立方格子のすきま，イオン結晶

金属やイオン結合性物質の結晶構造は，球が互いに接して規則正しく積み重なったものと考えることができる。面心立方格子となるように球を積み重ねると，次図に示すように，その球と球の間には，4個の球に囲まれたすきまaと6個の球に囲まれたすきまbができる。下の問いに答えよ。

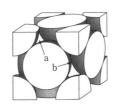

★ 問1 面心立方格子に関する次の記述のうち，誤っているものはどれか。ただし，1つまたは2つの正解がある。また，面心立方格子を形成する球の半径をrとする。
① それぞれの球は8個の球に接している。
② 単位格子の1辺の長さは$2\sqrt{2}\,r$である。
③ 球は単位格子あたり4個含まれている。
④ すきまaは単位格子あたり8個含まれている。
⑤ すきまbは単位格子あたり6個含まれている。
⑥ すきまbに入ることのできる最も大きな球の半径は，$(\sqrt{2}-1)r$である。

★ 問2 1価の陰イオンが面心立方格子を形成し，すきまbの位置のすべてに1価の陽イオンが入ったときに形成される結晶構造は，次のうちどれか。
① 塩化セシウム型構造　② 塩化ナトリウム型構造
③ 体心立方格子　④ 六方最密構造　⑤ ダイヤモンド型構造

★★ 問3 2価の陰イオンCが面心立方格子を形成し，すきまbには2個のうち1個の割合で3価の陽イオンBが入り，すきまaには8個のうち1個の割合で2価の陽イオンAが入ると，スピネル型構造とよばれるイオン結合性結晶となる。この結晶の組成式として正しいものは，次のうちどれか。
① A_2BC　② AB_2C　③ ABC_2　④ A_2B_2C　⑤ AB_2C_2　⑥ AB_2C_4
⑦ AB_4C_7　⑧ $A_3B_4C_9$

|東京工業大|

標問 11 イオンの半径比と結晶型

扱うテーマ：イオン結晶の安定性と半径比，閃亜鉛鉱型構造の結晶，ダイヤモンドの結晶構造と密度

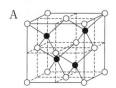
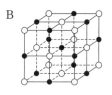
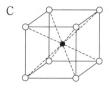

　図A～Cはそれぞれ立方体の単位格子で，○と●は原子の位置を表しており，最近接の原子間は実線で結んである。図Aの構造は，さまざまな物質中で見られるものであり，それぞれの原子のまわりに他の原子が正四面体形に配置している。

　○と●の両方が炭素の場合はダイヤモンドとなる。ダイヤモンドでは，炭素原子間は共有結合でつながり，原子間結合距離は 0.15 nm（1 nm＝10^{-9} m）である。

　図Aの○に陰イオン，●に陽イオンをあてはめると，閃亜鉛鉱型構造のイオン結晶となる。この構造は，陽イオンと陰イオンが 1：1 の比になる構造の1つである。図B，Cは，同じく陽イオンと陰イオンの比が 1：1 の構造で，それぞれ塩化ナトリウム型，塩化セシウム型構造の単位格子を表している。ここで，それぞれのイオンは硬い球であると考える。閃亜鉛鉱型構造において，8分割した小さな立方体の1つに注目すると，より小さい陽イオン（小立方体の中心）とより大きな陰イオン（小立方体の頂点）が接しているとき，陰イオン，陽イオンそれぞれの半径 r^-，r^+ と，単位格子の長さ a には，

　　　　ア　$a＝r^-＋r^+$　…①

が成り立つ。また，より大きな陰イオンも隣り合うものどうしで接しているときには，

　　　　イ　$a＝2r^-$　…②

も成り立つ。これらの式より，(a)陰イオンどうしが接し，陽イオンと陰イオンも接しているときのイオン半径比 r^+/r^- を求めることができる。イオン結晶は，イオンどうしが静電気的な力により引き合うことで安定化しているので，(b)陰イオンどうしが接触し，陽イオンと陰イオンが接触しないと不安定になる。また，より多くの相手イオンに接しているほうが安定となる。次の問いに答えよ。なお，炭素の原子量は 12.0，アボガドロ定数は $6.02×10^{23}$ mol^{-1}，$\sqrt{2}＝1.41$，$\sqrt{3}＝1.73$ とし，解答の数値は有効数字2桁で答えよ。

★ 問1　ダイヤモンドの単位格子の長さ（単位 nm）と密度（単位 g/cm³）を求めよ。単位格子の長さは，平方根を含む場合は数値にする必要はない。

★ 問2　☐☐☐に適切な数値等を入れよ。平方根を含む場合は，数値にする必要はない。

★ 問3　下線部(a)のイオン半径比 r^+/r^- を求めよ。

★★ 問4　陽イオンと陰イオンの比が 1：1 となる構造は，図A～Cに示した3つの構造のいずれかであり，下線部(b)によりイオン結晶の構造が決まるとする。塩化ナトリウム型構造が最も安定となるイオン半径比 r^+/r^- の範囲を求めよ。

｜岐阜大｜

標問 12 黒鉛の結晶構造

扱うテーマ：黒鉛の結晶構造，黒鉛の密度

　図1は黒鉛の結晶構造を示している。炭素原子が1辺 0.142 nm の正六角形に規則正しく並んだ層をつくり，このような層が 0.335 nm の間隔を保って上下につながっている。隣り合う層は，第1層と第2層のようにずれた配置をとり，半分の炭素原子は上下に重なる位置にあるが，残りの炭素原子は隣の層の正六角形の中心の位置にある。このような黒鉛の結晶表面を走査トンネル顕微鏡という特殊な顕微鏡を用いて観察したところ，図2のように明るく見える部分が正三角形に規則正しく並んでいるように見えた。この明るく見える部分は，正三角形の1辺の長さが 0.246 nm であることから判断しても，黒鉛の最上面に正六角形に並んだ原子1つ1つが見えているのではないことは明らかである。次の問いに答えよ。

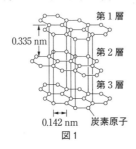
図1

図2

★ **問1** 1辺の長さから判断してこのように見える理由として最も適切なものを次の①〜③から選べ。
① 6個の炭素原子からなる正六角形のまとまりが1つおきに明るく見えている。
② 表面第1層にある炭素原子だけでなく，すぐ下の第2層にある炭素原子も明るく見えている。
③ 表面第1層にある炭素原子のうち，1つおきの炭素原子だけが明るく見え，残りの半分は見えていない。

★★ **問2** 黒鉛の密度〔g/cm³〕を有効数字2桁で求め，その数値を答えよ。ただし，$\sqrt{2}=1.41$ および $\sqrt{3}=1.73$ として，アボガドロ定数は 6.02×10^{23}〔/mol〕，炭素の原子量は12とする。

｜東京理科大｜

標問 13 分子間相互作用

扱うテーマ：ファンデルワールス力，水素結合，化学結合

次の文章は水素化合物の分子量と沸点の関係を示した右図に関するものである。(1)～(11)の中に適当な語句を入れて，文章を完成させよ。

多数の分子が(1)力によって互いに引き合い，規則正しく配列してできた結晶を分子結晶という。図中の化合物は分子結晶を形成する。ダイヤモンドの炭素原子間にみられる(2)結合や，塩化ナトリウムのナトリウムイオンと塩化物イオンの間の(3)力による(4)結合に比べて，(1)力による結合力は小さい。このため，(2)結合の結晶や(4)結合によって形成された結晶と比べ，分子結晶を形成する化合物の多くは融点や沸点が低い。

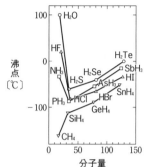

〈水素化合物の分子量と沸点〉

(1)力はいくつかに分類されるが，その１つとしてファンデルワールス力が知られている。分子の形が似た化合物を比較した場合，(5)が大きいほどファンデルワールス力は大きくなり，沸点が高くなる。分子の形がすべて(6)形である図中の14族元素の水素化合物がその傾向をよく表している。

図中の水素化合物の水素原子と各原子は(2)結合によって結ばれている。原子が共有電子対を引き付ける能力を(7)とよび，(7)が大きな原子ほど，電子を引き付けやすい。このため，異種の原子間で(2)結合をつくる場合には，その結合に(8)が生じる。そして，(8)がある(2)結合によって分子が形成された場合，分子全体としての(8)は，その分子の形によって決定される。例えば，H₂Sのような(9)形の分子の場合，正と負の電荷の中心が一致しないため，(8)分子となるが，SiH₄のように(6)形の場合は一致し，(10)分子となる。SiH₄に比べ，同程度の(5)をもつPH₃，HCl，H₂Sの沸点が高いのは，それらが(8)分子であり，互いの分子間に(3)力が働くからである。

貴ガス元素を除いた周期表において，(7)は同じ周期では右にある原子ほど，同じ族では上にあるものほど大きくなる。15，16および17族元素の水素化合物で，NH₃，H₂OおよびHFに関してはその沸点がそれぞれ同じ族の水素化合物に比べ，異常に高い。これは，(7)の大きい原子と水素原子が(2)結合をつくっている分子の場合には，隣接する分子間において，一方の分子の(7)の大きい，負に帯電した原子が，もう一方の分子の正に帯電した水素原子と引き合うため，通常の(8)分子よりも分子間で強い引力が働くからである。この引力による結合を(11)結合という。

｜大分大｜

標問 14 理想気体の定量的なとり扱い(1)

扱うテーマ: 理想気体の状態方程式，混合気体の圧力

次の文中の　　　に入れるのに最も適当なものを，それぞれの{解答群}から選べ。ただし，気体はすべて理想気体とし，気体定数は R〔Pa·L/(mol·K)〕とする。なお，原子量は H=1, He=4, N=14, O=16, Ar=40 とする。

次図に示すように，容積 V〔L〕の容器Ⅰと内部にピストンがある容器Ⅱが連結されており，2つの容器はコックCで仕切ることができる。ただし，コックおよび連結管の体積は無視できるものとし，ピストンと容器との摩擦抵抗はなく，大気圧は一定とする。

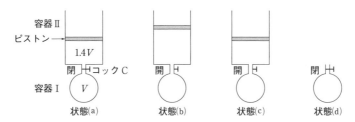

状態(a) 最初に，容器Ⅰに分子量 M_A の気体Aを質量 w〔g〕だけ入れ，コックCを閉じたのち，分子量 M_B の気体Bを気体Aと同じ質量だけ容器Ⅱに入れたとき，その体積は $1.4V$〔L〕であった。2つの容器の温度が T〔K〕で一定であるとすると，容器Ⅰ内の圧力 P_A〔Pa〕と容器Ⅱ内の圧力 P_B〔Pa〕の差 $(P_A - P_B)$〔Pa〕は　1　である。

{解答群}　(ア) $\dfrac{wRT}{V}\left(\dfrac{1}{1.4M_A} - \dfrac{1}{M_B}\right)$　(イ) $\dfrac{wRT}{V}\left(\dfrac{1}{M_B} - \dfrac{1}{1.4M_A}\right)$

(ウ) $\dfrac{wRT}{V}\left(\dfrac{1}{M_A} - \dfrac{1}{1.4M_B}\right)$　(エ) $\dfrac{wRT}{V}\left(\dfrac{1}{1.4M_B} - \dfrac{1}{M_A}\right)$

★ **状態(b)** 次に，両方の容器の温度を T に保ったまま，静かにコックCを開き，十分に時間をおいた。容器Ⅱ内のピストンは状態(a)のときより上昇した。このことから，それぞれの気体の分子量 M_A と M_B の関係は　2　である。このとき，容器Ⅱの体積は $2V$〔L〕であった。容器内の気体Bの分圧 $P_B{'}$〔Pa〕は　3　となり，混合気体の全圧 P〔Pa〕は　4　である。

{解答群}　㋐　$M_A < 1.4 M_B$　　㋑　$M_A > 1.4 M_B$　　㋒　$M_A = 1.4 M_B$

㋓　$\dfrac{wRT}{3VM_A}$　　㋔　$\dfrac{2wRT}{3VM_A}$　　㋕　$\dfrac{wRT}{3VM_B}$

㋖　$\dfrac{wRT}{2VM_B}$　　㋗　$\dfrac{2wRT}{3VM_B}$　　㋘　$\dfrac{wRT}{2V}\left(\dfrac{1}{M_A}+\dfrac{1}{M_B}\right)$

㋙　$\dfrac{wRT}{2V}\left(\dfrac{1}{M_A}+\dfrac{1}{1.4M_B}\right)$　　㋚　$\dfrac{wRT}{3V}\left(\dfrac{1}{1.4M_A}+\dfrac{1}{M_B}\right)$

㋛　$\dfrac{wRT}{3V}\left(\dfrac{1}{M_A}+\dfrac{1}{1.4M_B}\right)$　　㋜　$\dfrac{wRT}{3V}\left(\dfrac{1}{M_A}+\dfrac{1}{M_B}\right)$

★ 状態(c)　混合気体の全圧 P を一定に保ったまま，容器全体の温度をゆっくりと下げた。ピストンが状態(a)と同じ位置になる温度〔K〕は　5　である。

{解答群}　㋐　$\dfrac{1}{3}T$　　㋑　$\dfrac{2}{5}T$　　㋒　$\dfrac{3}{5}T$　　㋓　$\dfrac{2}{3}T$　　㋔　$\dfrac{4}{5}T$

★★ 状態(d)　容器Ⅰおよび容器Ⅱ内の気体を完全に追い出したのち，コックCを閉じ，容器Ⅱをとり外した。次に容器Ⅰに気体Bを $2w$〔g〕入れ，温度を T に保った。このときの気体Bの圧力は状態(a)における容器Ⅰの圧力 P_A の1.75倍であった。このことから，気体Aと気体Bはそれぞれ　6　である。

{解答群}　㋐　ヘリウムと水素　　㋑　窒素とアルゴン
　　　　　㋒　アルゴンと酸素　　㋓　窒素と酸素　　㋔　酸素とヘリウム

|関西大|

第 1 章　理論化学　　23

標問 15 理想気体の定量的なとり扱い(2)

扱うテーマ：気体反応における変化量の計算，混合気体の反応

★〔I〕 気体反応における物質量と体積の変化の関係を知るため，次図に示すような実験を行った。

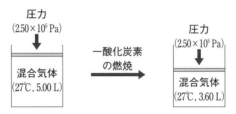

まず，容器に，27℃，2.50×10^5 Pa で一酸化炭素と酸素の混合気体を 5.00 L 入れ，この混合気体中の一酸化炭素を完全に燃焼させた。次に，容器をもとの温度，圧力にしたところ，体積は 3.60 L に減少した。容器内では一酸化炭素の燃焼以外の化学反応は起こっておらず，また実験後の容器内の混合気体中には，酸素が残っていた。

気体は理想気体とし，燃焼前の混合気体の一酸化炭素と酸素のそれぞれの分圧〔Pa〕を有効数字 3 桁で求めよ。

|山形大|

〔II〕 次の文章を読み，下の問いに答えよ。ただし，系は理想気体のとり扱いができるものとし，反応途中の遊離基の存在などは無視してよいものとする。なお，気体定数＝8.31×10^3〔Pa・L/(mol・K)〕とする。

ジエチルエーテルは，高温では(1)式に示すように分解する。

$C_2H_5OC_2H_5 \longrightarrow CO + (\ x\ )CH_4 + (\ y\ )C_2H_4$ …(1)

問1 (1)式の (x)，(y) に入る数値を答えよ。

問2 あらかじめ真空にし，127℃ に保っておいた容積 500 mL の容器にジエチルエーテルを入れ密栓し，全量が完全に気化した直後にその圧力を測定したところ，0.105×10^5 Pa であった。この時点ではまだ(1)式の分解反応は全く進行していないとする。この容器内にあるジエチルエーテルの物質量を有効数字 2 桁で答えよ。

★問3 問2の状態から温度を急速に上昇させて 527℃ に達した後，一定に保ち分解反応を進めた。ジエチルエーテルの量が最初の 5 分の 1 になった時点での容器中の気体の全圧はいくらか。温度上昇による容器の体積変化は無視できるものとし，有効数字 2 桁で答えよ。

|産業医科大|

標問 16 気体の分子量測定実験

扱うテーマ：理想気体の状態方程式と分子量，蒸気圧

室温で液体である物質の分子量を求めるために，次のような実験を行った。下の問いに答えよ。

大気圧は 1.00×10^5 Pa，室温は 20.0 ℃ とし，水の沸点は 100 ℃ とする。フラスコの体積は 100 ℃ で 350 mL とする。

(1) フラスコの中に液体である物質を適当量入れ，針で小さな穴を開けたアルミニウム箔でフラスコの口にふたをする。

(2) 次図に示したように，物質を入れたフラスコの口の近くまで水を張る。ブンゼンバーナーでビーカーを加熱し，静かに沸騰させる。沸騰後，フラスコ内の液体が蒸発し完全に気化したことを確認する。

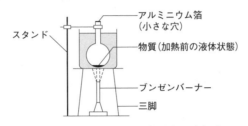

(3) フラスコを静かにビーカーよりとり出し，室温まで冷却する。
(4) フラスコ内に液体が凝縮していることを確認し，フラスコの周囲の水滴を十分ぬぐい，アルミニウム箔とともに液体を含んだフラスコの質量を精密天秤で測定する。
(5) 凝縮した液体を廃棄し，フラスコを十分乾燥する。
(6) (1)の操作に戻り，同じフラスコと同じアルミニウム箔のふたを用いて，導入する物質の量を変え，以後(1)から(5)の操作を繰り返し，次表の結果を得た。

物質の導入量〔mL〕	(4)での測定値〔g〕
0.4	127.70
0.8	128.29
1.2	128.62
1.6	128.62

(7) 凝縮した液体を廃棄し，フラスコを十分乾燥した後，ふたのアルミニウム箔とともにフラスコを秤量したところ，127.15 g であった。

問1 分子量を求めるために最低限必要な導入量を上表から選べ。また，その理由として最も適当と思われるものを次のⓐ～ⓓから選べ。
ⓐ 少量の物質の質量を測定することは誤差が大きい。
ⓑ 多量に物質を導入すると，気化が十分起こらない。

ⓒ　蒸発した物質の蒸気が，フラスコ内の空気を完全に追い出す。

ⓓ　少量導入した場合，完全に物質が気化する。

★ 問2　実験で用いた物質の分子量を有効数字3桁で計算せよ。ただし液体の室温での蒸気圧を無視できるものとし，気体定数は8.31×10^3 Pa·L/(mol·K) とする。

★★ 問3　次の文中の　　　　にあてはまる適当な語句，数値，あるいは式を答えよ。必要であれば，大気圧をP〔Pa〕，フラスコの体積をV〔mL〕，気体定数をR〔Pa·L/(mol·K)〕，温度をT〔K〕とせよ。

　　問2で求めた分子量はさまざまな仮定のもとで計算されたものである。例えばこの実験では，物質の室温での蒸気圧を無視して計算している。すなわち(4)の操作で質量を測定する際，物質はすべて　ア　となっていると仮定している。今，この物質の室温での蒸気圧をP_m〔Pa〕とした場合，その分だけフラスコ内の空気が押し出される。(4)の操作で実際に測定された質量は，押し出された空気の分だけ　イ　なる。押し出された空気の質量w_A〔g〕は，空気の平均分子量をM_Aとすると，

　　　$w_A = $　ウ　

で表される。ただし，空気は理想気体としてよい。

　　したがって，分子量を計算する際に用いる物質の質量は，問2で用いた質量ではなく，w_Aを加えなければならない。とくに室温での蒸気圧の高い物質ほど影響が大きい。

｜神戸大｜

標問 17 理想気体と実在気体

扱うテーマ　理想気体，実在気体

　自然界には高圧下で起こるさまざまな化学変化や物理現象がある。例えば，地球内部での化学変化は数百万気圧に及ぶ圧力下で起こっている。近年，図1に示したダイヤモンドアンビルセルという簡便な装置を用いることにより，実験室においても百万気圧を超える超高圧を発生させることが可能となった。この装置では，図1のように金属板にあけた小さな穴の中に試料を充填し，これを上下から，最も硬い物質であるダイヤモンドで圧縮することにより超高圧を得る。
　ダイヤモンドアンビルセルを用いて酸素を圧縮する実験を行った。これについて下の問いに答えよ。ただし，答えは有効数字2桁で記すこと。また，気体定数 $R=8.31×10^3$ 〔Pa・L/(mol・K)〕，アボガドロ定数 $N_A=6.0×10^{23}$ 〔mol^{-1}〕とする。

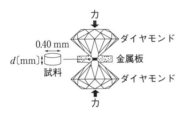

図1　ダイヤモンドアンビルセル

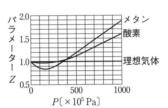

図2　Z と P の関係

★ 問1　実在気体は，理想気体の状態方程式

$$PV=nRT \quad \cdots(1)$$

を完全には満たさない。ここで，P，V および n は気体の圧力，体積および物質量を表し，T は温度である。理想気体からのずれを表すパラメーター Z は，

$$Z=\frac{PV}{nRT} \quad \cdots(2)$$

で与えられ，理想気体では Z は常に1である。図2は，メタン，酸素について，温度300 K における P と Z の関係を示したものである。低圧において，$Z<1$ となる原因を50字程度で述べよ。

★ 問2　高圧では $Z>1$ となる原因を50字程度で述べよ。

★★ 問3　温度300 K において，装置の試料空間に $1.0×10^6$ Pa の酸素を封入した。このとき，対向する2つのダイヤモンド面間の距離 d は 0.40 mm であった。これを圧縮し，内部の圧力が $8.0×10^7$ Pa に達したときの距離 d を求めよ。ただし，試料空間は常に直径 0.40 mm の円柱であり，加圧による温度の変化はなく，酸素の漏れはないものとする。また，酸素は $1.0×10^6$ Pa では理想気体とみなす。

| 東京大 |

標問 18 ファンデルワールスの状態方程式

解答・解説 p.46

扱うテーマ 実在気体の状態方程式，実在気体，理想気体

化学

1 mol の理想気体の状態方程式は，

$$PV = RT \quad \cdots(1)$$

と表される。この式は気体分子自身が占める体積を 0 と仮定し，また，分子間力が存在しないものと仮定している。実在気体では，分子はそれぞれ固有の大きさをもっており，また，分子間力が存在するので，この状態方程式は厳密には成り立たない。実在気体の状態方程式としてよく知られている式にファンデルワールスの状態式があり，(1)式に次の2つの補正を加えたものである。

〔補正1〕 分子間力に対する補正として，圧力は $P + \dfrac{a}{V^2}$ を用いる。

〔補正2〕 分子の大きさに対する補正として，体積は $V - b$ を用いる。

この2つの項を補正することにより，1 mol の実在気体の場合は，

$$\left(P + \frac{a}{V^2}\right)(V - b) = RT \quad \cdots(2)$$

になる。(2)式をファンデルワールスの状態式という。a, b は物質に特有の定数で，ファンデルワールス定数とよばれる。さらに，n〔mol〕の実在気体の場合は，(2)式の体積 V は 1 mol あたりの体積 (モル体積) であることに注意すると，

$$(P + \boxed{})(V - nb) = nRT \quad \cdots(3)$$

と表される。

問1 理想気体と実在気体との間にどのような関係があるか。最も適当なものを1つ選べ。

㋐ V (実在気体) $> V$ (理想気体) かつ P (実在気体) $> P$ (理想気体)

㋑ V (実在気体) $> V$ (理想気体) かつ P (実在気体) $< P$ (理想気体)

㋒ V (実在気体) $< V$ (理想気体) かつ P (実在気体) $> P$ (理想気体)

㋓ V (実在気体) $< V$ (理想気体) かつ P (実在気体) $< P$ (理想気体)

問2 一般に実在気体が理想気体の挙動に近づくのはどのような場合か。最も適当なものを1つ選べ。

㋐ 温度を上げて，かつ圧力を上げる。

㋑ 温度を上げて，かつ圧力を下げる。

㋒ 温度を下げて，かつ圧力を上げる。

㋓ 温度を下げて，かつ圧力を下げる。

★問3 $\boxed{}$ をうめよ。

| 東京医科歯科大 |

標問 19 蒸気圧(1)

扱うテーマ：蒸気圧を利用した状態の判定

液体窒素はいろいろなものを冷却する寒剤として一般に用いられる。液体窒素の沸点は圧力 1.0×10^5 Pa のもとで $-196\,°\text{C}$ である。

次図に示すような容積が 1 L のガラス球 I と 100 mL のガラス球 II をガラス管で連結した容器がある。今，この容器の中に，ある量の気体の窒素のみを封入し，圧力 1.0×10^5 Pa のもとで沸騰している液体窒素の中に浸す実験を行った。封入する気体の窒素の量により，容器内に液体窒素が生成する場合としない場合が観測された。下の問いに答えよ。ただし，連結部の容積および冷却した際の容器の収縮は無視するものとする。また気体は理想気体とする。

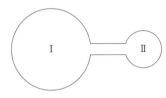

★ 問1　I と II をともに液体窒素に浸したとき，容器内に液体窒素が生成するのは，封入する気体の窒素の圧力が，温度 27°C で最低何 Pa を超えたときであるか。有効数字 2 桁で答えよ。

★★ 問2　II のみを液体窒素に浸したとき，容器内に液体窒素が生成するのは，封入する気体の窒素の圧力が，温度 27°C で最低何 Pa を超えたときであるか。有効数字 2 桁で答えよ。ただし，I の中の気体の窒素の温度は 27°C のままであるとする。

|京都大|

標問 20 蒸気圧(2)

扱うテーマ：蒸気圧，混合気体，蒸気圧曲線，混合気体の圧力

次の文章を読み，下の問いに答えよ。気体は理想気体とし，必要であれば，次の値を用いよ。

原子量…H：1.0　C：12　O：16
気体定数 $R = 8.3 \times 10^3$ Pa·L/(mol·K)

体積を自由に変えることができるピストン付きの容器に，窒素とジエチルエーテルを同じ物質量ずつ入れた。温度を 330 K にして，容器の体積を 6.0 L にしたとき，容器内のジエチルエーテルはすべて気体になっていた。このときの混合気体の全圧は 1.00×10^5 Pa であった。ジエチルエーテルの蒸気圧曲線は次図の通りである。

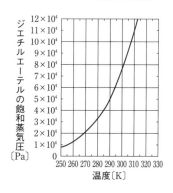

問1　ジエチルエーテルの物質量〔mol〕を求め，3桁目を四捨五入して有効数字2桁で記せ。

★問2　ピストンを動かして混合気体の全圧を 1.00×10^5 Pa に保ちながら，温度を 330 K から 267 K まで徐々に下げていった。以下のⓐ〜ⓓの各温度において，容器内にジエチルエーテルの液体が存在しているものをすべて選び，その記号を記せ。ない場合は「なし」と記すこと。

ⓐ　308 K　　ⓑ　300 K　　ⓒ　292 K　　ⓓ　284 K

★問3　問2の最後の状態（全圧 1.00×10^5 Pa，温度 267 K）における窒素の分圧〔Pa〕と混合気体の体積〔L〕を求め，3桁目を四捨五入して有効数字2桁で記せ。ただし，267 K におけるジエチルエーテルの飽和蒸気圧は 1.7×10^4 Pa とし，液体の体積は無視できるほど小さいとする。

★問4　問3において，凝縮（液化）していたジエチルエーテルの物質量〔mol〕を求め，3桁目を四捨五入して有効数字2桁で記せ。

｜名古屋工業大｜

標問 21 状態図とそのとり扱い方

扱うテーマ: 状態図, 物質の三態とその変化

水は温度, 圧力に応じて固体, 液体, 気体の状態を示す。物質が温度, 圧力に対してどの状態で存在しているのかを示した図は状態図とよばれる。右図は水の状態図を模式的に表している。図中の太い実線は各状態間の境界を表す。次の問いに答えよ。

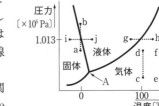

問1 図中の点Aは三重点とよばれる。三重点に関する記述として, 最も適切なものを次の㋐～㋓から選び, 記号で答えよ。

㋐ 三重点に到達する経路によって, 固体または液体または気体となる。
㋑ 固体と液体と気体が共存する状態である。
㋒ 固体と液体と気体の中間的な状態である。
㋓ 時間によって, 固体と液体と気体のいずれかが現れる。

★問2 図中の破線上をa………bに沿ってゆっくりと加圧したとき, 圧力（横軸）に対する体積（縦軸）の変化の特徴を表す図として, 最もふさわしいものを次の㋐～㋕から選び, 記号で答えよ。ただし, 図中の破線a………bと実線の交点の圧力は 1.0×10^5 Pa とする。

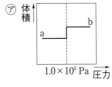 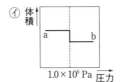 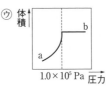

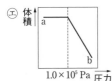 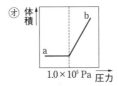 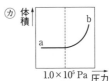

問3 図中の破線上をc………dおよびe………fに沿ってゆっくりと加圧したとき, 圧力（横軸）に対する体積（縦軸）の変化の特徴を表す図として, 最もふさわしいものを次の㋐～㋕から選び, 記号で答えよ。

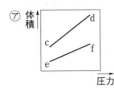 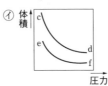 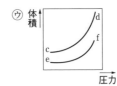

第1章 理論化学

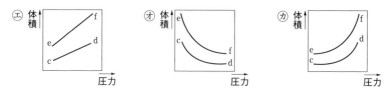

★ 問4 図中の破線上を g ……… h に沿ってゆっくりと加熱したとき，温度（横軸）に対する体積（縦軸）の変化の特徴を表す図として，最もふさわしいものを次の㋐～㋕から選び，記号で答えよ。ただし，図中の破線 g ……… h と実線の交点の温度は 100℃ とする。

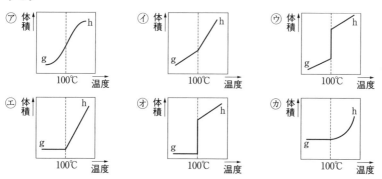

★ 問5 図中の破線上を i ……… j に沿ってゆっくりと加熱したとき，温度（横軸）に対する与えた熱量（縦軸）の変化の特徴を表す図として，最もふさわしいものを次の㋐～㋕から選び，記号で答えよ。ただし，図中の破線 i ……… j と実線の交点の温度は 0℃ とする。

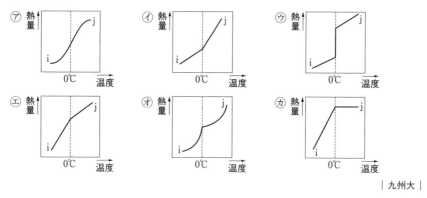

|九州大|

標問 22 水蒸気蒸留

扱うテーマ：水蒸気蒸留，混合気体，蒸気圧，蒸気圧曲線

水蒸気蒸留とは，沸点の高い液体を低い温度で留出させたいときに用いる蒸留方法で，図1に示す装置を用いて行う。とくに熱に不安定な天然物の精製などに広く応用されている。

水と水に不溶な有機化合物を混合した不均一な混合物の全蒸気圧 p は，それぞれが共通する外圧に対して独立に圧力をおよぼすため，有機化合物の蒸気圧を p_O，水の蒸気圧を p_W とするとき(1)式で表される。

$$p = p_O + p_W \quad \cdots(1)$$

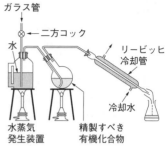

図1 水蒸気蒸留装置

したがって，全蒸気圧 p が 760 mmHg 以上になれば混合物は沸騰するから，100℃以下の温度で有機化合物を蒸留することができる。このときの有機化合物の物質量〔mol〕を n_O，水の物質量〔mol〕を n_W とすれば，留出液中の有機化合物と水の物質量比は(2)式で表すことができる。

$$\frac{n_O}{n_W} = \boxed{} \quad \cdots(2)$$

さらに，留出液中の有機化合物の質量を W_O，水の質量を W_W，有機化合物の分子量を M_O，水の分子量を M_W とすれば，この留出液中の質量比は(3)式で表すことができる。

$$\frac{W_O}{W_W} = \boxed{} \quad \cdots(3)$$

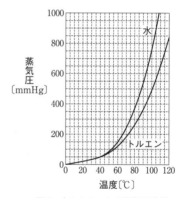

図2 水とトルエンの蒸気圧曲線

この結果から，有機化合物 1 g あたりに必要な水の質量を求めることができる。水の分子量が小さいことは，有機化合物を蒸留するのに好都合であることがわかる。

問1 (2)式の右辺を p と p_W を用いて表せ。

問2 (3)式の右辺を p_O，p_W，M_O，M_W を用いて表せ。

★問3 例として図2にトルエンおよび水それぞれの蒸気圧曲線を示す。これを参考にして，大気圧が 760 mmHg のときのトルエンと水の混合物の沸点を推定せよ。

★問4 水蒸気蒸留によりトルエン 1.0 g と一緒に留出する水の質量を有効数字2桁で求めよ。計算過程も書け。ただし，トルエンの分子量は 92，H_2O の分子量は 18 とする。

｜千葉大｜

標問 23 分留

扱うテーマ：混合気体，分圧，沸騰

解答・解説 p.56

物質の状態変化は，化学工業における分離操作に広く利用されている。例えば，蒸留（分留）の場合，2種類の揮発性物質の液体混合物を加熱し，目的物質を多く含む蒸気を再び液体に戻して回収する操作を繰り返すことにより，目的物質の濃度を高めることができる。

〔I〕 図1には，大気圧において，各々207 gのエタノール，水（液体），または，エタノール-水混合物に，単位時間当たり一定の熱量 M〔J/分〕を加えていったときの温度上昇の様子を示している。エタノールの沸点は約78℃，水の沸点は100℃で一定値を示すが，エタノール-水混合物の場合，沸騰が始まってからも一定の温度を示さず，温度は上昇する。ここで，沸点に達するまでの温度における蒸気圧は考慮しないものとする。

問1 図1の区間Aの加熱過程で，エタノール-水混合物の状態を説明するあ～おの文章のうち，間違っているものをすべて選び，記号で答えよ。

あ 液体混合物の沸点が変化している。
い 液体混合物に含まれるエタノールと水が蒸発している。
う 熱量は液体温度の上昇のみに使われている。
え 液体中の水のモル分率が増加している。
お 気体中のエタノールと水の分圧の比は一定値を示す。

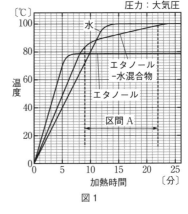

図1

問2 水（液体）1 molの温度を1 K 上昇させるための熱量（モル比熱）を75.3 J/(mol·K)とする。図1に示す結果に基づいて，問題文中の M，および，エタノールのモル比熱〔J/(mol·K)〕を計算し，有効数字2桁で答えよ。原子量はH=1.0，C=12，O=16 とする。

★〔II〕 物質の出入りのない容器内でエタノール-水混合物を沸騰させた。このとき，大気圧を保ったまま沸騰する温度を一定に保つと，液体と気体が共存する平衡状態になる。ここで，液体混合物が沸騰する温度と平衡状態にある液体中のエタノールのモル分率の関係は，図2の曲線Lのように示される。また，液体混合物から蒸発する気体の温度と，平衡状態にある気体中のエタノールのモル分率の関係は曲線Gのように示され，液体混合物とは異なる組成となる。例えば，モル分率が0.1のエタノール-水混合物（液体）を加熱すると87℃で沸騰するが（曲線L上の点(i)），図2の曲線Gから，

この温度において平衡状態にある気体中のエタノールのモル分率は 0.43 であることが読みとれる。この気体(エタノールと水の混合蒸気)を冷却してすべて凝縮させると、モル分率 0.43 のエタノール-水混合物(液体)が得られる。

問3 下線部について、87°C で平衡状態にある気体中に存在するエタノールの分圧は、水(蒸気)の分圧の何倍になるか、有効数字 2 桁で答えよ。

問4 モル分率 0.05 のエタノール-水混合物(液体)を原料として、下線部と同様に、組成一定で加熱し、沸騰した温度で平衡状態にある気体を凝縮させる操作を行う。凝縮して得られる液体混合物におけるエタノールのモル分率を、有効数字 2 桁で答えよ。

問5 モル分率 0.05 のエタノール-水混合物(液体)を原料として、下線部と同様に、組成一定で加熱し、沸騰した温度で平衡状態にある気体を凝縮させて液体混合物を得て、それを新しい原料として下線部と同様の操作を繰り返す。最終的にモル分率 0.66 以上のエタノール-水混合物(液体)を得るために必要な繰り返し操作の回数を答えよ。また、回数の根拠を、解答用紙の温度-組成図に、図2の点線にならって補助線を描くことにより示せ。

| 大阪大 |

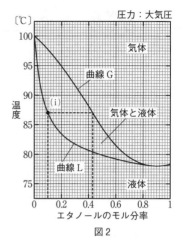

図2

〈解答用紙の図〉
問5の解答に使用する温度-組成図

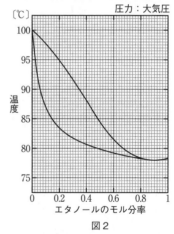

図2

| 標問 **24** | 溶液の濃度 | 解答・解説 p.58 |

扱うテーマ ▶ 溶液，溶液の濃度　　　　　　　　　　　　　　　　　　　　　　　　化学基礎・化学

★　次の文中の　1　～　5　に該当する最も適切なものを，それぞれの {解答群} から選べ。ただし，25℃におけるオクタン，ベンゼンの密度をそれぞれ 0.70 g/cm^3，0.87 g/cm^3 とし，1 L＝10^3 cm^3 とする。また，原子量は，H＝1.0，C＝12 とする。なお，オクタンを溶質とし，ベンゼンを溶媒とする。

　40 mL のオクタン C_8H_{18} と 30 mL のベンゼン C_6H_6 を混合した。この混合溶液の 25℃における密度は 0.76 g/cm^3 であった。この混合溶液の質量は　1　g であり，体積は　2　mL である。また，この混合溶液中のオクタンのモル濃度は　3　mol/L，質量パーセント濃度は　4　% となる。次に，この混合溶液に，さらに　5　mL のベンゼンを加えて混合したところ，25℃におけるオクタンの質量モル濃度は 4.7 mol/kg になった。

{　1　，　2　，　4　，　5　に対する解答群}

　① 10　　② 20　　③ 30　　④ 35　　⑤ 40　　⑥ 43　　⑦ 50

　⑧ 52　　⑨ 54　　⓪ 57　　ⓐ 60　　ⓑ 62　　ⓒ 69　　ⓓ 70

　ⓔ 71　　ⓕ 75　　ⓖ 80　　ⓗ 90　　ⓘ 92　　ⓙ 100

{　3　に対する解答群}

　① 0.17　　② 0.42　　③ 3.5　　④ 3.8　　⑤ 4.2　　⑥ 6.7

| 近畿大 |

36

標問 25 固体の溶解度

扱うテーマ: 固体の溶解度，溶液の濃度，結晶水をもつ物質の溶解度

〔Ⅰ〕 次の問1, 2に，単位を付けて有効数字3桁で答えよ。

問1 20°Cにおいて，硫酸銅(Ⅱ) $CuSO_4$ の溶解度（水100gに対する溶質の質量〔単位 g〕）は 20.2 である。20°Cにおける硫酸銅(Ⅱ)飽和水溶液の濃度を，質量パーセント濃度で示せ。

問2 問1の20°Cの硫酸銅(Ⅱ)飽和水溶液から，モル濃度 0.0500 mol/L の硫酸銅(Ⅱ)水溶液を 1.00 L つくるとき，必要な硫酸銅(Ⅱ)飽和水溶液の質量を求めよ。硫酸銅(Ⅱ)の式量は 160 とする。

|高知大|

★〔Ⅱ〕 60°Cにおける硫酸銅(Ⅱ)の飽和水溶液 100 g を 20°C まで冷却すると，質量 x〔g〕の $CuSO_4 \cdot 5H_2O$ が析出した。このとき，20°Cにおける水溶液中に溶解している $CuSO_4$（無水物）の質量〔g〕はどのように表されるか。次の①〜⑨から正しいものを2つ選び，番号で答えよ。ただし，$CuSO_4$ の式量を M，H_2O の分子量を m とし，20°C，60°C における硫酸銅(Ⅱ)の水に対する溶解度（水100gに溶けうる無水物の最大質量〔g〕の数値）をそれぞれ S_{20}，S_{60} とする。

① $\dfrac{(S_{60}-x)M}{M+5m}$ ② $\dfrac{100 S_{60}}{100+S_{60}} - \dfrac{Mx}{M+5m}$ ③ $\dfrac{100^2}{100+S_{60}} - \dfrac{Mx}{M+5m}$

④ $\dfrac{100 S_{60}(M+5m)}{100M - 5m S_{60}} - \dfrac{Mx}{M+5m}$ ⑤ $\dfrac{(100-x)S_{20}}{100}$

⑥ $\dfrac{(100-x)S_{20}}{100-S_{20}}$ ⑦ $\dfrac{(100-x)S_{20}}{100+S_{20}}$ ⑧ $\dfrac{(100-x)(100+S_{20})}{S_{20}}$

⑨ $\dfrac{100(S_{60}-S_{20})}{100-x}$

|東京工業大|

標 問	26	ヘンリーの法則	解答・解説 p.62

扱う
テーマ 気体の溶解度，ヘンリーの法則   化学

次の文章を読み，下の問いに答えよ。気体定数 $R=8.3\times10^3$〔Pa・L/(mol・K)〕とし，解答の数値は有効数字2桁で求めよ。

気体の溶解度は，溶媒に接している気体の圧力が 1.01×10^5 Pa のとき，溶媒（1 L あるいは 1 mL）に溶解する気体の体積を標準状態に換算して表すことが多い。いま，二酸化炭素の水 1 mL への溶解度を 17℃ で 0.95 mL，37℃ で 0.57 mL であるとして，ヘンリーの法則が成り立つとする。ただし，気体は理想気体とし，密閉容器内での水蒸気の分圧は無視できるものとし，容器および水の膨張はないものとする。

問1　二酸化炭素の分圧が 1.01×10^5 Pa のとき，水 1 L に溶解することができる二酸化炭素の物質量は 17℃，37℃ でそれぞれいくらか。

★ 問2　17℃，2.02×10^5 Pa の条件で二酸化炭素を水と溶解平衡になるように密閉した。そのとき，容器内での液体の体積は 1 L であり，気体の体積は 0.1 L であった。この容器内の液体中に存在する二酸化炭素の物質量および気体中に存在する二酸化炭素の物質量はそれぞれいくらか。

★★ 問3　次に，この密閉容器を 37℃ に保って再び平衡状態にした。37℃ において溶解平衡にある容器内の圧力〔Pa〕はいくらか。

名城大(薬)

標問 27 希薄溶液の性質(1)

扱うテーマ：希薄溶液，蒸気圧降下

★★　次図に示したように，密閉できるガラス製容器中に，質量パーセントで1.17％の塩化ナトリウム水溶液，1.11％の塩化カルシウム水溶液，6.84％のスクロース水溶液をそれぞれ100gずつ入れたビーカーA, B, Cを置き，空気を除いたのち栓Sを閉じて長時間一定温度で放置した。

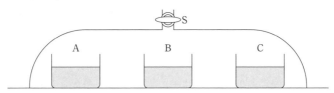

この実験に関する次の①〜⑥の記述のうち，正しいものはどれか。ただし，蒸気圧降下度は全溶質粒子の質量モル濃度に比例するものとし，塩化ナトリウム，塩化カルシウム，スクロースの式量または分子量は，それぞれ58.5, 111, 342とする。さらに塩は完全に電離しているものとする。

① A, Bの質量は増加し，Cの質量は減少する。
② A, Cの質量は増加し，Bの質量は減少する。
③ B, Cの質量は増加し，Aの質量は減少する。
④ A, Bの質量は減少し，Cの質量は増加する。
⑤ A, Cの質量は減少し，Bの質量は増加する。
⑥ B, Cの質量は減少し，Aの質量は増加する。

|東京工業大|

| 標問 28 | 希薄溶液の性質(2) | 解答・解説 p.66 |

扱うテーマ　希薄溶液，沸点上昇，凝固点降下　　　　　　　　　　　　　　　　化学

次の文中の□□□に入れる数式は本文中の記号を用いて記せ。(　)に入れる数値は小数点以下3桁まで求めよ。また，{　}に最も適当なものを{解答群}から選べ。

沸点上昇度Δt〔K〕は，溶液の質量モル濃度に比例し，その比例定数K_b〔K・kg/mol〕は，質量モル濃度が1mol/kgのときのΔt〔K〕に等しい。この比例定数K_b〔K・kg/mol〕は溶媒の種類によって決まり，溶質の種類には関係しない。いま，モル質量がM〔g/mol〕の非電解質x〔g〕が溶媒y〔g〕に溶けているとすると，Δt〔K〕は①式によって表される。

$$\boxed{\quad 1 \quad} \quad \cdots ①$$

グルコース(モル質量180 g/mol) 0.900 gを水100 gに溶かして溶液Aを調製すると，その溶液Aの沸点は水の沸点よりも0.026 K高くなった。したがって，尿素(モル質量60.1 g/mol) 6.01 gを水1.00 kgに溶かすと，その溶液の沸点は水の沸点よりも(　2　)K上昇すると計算できる。凝固点降下においても，①式と同様な関係が成り立つ。このとき，Δt〔K〕を凝固点の差(凝固点降下度)とし，質量モル濃度が1 mol/kgのときの凝固点降下度を比例定数K_f〔K・kg/mol〕とする。しかし，溶質が電解質の場合や，溶液中で2個以上の溶質分子が水素結合などによって結びつく場合には注意が必要である。例えば，塩化ナトリウム(モル質量58.4 g/mol)が水溶液中で完全に電離すると考えると，上のグルコースの水溶液Aと同じ沸点を示す塩化ナトリウムの水溶液をつくるためには，水200 gに塩化ナトリウム(　3　)gを溶かす必要がある。

また，酢酸をベンゼンに溶かすと，右の②式で示すように酢酸はその2分子の間で水素結合

$$2CH_3-C\overset{O}{\underset{O-H}{\big\langle}} \rightleftharpoons CH_3-C\overset{O\cdots H-O}{\underset{O-H\cdots O}{\big\langle}}C-CH_3 \quad \cdots②$$

酢酸　　　　　　　　　酢酸の二量体

して二量体1分子を形成するので，ベンゼン溶液中には酢酸とその二量体が存在する。このため，その溶液の凝固点降下度は，ベンゼンのK_f〔K・kg/mol〕と溶液の質量モル濃度とから計算した凝固点降下度よりも{　4　}値を示す。

いま，酢酸のモル質量をM_1〔g/mol〕とする。酢酸z〔mol〕を一定量のベンゼンに溶かしたとき，見かけのモル質量としてM_2〔g/mol〕が得られた。このとき，酢酸α〔mol〕が二量体になっていたとすると，この溶液中には{★ 5 }〔mol〕の酢酸と{★ 6 }〔mol〕の二量体が存在するので，これらの物質量の和は{★ 7 }〔mol〕となる。M_2〔g/mol〕は，酢酸およびその二量体のモル質量と，それらが溶液中に存在する割合から求めることができるので，α〔mol〕は③式によって表される。

$$\boxed{\overset{\bigstar\bigstar}{\quad 8 \quad}} \quad \cdots③$$

{解答群}　㋐ $\dfrac{\alpha}{4}$　㋑ $\dfrac{\alpha}{2}$　㋒ α　㋓ 2α　㋔ $z-\dfrac{\alpha}{4}$　㋕ $z-\dfrac{\alpha}{2}$　㋖ $z-\alpha$

㋗ $z-2\alpha$　㋘ $2z-\dfrac{\alpha}{2}$　㋙ $2z-\alpha$　㋚ 小さい　㋛ 大きい　｜関西大｜

40

標問 29 冷却曲線

扱うテーマ：溶媒の冷却曲線，溶液の冷却曲線，凝固点降下

次の文章を読み，下の問いに答えよ。必要があれば右の値を用いよ。

元　素	Na	Cl
原子量	23.0	35.5

塩化ナトリウム NaCl は，ナトリウムイオン Na$^+$ と塩化物イオン Cl$^-$ が静電気的引力により結びついたイオン結晶である。強いイオン結合で結びついた NaCl 結晶ではあるが，①極性溶媒である水に入れるとその結合は切れ，Na$^+$ と Cl$^-$ に電離して水和イオンとなり，溶解する。

1気圧のもとで，純水は 0℃ で凍るが，NaCl を水に溶かすと，凝固しはじめる温度は 0℃ 以下になる。このような現象を凝固点降下とよぶ。凝固点は冷却曲線を調べることにより知ることができる。例えば，純水をゆっくり冷やしていくと 0℃ で氷が析出しはじめ，すべて氷になるまで 0℃ のままである。したがって，冷却曲線は，図 1-1 のように 0℃ においてある時間一定となる。

いま，ある濃度の NaCl 水溶液をゆっくり冷やしたときの冷却曲線が，図 1-2 のようになったとする。溶液が十分希薄であるとすると，凝固点降下度から，この NaCl 水溶液の濃度 (質量パーセント) は ▢ a ▢ ％ と見積もられる。

NaCl は，30℃ では濃度 27％ まで水に溶ける。30℃ でいろいろな濃度の NaCl 水溶液を準備し，冷却曲線を調べた。その結果，凝固点は，濃度が低い水溶液を用いた実験では濃度に比例して降下し，濃度が高くなると比例関係からずれてさらに降下するようになった。しかしながら，②凝固点は，濃度 23％ の水溶液で最も低い温度に達したのち，それ以上の濃度の水溶液では変化しなくなった。

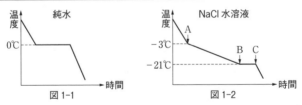

図 1-1　　　図 1-2

問1　下線部①について，水溶液中で Na$^+$ は水分子とどのように結びついて存在しているか説明せよ。

問2　▢ a ▢ を有効数字2桁で求めよ。ただし，水のモル凝固点降下は 1.85 K·kg/mol とし，塩化ナトリウムは水溶液中ですべて電離しているとする。

★ 問3　図 1-2 に示す冷却曲線において，A 点 (−3℃) と B 点 (−21℃) の間で冷却曲線が右下がりになる理由を，この間で起きている状態の変化にもとづいて述べよ。

★★ 問4　下線部②について，最も低い凝固点は何℃か。

東京大

標問 30 希薄溶液の性質(3)

扱うテーマ：浸透圧

溶媒を自由に通し，溶質を全く通さない半透膜を，右図のようにU字管に固定する。このU字管のA側に溶媒を，B側に溶液を，両液面の高さが等しくなるように入れる。しばらく放置すると，両液面の差は h で一定となり，平衡に達する。このときのB側の溶液の浸透圧は，液面差 h から求められる。

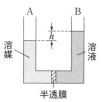

いま，この溶液は希薄溶液であり，この溶質を非電解質とすると，浸透圧 π は，気体定数 R，絶対温度 T，溶液の体積 V，溶質の分子量 M，および溶質の質量 W を用いて，

$$\pi = \frac{W}{MV}RT$$

と表される。次の問いに答えよ。ただし，温度 T，溶液の濃度 $\dfrac{W}{V}$ は一定に保つものとする。

問1 次の文中の｛　｝の中から最も適した語句を選び，その番号を記せ。

外気圧を2倍にすると，h はもとの値と比較して

｛①　2倍になる　　②　$\dfrac{1}{2}$ 倍になる　　③　変わらない｝。

★ 問2 次の文中の ☐ に適した数値を記せ。

h を2倍にするためには，もとの溶質の ☐ 倍の分子量をもつ溶質を用いればよい。

★★ 問3 次の文中の ☐ に適した式を記せ。

いま，溶質の分子量が M_1 のとき $h=h_1$ であり，M_2 のとき $h=h_2$ であるとする。この互いに反応しない2種の溶質を同じ物質量ずつ含む溶液では，$h=h_3$ となった。比 $\dfrac{h_1}{h_3}$ および $\dfrac{h_2}{h_3}$ は，M_1，M_2 を用いると，

$$\frac{h_1}{h_3} = \boxed{\text{a}}$$

$$\frac{h_2}{h_3} = \boxed{\text{b}}$$

と表される。

京都大

標問 31 希薄溶液の性質(4)

扱うテーマ：浸透，浸透圧

人体の水分（体液）が急速に失われた場合，体液バランスの補正や維持のために ㋐0.9%（質量パーセント濃度）塩化ナトリウム水溶液を体内に補う医療行為が行われる。その理由として，人では血液から血球を除いた成分（血しょう）の浸透圧が 0.9% 塩化ナトリウム水溶液の浸透圧と等しいことが知られているからである。

しかし，血しょうの浸透圧は電解質のみによるものでなく，血液中に存在するタンパク質や糖なども寄与している。実際には，血液中のタンパク質濃度低下により，むくみが生じることが知られている。そこで，㋑血しょう中に存在する分子量 1 万以上の高分子が寄与する浸透圧について図 a，b のような装置を用いて調べた。

【実験 1】 素焼きの円筒容器の壁に，はがれないように半透膜を接着させた。半透膜を隔てて円筒容器の内側と外側に蒸留水と 0.9% 塩化ナトリウム水溶液を入れた。その際，円筒容器の内側と外側の液面の高さが同じになるように加えた。そのまましばらく放置したが，液面の高さに変化は生じなかった（図 a）。

【実験 2】 実験 1 と同じ半透膜を用いて，円筒容器の内側と外側に血しょうと 0.9% 塩化ナトリウム水溶液を入れた。その際，円筒容器の内側と外側の液面の高さが同じになるように加えた。しばらくすると，ガラス管内の液面が上昇し，両液面の差 (h) が 40 cm で平衡状態となった（図 b）。

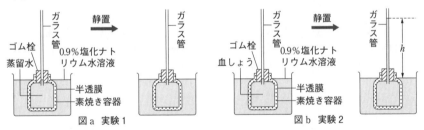

測定での温度条件は 27°C とし，素焼きの容器は半透膜を隔てた物質の移動には関与しない。原子量は Na＝23.0，Cl＝35.5，気体定数 $R=8.31×10^3$ Pa・L/(mol・K) とする。

問 1 27°C における下線部㋐の浸透圧〔Pa〕を有効数字 3 桁で答えよ。ただし，塩化ナトリウム水溶液の濃度は 0.900%，水溶液の密度は 1.00 g/cm³，塩化ナトリウムの電離度は 1.00 とする。

★ 問 2 この実験に使用する半透膜として，どのような性質をもった膜が適切であるか，20 字以内で簡潔に述べよ。

★★ 問 3 液面差が 40.0 cm のとき，下線部㋑の浸透圧〔Pa〕を有効数字 3 桁で答えよ。0.9% 塩化ナトリウム水溶液の密度は 1.00 g/cm³，血しょうの密度を 1.02 g/cm³ とし，液の移動による密度の変化は考えないこととする。水銀柱では 27°C，$1.01×10^5$ Pa のとき，高さは 76.0 cm，水銀の密度は 13.6 g/cm³ である。

｜東京医科歯科大

| 標問 | **32** | **熱化学計算(1)** | 解答・解説 p.74 |

扱うテーマ　反応熱，熱化学方程式，ヘスの法則　　　　　　　　　　　　　　　化学

★〔Ⅰ〕　近年，メタンハイドレートとよばれるメタンの水和物が，日本近海の海底に多量に存在することが明らかになった。メタンハイドレートは水分子とメタン分子とからなる氷状の固体結晶である。高濃度にメタンを蓄える性質から「燃える氷」としても知られており，新しいエネルギー資源としてその有効利用に大きな期待が寄せられている。

　以下の式を用いて，メタンハイドレート(固体)の完全燃焼を熱化学方程式で記せ。ただし，式中でメタンハイドレートを $4CH_4 \cdot 23H_2O$(固)と表す。また，燃焼後の水はすべて液体とする。

$4CH_4 \cdot 23H_2O$(固) $= 4CH_4$(気) $+ 23H_2O$(液) $+ Q_1$〔kJ〕　　…(1)

C(黒鉛) $+ 2H_2$(気) $= CH_4$(気) $+ Q_2$〔kJ〕　　　　　　　…(2)

C(黒鉛) $+ O_2$(気) $= CO_2$(気) $+ Q_3$〔kJ〕　　　　　　　　…(3)

H_2(気) $+ \dfrac{1}{2}O_2$(気) $= H_2O$(液) $+ Q_4$〔kJ〕　　　　　　…(4)

| 東京大 |

★★〔Ⅱ〕　メタンやエタンの燃焼によって CO_2 と H_2O が生成する。生成する H_2O が液体であるときのエタンの燃焼熱を，下の表を用いて求めよ。

CH_4(気体)の燃焼熱	890 kJ/mol	H–H の結合エネルギー	431 kJ/mol
H_2O(液体)の生成熱	285 kJ/mol	C–H の結合エネルギー	412 kJ/mol
CO_2(気体)の生成熱	393 kJ/mol	C–C の結合エネルギー	347 kJ/mol

| 北海道大 |

| 標 問 | **33** | **熱化学計算(2)** | 解答・解説 p.78 |

扱うテーマ　反応熱，熱化学方程式　　　　　　　　　　　　　　　　　　　　　　　　　化学

次表は，分子中の結合をすべて切断して，個々の原子に分解するために要するエネルギー E を記したものである。

分子 (気体)	E [kJ/mol]
CO	1,074
CO_2	1,605
N_2	946
NH_3	1,170
H_2O	928

上表と次の熱化学方程式を必要に応じて利用し，下の問いに答えよ。計算結果は，小数第1位を四捨五入して記せ。なお C の原子量を 12.0 とせよ。

$$C\,(黒鉛) \ + \ \frac{1}{2}O_2\,(気) \ = \ CO\,(気) \ + \ 109\,kJ$$

$$N_2\,(気) \ + \ 3H_2\,(気) \ = \ 2NH_3\,(気) \ + \ 92\,kJ$$

$$H_2\,(気) \ + \ \frac{1}{2}O_2\,(気) \ = \ H_2O\,(気) \ + \ 242\,kJ$$

★ 問1　黒鉛 10 g をすべて個々の原子の状態に分解するために要するエネルギーは何 kJ か。

★ 問2　黒鉛 10 g を完全燃焼させたときに生じる発熱量は何 kJ か。

| 東京大 |

第 1 章　理論化学　　45

| 標 問 | **34** | **イオン結晶に関する熱サイクル** | 解答・解説 p.80 |

扱う テーマ ▶ 格子エネルギー　　　　　　　　　　　　　　　　　　　　　　　　　　　化学

イオン結晶 1 mol を分解して，それを構成するイオンの気体にするのに必要なエネルギーを格子エネルギーという。NaCl（固）の場合，関連する熱化学方程式は次表の通りである。

熱化学方程式	反応熱
Na（固）$=$ Na（気）$-$ 89 kJ　　　　　　　　…①	昇華熱
Na（気）$=$ Na^+（気）$+$ e^- ☐ イ ☐ 496 kJ　…②	（　A　）
Cl_2（気）$=$ 2Cl（気）☐ ロ ☐ 244 kJ　　　…③	結合エネルギー
Cl（気）$+$ e^- $=$ Cl^-（気）☐ ハ ☐ 349 kJ　…④	（　B　）
Na（固）$+$ $\dfrac{1}{2}Cl_2$（気）$=$ $NaCl$（固）$+$ 413 kJ …⑤	生成熱
☐　　　　　　　　　　　　　　　　　　　　　…⑥	格子エネルギー

問1　表中の ☐ イ ☐ ～ ☐ ハ ☐ に適する符号を＋または－で書け。

問2　表中の（　A　）と（　B　）に最も適する反応熱の名称を書け。

問3　NaCl（固）の格子エネルギーを Q〔kJ/mol〕として，⑥式の熱化学方程式を書け。ただし，$Q>0$ とする。

★ 問4　Qの値を求めよ。

| 早稲田大（理工）|

46

標問 35 反応熱測定実験

扱うテーマ：反応熱の測定，比熱

次の実験に関する文章を読み，下の問いに答えよ。

物質が反応するときには多くの場合，熱の出入りをともなう。酸化マグネシウムを塩酸と反応させた場合の反応熱を測定するため，次の実験を行った。

実験：1.5 mol/L の塩酸 100 mL を<u>測定用の容器</u>に入れ，液の温度を温度計で測定した。1.00 g の酸化マグネシウムをはかりとり，この測定容器にすばやく移し入れた。この移し入れた時間をゼロとして，十分にかくはんしながら溶液温度の時間変化を測定した。

実験で観察された温度の時間変化をグラフにかくと，次のようになった。

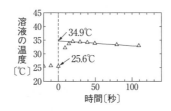

★ **問1** 下線部の測定容器として最も適切と思われるものを次のⒶ〜Ⓕから選び，その理由を 40 字以内で述べよ。

Ⓐ ガラス製 200 mL ビーカー
Ⓑ ガラス製 500 mL ビーカー
Ⓒ 発泡ポリスチレン製 200 mL カップ
Ⓓ 発泡ポリスチレン製 500 mL カップ
Ⓔ ステンレス製 200 mL カップ
Ⓕ ステンレス製 500 mL カップ

★★ **問2** ①<u>実験操作で発生した熱量〔kJ〕</u>および②<u>酸化マグネシウムと塩酸の反応熱〔kJ/mol〕</u>を求める式を示せ。酸化マグネシウムのモル質量 m〔g/mol〕，塩酸の密度 d〔g/mL〕，溶液の比熱 C〔J/(g・K)〕および問題文中に与えられた数値を用いよ。ここで酸化マグネシウムはすべて反応したとする。

式の書き方の例： $\dfrac{0.16C(m+1.5)}{5d}$

|名古屋大|

標問 **36** 反応速度

解答・解説 p.84

扱う テーマ　反応速度，反応速度式，活性化エネルギー

化学

水溶液中の過酸化水素 H_2O_2 の分解反応は，

$$2H_2O_2 \longrightarrow 2H_2O + O_2 \quad \cdots(1)$$

と表され，その反応速度は，単位時間あたりの H_2O_2 の分解量，または，酸素の生成量を測定することによって求められる。H_2O_2 のモル濃度 $[H_2O_2]$ の変化の速度は，次式のように $[H_2O_2]$ に比例することが実験的にわかっている。

$$-\frac{d[H_2O_2]}{dt} = k[H_2O_2] \quad \cdots(2)$$

ここで，t は時間，k は比例定数である。この k は速度定数とよばれ，反応温度によって変化し，絶対温度 T との間に次の関係式(3)が成立する。

$$\log_e k = -\frac{E_a}{RT} + C \quad \cdots(3)$$

ただし，E_a は反応の活性化エネルギー，R は気体定数，C は定数である。

さて，水溶液中の H_2O_2 は常温ではほとんど分解しないが，少量の酸化マンガン(IV)や鉄(III)イオン，または酵素であるカタラーゼなどの触媒が存在すると速やかに分解して酸素を発生する。

いま，塩化鉄(III)を触媒とし，ふたまた試験管とメスシリンダーを用いて，H_2O_2 が分解して発生する酸素の量をいろいろな温度で測定した。次の問いに答えよ。

★ 問1　25℃で過酸化水素水に触媒として塩化鉄(III)を加え，H_2O_2 の分解反応を H_2O_2 量の減少で観察した。次表に各反応時間における $[H_2O_2]$ の値を示した。このデータを用いて，H_2O_2 の分解は一次反応であることを示し，速度定数 k の値を求めよ。

t [min]	$[H_2O_2]$ [mol/L]
0	0.542
1	0.497
2	0.456
3	0.419

〈H_2O_2 の分解反応中の濃度変化 (25℃)〉

★★ 問2　絶対温度 T_1，T_2 における速度定数がそれぞれ k_1，k_2 であるとすれば，活性化エネルギー E_a はどのような式で表されるか。

慶應義塾大(医)

標 問	**37**	平衡定数と平衡移動(1)	解答・解説 p.86

扱うテーマ　化学平衡の法則（質量作用の法則），平衡定数，平衡移動　　　　　　　　　　　　　化学

温度 T において，容積可変の反応容器中で次の気体反応が平衡状態に達している。

$$N_2 + 3H_2 \rightleftarrows 2NH_3$$

この反応の濃度平衡定数 K_c と圧平衡定数 K_p は，次のように表される。

$$K_c = \frac{[NH_3]^2}{[N_2][H_2]^3}$$

$$K_p = \frac{\{p(NH_3)\}^2}{p(N_2) \cdot \{p(H_2)\}^3}$$

ここで $[x]$ は気体成分 x の濃度であり，$p(x)$ はその分圧である。

問1　気体成分 x の物質量を $n(x)$，反応容器の容積を V とするとき，気体成分 x の濃度 $[x]$ はどのような式で表されるか。

★ 問2　理想気体の状態方程式を仮定して，2つの平衡定数の比 $\left(\dfrac{K_c}{K_p}\right)$ を求めよ。気体定数は R で表せ。

★ 問3　上記の平衡混合物の温度と反応容器の容積を一定にしたまま，貴ガスのアルゴンを反応容器に注入した。アルゴンの添加により反応に関与する気体成分の分圧には，どのような変化が現れたか。

★ 問4　上記の平衡混合物の温度は一定のまま，貴ガスのアルゴンを反応容器に注入した。このとき，アルゴンガス注入の前後において混合気体の全圧が同じになるように，反応容器の容積を変化させた。アンモニアの分圧 $p(NH_3)$ は，アルゴンの添加により減少したか，それとも増加したか。

★★ 問5　上記の問3および問4の条件下でアルゴンを加えた場合，どのような変化が起きたか。⑦～⑨の記号で答えよ。

　⑦　平衡の移動は起こらなかった。

　⑦　平衡は右側に移動した。

　⑦　平衡は左側に移動した。

| 金沢大 |

第1章　理論化学　　49

標問 38 平衡定数と平衡移動(2)

扱うテーマ： ルシャトリエの原理，平衡定数，平衡移動

化学反応の中には，正反応と逆反応の両方が起こるものがあり，そのような反応を可逆反応という。可逆反応は，ある反応条件のもとで平衡状態になる。平衡状態にある化学反応の条件（濃度・圧力・温度など）を変化させると，新しい条件下での平衡状態になる。ここで次の反応式で表される可逆反応を考える。

$$2NO_2 (気体，赤褐色) \rightleftarrows N_2O_4 (気体，無色)$$

この NO_2 と N_2O_4 の間の平衡定数は $K = \dfrac{[N_2O_4]}{[NO_2]^2}$ と書ける。体積 V [L] の容器中に NO_2 を n [mol] 採取し，平衡に到達させる。n [mol] の NO_2 のうち αn [mol] （$0 \leq \alpha \leq 1$）が N_2O_4 に変化したとすると，平衡定数 K は n, α, V で表される。

温度一定下で圧力を変化させると平衡がどのように移動するかを調べるため，次の実験を行った。

注射器に NO_2 を採取し，ほぼ同量の空気を入れ，注射器の先にゴム栓を突き刺し，NO_2 を密閉した。温度を一定に保ってピストンを押し，NO_2 を圧縮した。次図の 1) の方向から眺めると，<u>圧縮直後は色はいったん濃くなるが，すぐに薄くなっていった。</u>

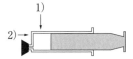

問1　平衡定数 K を n, α, V を用いて表せ。結果だけでなく途中の考え方も示せ。

★問2　温度を一定にして容器の体積を大きくすると，α はどのように変化するか。

★問3　下線部の結果が得られる理由を述べよ。

★★問4　注射器を工夫して図の 2) の方向（注射器の縦方向）から眺めることができるようにした。温度を一定に保って，ピストンを押して圧縮した。2) の方向から眺めると，どのような色変化が観測されるか。

| 東京都立大 |

標問 39 反応速度と化学平衡

解答·解説 p.90

扱うテーマ: 反応速度，反応速度式，化学平衡，平衡定数 | 化学

　容積 V〔L〕の密閉容器に気体Xと気体Yを入れ，温度 T〔K〕に保ったところ，(1)式で表される可逆反応によって，気体Zが生成し平衡状態となった。この状態をAとする。

$$X + Y \rightleftarrows 2Z \quad \cdots(1)$$

　この反応において，正反応の反応速度は，気体Xと気体Yの濃度の積に比例し，速度定数は a〔L/(mol·s)〕で表される。逆反応の反応速度は，気体Zの濃度の2乗に比例する。気体はすべて理想気体としてふるまうものとし，気体定数は R〔Pa·L/(mol·K)〕とする。次の問いに答えよ。

問1　(1)式の反応に関する記述のうち，正しいものはどれか。ただし，1つまたは2つの正解がある。

① 触媒を加え活性化エネルギーを減少させると，正反応の反応速度が減少する。

② 温度を上昇させると，逆反応の反応速度が増大する。

③ 正反応が発熱反応であるとき，温度を上昇させると，平衡定数の値は増加する。

④ 温度一定のまま，この混合気体の体積を変化させると，平衡定数の値は変化する。

⑤ 全圧一定のまま温度を変化させても，平衡定数の値は変わらない。

★ **問2**　状態Aにおける気体の全圧は P〔Pa〕であった。また，気体Xと気体Yの分圧は等しく，気体Zの分圧は全圧の半分であった。状態Aにおける逆反応の反応速度 v_A〔mol/(L·s)〕を，a, P, T, R を用いて表せ。

★★ **問3**　状態Aにおいて温度 T〔K〕に保ち，触媒を加え，状態Aにおける気体Xの物質量と同じ物質量の気体Xを追加したところ，新しい平衡状態になった。この状態をBとする。状態Bにおける正反応の速度定数は b〔L/(mol·s)〕となった。状態Bにおける逆反応の反応速度は v_A の何倍になるかを，a, b, P, T, R のうちから必要なものを用いて表せ。

| 東京工業大 |

第1章　理論化学　51

| 標問 | **40** | **オキソ酸 (酸素酸)** | 解答・解説 p.93 |

扱うテーマ　オキソ酸 (酸素酸) 　　　　　　　　　　　　　　　　　　　　　　　　化学基礎・化学

問1 次の文中の □ にあてはまる語句を下の@〜vより選び，その記号で答えよ。

亜硫酸，硫酸，亜硝酸，硝酸，リン酸，過塩素酸は，次の構造を有する。

$$
\begin{array}{ccc}
& \text{OH} & \\
\text{O}=&\text{S}&\text{-OH} \\
\end{array}
\qquad
\begin{array}{ccc}
& \text{OH} & \\
\text{O}=&\text{S}&\text{-OH} \\
& \text{O} & \\
\end{array}
\qquad
\text{O}=\text{N-OH}
$$

　　　　亜硫酸　　　　　　　　硫酸　　　　　　　　　亜硝酸

$$
\begin{array}{c}
\text{O} \\
\text{O} \!\!\nearrow\!\!\searrow\!\! \text{N-OH} \\
\end{array}
\qquad
\begin{array}{c}
\text{OH} \\
\text{O}=\text{P-OH} \\
\text{OH} \\
\end{array}
\qquad
\begin{array}{c}
\text{O} \\
\text{O}=\text{Cl-OH} \\
\text{O} \\
\end{array}
$$

　　　　　硝酸　　　　　　　　リン酸　　　　　　　過塩素酸

これらの酸は $(O)_m X(OH)_n$ と書き表すことができ，一般に ［ ア ］ 酸という。この構造の一部を X-OH とする。O-H 結合は ［ イ ］ をもち，水素が部分的に ［ ウ ］ の電荷を帯び，水素イオンとして離れやすいため水溶液中では水と反応して，［ エ ］ イオンを生成する。したがって，この結合の ［ イ ］ に影響を与えるものは酸性の強さにも影響を与えると考えられる。これらの事実から，原子 X の ［ オ ］ が大きいほど，また原子 X に結合する酸素原子の ［ カ ］ が多いほど酸性は強くなると予想される。

　@　正　　　⑥　負　　　ⓒ　数　　　ⓓ　水素　　　ⓔ　過少　　　ⓕ　過剰
　ⓖ　極性　　ⓗ　電荷　　ⓘ　電子　　ⓙ　陽子　　　ⓚ　価数　　　ⓛ　価電子
　ⓜ　原子価　ⓝ　中性子　ⓞ　質量数　ⓟ　オキソ　　ⓠ　水酸化物
　ⓡ　原子番号　ⓢ　電気陰性度　ⓣ　内殻電子数　　ⓤ　オキソニウム
　ⓥ　ヒドロキシ

問2 硫酸，硝酸，リン酸，過塩素酸のうち，最も強い酸性を有すると思われるものはどれか。

★**問3** 次に示す(1)，(2)の一連の化合物の酸性の強さを推定して，強さの順に化学式で記せ。

　(1)　$HClO$, $HClO_2$, $HClO_3$　　(2)　$HClO_3$, $HBrO_3$, HIO_3

★**問4** 上記の考え方が有機化合物にも応用できるものとして，次に示す(1)，(2)の一連の化合物の酸性の強さを推定し，酸性の強さの順に化学式で記せ。

　(1)　CH_3COOH, $ClCH_2COOH$, FCH_2COOH

　(2)　CH_3COOH, $ClCH_2COOH$, $Cl_2CHCOOH$

　　　　　　　　　　　　　　　　　　　　　　　　　　　　　　　　| 星薬科大 |

52

標問 41 指示薬の理論

解答・解説 p.96

扱うテーマ：電離平衡，電離定数，指示薬，二段階滴定

化学基礎・化学

中和滴定に用いる指示薬は，水溶液の pH の変化にともないその色を変える。これは，指示薬の多くが弱酸あるいは弱塩基であって，水溶液中では電離平衡状態にあるためである。例えば，メチルオレンジは(1)式で示した電離平衡状態にある。

$$^-O_3S\!-\!\!\underset{赤色(MH)}{\underset{H}{\diagdown}\!\!N\!=\!N\!-\!\!\diamondsuit\!-\!N^+(CH_3)_2} \rightleftharpoons {}^-O_3S\!-\!\!\underset{黄色(M^-)}{\diamondsuit\!-\!N\!=\!N\!-\!\!\diamondsuit\!-\!N(CH_3)_2} + H^+ \quad \cdots(1)$$

(1)式中の赤色のイオンを MH，黄色のイオンを M^- で表す。MH と M^- のモル濃度をそれぞれ [MH]，$[M^-]$ で表し，水素イオン濃度 $[H^+]$ を用いて，電離定数 K は(2)式のように表される。

$$K = \frac{[M^-][H^+]}{[MH]} \quad \cdots(2)$$

$K = 3 \times 10^{-4}$〔mol/L〕とすると，水溶液の pH が ア のときに [MH] と $[M^-]$ が等しくなる。(a)この pH の前後では [MH] と $[M^-]$ の大小関係が逆転し，それにともなって水溶液の色は著しく変化する。

強塩基と弱酸の塩である炭酸ナトリウムを水に溶かすと，その水溶液は塩基性を示す。この水溶液に塩酸水溶液を加えていくと，(3)式と(4)式で示した中和反応がこの順に段階的に起こり，滴定曲線は 2 段階になる。

$$Na_2CO_3 + HCl \longrightarrow \boxed{イ} + \boxed{ウ} \qquad\qquad \cdots(3)$$

$$\boxed{イ} + HCl \longrightarrow \boxed{ウ} + \boxed{エ} + \boxed{オ} \quad \cdots(4)$$

(3)式と(4)式の反応の中和点の pH は異なるので，変色域の異なる指示薬を用いて滴定すると，それぞれの中和反応の終点を知ることができる。(b)(3)式の反応の終点を知るための指示薬としてはフェノールフタレインが用いられ，また，(4)式の反応の終点を知るためにはメチルオレンジが用いられる。

問1 文中の ア に適当な数値を入れよ。また イ ～ オ に適当な化合物の化学式を入れ，化学反応式を完成させよ。ただし，$\log_{10} 3 = 0.5$ とする。

★ **問2** 下線部(a)で，[MH] と $[M^-]$ の比が 0.1 から 10 となる pH の範囲をメチルオレンジの変色域としたとき，その範囲を記せ。「pH 1.5 ～ 9.0」のように答えよ。

★ **問3** 未知濃度の炭酸ナトリウム水溶液 X を用い，下線部(b)を参考にして次の滴定を行った。

　　この水溶液 X 20 mL をとり，メチルオレンジを指示薬として加え，0.10 mol/L 塩酸水溶液を滴下した。溶液の色が変化するのに必要な 0.10 mol/L 塩酸水溶液の量は 16 mL であった。水溶液 X 中の炭酸ナトリウムのモル濃度はいくらか。有効数字 2 桁で答えよ。

│ 東北大 │

第 1 章　理論化学　　53

標 問	**42**	**逆滴定**	解答・解説 p.98

扱う テーマ　逆滴定　　　　　　　　　　　　　　　　　　　　　　　　　　　　　　化学基礎・化学

★　　次の実験操作は，食品中に含まれるタンパク質の定量方法の一例である。

実験操作：ある食品 2.0 g をはかりとり，容器に移して濃硫酸を加えて加熱し，含有窒
　　素分をすべて硫酸塩とした。これに濃い水酸化ナトリウム水溶液を加えて加熱し，
　　発生した気体を 0.100 mol/L の硫酸 50.0 mL に完全に吸収させた。この溶液に
　　メチルオレンジを加えて，0.200 mol/L の水酸化ナトリウム水溶液を加えたとこ
　　ろ，18.0 mL で溶液は変色した。

　　この食品中のタンパク質には窒素が 16.0 %（質量パーセント）含まれるとしたとき，
この食品中に含まれるタンパク質の質量パーセントはいくらか。解答は小数点以下第
1 位を四捨五入して示せ。ただし，窒素はタンパク質以外には含まれないものとし，
また，各元素の原子量は，H=1，N=14，O=16，Na=23，S=32 とする。

| 東京工業大 |

54

| 標問 **43** | 水素イオン濃度の計算(1)(強酸) | 解答・解説 p.100 |

扱う**テーマ** ▶ 強酸の水素イオン濃度，強酸の pH　　　　　　　　　　　　　　　化学基礎・化学

次の文章を読み，下の問いに答えよ。

塩酸や硝酸のような 1 価の ｜ ア ｜ 酸の場合，0.1 mol/L 以下のような濃度の水溶液では，その酸は完全に ｜ イ ｜ しているとみなすことができる。この場合，塩酸の濃度を A〔mol/L〕とするとき，その水溶液の pH は通常は，

$$pH = -\log_{10} A \quad \cdots(1)$$

の式で求めることができる。しかし，塩酸をだんだんと薄めていき，例えば 10^{-8} mol/L になったとき，(1)式からは，

$$pH = 8 \quad \cdots(2)$$

となるが，実際の pH は 6.98 程度であり，どのように希薄にしても 7 より大きくなることはない。

このように酸の濃度が低くなると，(1)式から得られる pH と実際の pH が異なる理由として，｜ ウ ｜ の電離による水素イオンも無視できないことがあげられる。｜ ウ ｜ の電離によって生じる水素イオン濃度を B〔mol/L〕とすると，希薄な塩酸中の全水素イオン濃度は ｜ エ ｜ mol/L となる。一方，そのときの ｜ オ ｜ イオン濃度は B〔mol/L〕である。A，B いずれも正の数値であるので，どんな希薄な塩酸中でも，$[H^+]>$ ｜ カ ｜ となり，pH が 7 を超えないことが説明できる。

このような希薄な塩酸の pH を求めたいときは，水の ｜ キ ｜ 積についての関係式

$$\boxed{\text{ク}} = \boxed{\text{ケ}} \ (mol/L)^2 \quad \cdots(3)$$

を用いて B の値を求め，(1)式の代わりに，

$$pH = -\log_{10}\left[\frac{1}{2}\left\{1+\sqrt{1+\left(\frac{2\times10^{-7}}{A}\right)^2}\right\}A\right] \quad \cdots(4)$$

の式に A の値を代入すればよい。

問1　上の文中の ｜　　　　｜ に最も適した語句，記号あるいは数値を記せ。なお，液温は 25℃ とする。

★問2　(4)式が得られる過程を示せ。

｜ 富山大 ｜

第 1 章　理論化学　　55

標問 44 水素イオン濃度の計算(2)(弱酸)

扱うテーマ：弱酸の水素イオン濃度，弱酸のpH，電離度

あるカルボン酸(RCOOH)を水に溶かすと，(1)式に示す電離平衡が生じる。

$$RCOOH \rightleftarrows RCOO^- + H^+ \quad \cdots(1)$$

温度一定の条件では，電離定数 K_a [mol/L] はカルボン酸の濃度によらず一定である。このカルボン酸の 0.10 mol/L 水溶液の電離度 α は，25℃で 0.010 であった。このカルボン酸は水に完全に溶解し，会合体は形成しないものとする。

問1 このカルボン酸 0.10 mol/L 水溶液の 25℃における pH を求めよ。

★ 問2 このカルボン酸 0.10 mol/L 水溶液を水で 100 倍に薄めた。この溶液中の 25℃におけるカルボン酸の電離度 α を求めよ。

★★ 問3 25℃の水溶液中において，このカルボン酸の濃度と電離度 α の関係はどのようになるか。次の(a)〜(c)のグラフの中から選べ。

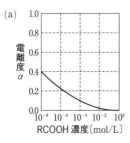
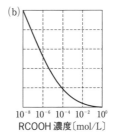
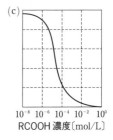

| 東北大 |

| 標問 | **45** | **緩衝液・塩の加水分解における pH** | 解答・解説 p.105 |

扱うテーマ 緩衝液，緩衝液の pH，塩の加水分解における水素イオン濃度，中和滴定　　化学基礎・化学

酢酸の水溶液中での電離平衡は，次のように表される。塩酸などの強酸が，水溶液中でほぼすべて電離するのに対し，弱酸である酢酸は，わずかしか電離しないことが知られている。

$$CH_3COOH \rightleftharpoons CH_3COO^- + H^+$$

濃度 0.200 mol/L の酢酸水溶液 200 mL に，ビュレットを用いて 0.200 mol/L 水酸化ナトリウム水溶液を滴下して中和滴定を行うとき，次の問いに答えよ。なお，酢酸の電離定数 K_a は 25℃ において $K_a=1.80\times10^{-5}$〔mol/L〕とし，温度は常に 25℃ であるものとする。また，必要であれば，$\log_{10}2=0.301$，$\log_{10}3=0.477$，$\sqrt{10}=3.16$ を使うこと。また，計算結果については，有効数字 3 桁で答えよ。

問1　水酸化ナトリウム水溶液を加える前の 0.200 mol/L 酢酸水溶液の電離度 α と pH を求めよ。なお，このとき，電離度 α は 1 よりも十分に小さいものとする。

★問2　水酸化ナトリウム水溶液を 100 mL 滴下したとき，溶液の pH を求めよ。

問3　中和点に到達すると，ほとんどすべての酢酸が電離するが，ここで生じた酢酸イオンの一部が水と反応して，次のような平衡が成り立っている。

$$CH_3COO^- + H_2O \rightleftharpoons CH_3COOH + OH^-$$

この反応の平衡定数を K_b とすると，K_b は次のように定義される。

$$K_b = \frac{[OH^-][CH_3COOH]}{[CH_3COO^-]}$$

★(1)　K_b を K_a および K_w（水のイオン積）を用いて表せ。

★(2)　中和点における pH を求めよ。ただし，$K_w=1.00\times10^{-14}$〔(mol/L)²〕とし，中和点における酢酸の電離度は非常に大きく，酢酸イオン濃度は酢酸濃度よりも十分に大きいものとする。

問4　この中和滴定中，水酸化ナトリウム水溶液を 100 mL 程度加えた溶液は，特徴的な pH 変化を示す。このような溶液を何とよぶか。

問5　今回のような中和滴定を行う場合，中和点を決定するために用いるのに，最も適当と思われる指示薬を次の⑦～⊄から選び，記号で記せ。

　⑦　メチルオレンジ　　　④　ブロモチモールブルー

　⑦　フェノールフタレイン　　⊄　メチルレッド

|岡山大|

第 1 章　理論化学　　57

標 問	**46**	**炭酸塩の滴定実験・電離平衡**	解答・解説 p.110

扱うテーマ 炭酸ナトリウムの二段階滴定，電離平衡，緩衝液 　　　　　　　　　　　　　化学基礎・化学

　アメリカやアフリカにある塩湖の泥中に存在するトロナ鉱石は，主に炭酸ナトリウム，炭酸水素ナトリウム，水和水からなり，炭酸ナトリウムを工業的に製造するための原料や洗剤として用いられる。

　<u>トロナ鉱石 4.52 g を 25℃ の水に溶かし，容量を 200 mL とした。</u>この水溶液にフェノールフタレインを加えてから，1.00 mol/L の塩酸で滴定したところ，変色するまでに 20.0 mL の滴下が必要であった（第一反応）。次に，メチルオレンジを加えてから滴定を続けたところ，変色するまでにさらに 40.0 mL の塩酸の滴下が必要であった（第二反応）。以上の滴定において，大気中の二酸化炭素の影響は無視してよいものとする。また，ここで用いたトロナ鉱石は炭酸ナトリウム，炭酸水素ナトリウム，水和水のみからなり，原子量は H＝1.0，C＝12.0，O＝16.0，Na＝23.0 とする。

問1 第一反応および第二反応の化学反応式をそれぞれ記せ。

★ **問2** 第一反応の終点における pH は，0.10 mol/L の炭酸水素ナトリウム水溶液と同じ pH を示した。この pH を求めたい。炭酸水素ナトリウム水溶液に関する次の文中の ┃ a ┃～┃ e ┃にあてはまる式，┃ f ┃にあてはまる数値（小数点以下第 2 位まで）を答えよ。ただし，水溶液中のイオンや化合物の濃度は，例えば $[Na^+]$，$[H_2CO_3]$ などと表すものとする。炭酸の二段階電離平衡を表す式とその電離定数は

$$H_2CO_3 \rightleftharpoons H^+ + HCO_3^- \qquad K_1 = \boxed{ a }$$
$$HCO_3^- \rightleftharpoons H^+ + CO_3^{2-} \qquad K_2 = \boxed{ b }$$

である。ただし，25℃ において，$\log_{10} K_1 = -6.35$，$\log_{10} K_2 = -10.33$ である。

　炭酸水素ナトリウム水溶液中の物質量の関係から

$$[Na^+] = \boxed{ c }$$

の等式が成立する。また，水溶液が電気的に中性であることから

$$\boxed{ d }$$

の等式が成立する。以上の式を，$[H^+]$ と $[OH^-]$ が $[Na^+]$ に比べて十分小さいことに注意して整理すると，$[H^+]$ は K_1，K_2 を用いて，

$$[H^+] = \boxed{ e }$$

と表される。よって，求める pH は ┃ f ┃となる。

問3 下線部のトロナ鉱石に含まれる炭酸ナトリウム，炭酸水素ナトリウム，水和水の物質量の比を最も簡単な整数比で求めよ。

問4 下線部の水溶液の pH を小数点以下第 2 位まで求めよ。

問5 健康なヒトの血液は中性に近い pH に保たれている。この作用は，二酸化炭素が血液中の水に溶けて電離が起こることによる。血液に酸（H^+）を微量加えた場合と塩基（OH^-）を微量加えた場合のそれぞれについて，血液の pH が一定に保たれる理由を，イオン反応式を用いて簡潔に説明せよ。

｜東京大｜

標問 47 過マンガン酸カリウム滴定(1)(COD の測定)

解答・解説 p.114

扱うテーマ 酸化還元滴定, 化学的酸素要求量 (COD)

化学基礎

次の文章を読み, 下の問いに答えよ。ただし, 原子量は O＝16.0, K＝39.1, Mn＝54.9 とする。

ある化学反応において, 物質の原子が電子を失ったとき, その原子は $\boxed{\text{ア}}$ されたこととなり, 物質の原子が電子を得たとき, その原子は $\boxed{\text{イ}}$ されたこととなる。

過マンガン酸イオンは, 酸性溶液では次のように反応するので $\boxed{\text{ウ}}$ 剤として働く。

$$MnO_4^- + \boxed{①}H^+ + \boxed{②}\boxed{\text{I}} \longrightarrow \boxed{\text{II}} + 4H_2O \quad \cdots(1)$$

また, 過マンガン酸カリウムとシュウ酸ナトリウムを酸性条件下で混合すると, 次の式で示される反応が起こり, 過マンガン酸イオン中のマンガンが $\boxed{\text{エ}}$ され, シュウ酸イオン中の炭素が $\boxed{\text{オ}}$ される。

$$2MnO_4^- + 5C_2O_4^{2-} + \boxed{③}H^+$$
$$\longrightarrow 2\boxed{\text{III}} + \boxed{④}CO_2 + 8H_2O \quad \cdots(2)$$

河川に有機物を含む排水が放流されると, 有機物が水中の酸素を消費し河川環境に影響を及ぼす。この有機物濃度を過マンガン酸カリウムとシュウ酸ナトリウムを用いて測定することを考え, 以下の手順(A), (B), (C)で分析操作を行った。

(A) 測定対象の河川水 100 mL を三角フラスコにとり, 硫酸を加えて十分酸性とした後, 0.002 mol/L の過マンガン酸カリウム溶液 10 mL を加えて 5 分間静かに煮沸し, 過マンガン酸カリウムで有機物を $\boxed{\text{ア}}$ した。

(B) その後ただちに 0.002 mol/L のシュウ酸ナトリウム溶液 30 mL を加えて, 残った過マンガン酸カリウム中のマンガンを $\boxed{\text{イ}}$ した。

(C) 続いて過剰のシュウ酸ナトリウムに対して(2)式の反応がちょうど完了するまで 0.002 mol/L の過マンガン酸カリウム溶液をビュレットで滴下した。この滴下量は, 5.00 mL であった。

問1 $\boxed{\text{ア}}$ ～ $\boxed{\text{オ}}$ には適切な語句を, $\boxed{①}$ ～ $\boxed{④}$ には適切な数値を, そして $\boxed{\text{I}}$ ～ $\boxed{\text{III}}$ には適切なイオン式(電子を含む)をそれぞれ入れよ。

問2 上記の分析で, この河川水 100 mL 中の有機物と反応した 0.002 mol/L の過マンガン酸カリウム溶液の量は何 mL になるか。有効数字 3 桁で答えよ。ただし, 有機物以外に過マンガン酸カリウムを消費する物質はこの河川水中には存在しないものとする。

★ 問3 この河川水 1 L 中の有機物と反応する過マンガン酸カリウムの質量は何 mg になるか。有効数字 3 桁で答えよ。

★★ 問4 上記で測定された河川水 1 L 中の有機物を過マンガン酸カリウムの代わりに酸素で分解すると, 必要な酸素の質量は何 mg になるか。有効数字 3 桁で答えよ。ただし, この有機物は過マンガン酸カリウムによる場合と同様に酸素で分解されるものとする。

| 京都大 |

第1章 理論化学　　59

| 標問 | **48** | **過マンガン酸カリウム滴定(2)(鉄(Ⅱ)イオンの定量)** | 解答・解説 p.117 |

扱うテーマ 酸化還元滴定，鉄(Ⅱ)イオンの定量　　　　　　　　　　　　　　　　　　　化学基礎

　硫酸鉄(Ⅱ)七水和物 $FeSO_4 \cdot 7H_2O$ と水和水の数の不明な硫酸鉄(Ⅲ)水和物 $Fe_2(SO_4)_3 \cdot nH_2O$ の混合物がある。この混合物 4.11 g を純水に溶かして 100 mL とした水溶液Aについて，次の**実験ア，イ**を行った。下の問いに答えよ。ただし，各元素の原子量は H=1，O=16，S=32，Fe=56 とする。

実験ア：10.0 mL の水溶液Aをとり，空気に触れさせることなく 0.00200 mol/L の過マンガン酸カリウムの硫酸酸性水溶液で滴定したところ，50.0 mL 滴下したところで溶液が赤紫色となった。

実験イ：50.0 mL の水溶液Aに十分な量の硝酸を加えた後，水酸化ナトリウム水溶液を加えて塩基性にすると赤褐色の沈殿が生じた。この沈殿すべてをろ別し，空気中で加熱すると 0.680 g の酸化鉄(Ⅲ)となった。

★ **問1**　硫酸鉄(Ⅲ)水和物の水和水の数 n を求めよ。解答は小数点以下第1位を四捨五入して示せ。

★ **問2**　水溶液A中の Fe^{2+} と Fe^{3+} の濃度の比 ($[Fe^{2+}] : [Fe^{3+}] = 1 : \boxed{}$) を求めよ。解答は小数点以下第2位を四捨五入して示せ。

│ 東京工業大 │

| 標問 | **49** | **ヨウ素滴定（オゾン濃度の測定）** | 解答・解説 p.119 |

扱うテーマ　ヨウ素滴定，オゾン濃度の測定　　　　　　　　　　　　　　　　　　化学基礎

　ヨウ化カリウム水溶液にオゾンを通じると，ヨウ素が遊離し，遊離したヨウ素は(1)式に示すようにチオ硫酸ナトリウムと反応してヨウ化物イオンに還元される。

$$I_2 + 2Na_2S_2O_3 \longrightarrow 2NaI + Na_2S_4O_6 \cdots(1)$$

　窒素ガス中に含まれるオゾンを定量するために，次の実験を行った。下の問いに答えよ。

〔実験〕　(イ)0.1％ヨウ化カリウムと0.1％水酸化カリウムを含む水溶液20 mLにオゾンを含んだ窒素ガス100 mL（標準状態）を混合した。その溶液に1％デンプン水溶液2 mLを加え，5.0×10^{-3} mol/Lのチオ硫酸ナトリウム水溶液をビュレットから滴下していき，(ロ)青色が消えるまでに15.4 mLを消費した。ただし，オゾンを含んだ窒素ガスは理想気体として考えよ。また，O＝16，N＝14とする。

問1　下線部(イ)の反応式を示せ。

問2　下線部(ロ)で終点と判定される根拠を述べよ。

★問3　窒素ガス中のオゾンの濃度はいくらか。質量パーセント濃度を有効数字2桁で答えよ。

| 東京医科歯科大 |

第1章　理論化学　　61

標問 50 金属のイオン化傾向とダニエル型電池

扱うテーマ：金属のイオン化傾向，ダニエル型電池，起電力

次の文章を読んで，下の問いに答えよ。

右図に示すような実験装置を用意した。それぞれのビーカーは電極と，電極に用いた金属の塩の水溶液（電解液）からなり，半電池とよばれる。半電池の間は塩橋でつながれている。塩橋は KNO_3 飽和水溶液で満たされ，両端をろ紙で止栓した管で，イオンが通過できるようになっている。異なる金属からなる半電池を組み合わ

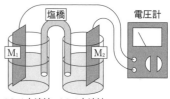

せることにより電池を構成できる。ビーカーに $1\,mol/L\,M_1^{m+}$ 水溶液を入れ，これに金属 M_1 を浸した半電池を $M_1/M_1^{m+}\,(1\,mol/L)$ と表す。

1. $Zn/ZnSO_4$ 溶液，$Cu/CuSO_4$ 溶液の半電池を組み合わせた電池をつくり，放電させた。このとき正極では，| A |の反応が，負極では| B |の反応が起こる。亜鉛は| ア |され，銅(II)イオンは| イ |される。

2. イオン化傾向と起電力の大きさの関係を調べるために，次に示す半電池の組み合わせで電池を構成した。次表に半電池の組み合わせと起電力を示す。

	M_1	$M_1^{m+}\,(1\,mol/L)$	M_2	$M_2^{n+}\,(1\,mol/L)$	起電力 [V]
(a)	Zn	$ZnSO_4$	Cu	$CuSO_4$	1.10
(b)	Cu	$CuSO_4$	Ag	$AgNO_3$	0.46
(c)	Zn	$ZnSO_4$	Ag	$AgNO_3$	1.56

(b)の組み合わせで電池を構成したとき，負極では，| C |の反応が起こる。

これら3種の金属のイオン化傾向は| D |>| E |>| F |であるので，電池の起電力とイオン化傾向の間には，一定の関係が存在することがわかる。

問1 | A |～| C |にあてはまるイオン反応式を示し，| D |～| F |にあてはまる元素記号を記せ。

問2 | ア |と| イ |にあてはまる適切な語句を記せ。

問3 下線部で示した一定の関係とはどのようなものか，50字以内で述べよ。

問4 ある金属およびその硫酸塩で構成した半電池と，$Ag/AgNO_3$ 半電池の組み合わせでつくった電池の起電力は 1.05 V であった。このとき，ある金属は負極であった。上表を参考にして，この金属としてふさわしいものを，次の金属の中から選べ。

　　Ca　Pt　Ni　Hg

★ 問5 問4で選んだ金属からなる半電池と $Zn/ZnSO_4$ 溶液からなる半電池を組み合わせた場合の電池の起電力を求めよ。

| 群馬大 |

標問 51 各種電池

扱うテーマ：鉛蓄電池の放電と充電，燃料電池，電気分解

次の(a), (b)を読んで，問いに答えよ。ただし，ファラデー定数は $9.65×10^4$ C/mol，気体 1 mol の体積は標準状態 (0℃, 1013 hPa) で 22.4 L とし，また，原子量は H＝1.0，O＝16.0，Ag＝107.9 とする。

(a) 鉛蓄電池は二次電池であり，放電と充電の反応を1つの式で表すと次のようになる。

$$Pb + PbO_2 + 2H_2SO_4 \rightleftarrows 2PbSO_4 + 2H_2O$$

①放電時には上の反応が右方向に進む。いま，ある濃度の電解液の鉛蓄電池を用いて硝酸銀水溶液を白金電極で電気分解したところ，陰極に 27.0 g の銀が析出した。このとき，電池の電解液中の硫酸の物質量は ア mol 減少し，水の質量は イ g 増加した。この放電後，電解液中の硫酸の質量モル濃度は 1.00 mol/kg で，電解液中の水の質量は 200 g であった。

次に充電時の硫酸の濃度の変化を考えてみよう。上の放電後，9.65 A の電流を $1.00×10^4$ 秒流して充電したところ，正極と負極から気体が発生した。これらの気体を別々に集め，乾燥剤で水分を除いた後，標準状態で体積を測定すると，正極で発生した気体は 1.12 L であった。これらの気体は水の電気分解によるもので，この電気分解により消費された電気量は ウ C となる。残りの電気量がすべて電池の充電に使われたとすると，電解液中の水の蒸発を無視すれば，充電後の硫酸の質量モル濃度は エ mol/kg と推定される。

問1 下線部①の放電時に正極と負極それぞれで起こる反応を，電子 e⁻ を含む反応式で記せ。

★問2 文中の □ に適切な数値を記入せよ。ただし，ウ の数値は有効数字3桁で，それ以外の数値は有効数字2桁で記せ。

(b) 水素‐酸素燃料電池の模式図を次図に示す。

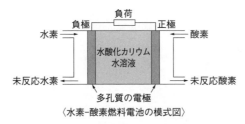

〈水素‐酸素燃料電池の模式図〉

この燃料電池では，触媒を含有する2枚の多孔質の電極に仕切られた容器に，電解液として水酸化カリウム水溶液が入れられている。負極側には水素が，正極側には酸素がそれぞれ一定の割合で供給され，それらの気体は多孔質の電極を通して水酸化カリウム水溶液と接触できる仕組みになっている。

2つの電極を導線でつないだ場合，水の電気分解と逆の反応が進行する。すなわち，電解液中の水酸化物イオンの移動により，②負極では水素の酸化反応により水が生成し，③正極では酸素の還元反応が起こる。

これら一連の化学反応をまとめると，燃料電池は，水素の燃焼により放出される化学エネルギーを電気エネルギーとしてとり出すことのできる装置であることがわかる。

問3 下線部②，③の反応を，電子 e^- を含む反応式で記せ。

問4 水素-酸素燃料電池を実際に稼動させたところ，出力（単位時間あたりの電気エネルギー）が 193 W（ワット）で，電圧が 1.00 V であった。次の(1)～(3)に有効数字2桁で答えよ。ただし，1W＝1V・A＝1 J/s である。

(1) 燃料電池を 3.00×10^3 秒稼動させたときに反応した水素の物質量は何 mol か。

(2) 水素の燃焼反応を熱化学方程式で表すと次のようになる。

$$H_2（気体）+ \frac{1}{2}O_2（気体）= H_2O（液体）+ 286\,kJ$$

(1)の稼動により反応した水素と同じ物質量の水素を燃焼させたときの発熱量は何 kJ か。

★(3) (1)の稼動により燃料電池から供給された電気エネルギーは，(2)における水素の燃焼反応による発熱量の何 % か。

| 京都大 |

標問 52 実用的な二次電池

扱うテーマ: リチウムの反応，リチウムイオン電池，二次電池

リチウムイオン電池は，携帯電話，デジタルカメラ，ノートパソコンなどの電源として使用されており，これらの小型化にリチウムイオン電池が果たした役割は大きい。リチウムイオン電池では，電極に(a)金属リチウムを使用せず，右図に示すように，ア極にLiCoO₂を，イ極に黒鉛を使用する。(b)充電時にはア極のLiCoO₂からLi⁺イオンが脱離するとともに，Co³⁺イオンがCo⁴⁺イオンにウされる。一方，イ極ではLi⁺イオンがエされ，このLiが黒鉛の中に挿入される。また，電解液としては有機溶媒にLiPF₆などの塩を溶解したものが使われる。

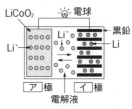

〈リチウムイオン電池の概略図〉

問1　文中のア～エに適切な語句を入れよ。

問2　下線部(a)の金属リチウムは水と激しく反応する。このときの化学反応式を記せ。

★問3　下線部(b)では，リチウムイオン電池の充電時における正極と負極の反応について説明した。それに対して，放電時の各電極における反応式は，電子 e⁻ を用いて次のように表される。オとカに適切な式を入れよ。ただし，黒鉛の組成式はC₆，Liが挿入された黒鉛の組成式はLiC₆，ア極中のCo⁴⁺はCoO₂として存在しているとする。

　　正極における反応式：オ
　　負極における反応式：カ

★問4　次表の解離エネルギーを参考にし，両極の変化をまとめてリチウムイオン電池の熱化学方程式を書け。ただし，表で示した解離エネルギーは，すべての結合を切断して個々の原子にするために必要なエネルギーとする。

	LiCoO₂	CoO₂	LiC₆	C₆
解離エネルギー〔kJ/mol〕	2140	1561	4482	4308

★★問5　問4によって得られる反応熱がすべて電気エネルギーに変わるとし，リチウムイオン電池の起電力を有効数字3桁のボルト〔V〕単位で求めよ。単位については，起電力〔V〕＝エネルギー〔J〕/電気量〔C〕である。
　　なお，ファラデー定数 $F=9.65\times10^4$〔C/mol〕とする。

東北大

標問 53 電気分解(1)

扱うテーマ：電気分解，直列と並列，電気分解における量的関係

次の文章を読み，下の問いに答えよ。ただし，Cu＝63.5，Ag＝107.9 とする。

次図のように，水酸化ナトリウム水溶液（電解槽Ⅰ），塩化銅（Ⅱ）水溶液（電解槽Ⅱ），および硝酸銀水溶液（電解槽Ⅲ）を入れた電解槽Ⅰ～Ⅲをつなぎ，次の実験操作を行った。

〔操作1〕 スイッチS_2を開いた状態でスイッチS_1を閉じ，1.0 A の電流を 16 分 5 秒間流した。

〔操作2〕 スイッチS_2を閉じた状態でスイッチS_1を閉じ，0.50 A の電流を 32 分 10 秒間流したところ，(C)の炭素棒上に銅が 0.127 g 析出した。

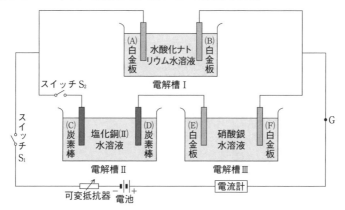

問1 〔操作1〕でG点を流れた電気量は何Cか。有効数字2桁で答えよ。

問2 〔操作1〕で(A)の白金板で発生する気体の名称と物質量を有効数字2桁で答えよ。ただし，ファラデー定数を 96500 C/mol とする。

問3 〔操作2〕で(C)の炭素棒に流れた電流は何Aか。有効数字2桁で答えよ。

問4 〔操作2〕で(E)の白金板に析出した銀は何gか。有効数字2桁で答えよ。

問5 〔操作1〕と〔操作2〕で(B)の白金板で起こる変化を，電子 e^- を用いた化学反応式で示せ。

★問6 〔操作2〕で(B)の白金板で発生する気体と，(F)の白金板で発生する気体の物質量の比を答えよ。

｜千葉大｜

標問	54	電気分解(2)

扱う テーマ：電気分解，水酸化ナトリウムの製造，イオン交換膜法

次図は塩化ナトリウム水溶液の電気分解（電解）の反応槽を模式的に示したものである。

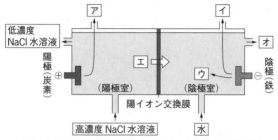

〈陽イオン交換膜を用いた塩化ナトリウム水溶液の電気分解〉

陽極室と陰極室は陽イオン交換膜で仕切られており，陽極で生成した ア と陰極で生成した イ および ウ とは，互いに混ざり合うことはない。また， エ のみが選択的に陽イオン交換膜を通り抜けるため，電気分解により陰極室では ウ と エ の濃度が高くなる。この電気分解法の特徴は，隔膜法と比べ純度の高い オ の水溶液が得られる点にある。

問1 文中の ◯ にあてはまる物質名を記せ。

★問2 図の陰極室へ毎分 10.0 kg ずつ水を供給して，質量モル濃度 5.00 mol/kg の オ の水溶液を連続的に得るためには，何 kA の電流で電気分解を行えばよいか。有効数字3桁で答えよ。ただし，ファラデー定数は 9.65×10^4 C/mol，H＝1.0，O＝16 とし，反応は電流に対して 100％ 進行するものとする。

｜大阪大｜

第2章 無機化学

標問 55 定性的な実験による塩の決定

解答・解説 p.135

扱うテーマ 沈殿，錯イオン，炎色反応，イオンや化合物の色

化学

次の文章を読んで，下の問いに答えよ。

下記Ⅰ群に示された12種の金属イオンのうち8種A，B，C，D，E，F，G，Hの硝酸塩をそれぞれ純水に溶解した溶液がある。また，a，b，c，dはⅡ群に示された化合物である。これらについて次の(1)～(6)の結果を得た。ここでaとbは水溶液として用い，cとdは気体で用いた。

Ⅰ群：(イ) Ag^+　　(ロ) Al^{3+}　　(ハ) Ca^{2+}　　(ニ) Cd^{2+}　　(ホ) Cu^{2+}

　　　 (ヘ) Fe^{3+}　　(ト) K^+　　(チ) Li^+　　(リ) Mg^{2+}　　(ヌ) Mn^{2+}

　　　 (ル) Pb^{2+}　　(ヲ) Zn^{2+}

Ⅱ群：(ワ) CO_2　　(カ) HCl　　(ヨ) H_2S　　(タ) NH_3

(1) A～Hの中で同族元素のイオンの組み合わせは，AとB，CとDだけである。A～Dの中で，Aのみが炎色反応を示した。

(2) Aの溶液を4本の試験管にとり，それぞれにaをごく少量加えたのちa～dを加える(または通じる)と，cを通じたものだけに白色沈殿の生成が認められた。

(3) A～Hの溶液をそれぞれ試験管にとりbを加えると，Eの溶液のみ白色の沈殿を生じたが，加熱するとその沈殿が溶解した。また，このbを加えたA，B，C，D，F，G，Hの溶液にdを通じると，①Fの入った試験管のみが少し白く濁った。これは，Fによりdが酸化されたためである。

(4) C，D，Gの溶液をそれぞれ試験管にとり，aをごく少量加えたのちdを通じると，それぞれ黄色，白色，淡赤色の沈殿を生じた。

(5) C，D，F，Hの溶液をそれぞれ試験管にとり，aを少量加えたところすべてに沈殿を生じた。さらに多量のaを加えると，CとDの入った試験管では沈殿が溶解した。FとHの場合は沈殿が残ったが，②さらに水酸化ナトリウムの水溶液を加えると，Hの入った試験管では沈殿が溶解した。

(6) Gの溶液を少量試験管にとり，硝酸と非常に強い酸化剤を加えて加熱，酸化すると赤紫色に変わった。

問1　Ⅰ群の中で同族元素のイオンの組み合わせを例にならって3つ挙げよ。

　　(例：(ト)と(チ))　ただし，例に挙げた組み合わせは除け。

★ 問2　aおよびcに相当するものをⅡ群の中から選び，記号で記せ。

★ 問3　A～Hに相当するものをⅠ群の中から選び，記号で記せ。

★★ 問4　下線部①の変化を表す化学反応式を書け。

問5　下線部②の変化を表す化学反応式を書け。

京都大

標問 56 溶解度積(1)

解答・解説 p.139

扱うテーマ 電離定数，溶解度積，硫化物の沈殿

化学

硫化水素は水溶液中で次に示す2段階の電離平衡を示す。

$$H_2S \rightleftharpoons H^+ + HS^- \quad \cdots(1)$$

$$HS^- \rightleftharpoons H^+ + S^{2-} \quad \cdots(2)$$

(1)式，(2)式の平衡定数をそれぞれ K_1，K_2 とし，水溶液中での各成分のモル濃度を $[H_2S]$，$[H^+]$，$[HS^-]$，$[S^{2-}]$ と表すと，

$$K_1 = \boxed{\quad ア \quad}$$

$$K_2 = \boxed{\quad イ \quad}$$

である。いま，水溶液中に含まれる硫化水素の全量の濃度を C [mol/L] とすると，

$$C = [H_2S] + [HS^-] + [S^{2-}]$$

という関係があるので，C は $[S^{2-}]$，K_1，K_2，$[H^+]$ を用いて，次のように表すことができる。

$$C = [S^{2-}] \times (\boxed{\quad ウ \quad}) \quad \cdots(3)$$

次に沈殿生成反応について考えてみよう。硫酸銅(Ⅱ)水溶液に硫化ナトリウム水溶液を加えていくと黒色沈殿が生じる。この場合，生成した沈殿と溶解しているイオンとの間には次の式のような平衡が存在する。

$$CuS(固) \rightleftharpoons Cu^{2+} + S^{2-}$$

この平衡定数を K，各成分のモル濃度を $[CuS(固)]$，$[Cu^{2+}]$，$[S^{2-}]$ とすると，溶解平衡を考えることができるが，$[CuS(固)]$ は，固体の量にかかわらず一定であるため，

$$K \times [CuS(固)] = \boxed{\quad エ \quad} = K_{sp} \quad \cdots(4)$$

という関係式が成り立つ。ここで定数 K_{sp} は溶解度積とよばれ，難溶性塩の溶解度を表す定数である。例えば，硫酸銅(Ⅱ)水溶液に硫化ナトリウム水溶液を混合する場合，各成分のモル濃度を $\boxed{\quad エ \quad}$ に代入して得られた値が K_{sp} より $\boxed{\quad オ \quad}$ なると沈殿が生じることになる。(4)式は硫化銅(Ⅱ)を難溶性金属硫化物に置き換えても同様に成り立つ。

金属イオンの溶解した pH の異なる水溶液に硫化水素を通じた場合，(3)式と(4)式を合わせて考えることで金属硫化物の沈殿が生成するかどうかを判断できる。(3)式において，$K_1 = 9.6 \times 10^{-8}$ mol/L，$K_2 = 1.3 \times 10^{-14}$ mol/L，$C = 1.0 \times 10^{-1}$ mol/L とすると，pH が決まれば硫化物イオンの濃度を計算することができる。3.0×10^{-1} mol/L の塩酸溶液中での硫化物イオンの濃度は $\boxed{\quad カ \quad}$ mol/L，pH=11 の水溶液中での硫化物イオンの濃度は $\boxed{\quad キ \quad}$ mol/L となり，硫化物イオンの濃度は pH に強く依存していることがわかる。一方，(4)式において K_{sp} は定数であるため，金属硫化物の沈殿生成は硫化物イオンの濃度に依存する。いま，金属イオンが 1.0×10^{-2} mol/L の濃度で溶解している pH の異なる水溶液に硫化水素を通じ，$C = 1.0 \times 10^{-1}$ mol/L となる場合を考える。表1から 3.0×10^{-1} mol/L の塩酸溶液中では沈殿が生じず，pH=11 の水溶

第2章 無機化学 69

液中では沈殿が生じる金属硫化物が存在することがわかる。このように，硫化水素は pH に依存して金属イオンを分離することができる有用な試薬であることが理解される。

問1　文中の　ア　～　オ　にあてはまる式あるいは語句を答えよ。

★問2　文中の　カ　，　キ　の数値を有効数字2桁で答えよ。

★問3　下線部に関して，該当する金属硫化物を表1の中から選び，化学式ですべて答えよ。

金属硫化物	CdS	FeS	MnS	NiS	PbS	SnS
K_{sp} [mol²/L²]	1.6×10^{-28}	5.0×10^{-18}	2.3×10^{-13}	2.0×10^{-21}	7.1×10^{-28}	1.1×10^{-27}

表1

| 神戸大 |

標 問	**57**	溶解度積（2）	解答・解説 p.142

扱う テーマ 溶解度積，沈殿反応を利用した滴定 　化学

　塩化銀の沈殿生成を利用して，水溶液中の塩化物イオン濃度を測定する沈殿滴定について，その操作を頭の中で思い描きながら考えてみよう。

　塩化物イオンが含まれる試料溶液 10 mL をホールピペットを用いて正確にはかりとり，ビーカーに入れる。この水溶液にクロム酸イオンを少量加える。これにビュレットを用いて濃度既知の硝酸銀水溶液を滴下していく。すると，まず塩化銀の白色沈殿が析出するが，やがてはクロム酸銀の赤褐色沈殿が生成しはじめる。この時点で滴定は終了となる。このときまでに塩化物イオンのほとんどすべては沈殿してしまっているからである。

　この沈殿滴定の原理を，既知濃度の塩化物イオン水溶液を例にして，次の塩化銀やクロム酸銀の溶解度積の値から考えよう。

$$AgCl (固) \rightleftharpoons Ag^+ + Cl^-$$
$$K_{sp} = [Ag^+][Cl^-] = 2.0 \times 10^{-10} \, (mol/L)^2$$
$$Ag_2CrO_4 (固) \rightleftharpoons 2Ag^+ + CrO_4^{2-}$$
$$K_{sp} = [Ag^+]^2[CrO_4^{2-}] = 1.0 \times 10^{-12} \, (mol/L)^3$$

　滴定実験においては，試料中の塩化物イオン濃度は 1.0×10^{-1} mol/L，クロム酸イオン濃度は 1.0×10^{-4} mol/L とする。そうすると，<u>クロム酸銀が沈殿しはじめるとき，すなわち滴定が終了したとき</u>の銀イオンの濃度は ア mol/L となる。このとき溶液中に含まれる塩化物イオンはごくわずかで，その量は滴定をはじめる前に存在していた塩化物イオン量の イ ％にしか過ぎない。クロム酸銀の沈殿生成によって滴定操作の終了を判定できることが分かる。

　次の問いに答えよ。以下の計算では，硝酸銀水溶液を滴下したことによる試料溶液の体積変化はないものとする。また，Ag_2CrO_4 の沈殿の生成に要した Ag^+ は無視できるものとする。

★ 問1　文中の□□□□に適切な数値を有効数字 2 桁で入れよ。

★★ 問2　塩化物イオン濃度の測定値は滴定の終了までに加えられた銀イオンの総量から計算される。その総量は滴定終了時の AgCl 沈殿と水溶液の双方に含まれる銀量の和である。もともと溶液試料中に存在していた塩化物イオンの濃度と，下線部のときの測定値との差はいくらになるか。その値を mol/L で求め，有効数字 2 桁で答えよ。

| 京都大 |

第 2 章　無機化学　　71

標問 58 錯体

扱うテーマ：錯イオン，錯イオンの構造とシス-トランス異性体，キレート滴定

配位子が金属イオンに結合した構造をもつ化合物を錯体とよび，イオン性の錯体は錯イオン，その塩は錯塩とよばれる。錯体は金属イオンの種類，配位子に依存して，図1のように①さまざまな構造（α〜δ）を形成できる。1893年にウェルナーは，②コバルト化合物を詳細に調べ，現在の錯体化学の基礎となる"配位説"を提唱した。

"配位説"以降，さまざまな錯体が発見されている。例えば，ヒトの血液中では，ヘモグロビンの　a　錯体が酸素を運搬する役割を担っており，　a　の不足により貧血となる。人工的に合成された錯体は，エレクトロニクス材料，③抗がん剤などのさまざまな分野で用いられている。硬水の軟化，水の硬度測定などは，金属イオンと1対1で錯体を生成しやすい④エチレンジアミン四酢酸（EDTA）（図2）のナトリウム塩を用いて行われている。有用物質合成に利用されている錯体は，触媒として働いて，反応の　b　を減少させることで反応速度を増加させる。このように錯体は，現在の我々の生活に非常に密着した化合物群となっている。

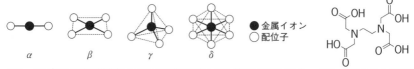

図1 さまざまな錯体の構造（それぞれの錯体の配位子は1種類とは限らない）　図2 EDTAの分子構造

問1　下線部①の例として，構造（α, γ）をもつアンミン錯体を形成する金属イオンを，Zn^{2+}, Cu^{2+}, Na^+, Ag^+, Mg^{2+} の中からそれぞれ1つずつ選べ。

★問2　下線部②の化合物の代表例は，4つのアンモニア分子，2つの塩化物イオンを配位子として有する $[Co(NH_3)_4Cl_2]^+$ である。この錯体は八面体構造（δ）をとり，2つの幾何異性体が存在する。それらの分子構造を描け。

問3　　a　に入る金属の元素記号を答えよ。

★問4　2つのアンモニア分子，2つの塩化物イオンを配位子として有する白金イオン（Pt^{2+}）の錯体は構造（β）を有し，そのシス-トランス異性体の1種は下線部③として利用されている。この白金錯体において考えられるシス-トランス異性体の分子構造をすべて描け。

★問5　下線部④のEDTA溶液とEDTAがカルシウムイオン（Ca^{2+}）へ配位すると色が変化する指示薬を用いて滴定を行い，Ca^{2+}溶液0.10 Lの濃度を測定した。0.010 mol/LのEDTA溶液を5.0 mL滴下することで反応が終了し，溶液の色が変化した。この溶液における Ca^{2+} 濃度を求めよ。ただし，Ca^{2+} へEDTAが配位したCa-EDTA錯体の生成定数 $K=[Ca\text{-}EDTA]/([EDTA][Ca^{2+}])$ は $3.9×10^{10}$ L/molであり，pHの変化，Ca^{2+} 溶液中の陰イオンの効果は考慮しなくてもよい。

問6　　b　に入る語句を答えよ。

東京大

| 標問 | **59** | **イオンの分離** | 解答・解説 p.146 |

扱う テーマ　金属イオンの系統分離，溶解度積　　　　　　　　　　　　　　　　　　化学

Na^+, Ag^+, Zn^{2+}, Ba^{2+}, Fe^{3+} イオンを含む硝酸水溶液がある。この溶液を用いて次に示す実験(1)〜(5)を行い，各イオンを分離した。これらの実験結果を読んで，下の問いに答えよ。ただし，計算問題は有効数字3桁で解答せよ。原子量は，H=1.00，N=14.0，O=16.0，S=32.1，Na=23.0，Fe=55.8，Cu=63.5，Ag=108，Ba=137 とする。

実験(1) この溶液に硫化水素を吹き込むと，沈殿 ［ ア ］ が生成した。ろ過によって分離した沈殿は，硝酸を加えて加熱すると溶解した。この溶液にアンモニア水を加えていくと，はじめに ［ イ ］ が沈殿するが，さらに加えるとイオン ［ ウ ］ を生じて溶けた。

実験(2) 沈殿 ［ ア ］ を分離したろ液を，いったん煮沸により硫化水素を除いてから，①濃硝酸を数滴加え，さらにアンモニア水を加えると沈殿 ［ エ ］ が生成した。ろ過によって分離した沈殿を塩酸で溶かし，イオン ［ オ ］ を含む水溶液を加えると濃青色沈殿を生じた。

実験(3) 沈殿 ［ エ ］ を分離したろ液に硫化水素を吹き込むと ［ カ ］ が沈殿した。

実験(4) 沈殿 ［ カ ］ を分離した②ろ液に硫酸を加えると ［ キ ］ が沈殿した。

実験(5) 沈殿 ［ キ ］ を分離したろ液中にイオン ［ ク ］ が残っていることを，［ ケ ］の実験で確認した。

問1 沈殿 ［ ア ］ と ［ イ ］，イオン ［ ウ ］ を化学式で示せ。

★ **問2** 下線部①で示した操作はどのような目的で行うのか。30字程度で書け。また，沈殿 ［ エ ］ とイオン ［ オ ］ を化学式で示せ。

問3 沈殿 ［ カ ］ を化学式で示せ。

問4 沈殿 ［ キ ］ を化学式で示せ。

★★ **問5** 難溶性塩である沈殿 ［ キ ］ では，水に溶けて電離している状態における陽イオンと陰イオンの濃度の積 (K_{sp}) が常に一定であり，$K_{sp}=1.11\times10^{-10}$ (mol/L)^2 と求められている。下線部②で示した操作で得た溶液の体積を 0.100 L とし，硫酸イオンの濃度を 1.00×10^{-5} mol/L であるとする。もし溶液の体積が同じで，硫酸イオン濃度を 1.00×10^{-3} mol/L と高濃度にすれば，さらに何gの ［ キ ］ が析出するかを求めよ。ただし，溶液中の他のイオン種は，K_{sp} の値に影響を及ぼさないものとする。

★ **問6** イオン ［ ク ］ を化学式で示せ。また，実験 ［ ケ ］ の名称を記し，どのような操作を行い，どのような現象が起こることによってイオン ［ ク ］ の判定が行えるかを30字程度で書け。

| 大阪大 |

第2章　無機化学　　73

標問 60 気体の発生実験

扱うテーマ: 気体の性質・捕集法，気体の発生実験，気体の検出方法

次図の(A)〜(E)は記述した気体を発生させる装置を示したものである。ただし，気体の精製法は省略してある。下の問いに答えよ。必要があれば，原子量は次の値を使うこと。H=1.0, C=12.0, N=14.0, O=16.0, S=32.1, Cl=35.5

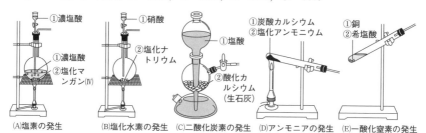

(A) 塩素の発生　(B) 塩化水素の発生　(C) 二酸化炭素の発生　(D) アンモニアの発生　(E) 一酸化窒素の発生

★問1　図(A)〜(E)のいずれにおいても，用いた2つの試薬①，②のうち1つは不適当である。不適当な試薬をそれぞれの図の①，②から1つを選び，その番号と，正しい試薬名を書け。

問2　図(A)〜(E)のそれぞれにおいて，捕集方法として最も適当なものを，次の①〜③から1つを選び，その番号を書け。

① 上方置換　　② 水上置換　　③ 下方置換

★問3　図(A)〜(E)のそれぞれにおいて，気体発生が酸化還元反応によるものには○，そうでないものには×の符号を書け。

問4　図(A)〜(E)の気体の検出方法について，最も適当なものを次の①〜⑥から1つを選び，その番号を書け。

① 空気にふれさせる。　② 塩酸を近づける。　③ 硫酸にふれさせる。
④ 石灰水に通じる。　⑤ アンモニア水を近づける。
⑥ 湿ったヨウ化カリウムデンプン紙を近づける。

問5　図(A)〜(E)のそれぞれにおいて，発生する気体の性質として最も適当なものを，次の①〜⑧から1つを選び，その番号を書け。

① 酸素と反応して有色の気体を生成する。
② 無色で刺激臭があり，漂白剤として用いられる。
③ オストワルト法による硝酸の工業的製法の原料になる。
④ 液体空気の分留によって得られる無色の気体で，オゾンの同素体である。
⑤ 鍾乳洞ができるときに重要な役割をする。
⑥ すべての気体の中で分子量が最も小さく，還元性がある。
⑦ 強い酸化性があり，ヨウ化物イオンや臭化物イオンと反応してヨウ素や臭素を遊離する。
⑧ 水によく溶け，強い酸性を示す。

| 弘前大 |

標問 61 1族（アルカリ金属）

扱うテーマ：アルカリ金属元素の単体と化合物の性質，工業的製法

解答・解説 p.154

化学基礎・化学

　水素を除く1族元素をアルカリ金属といい，その原子はすべて1個の　ア　をもつため，1価の陽イオンになりやすい。アルカリ金属は，天然には単体の形では存在せず，化合物の融解液を電気分解することで単体を製造する。この操作を　イ　電解という。

　アルカリ金属の単体は反応性に富み，室温で酸素やハロゲンと反応して，酸化物とハロゲン化物を生じる。また，冷水とも容易に反応する。例えば，金属ナトリウムは冷水と反応して　A　と水素を生成する。　A　は無色半透明な固体で，放置すると空気中の水分を吸収して溶ける。この現象を　ウ　といい，　A　は乾燥剤として利用することができる。

　　A　は二酸化炭素と反応し，2価の弱酸の塩である　B　と水を生じる。　B　は水によく溶け，その水溶液は塩基性を示す。　B　の水溶液を濃縮すると，無色の十水和物の結晶が析出する。さらにこの結晶を乾いた空気中で放置すると，結晶中の水が失われて粉末状の一水和物になる。この現象を　エ　といい，水和水の数が変化することで，物質の性質が大きく変化する。

問1 文中の　ア　〜　エ　に入る適切な語句を書け。

問2 文中の　A　および　B　に入る適切な物質を組成式で答えよ。

問3 　B　は，工業的には，塩化ナトリウムの飽和水溶液に，アンモニアと二酸化炭素を通じ，析出する沈殿物Cを熱分解することで製造する。以下の3つの問いに答えよ。

(1) この工業的製法の名称を答えよ。

(2) この製法の優れた点は，副生物を再利用できることで，沈殿物Cが生成するときの副生物Dと水酸化カルシウムとを反応させてアンモニアを回収し，　B　の製造に再び利用することもできる。副生物Dから，アンモニアを回収する化学反応式を書け。

★(3) この製法によって　B　を150 kg製造したとき，アンモニアを最大で何 kg回収することができるか，有効数字2桁で求めよ。ただし，製造および回収の過程において，化学反応はすべて過不足なく進行するものとする。原子量は，H＝1.0，C＝12，N＝14，O＝16，Na＝23 とする。

| 東北大 |

第2章　無機化学　　75

標問 62 2族

扱うテーマ：アルカリ土類金属元素の単体と化合物の性質，熱分解反応

解答・解説 p.157

　2族元素のうち，ベリリウムとマグネシウムを除いた元素はとくに性質が似ており，　ア　金属元素とよばれる。　ア　金属元素の単体は，同一周期では，水素を除いた1族元素の単体に比べて，融点が　イ　，密度が　ウ　。

　(1)　ア　金属元素の単体は常温で水と反応し，水酸化物が生じる。　ア　金属元素の水酸化物は強塩基であり，その固体または水溶液は，二酸化炭素を吸収して炭酸塩になる。例えば，(2)石灰水に二酸化炭素を通じると，白色の沈殿物が生じる。さらに，二酸化炭素を通じ続けると，その白色沈殿が消える。この沈殿物が溶ける反応は，自然界において，二酸化炭素を含んだ水が，長い年月をかけて石灰石を溶かし，鍾乳洞が形成されるのと同じ現象である。一方，(3)この沈殿物が溶ける反応は可逆反応であり，溶けた沈殿物は再び析出し得る。この沈殿物が再び析出する反応は，鍾乳洞の内部に鍾乳石が形成されていくのと同じ現象である。

　(4)下線部(2)の沈殿物を900 ℃以上に加熱することによって生じる生石灰は，乾燥剤などに用いられている。天然に存在するセッコウは硫酸カルシウム二水和物が主成分であり，(5)140 ℃に加熱すると焼きセッコウになる。

問1　文中の　ア　～　ウ　にあてはまる語句を記せ。

問2　　ア　金属元素の1つであるカルシウムの単体の製造法として，最も適当な方法を次の①～③から選べ。
①　酸化カルシウムを900 ℃以上に加熱して，水素と反応させる。
②　炭酸カルシウムを900 ℃以上に加熱して，溶融塩電解する。
③　塩化カルシウムを900 ℃以上に加熱して，溶融塩電解する。

問3　下線部(1)を金属カルシウムを例にして化学反応式で示せ。

★問4　下線部(2)，(3)，(4)を化学反応式で示せ。

★問5　下線部(5)について，硫酸カルシウム二水和物を加熱してその質量変化を測定したところ，右図のような結果を得た。まず，①の状態で86 gの硫酸カルシウム二水和物をゆっくりと加熱していくと，100 ℃付近で質量変化が観測されはじめ，②の状態になった。さらに加熱していくと，170 ℃付近で質量変化が観測されはじめ，③の状態になった。②の状態で得られる焼きセッコウの化学式および③の状態で存在する物質の化学式をそれぞれ記せ。原子量は，H＝1.0，C＝12，O＝16，S＝32，Ca＝40とする。

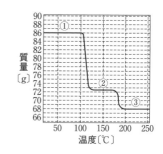

問1, 4 名古屋市立大（薬），問2 新潟大，問3, 4, 5 熊本大

標問 63 8族 (Fe) (1)

解答・解説 p.160

扱うテーマ 鉄の単体と化合物の性質，鉄の精錬，鉄イオンの色と検出

次の文章(A)，(B)を読んで，下の問いに答えよ。

(A) 右図は鉄の精錬に用いられる溶鉱炉の模式図である。溶鉱炉は上部から下部に向かって温度が高くなる構造になっており，図中のⅠ～Ⅲの3つの温度域で起こる反応によって原料の鉄鉱石（酸化鉄）から金属鉄が生成する。Fe_2O_3 を主成分とする赤鉄鉱などの鉄鉱石をコークス（炭素）と石灰石とともに上部から炉に入れる。炉の下部から熱い空気を送り込むとコークスが燃焼し 2000 °C の高温に加熱され，[ア] が発生する。炉の上部から供給された Fe_2O_3 は下から上昇してくる熱い [ア] と接触し，温度域Ⅰで，

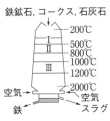

[1]

の反応により [イ] に還元される。次に [イ] は温度域Ⅱでさらに還元され [ウ] になる。鉄への最終的な還元は温度域Ⅲで進行する。Ⅰ～Ⅲの温度域で [ア] は酸化され [エ] になる。鉄の生成過程全体を通して，十分な [ア] の供給を確保しているのは，

[2]

の反応である。石灰石は 900 °C ぐらいのところで分解して，生石灰になり，炉の最も熱い部分で鉄鉱石に含まれる SiO_2 などをカルシウムの化合物にして，鉄と分離する働きをしている。分離した鉄は最も高密度の層を形成して炉の底にたまる。これを引き出し，凝固させた鉄は炭素含有量が高く，硫黄，リンなどを含み [a] とよばれる。

(B) 金属鉄 (Fe) は [オ] を発生しながら希硫酸に溶けて，[b] 価のイオンを含む水溶液ができる。この水溶液を2つの試験管に分け，一方にヘキサシアニド鉄(Ⅲ)酸カリウム [カ] の水溶液を加えると [3] の沈殿が生じる。また，もう一方の試験管の水溶液に過酸化水素水を加えると Fe は [c] 価に [d] され，水溶液の色は [4] から [5] になる。この水溶液にチオシアン酸カリウム水溶液を加えると [6] になる。

★ 問1 文中の [ア] ～ [カ] に適切な化学式を記入せよ。なお，[カ] にはヘキサシアニド鉄(Ⅲ)酸カリウムの化学式を記入すること。

問2 文中の [a]，[d] に適切な語句を，また [b]，[c] に適切な数字を記入せよ。

★ 問3 文中の [1]，[2] に適切な反応式を記入せよ。

問4 文中の [3] ～ [6] に次から適切な色を1つずつ選び，記入せよ。

黄褐色，赤色，暗紫色，淡緑色，深緑色，白色，濃青色，無色

| 京都大 |

標問 64　8族 (Fe) (2)

扱うテーマ：イオン化傾向，鉄の腐食実験，電池の原理，鉄イオンの反応（応用）

　鉄は，乾燥した空気中ではほとんどさびないが，湿った空気中で容易に腐食してさびやすいことが知られている。鉄の腐食の様子を知るために次の実験を行った。

実験1：亜鉛，銅，スズおよび鉄の金属片の表面をよくみがき，3％食塩水をしみこませたろ紙の上に並べた。次に，電流計をつないだ端子を図1のように2種類の金属片にあてたところ，針が振れ電流の発生を観測した。そこで，電流の流れる方向を各金属の組み合わせで測定し，これを表1にまとめた。

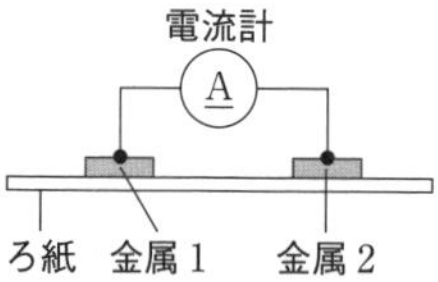

金属1	金属2	電流の方向
亜鉛	銅	(例) 2 → 1
鉄	亜鉛	(あ)
銅	スズ	(い)
スズ	鉄	(う)
鉄	銅	(え)
スズ	亜鉛	(お)

図1　実験1の概略図

表1　各金属の組み合わせによる電流の流れる方向

実験2：微量の炭素を不純物として含む鉄板の表面をよくみがき，ヘキサシアニド鉄(Ⅲ)酸カリウムとフェノールフタレインを含む3％食塩水を図2のように滴下した。しばらくすると，鉄板上のある部分に青色物質を生じ，青色物質

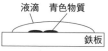

図2　実験2の概略図

が増えるにつれて液滴の一部が赤くなったが，気体は発生しなかった。これは，鉄板が電解質を含む水溶液と触れることにより，鉄と炭素を電極とした局所的な電池が形成されたことを示している。その後，青色物質の表面に沈殿物が生じ，さらに十分長い時間を経過すると鉄板の表面にさびが観測された。

問1　実験1でなぜ電流が発生したのか理由を述べよ。

問2　表1中の(あ)～(お)に電流の流れる向きを（例）にしたがい記せ。

★問3　実験2で青色物質を生じた現象を化学的に説明せよ。

問4　実験2で青色物質を生じた部分は，正極・負極のいずれの電極として働いているかを記せ。また，この反応を電子を含む化学反応式で記せ。

★問5　実験2で液滴が赤くなった現象は，青色物質を生じた結果，液中の酸素と水が反応したものである。赤くなった部分は，正極・負極のいずれの電極として働いているかを記せ。また，この反応を電子を含む化学反応式で記せ。

問6　ブリキとトタンにおける鋼板の腐食防止のしくみは異なる。両者の腐食防止のしくみを，それぞれ簡潔に記せ。

｜静岡大｜

| 標問 | **65** | **11 族（Cu）** | 解答・解説 p.166 |

扱う テーマ 銅の単体と化合物の性質，銅の電解精錬　　　　　　　　　　　　　　　　　　　化学

〔I〕 硫酸銅（II）に関する A，B の文章を読み，下の問いに対する解として，最も適切な選択肢をそれぞれの解答群から 1 つ選べ。ただし，$CuSO_4 \cdot 5H_2O = 250$，$H_2O = 18$ とする。

A 酸化銅（II）を試薬 R と反応させ，得られた溶液を濃縮させ，数日放置すると(a)硫酸銅（II）五水和物 $CuSO_4 \cdot 5H_2O$ の結晶 Q が生成した。

B 結晶 Q 5.000 g を質量 10.000 g のルツボに入れ，電気炉で，(b)130 ℃ に加熱して秤量すると，ルツボの質量は 13.56 g であった。さらに，250 ℃ まで加熱したのち，ルツボの質量を秤量し，ルツボに残った(c)粉末の質量を求めると x〔g〕であった。

問1 試薬 R として最も適切なものを次の①〜⑤から 1 つ選べ。
① 希硫酸　　② 希硝酸　　③ 濃硝酸　　④ 希塩酸　　⑤ 濃塩酸

問2 下線部(a)で生成した結晶 Q の中で Cu^{2+} イオンに 1 つも配位していない原子を次の ⓐ〜ⓓ から 2 つ選び，その正しい組み合わせの番号を下の①〜⑥から 1 つ選べ。
ⓐ 硫酸イオンの酸素原子　　ⓑ 硫酸イオンの硫黄原子
ⓒ 水分子の酸素原子　　　　ⓓ 水分子の水素原子
① ⓐとⓑ　　② ⓐとⓒ　　③ ⓐとⓓ　　④ ⓑとⓒ　　⑤ ⓑとⓓ
⑥ ⓒとⓓ

問3 下線部(b)の反応で，水分子は $CuSO_4 \cdot 5H_2O$ 1 式量あたり何分子なくなったか。最も適切な数値を次の①〜⑤から 1 つ選べ。
① 1　　② 2　　③ 3　　④ 4　　⑤ 5

問4 下線部(c)のルツボに残った粉末の色は何色か。最も適切なものを次の①〜④から 1 つ選べ。
① 青色　　② 黄色　　③ 白色　　④ 緑色

問5 下線部(c)でルツボに残った粉末の質量 x〔g〕の値として最も適切な数値を次の①〜⑤から 1 つ選べ。
① 0.2　　② 1.6　　③ 2.3　　④ 3.2　　⑤ 5.0　　　　　　　｜東京理科大｜

〔II〕 銅の電解精錬の過程を実験室で再現するために，希硫酸に硫酸銅（II）を溶かした溶液 1000 mL を電解槽に入れ，不純物を含んだ銅（粗銅）を陽極に，純粋な銅（純銅）を陰極にして電気分解を行った。このことに関して，次の問いに答えよ。

問1 粗銅の電極には，不純物として，主に亜鉛，金，銀，鉄，ニッケルが含まれている。この不純物の金属には，電気分解後，陽極泥に含まれるものと，水溶液中にイオンとして存在するものとがある。陽極泥に含まれる金属はどれか。次の①〜⑦から最も適当なものを 1 つ選べ。

第 2 章　無機化学　　79

① 亜鉛，鉄　　　② 亜鉛，鉄，ニッケル　　　③ 銀，ニッケル

④ 金，ニッケル　　⑤ 金，鉄　　　　　　⑥ 金，銀

⑦ 金，銀，鉄

★★ 問2　直流電流を通じて電気分解したところ，粗銅は 67.14 g 減少し，一方，純銅は 66.50 g 増加した。また，陽極泥の質量は 0.34 g で，溶液中の銅(Ⅱ)イオンの濃度は 0.0400 mol/L だけ減少した。この電気分解で水溶液中に溶け出した不純物の金属の質量は何 g か。次の①〜⑨から最も適当な数値を 1 つ選べ。ただし，この電気分解により溶液の体積は変化しないものとする。また，不純物としては金属だけが含まれているものとし，Cu=63.5 とする。

① 0.30　　② 0.34　　③ 0.64　　④ 1.27　　⑤ 2.20　　⑥ 2.54

⑦ 2.84　　⑧ 3.18　　⑨ 3.52

標問 66　12族 (Zn, Hg)

解答・解説 p.171

扱うテーマ　亜鉛と水銀の単体と化合物の性質，金属イオンの反応

化学

　亜鉛は 12 族の典型元素であり，元素の周期表で同じ縦列に並んでいるカドミウムや水銀は亜鉛の　ア　元素である。亜鉛原子は 2 個の最外殻電子をもつため，2 価の　イ　イオンになりやすい。一般に原子がイオンになったり，原子どうしが結合するときに重要な働きをする最外殻の電子を　ウ　とよぶ。

　(a)亜鉛粉末に希塩酸を加えたところ，気体を発生しながら溶解した。(b)この溶液に水酸化ナトリウム水溶液を少しずつ加えると，白色の沈殿が生じた。白色沈殿物は酸とも，(c)強塩基とも反応して溶解した。このような性質をもつ水酸化物を総称して　エ　水酸化物とよぶ。

問1　文中の　ア　〜　エ　に入る適切な語句を記せ。

問2　下線部(a)〜(c)それぞれについて，イオン反応式を示せ。

問3　次の(i), (ii)の水溶液に含まれる金属イオンのうちの一方を沈殿させることで回収する方法をそれぞれ記せ。イオンの濃度は 1.0×10^{-2} mol/L 程度とし，使用できる試薬は塩酸，水酸化ナトリウム水溶液，硫化水素，アンモニア水とする。

(i)　亜鉛イオンとアルミニウムイオンを含む水溶液

★(ii)　亜鉛イオンとカドミウムイオンを含む水溶液

★ 問4　水銀に関する次の(i), (ii)は，どのような水銀の性質と関係しているかを述べよ。

(i)　水銀は硝酸や王水には溶けるが，塩酸には溶けない。

(ii)　不純物として銀を含む水銀を精製するには，真空中で水銀を蒸留する。

| 問 1〜3 金沢大，問 4 日本女子大 |

標問 67　13族（Al）

扱うテーマ　アルミニウムの単体と化合物の性質，アルミニウムの製錬

アルミニウムに関する次の〔I〕と〔II〕の2つの文章を読み，問いに答えよ。

〔I〕 アルミニウムは，一般に①酸および強塩基のいずれとも反応するため，両性金属といわれる。また，アルミニウムイオン Al^{3+} を含む水溶液に少量の水酸化ナトリウム水溶液を加えると，②白色のゲル状沈殿が生成するが，さらに水酸化ナトリウム水溶液を加えると③沈殿は溶解する。

問1　下線部①について，(a)アルミニウムと塩酸，(b)アルミニウムと水酸化ナトリウム水溶液の反応の化学反応式をそれぞれ書け。

問2　下線部②のイオン反応式を書け。

問3　下線部③の化学反応式を書け。

問4　アルミニウムは還元力が強く，この特性を利用して，鉄やクロム，コバルトなどの金属酸化物から金属単体をとり出すことができる。この方法の名称を書け。

〔II〕 融解槽の中で融解した氷晶石と酸化アルミニウムを，炭素を電極として電気分解することにより，アルミニウムが得られる。この電気分解において，陽極ではAおよびBの2種類のガスが生成した。なお，Aが完全に酸化されるとBになる。

問5　陽極および陰極で起こる反応を，イオン反応式でそれぞれ表せ。

問6　通電により，$1.158×10^6$ Cの電気量に相当する電気分解を行った。ファラデー定数は $9.65×10^4$ C/mol，アルミニウムの原子量は27とする。なお，解答の数値は整数で求めよ。

(1) 得られるアルミニウムの質量は何gか。

★(2) 陽極で生成したAとBの物質量比が1：1であったとき，Aが生成する反応により得られたアルミニウムの質量は何gか。

|大阪大|

| 標問 | **68** | **14 族（C）** | 解答・解説 p.178 |

扱うテーマ：炭素の単体と化合物の性質，結合エネルギー，結晶の密度　　　　　　　　　　　化学

炭素にはいくつかの $\boxed{\text{ア}}$ が存在する。例えば，2次元結晶となる炭素の $\boxed{\text{ア}}$ としてはグラフェンがある。グラフェンは正六角形の格子が原子1個分の厚さで平面状につながった2次元結晶であり，炭素分子が蜂の巣状に並んでいる。グラフェンは炭素がもつ価電子のうち $\boxed{\text{イ}}$ 個を使って共有結合しており，残る価電子は結晶表面を $\boxed{\text{ウ}}$ できるため，電気伝導性を $\boxed{\text{エ}}$ 。2010年にガイムとノボセロフはグラフェンの研究によってノーベル物理学賞を受賞した。グラフェンが層状に重なったものがグラファイト（黒鉛）である。層と層の間は弱い $\boxed{\text{オ}}$ で結合している。そのため，グラファイトは層状にはがれやすいという性質をもつ。

グラフェンに関連した $\boxed{\text{ア}}$ として，グラフェンが筒状になったような構造をもつカーボンナノチューブや，炭素原子60個からなるサッカーボール状の構造をもつ C_{60} フラーレンなどがある。1996年には C_{60} フラーレンの発見によりノーベル化学賞がクロトー，カール，スモーリーに与えられている。$\underline{C_{60}\text{フラーレンは結晶構造をとる場合}}$ $\underline{\text{がある。このとき，}C_{60}\text{フラーレン分子を1つの粒子と考えると，立方体の各頂点およ}}$ $\underline{\text{び各面の中心に}C_{60}\text{フラーレン分子が位置する。}}$

炭素の $\boxed{\text{ア}}$ にはさらに，3次元結晶となるダイヤモンドがある。ダイヤモンドは，各炭素原子が $\boxed{\text{カ}}$ 個の価電子により隣接する炭素原子とそれぞれ共有結合をつくって $\boxed{\text{キ}}$ の形をとり，これが繰り返された立体構造をもつ。この原子の配置は幾何的に理想的な角度であるため，ひずみがなく，安定である。ダイヤモンドは天然で最も $\boxed{\text{ク}}$ 物質であり，電気伝導性を $\boxed{\text{ケ}}$ 。

問1　文中の $\boxed{\text{ア}}$ ～ $\boxed{\text{ケ}}$ に適切な語句または数字を記せ。

★ 問2　ダイヤモンドの燃焼熱は 395 kJ/mol である。O=O および C=O の結合エネルギーをそれぞれ 498 kJ/mol，804 kJ/mol として，ダイヤモンドの C–C の結合エネルギー〔kJ/mol〕を整数で求めよ。

★ 問3　下線部で単位格子の1辺の長さを 1.41×10^{-7} cm とするとき，C_{60} フラーレン結晶の密度〔g/cm³〕を求め，有効数字3桁で記せ。
アボガドロ定数＝6.02×10^{23}〔mol^{-1}〕，炭素の原子量＝12.0 とする。

| 問1,3 岡山大，問2 名城大（理工）|

標問 69 14族（Si）

扱うテーマ：ケイ素の単体と化合物の性質

解答・解説 p.180

次の文章を読み，下の問いに答えよ。

周期表の14族に属する元素のケイ素は地殻に酸化物として多量に存在する。ケイ素の単体は暗灰色の金属光沢をもち，│ア（語句）│結合結晶は(a)ダイヤモンドと同様の立方格子（右図）であることが知られる。高純度のケイ素はわずかに電気伝導性がある│イ（語句）│としての性質をもち，電子部品の材料に用いられる。│イ（語句）│には│あ（元素名）│を少量加え，電子を1個余らせることにより伝導性を大きくしたn型│イ（語句）│と，│い（元素名）│を少量加え，電子を1個不足させることにより伝導性を大きくしたp型│イ（語句）│とがある。ケイ素の酸化物は天然には石英として産出し，六角柱状の結晶構造からなるものを特に水晶とよんでいる。高純度の二酸化ケイ素を融解して繊維化し，光通信に利用されるものは│ウ（語句）│とよばれる。

(b)石英（主成分 SiO₂）の粉末を炭酸ナトリウムと混合して強熱し，融解すると│エ（物質名）│が生成する。│エ（物質名）│の水溶液を長時間加熱すると，水ガラスとよばれる│う（語句）│の大きな液体が得られる。(c)水ガラスの水溶液に塩酸を加えると，半透明ゲル状のケイ酸が沈殿してくる。ケイ酸をよく水洗いしたのち加熱乾燥するとシリカゲルが得られる。(d)シリカゲルは水蒸気をよく吸着するので乾燥剤に使われる。

(e)ケイ素の単体を工業的に生成する場合にケイ砂（主成分 SiO₂）とコークス（主成分 C）とを反応させ，一酸化炭素を発生させる。ケイ砂とコークスとを反応させる場合，コークスの含有量の違いによって異なった化学反応が起こり，コークス量が多いと│オ（物質名）│が生成される。また，(f)ケイ砂と還元剤としてマグネシウム粉とを反応させ，ケイ素の単体と酸化マグネシウムとを生成させる方法もある。(g)ケイ砂は化学的に安定であるが，フッ化水素やフッ化水素酸と反応する。

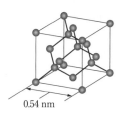

0.54 nm

問1　文中の括弧内の指示に従って│ア│〜│オ│に最も適切な語句などを記入せよ。さらに，│あ│，│い│の元素名，│う│の語句については次から1つを選び，その番号を記せ。

① ホウ素　② 炭素　③ 窒素　④ 酸素　⑤ フッ素
⑥ ナトリウム　⑦ 硫黄　⑧ 塩素　⑨ カリウム　⑩ ヒ素
⑪ 潮解性　⑫ 展性・延性　⑬ 粘性　⑭ 昇華性　⑮ 弾性
⑯ 感光性

★ 問2　下線部(a)について，ケイ素単体の結晶の単位格子の一辺の長さは0.54 nmである。ケイ素単体の結晶の原子間の結合距離 x [nm]を求めよ。また，ケイ素単体の結晶の密度 y [g/cm³]を求めよ。ただし，アボガドロ定数 $N_A = 6.0 \times 10^{23}$ [/mol]，

第2章　無機化学　83

原子量 $Si=28$, $\sqrt{2}=1.4$, $\sqrt{3}=1.7$ とし，有効数字は 2 桁とする。

問3　下線部(b)，(c)の変化をそれぞれ化学反応式で記せ。

★問4　下線部(d)についてその理由を 40 字以内で説明せよ。

問5　下線部(e)のコークス量が少ない場合(A)と多い場合(B)について，それぞれの化学反応式を記せ。

問6　下線部(f)を化学反応式で記せ。

問7　下線部(g)の SiO_2 とフッ化水素が反応して四フッ化ケイ素 (SiF_4) が生成される場合(C)と，SiO_2 とフッ化水素酸が反応してヘキサフルオロケイ酸 (H_2SiF_6) が生成される場合(D)について，それぞれの化学反応式を記せ。

| 名古屋市立大 (医) |

| 標 問 | 70 | 14 族 (Sn, Pb) | 解答・解説 p.185 |

扱うテーマ スズと鉛の単体・イオン・化合物の性質 化学

14 族元素には，炭素，ケイ素，ゲルマニウム，スズ，鉛が属しており，いずれも価電子 4 個をもっている。その中で，金属元素のスズと鉛は，いずれも酸化数 ［ア］ と ［イ］ の化合物になる。通常，スズは酸化数 ［イ］ の化合物のほうが安定であるので，スズの酸化数 ［ア］ の化合物は ［ウ］ として働くが，鉛は酸化数 ［ア］ の化合物のほうが安定で，鉛の酸化数 ［イ］ の化合物は ［エ］ として働く。例えば，スズと希硫酸の反応で生成した化合物は，①希硫酸溶液中でニクロム酸カリウムと酸化還元反応を起こす。これに対して，②ニクロム酸カリウム水溶液をアルカリ性にし，③硝酸鉛（Ⅱ）を加えても黄色沈殿が生成するのみである。

スズのイオン化傾向は水素より大きいので，スズの単体は希塩酸や希硫酸に水素を発生して溶けるが，④鉛の単体は，スズと同様にイオン化傾向が水素より大きいにもかかわらず，常温では希塩酸や希硫酸に溶けにくい。

問1　文中の ［ア］〜［エ］ に適切な語句または数値を記せ。

★ 問2　下線部①をイオン反応式で記せ。

★ 問3　下線部②および③で起こる反応を，それぞれイオン反応式で記せ。

問4　下線部④の鉛の単体が希塩酸や希硫酸に溶けにくい理由を答えよ。

│静岡県立大│

第 2 章　無機化学　　85

標問 **71** **15 族（N）**

解答・解説 p.187

扱う テーマ　窒素の単体と化合物の性質，アンモニアの工業的製法，硝酸の工業的製法，肥料

化学

　①工業的にアンモニアは，水素と窒素の混合気体を約 $8.0 \times 10^6 \sim 3.0 \times 10^7$ Pa，400～500℃ で触媒を用い直接反応させる ┃ ア ┃ 法により生産される。生産されたアンモニアの一部は，次の3つの基本工程からなる ┃ イ ┃ 法による硝酸の工業生産に用いられる。

(i) **アンモニアの酸化**：②空気中の酸素とアンモニアを触媒を用いて反応させると，一酸化窒素を含んだ反応ガスが生成する。

(ii) **一酸化窒素の酸化**：反応ガスを冷却し一酸化窒素を過剰酸素と反応させると，二酸化窒素が生成する。

(iii) **二酸化窒素と水との反応**：③二酸化窒素を含む反応ガスを温水と反応させると，硝酸および一酸化窒素が生成する。

　アンモニアと硝酸の一部は，化学肥料の原料として使われる。植物に吸収された窒素化合物は，アミノ酸やタンパク質などの構成成分となり，一部は動物にとり込まれる。動植物に含まれる窒素化合物は，最終的に土壌中で微生物によって分解され窒素となり大気中に放出される。この大気への窒素の遊離は主に脱窒素菌によりなされている。④脱窒素菌は硝酸イオンを菌体内で亜硝酸イオン（NO_2^-），一酸化窒素，一酸化二窒素，そして窒素へと順に変換し，窒素ガスを放出する。菌体中の一酸化二窒素の一部は，大気中に漏れることがある。一酸化二窒素は安定な化合物であるために，大気圏に蓄積し， ┃ ウ ┃ などと同様に地球の温暖化の一因となるおそれがある。

問1　文中の ┃　　　┃ にあてはまる適切な語句を記せ。

★ 問2　下線部①の反応は可逆的な平衡反応であり，次の熱化学方程式で表される。

　　　　N_2（気）＋ $3H_2$（気）＝ $2NH_3$（気）＋ 92.2 kJ

　　ルシャトリエの原理から考えると，本文中の反応温度は生成物の収率を増すためには不利と思われる。(a)その理由を述べよ。また(b)それにも関わらずこのような条件を用いる理由を推測せよ。

問3　下線部②，③の反応を化学反応式で記せ。

問4　下線部②の反応について，反応時に酸素が不足した場合，窒素と水が生成する。この反応の反応式を記せ。

問5　下線部③の反応について，温水で処理する理由を30字以内で説明せよ。

問6　┃ イ ┃ 法により，質量パーセント濃度63％の濃硝酸を1000 kg合成するには，標準状態で何Lのアンモニアが必要か求め，3桁目を四捨五入して有効数字2桁で記せ。ただし，反応は完全に進行するものとし，生成した硝酸はすべて回収できるものとする。原子量は，H＝1.0，N＝14，O＝16 とする。

問7　下線部④に関し，(A)亜硝酸イオンと(B)一酸化窒素中の窒素の酸化数を答えよ。

│ 問1～3,7 名古屋市立大（医），問4～6 名古屋工業大 │

86

標問 72 15族（P）

扱うテーマ リンの単体と化合物の性質，リンの工業的製法，肥料

解答・解説 p.191

化学

リンおよびリン酸に関する次の文章を読み，下の問いに答えよ。

リンを工業的に製造するには，次のように行う。

リン酸カルシウム（ a ）にケイ砂（ b ）とコークス（ c ）とを混合して電気炉中で加熱する。このとき発生する蒸気を空気と接触させることなく，水中に導いて固化させて ア （ d ）を得る。 ア を空気中に放置すると イ する危険性がある。 ア を約250℃で空気を遮断して長時間加熱すると，同素体の網目状分子である ウ が得られる。(1)リンを空気中で燃焼させると，潮解性のある白色粉末状の エ が生成する。(2) エ に，水を加えて熱するとリン酸（H_3PO_4）が生成する。リン酸は種々のリン酸塩の原料として重要である。肥料などに用いられる水溶性のリン酸二水素カルシウムは，(3)リン酸カルシウムとリン酸とを反応させて得られる。

問1　文中の a ～ d に適切な化学式を， ア ～ エ に適切な語句を入れよ。

★ 問2　下線部(1)～(3)の反応を化学反応式で記せ。

★ 問3　右図は，無極性分子の十酸化四リンの分子構造の一部を立体的に示したものである。この構造を描き写し，他の必要となる構造を描き加えることで分子構造を完成させよ。

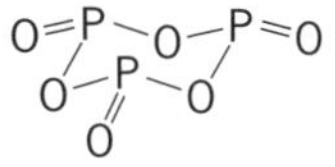

O=P−O−P=O
O−P−O
‖
O

| 問1,2 名古屋工業大,問3 東京大 |

第2章　無機化学　　87

| 標問 | **73** | **16族（S）** | 解答・解説 p.194 |

扱うテーマ　硫黄の単体と化合物の性質，硫酸の工業的製法，硫酸の pH　　　　　　　　　　　　　化学

単体の硫黄には，斜方晶系硫黄，単斜晶系硫黄，ゴム状硫黄などの ア がある。硫黄は空気中で点火すると，青い炎をあげて燃え， イ を生じる。酸化バナジウム（Ⅴ）を触媒として， イ を空気中の酸素と反応させると， ウ になる。 ウ を濃硫酸に吸収させて発煙硫酸とし，これを希硫酸で薄めれば濃硫酸が得られる。これを， エ 式硫酸製造法という。

硫化水素は無色の腐卵臭のある気体であり，水に溶け空気より重い。実験室では，硫化鉄（Ⅱ）に希硫酸を加え硫化水素を発生させ，気体として捕集することができる。

問1　文中の ア と エ にあてはまる適当な語句を記せ。また， イ と ウ にあてはまる適当な物質の化学式を記せ。

問2　下線部の操作に対応する化学反応式を記せ。

★ 問3　濃硫酸から希硫酸をつくる方法を記せ。また，そのような方法をとる理由も簡潔に記せ。

★★ 問4　硫酸は水溶液中において2段階で電離する。第1段の電離は完全電離とみなせる。18℃における第2段の電離定数 K_2 を 2.00×10^{-2} mol/L とする。このとき，① 1.00×10^{-1} mol/L および② 2.00×10^{-2} mol/L の硫酸の第2段の電離度をそれぞれ求めよ。さらに，②の硫酸の pH を求めよ。なお，解答はすべて有効数字3桁で求めよ。$\log_{10}2 = 0.301$，$\sqrt{2} = 1.414$，$\sqrt{7} = 2.646$ とする。

| 問1, 2 大阪大　問3, 4 慶應義塾大（医）|

標問 74 17族（ハロゲン）

扱う テーマ　ハロゲンの単体と化合物の性質，溶解度積

化学

　フッ素，塩素，臭素，ヨウ素のハロゲン原子は ア 個の価電子をもち， イ 価の陰イオンになりやすい。その単体はすべて ウ 原子分子で，有色で強い毒性と①酸化力をもち，②フッ素分子は水と反応して気体を発生し，③塩素分子は水と反応してオキソ酸を生じる。

　ハロゲン分子は水素とも反応しハロゲン化水素を生成する。④ハロゲン化水素は水によく溶け酸性を示す。ハロゲン化水素の中で⑤フッ化水素の水溶液は石英やガラスを溶かすため，ポリエチレンなどの容器に保存される。また，⑥フッ素以外のハロゲン化物イオンを含む水溶液に硝酸銀水溶液を加えると，難溶性塩であるハロゲン化銀が沈殿する。⑦ハロゲン化銀は光によって黒くなる性質があり，写真の感光剤に利用される。

問1　文中の ア ～ ウ に入る適切な数字を答えよ。

問2　室温，大気圧下でのハロゲン単体の状態と色として正しい組み合わせを，次の ⓐ～ⓕ の中からすべて選べ。

	状　態	色			状　態	色
ⓐ	フッ素：気　体	淡黄色		ⓑ	塩　素：液　体	黄緑色
ⓒ	臭　素：液　体	赤褐色		ⓓ	臭　素：固　体	赤褐色
ⓔ	ヨウ素：液　体	黒紫色		ⓕ	ヨウ素：固　体	濃緑色

問3　下線部①について，ハロゲンの酸化力の違いによって水溶液中で起こる反応を，次の ⓐ～ⓔ の中からすべて選べ。

ⓐ　$2KCl + Br_2 \longrightarrow 2KBr + Cl_2$ 　　ⓑ　$2KBr + Cl_2 \longrightarrow 2KCl + Br_2$

ⓒ　$2KI + Cl_2 \longrightarrow 2KCl + I_2$ 　　ⓓ　$2KCl + I_2 \longrightarrow 2KI + Cl_2$

ⓔ　$2KF + I_2 \longrightarrow 2KI + F_2$

★ 問4　下線部②で起こる反応を化学反応式で書け。

★ 問5　下線部③で起こる反応を化学反応式で書け。

問6　下線部④に関し，水溶液中で最も弱い酸性を示すハロゲン化水素を化学式で書け。

問7　下線部⑤で石英を溶かす反応を化学反応式で書け。

★ 問8　下線部⑥に関し，25 ℃ において 1.0×10^{-2} mol/L 塩酸 100 mL 中に塩化銀は何 g 溶解するか，有効数字 2 桁で求めよ。塩化銀の溶解による体積変化は無視でき，溶解度は 10^{-2} mol/L より十分小さいものとする。また，25 ℃ における塩化銀の溶解度積 K_{sp} を 1.8×10^{-10} (mol/L)^2，原子量は $Cl = 35.5$，$Ag = 107.9$ とする。

問9　下線部⑦について，以下の 2 つの問いに答えよ。

(1)　写真フィルムの感光剤としては，臭化銀がよく用いられている。光によってひき起こされる臭化銀の反応を化学反応式で書け。

★(2)　未感光の臭化銀は，チオ硫酸ナトリウム水溶液を用いてとり除く。この際の臭化銀とチオ硫酸ナトリウムとの反応を化学反応式で書け。

| 東北大 |

第2章　無機化学　　89

| 標問 | **75** | **18 族（貴（希）ガス）** | 解答・解説 p.200 |

扱う
テーマ ▶ 貴ガスの性質　　　　　　　　　　　　　　　　　　　　　　　　　　　　　　　　　化学

次の文章を読んで，下の問いに答えよ。

1785 年，キャベンディシュは空気中の窒素を酸化窒素に変えようとした際，常に少量の気体が反応せずに残ることに気づいたが，彼はこの理由を説明できなかった。

1892 年，レーリーは空気から酸素と二酸化炭素を除いて得た 1.0000 L の窒素が，標準状態（0 ℃, 1.013×10^5 Pa）で 1.2572 g であるのに対して，窒素の化合物を分解して得た 1.0000 L の純窒素は 1.2505 g であることを発表した。

ラムゼーはこの事実に興味を示し，空気からとった窒素の中には少量の，いかなる薬品とも反応しない気体が混じっていることを実験の結果つきとめた。ほとんど同時にレーリーも別の実験方法によってこの未知の気体を分離した。

レーリーとラムゼーの 2 人は協力して研究し，1894 年，空気中には新しい気体元素の存在することを報告した。そして，この元素にはアルゴンという名前がつけられた。その後，ラムゼーは空気中からアルゴンの他に微量の幾種類かの貴ガスを発見した。

★(1)　レーリーが空気から得た窒素中の貴ガスをすべてアルゴンと見なすと，この窒素中にはアルゴンが体積で何パーセント含まれることになるか。計算式を書け。計算はしなくてもよい。アルゴンの原子量は 39.95 とする。

(2)　アルゴンは化学的に安定（不活性）であるが，その理由を原子の電子配置から 35字以内で説明せよ。

(3)　空気中に存在するアルゴン以外の貴ガスの名前を 3 つ記せ。

| 宮崎大 |

90

第3章 有機化学

標問 76 元素分析

扱うテーマ：元素分析，分子式の決定

次の文章を読み，下の問いに答えよ。

炭素，水素，酸素だけからなる有機化合物が試料としてある。この試料 7.4 mg を次図に示す装置を用いて完全燃焼させ，燃焼気体をガラス管 A，次にガラス管 B の順に通した。その結果，ガラス管 A の質量は 9.0 mg 増加し，ガラス管 B の質量は 17.6 mg 増加した。

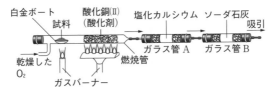

問1　ガラス管Aの塩化カルシウムに吸収されたものは何か。また，ガラス管Bのソーダ石灰に吸収されたものは何か。それぞれ化学式を書け。

★ 問2　ガラス管Aとガラス管Bの配置する順序を逆にしてはいけない理由を述べよ。

問3　最初に試料として与えられた有機化合物の組成式を求めよ。原子量は H=1.0，C=12，O=16 とする。

問4　この有機化合物の分子量が 74 であるとき，分子式を求めよ。

〔宮崎大〕

標問 77 不飽和度

扱うテーマ　不飽和度の求め方，異性体の数え方

解答・解説 p.203

化学

次の文章を読み，下の問いに答えよ。

有機化合物の分子式からは，分子に含まれている原子の種類と数の情報の他に，不飽和度とよばれる情報が得られる。不飽和度は，その分子がもつ不飽和結合の数と環の数の和を表し，0または正の整数で表される。例えば，二重結合を1つもつエチレンの不飽和度は1，三重結合を1つもつアセチレンは2，環構造を1つもつシクロヘキサンは1，またベンゼンの不飽和度は4である。炭素と水素からなる分子の不飽和度は，次式で分子式から計算できる。

$$不飽和度＝炭素数－\frac{水素数}{2}＋1$$

問1　炭素，水素からなる化合物のうち，炭素数4で不飽和度1をもつ化合物は全部でいくつあるか。

★問2　炭素，水素，酸素からなる分子の不飽和度は，次の①〜⑥のうち，どの式で表されるか。

① $炭素数－\dfrac{水素数}{2}$

② $炭素数－\dfrac{水素数}{2}＋1$

③ $炭素数－\dfrac{水素数}{2}＋酸素数$

④ $炭素数－\dfrac{水素数}{2}＋酸素数＋1$

⑤ $炭素数－\dfrac{水素数}{2}－酸素数$

⑥ $炭素数－\dfrac{水素数}{2}－酸素数＋1$

| 東京工業大 |

標問 78 異性体(1)

扱うテーマ：異性体の数え方，シス-トランス異性体（幾何異性体），鏡像異性体（光学異性体）

解答・解説 p.205

次の記述を読み，文中の ア ～ ウ にはこれにあてはまる最も適当な語句を， 1 , 2 にはこれにあてはまる最も適当な記号をそれぞれ指定された解答群から選べ。また， a ～ c にはこれにあてはまる最も適当な数字を答えよ。その際に X Y の答えが1桁になる場合にはXの欄に0と記せ。

分子式が C_5H_{10} で表される炭化水素には，6種の鎖状化合物が存在する。一方，環状化合物について考えると，まず次式の(A)～(F)に示される6種の化合物を挙げることができる。

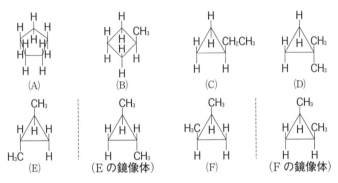

化合物(A)を他の5つの化合物と比較すると，いずれの化合物とも原子の結合順序が異なっていることがわかる。このような化合物どうしを互いに ア であるという。一方，化合物(E)と(F)は原子の結合順序は同じであるが，2つのメチル基の空間的な結合方向が異なっており，このような化合物を互いに イ であるという。このとき，(E), (F)の両化合物は分子内に a 個の不斉炭素原子をもっており，化合物 1 には ウ が存在するが，化合物 2 は分子内に対称な面をもち，鏡像体との区別ができないので鏡像異性体が存在しない。したがって， ウ を含めた異性体の総数は鎖状化合物と環状化合物を合わせて b c 個となる。

{ ア ～ ウ の解答群}　⓪ 互変異性体　① 立体異性体
　　　　　　　　　　　② 鏡像異性体　③ 構造異性体

{ 1 , 2 の解答群}　⓪ (E)　① (F)

｜東京理科大｜

| 標問 | 79 | 異性体(2) | 解答・解説 p.208 |

扱うテーマ　鏡像異性体(光学異性体), ジアステレオ異性体　　　　　　　　　　　　　　化学

次の文章を読み，下の問いに答えよ。

立体異性体とは，原子の結合順序が同じであるにもかかわらず，原子や原子団の立体的な配置が異なる異性体のことで，シス-トランス異性体の他に鏡像異性体や後述のジアステレオ異性体も含まれる。分子内に1つの不斉炭素原子を有する化合物には互いに鏡像の関係にある異性体，すなわち鏡像異性体が存在する。一方，分子内に不斉炭素原子が2つ以上存在する場合は，互いに鏡像の関係にはない立体異性体も存在する。これをジアステレオ異性体とよぶ。2つの不斉炭素原子を有する化合物の例としてアミノ酸のL-トレオニンを挙げることができ，①図1の通りL-トレオニンを含めて4種類の立体異性体が存在する。しかしながら，不斉炭素原子が2つあっても，②3種類の立体異性体しか存在しない場合もある。また，数多くの不斉炭素原子を含む化合物であるα-グルコースとα-ガラクトースも，ジアステレオ異性体の関係である。

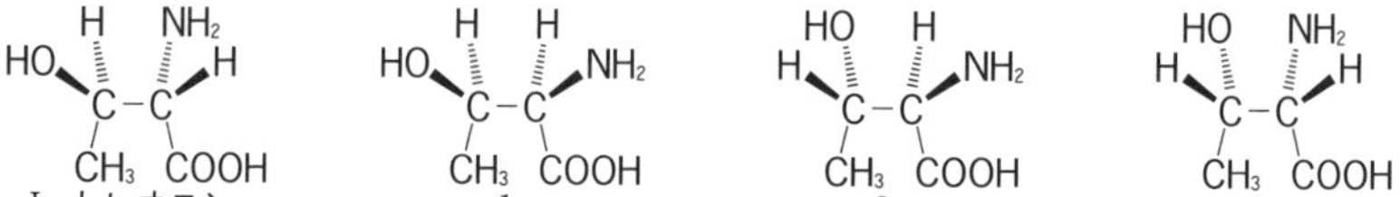

■ 紙面の手前側に向かう結合を表す
⋯⋯ 紙面の裏側へ向かう結合を表す

図1　L-トレオニンの立体異性体

★ 問1　下線部①に関して，L-トレオニンの立体異性体1, 2, 3のうち，L-トレオニンの鏡像異性体はどれか。番号で答えよ。

★★ 問2　下線部①に関して，L-トレオニンの立体異性体1, 2, 3のうち，L-トレオニンとジアステレオ異性体の関係にあるものはどれか。番号で答えよ。

★ 問3　下線部②に相当する化合物としてD-酒石酸が挙げられる。図1にならって構造式を描くと，図2の4つの構造式を描けるが，このうち2つは同一化合物を表しているため，全体として立体異性体は3種類となる。同一化合物を表している構造式を4〜7の番号で答えよ。

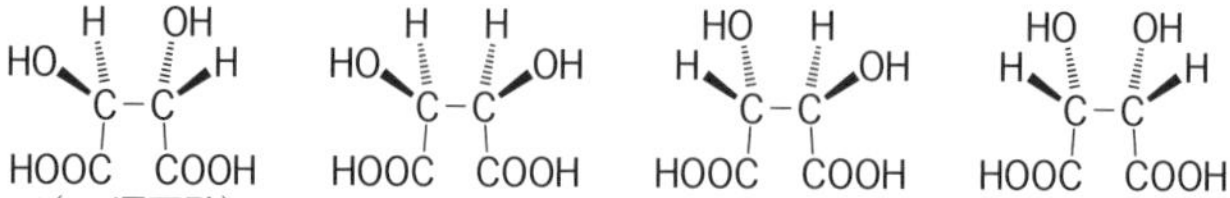

図2

東京大

| 標問 **80** 炭化水素の反応(1) | 解答・解説 p.209 |

扱うテーマ ▶ アルカン，アルケン，アルカンの反応，アルカンとアルケンの構造決定 　　　　化学

次の文章を読み，下の問いに答えよ。

アルケンをアルカンにすることは，水素が触媒によってアルケンに ア 反応することで可能である。メタンはこの方法では合成できないが，①酢酸ナトリウムに水酸化ナトリウムを加えて加熱することで得られる。

次に，アルカンをアルケンにすることを考えよう。アルカンと塩素の混合物に光をあてて反応させると，アルカンの水素原子と塩素原子が イ 反応を起こす。この イ 反応は，アルカンにあるいずれの水素原子に対しても進行する。塩素と反応して得られる化合物 (塩素化合物) から，塩化水素を脱離させることでアルケンを合成できる。エチレン合成を例に塩素化合物から塩化水素が脱離する反応を次式で示す。

$$\begin{array}{c} CH_2\text{--}CH_2 \\ | \quad\ \ | \\ Cl \quad\ H \end{array} \longrightarrow\ CH_2\text{=}CH_2\ +\ HCl$$

分子式が C_5H_{12} の 2 つの異性体を沸点の差を利用して化合物Aと化合物Bに分離した。それぞれの化合物を塩素と反応させた後，②1 分子の塩素と反応した塩素化合物のみをとり出し，塩化水素を脱離させることでアルケンを合成した。その結果，化合物Aおよび化合物Bからそれぞれ 3 種類のアルケンを得た。化合物Aから得られたアルケンは，いずれも二重結合についた置換基の配置が異なる立体異性体である ウ 異性体が存在せず，それぞれが構造異性体であった。一方，化合物Bから得られたアルケンのうち，2 つは ウ 異性体の化合物Cと化合物Dであった。

(1) ア ～ ウ に入る適切な語句を書け。同じ語句を二度用いてはいけない。

(2) 下線部①で示した反応の化学反応式を書け。

★(3) 下線部②の塩素化合物について，化合物Aおよび化合物Bそれぞれから何種類得られるか書け。なお，鏡像異性体は区別すること。

★(4) 化合物Cおよび化合物Dの構造式を書け。また，それぞれの化合物について立体構造を表す名称を書け。なお，どちらの異性体を化合物Cとして書いてもよい。

| 千葉大 |

第3章　有機化学　　95

| 標 問 | **81** | **炭化水素の反応(2)** | 解答・解説 p.213 |

扱う テーマ　アルケンへの臭素の付加，立体異性体　　　　　　　　　　　　　　　　化学

　アルケンへの臭素や水の付加反応は求電子付加反応とよばれ，例えばシクロヘキセンに臭素を反応させるとトランス-1,2-ジブロモシクロヘキサンが生成する。臭素がアルケンの炭素-炭素二重結合の面の上下から付加しているので，トランス付加とよばれる。

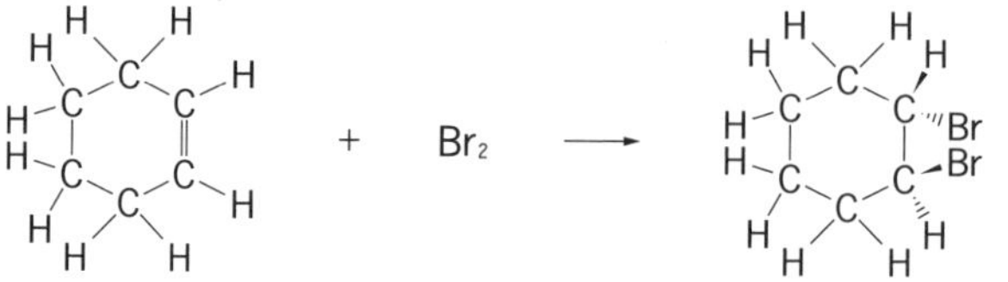

トランス-1,2-ジブロモ
シクロヘキサン

　この反応例を参考にして下の問いに答えよ。

　なお，非環状（鎖状）化合物の構造を立体的構造がわかるように表記するには，右に示す酒石酸の例に従って，炭素鎖をジグザグで示した構造式を用いよ。実線の結合は紙面上に，黒楔形 (◀) で示した結合は紙面の手前側，破線楔形 (⫶⫶⫶) で示す結合は紙面の裏側に存在することを示す。

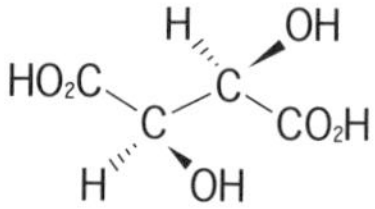

★ **問1**　分子式 C_4H_8 で表される構造異性体はいくつあるか。すべての構造異性体の構造式を書け。

★★ **問2**　シスおよびトランス-2-ブテンに臭素を反応させた場合，それぞれの反応の生成物の構造を立体的構造がわかるように示せ。

| 東京大 |

96

標問 82 炭化水素の反応(3)

解答・解説 p.214

扱うテーマ：不飽和炭化水素の付加反応

化学

〔**I**〕 次の文章を読み，下の問いに答えよ。

分子式 C_6H_{10} をもち，枝分かれした構造をもたない炭化水素 A 1 mol に対して，白金触媒を用いて水素 1 mol を反応させたところ，B が得られた。B にはシス-トランス異性体(幾何異性体)は存在しない。次に B に対して酸性条件において水を付加させたところ，アルコール C が得られた。この反応においては異性体の関係にある C と D が得られる可能性があるが，第二級アルコールである C が選択的に得られた。また A に水銀塩触媒を用いて水を付加させた後，得られた化合物を還元しても C が得られた。

問1 下線部における化合物 C と D の構造式を記入例にならって記せ。

構造式の記入例：

$$H_3C \diagdown C=C \diagup H \\ H \diagup \diagdown CH_2-CH-C \diagup \overset{\displaystyle O}{\diagdown} O-\bigcirc \\ OH$$

★ 問2 化合物 A の構造式を問1の記入例にならって記せ。

│ 京都大 │

〔**II**〕 側鎖をもたない鎖状の炭化水素 A，B は，常温・常圧の下で気体として存在する。同一物質量の A と B の燃焼にはそれぞれ同じ量の酸素を必要とする。A と B が同じ物質量ずつ含まれる混合気体を，77℃ で 7.0 L の容器に封入したところ，4.15×10^4 Pa の圧力を示した。また，この混合気体は 0.50 mol の酸素を消費して完全に燃焼した。さらに，臭素水の入った試験管 2 本を用意し，それぞれの試験管に A と B を別々に通じたところ，B を通じた試験管のみ臭素水の色が消えた。なお，B は銅(I)イオンを触媒とした炭化水素 C の二量化によっても得られた。

問1 炭化水素 A および B の構造式を (例) にならって示せ。気体は理想気体とし，気体定数 $R = 8.3 \times 10^3$ Pa·L/(mol·K) とする。

(例) $CH_3-CH=CH-CH_2-CH_2-CH_3$

問2 炭化水素 C に，アンモニア性硝酸銀水溶液を作用させると生じる白色沈殿の名称を答えよ。

│ 日本医科大 │

第3章 有機化学 97

標問 **83** アルコールとその誘導体の性質　解答・解説 p.218

扱うテーマ　異性体，アルコール・アルデヒド・ケトンの性質と反応　　化学

次の文章を読み，下の問いに答えよ。なお，構造式は右
の(例)にならって解答せよ。

(例)
```
   H H H H
   | | | |
 H-C-C=C-C-H
   | |     |
   H H     H
```

分子式 $C_4H_{10}O$ で表されるすべての異性体 8 種類を用意
した。沸点の高い方から順番にこれらの化合物に A_1，A_2，
A_3，…と試料番号をつけると，沸点は次の表に示す通りであった。なお，A_3 と A_4 の
沸点は完全に同一であった。試料 $A_1 \sim A_8$ を用いて，次に示す〔実験 1〕を行い試料
$B_1 \sim B_8$ を得た。また，試料 $B_1 \sim B_8$ を用いて〔実験 2〕の操作を行い，試料 $C_1 \sim C_8$ を
得た。

試料	沸点
A_1	118 °C
A_2	108 °C
A_3	99 °C
A_4	99 °C
A_5	83 °C
A_6	39 °C
A_7	35 °C
A_8	33 °C

〔実験 1〕　$A_1 \sim A_8$ のそれぞれの試料に希硫酸酸性中，二クロム酸カリウムをおだや
　　　　かな条件で作用させた後，有機成分を蒸留によって精製した。A_1 を用いた場合に
　　　　得られた有機成分を B_1，A_2 からのものを B_2，以下同様に番号をつけて B_8 までの
　　　　試料が得られた。$B_1 \sim B_8$ の中で最も沸点が高かった試料では，〔実験 1〕の操作
　　　　前後で沸点に変化はなかった。

〔実験 2〕　$B_1 \sim B_8$ のそれぞれの試料に，十分な量のアンモニア性硝酸銀の水溶液を作
　　　　用させた後，酸性にして，有機成分を蒸留によって精製した。B_1 を用いた場合に
　　　　得られた有機成分を C_1，B_2 からのものを C_2，以下同様に番号をつけて C_8 までの
　　　　試料が得られた。$C_1 \sim C_8$ の中で最も沸点が高かった試料は C_1 であった。

問 1　試料 $A_1 \sim A_5$ と試料 $A_6 \sim A_8$ では沸点に大きな開きがある。その原因となる分
　　　子間力は何か。

問 2　試料 $A_1 \sim A_8$ のうち，〔実験 1〕で化学変化が起こったものは何種類か。また，
　　　化学変化した場合，反応の前後で，
　　(あ)　すべて沸点が高くなった
　　(い)　すべて沸点が低くなった
　　(う)　沸点が高くなったものと低くなったものがある
　　のいずれが正しいか。記号で解答せよ。

98

★ 問3　試料 B_1〜B_8 の中に同一の化合物はあるか。あれば，その構造式を示せ。

★ 問4　試料 B_1 の化合物の構造異性体の中には不斉炭素原子を有する化合物がいくつかある。そのうち1つの構造式を示せ。

★★ 問5　A，B，C 各試料群の中で最も沸点の高い化合物の沸点をそれぞれ T_A，T_B，T_C とする。不等号あるいは等号を用いて，沸点の大小関係を示せ。次の(解答例)を参考に T_A，T_B，T_C の関係が明確になるように記述すること。
（解答例）　$T_A > T_B > T_C$，$T_A = T_B > T_C$
（不適切な例）　$T_A < T_B > T_C$（T_A と T_C の大小関係が不明）

★★ 問6　A，B，C 計24個の試料の中には同一の化合物も存在する。この点を考慮し，24個すべての試料中には実際に何種類の化合物が存在するか解答せよ。

| 東京大 |

標問	84	カルボン酸とエステル	解答・解説 p.222

扱うテーマ カルボン酸の性質と反応，酸無水物，エステル　　　　　　　　　化学

〔Ⅰ〕　次の文章を読み，下の問いに答えよ。ただし，鏡像異性体は区別しなくてよい。

　　リンゴ酸（$C_4H_6O_5$）は１つのヒドロキシ基と２つのカルボキシ基をもつ化合物である。リンゴ酸を加熱したところ，完全に反応して化合物AとBの混合物Xが得られた。化合物AとBはいずれも分子式$C_4H_4O_4$で表され，水素を付加させると同じ化合物Cになった。このことから化合物AとBは，_____異性体の関係にあることがわかった。混合物Xをさらに加熱すると，化合物Aは脱水してすべて化合物Dとなったが，化合物Bはまったく変化しなかった。

★問１　リンゴ酸の構造式を書け。また，不斉炭素原子があれば，印（＊）で示せ。

　問２　化合物AとBの構造式および名称を書け。

　問３　化合物Cの構造式を書け。

　問４　文中の_____にあてはまる適切な語句を記せ。

|　東北大 |

〔Ⅱ〕　炭素，水素，酸素からなる有機化合物Aに関する次の記述㋐〜㋔を読み，Aの構造式を右の（例）にならって示せ。ただし，鏡像異性体は考慮しなくてよい。原子量は，H＝1.0，C＝12，O＝16とする。

$$\text{（例）}\quad CH_3-\overset{\overset{\textstyle O}{\|}}{C}-O-CH_2-\underset{\underset{\textstyle OH}{|}}{CH}-CH_3$$

㋐　21.9 mg のAを完全に燃焼させたところ，二酸化炭素 39.6 mg，水 13.5 mg が生成した。

㋑　Aは不斉炭素原子を１つもつ分子量 150 以下の化合物であり，エステル結合をもつ。

㋒　Aの水溶液は酸性を示した。

㋓　Aを加水分解したところ，有機化合物BとCを生成した。BおよびCはともに不斉炭素原子をもたない化合物であった。

㋔　Cはアルコールであり，ヨードホルム反応を示した。

|　東京工業大 |

標問 **85** **エステルの合成**

解答・解説
p.226

扱うテーマ ▶ カルボン酸やエステルの性質と反応，エステルの合成実験

化学

　有機化合物に関する実験を(A)～(C)の順に行った。説明文を読み，問い(1)～(6)に答えよ。なお，原子量は H=1.0，C=12.0，O=16.0 とする。

(A)　丸底フラスコに酢酸 30.0 g とエタノール 100 mL (約 1.7 mol) を入れて，少量の濃硫酸と沸騰石を加え，還流冷却器をつけて 2 時間加熱した。室温になるまで放置してから，丸底フラスコ内の溶液を氷冷した純水に注ぐと水層と有機層の 2 層に分離した。有機層の主成分は，酢酸エチルであった。

(1)　酢酸エチルが生成する反応式を書け。

(2)　脱水作用の他に濃硫酸が果たす役割を 10 字以内で述べよ。

(B)　(A)の有機層を a に移し，炭酸水素ナトリウム水溶液を加えて振り混ぜながら，発生する気体を放出させた。水層が弱アルカリ性であることを確認してから水層を除いた。有機層に粒状の塩化カルシウムを加えて残存する少量の水分を除去し，ろ過して有機層をとり出した。

(3)　 a にあてはまる最も適当な実験器具を図示せよ。

(4)　有機層に炭酸水素ナトリウム水溶液を加える理由と，そのときに起こる反応の反応式を書け。

(C)　(B)で得られた有機層には，酢酸エチルの他に有機化合物 X が含まれていた。また，X は(A)の実験で酢酸を入れない場合にも生成した。そこで，蒸留によって酢酸エチルと X を分離して，純粋な酢酸エチル 18.0 g をとり出した。

(5)　有機化合物 X が生成する反応式を書け。

★(6)　(C)で得られた酢酸エチルの量は，(A)で酢酸がすべて酢酸エチルに変化したと考えた場合の何 % になるか。

| 早稲田大 (理工) |

第 3 章　有機化学　　101

| 標問 | **86** | **芳香族化合物(1)** | 解答・解説 p.229 |

扱うテーマ　ベンゼンの構造，ベンゼンの性質と反応，シクロプロパンの開環水素付加　　　　化学

次の文章を読んで，下の問いに答えよ。

$$A \qquad B \qquad C \qquad D$$

1858 年，ドイツ人化学者ケクレらは炭素が 4 価の原子価をもつことを示した。1865年，これに基づいてケクレは，すでにその分子式 C_6H_6 が知られていたベンゼンの構造式が 1,3,5-シクロヘキサトリエン (A) であることを提案した。その後，これにならって，多くの構造式が提案された。その中で，ベンゼンの①6 個の炭素原子がそれぞれ水素原子 1 個と結合しているという条件を満たす 3 種類の異性体構造式 (B：デュワーベンゼン，C：ラーデンブルクベンゼンまたはプリズマン，D：ベンズバレン) は歴史的に重要な構造である。しかし，②ケクレの構造式Aでは，2 つの同じ置換基をもつ二置換ベンゼンには 4 種類の異性体が予想されるが，実際には 3 種類の異性体しか存在しないことが当初問題であった。その後，ケクレは 1872 年に③ベンゼンの炭素-炭素間の単結合と二重結合は相互に平均化されていて，オルト二置換ベンゼンで考えられる 2つの異性体は区別できないことを提案した。

問1　構造式A～Dに共通する下線部①の条件を，一般的な化学式の形で表せ。

★問2　1 つの置換基をもつ一置換ベンゼンには，置換位置の異なる異性体が存在しない。構造式BおよびDには置換位置異性体が複数考えられるので，ベンゼンの構造式としては適当でない。BおよびDの一置換化合物の置換位置異性体は，それぞれ何種類存在すると考えられるか。それぞれの種類の数を答えよ。

★問3　下線部③の性質を考慮しないとき，下線部②で予想される 4 種類の構造式を，置換基としてメチル基を用いて，その違いがわかるように記せ。

問4　ベンゼンは，Ni, Pd, Pt などの金属触媒を用いて高圧で水素付加すると飽和炭化水素を生成する。この反応の化学反応式を，構造式を用いて記せ。

★問5　シクロアルカンのうちで最小のシクロプロパン C_3H_6 は，問 4 の反応条件では開環水素付加してプロパン C_3H_8 を生成する。この開環水素付加反応を考慮すれば，構造式Cの化合物の水素付加では問 4 の生成物とは異なる生成物が予想される。Cの水素付加で予想される 2 つの生成物の構造式を記せ。

| 名古屋大 |

標問 87 芳香族化合物(2)

扱うテーマ：ベンゼンからの誘導体の合成

次の文章を読み，下の問いに答えよ。ただし，構造式は右の(例)にならい簡略化して記せ。

次図は，ベンゼンから誘導されるいくつかの化合物(A〜L)の合成経路を示すもので，矢印の右および上側には主な試薬を，左および下側には反応名を記してある。

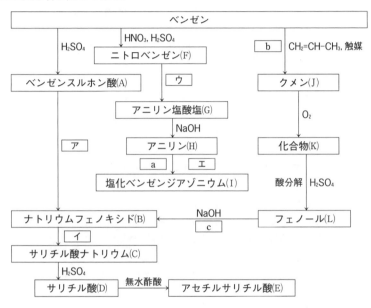

問1 図中の ア ～ エ に最も適当な試薬を，次の①〜⑤から選べ。
① 過マンガン酸カリウム　　② 二酸化炭素（高圧下）
③ 水酸化ナトリウム（アルカリ融解）　④ スズ，塩酸
⑤ 亜硝酸ナトリウム，塩酸

問2 図中の a ～ c に最も適当な反応名を，次の①〜⑤から選べ。
① ジアゾ化　② 付加　③ 塩素化　④ アセチル化　⑤ 中和

問3 図中の化合物(K)の構造式を記せ。

問4 図中の化合物(B)と化合物(I)を反応させて得られる赤橙色の化合物の構造式を記せ。

★問5 図中の化合物(I)の水溶液を加熱したときに生成する化合物を，図中の化合物(A〜L)から選べ。

|広島大|

標 問	**88**	**芳香族化合物(3)**	解答・解説 p.234

扱う テーマ　芳香族炭化水素とその誘導体　　　　　　　　　　　　　　　　　　　　　　　　化学

　オゾン分解について説明した次の文章と，分子式 $C_{20}H_{22}$ の炭化水素Aについて行った実験1から実験6の結果に基づき，下の問いに答えよ。構造式は(1)式の中に示した例にならって書け。ただし，鏡像異性体は区別しなくてよい。

　オゾンを用いると，炭素-炭素二重結合を切断し，ケトンあるいはアルデヒドを得ることができる。これをオゾン分解とよび，古くから有機化合物の構造決定に用いられてきた。通常，ベンゼン環は反応せずに残る。(1)式にその例を示す。

$$\text{(構造式)} \xrightarrow{\text{オゾン分解}} \text{(構造式)} + \text{(構造式)} \quad \cdots(1)$$

実験1：白金触媒を用いてAと水素を反応させると化合物Bが得られた。Bの分子式は $C_{20}H_{26}$ であった。

実験2：Aに対してオゾン分解を行うと化合物CとDが得られた。分子式はCが C_8H_8O，Dが $C_4H_6O_2$ であった。

実験3：フェーリング液にCを加えて加熱すると(a)赤色の沈殿が生じた。

実験4：過マンガン酸カリウムを用いてCを酸化すると化合物Eになった。Eは p-キシレンからも合成することができる。また，Eをエチレングリコールと縮合重合させると衣料品などによく用いられるポリエステルになる。

実験5：ガラス製の試験管に入れたアンモニア性硝酸銀溶液にDを加えて加熱すると試験管の内側が鏡のようになった。

実験6：Dの溶液に水酸化ナトリウム水溶液とヨウ素を加えると(b)特有の臭いのある黄色沈殿を生じた。

問1　下線部(a)の沈殿は何か，化学式で示せ。

問2　Eの構造式を書け。

★問3　Cの構造式を書け。

問4　下線部(b)の沈殿は何か，化学式で示せ。

★問5　Dの構造式を書け。

★★問6　Aの構造として可能なものはいくつあるか。

★問7　Bの構造式を書け。

★問8　A～Eのうち，不斉炭素原子をもつ化合物はどれか，記号で答えよ。

| 東北大 |

104

標問 89 芳香族化合物(4)

扱うテーマ：芳香族化合物の分離

次図に示す操作により、5種類の芳香族化合物ア〜オを分離した。ア、イ、エ、オは、アニリン、安息香酸、ニトロベンゼン、フェノールのいずれかの芳香族化合物であり、ウは炭素と水素のみからなる分子量が 106 の芳香族化合物である。なお、原子量は C=12.0, O=16.0, H=1.00 とする。

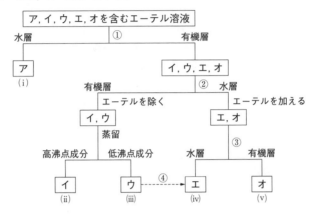

問1　ウの分子式を書け。

問2　ウが炭素と水素のみからなる分子量 106 の芳香族化合物という条件では、可能な構造式はいくつあるか。数値で答えよ。

★問3　図の中の①、②、③、④に最も適した操作を、下記の ⓐ〜ⓔ の中から選び記号で答えよ。
ⓐ　NaOH 水溶液と振り混ぜる。
ⓑ　NaHCO₃ 水溶液と振り混ぜる。
ⓒ　HCl 水溶液と振り混ぜる。
ⓓ　CO₂ を充分に吹き込む。
ⓔ　硫酸で酸性にした KMnO₄ で酸化した後、NaHCO₃ 水溶液を加える。

★問4　図の中の(i)〜(v)におけるア〜オの構造式を、例にならって書け。

（例）　⬡-SO₃Na

｜日本医科大｜

標問 **90** 芳香族化合物(5)

解答・解説 p.239

扱うテーマ エステルの加水分解，エステルの構造決定

化学

次の文章を読み，下の問いに答えよ。

ただし，C＝12.0，H＝1.0，O＝16.0 とし，構造式は（記入例）にならって示せ。

$$CH_3-\underset{\underset{CH_3}{|}}{\overset{\overset{CH_3}{|}}{C}}-CH=CH-CH_2-\underset{}{\bigcirc}-\overset{\overset{O}{\|}}{C}-NH-CH_3$$

〈構造式の記入例〉

ミツバチの巣の構成成分のひとつとして知られている化合物Aは，炭素，水素，酸素からなり，元素分析値は質量百分率で炭素 81.0 ％，水素 6.3 ％であり，分子量は 252 である。化合物Aについて，次のような実験を行った。

化合物Aを水酸化カリウム水溶液で加水分解し，反応混合物にジエチルエーテルを加えて分離操作を行い，エーテル層と水層に分けた。エーテル層を濃縮したところ，化合物Bが得られた。一方，水層に希塩酸を加えてアルカリ性から酸性にしたところ，化合物Cが析出した。

化合物Bは分子式 $C_8H_{10}O$ で表される芳香族化合物である。化合物Bを二クロム酸カリウムの硫酸酸性溶液を用いて酸化すると，化合物Dが得られた。化合物BとDは，ともにヨードホルム反応を示した。

化合物Cも芳香族化合物である。化合物Cのクロロホルム溶液に臭素溶液を加えると臭素の色が消えたことから，化合物Cは炭素-炭素間の二重結合をもつことがわかる。炭素-炭素間の二重結合は過マンガン酸カリウムで酸化すると開裂し，カルボニル化合物を生成することが知られている。そこで，化合物Cについてこの反応を行うと安息香酸が得られた。

問1　化合物Aの分子式を示せ。

問2　(i)　下線部の分離操作の名称を示せ。

(ii)　この分離操作で用いる最も適切なガラス器具の名称を示せ。

(iii)　この分離操作で，エーテル層は上層か下層のどちらの側になるか示せ。

問3　(i)　化合物Bの構造式を示せ。ただし，立体異性体の区別はしなくてよい。

(ii)　化合物Bに存在する立体異性体の名称を示せ。

問4　化合物Dの構造式を示せ。

★問5　(i)　化合物Cの構造式を示せ。ただし，立体異性体の区別はしなくてよい。

(ii)　化合物Cに存在する立体異性体の名称を示せ。

★問6　化合物Aの構造式を示せ。ただし，立体異性体の区別はしなくてよい。

★★問7　化合物Aには最大何通りの立体異性体が考えられるか。その数を示せ。

| 筑波大 |

| 標問 | 91 | 芳香族化合物(6) | 解答・解説 p.242 |

扱うテーマ 医薬品，染料，配向性

化学

次の文章を読み，下の問いに答えよ。ただし，原子量は，H＝1，C＝12，N＝14，O＝16，S＝32，Cl＝35.5，Br＝80 とする。

化合物Aを塩酸と反応させ，次いで炭酸水素ナトリウムで処理すると化合物B(分子量172)が生成した。化合物Bに臭素を作用させると分子式 $C_6H_6Br_2N_2O_2S$ をもつ化合物Cが得られた。また，化合物Bの水溶液を氷浴につけ亜硝酸ナトリウムと塩酸を加えると反応液は薄黄色となり化合物Dを生じ，さらに室温に温めると気体Eが発生するとともに化合物Fが生成した。化合物Fは塩化鉄(Ⅲ)水溶液と反応して特有の紫色を呈する。一方，先の薄黄色の反応液を氷浴につけたままジメチルアニリン($C_6H_5N(CH_3)_2$)と酢酸ナトリウムを加えるとジメチルアニリンのパラ位で反応が起こり，化合物Gが橙色の固体となって析出した。

化合物Aは，化合物Hのベンゼン環のパラ位の水素原子をアミノスルホ基($-SO_2-NH_2$)で置換すると得られる。化合物Hは化合物Ⅰと無水酢酸の反応から得られる。化合物Ⅰはさらし粉水溶液により赤紫色を呈する。化合物Ⅰは炭素，水素，窒素からなり，その元素分析の結果は質量百分率で C 77.5 %，H 7.5 %，N 15.0% である。

問1　気体E，化合物H，化合物Ⅰの名称を答えよ。

★問2　化合物A，化合物C，化合物F，化合物Gの構造式を書け。複数の構造異性体が生成しうる場合には，主生成物を答えること。

問3　化合物BやBと似た構造をもつ化合物は細菌の増殖を妨げる医薬品として用いられる。このような抗菌剤は一般に何とよばれているか。

| 横浜市立大 |

第3章　有機化学　　107

標問 92 核磁気共鳴法(NMR)

扱うテーマ：異性体の数え方，フェノールのニトロ化

核磁気共鳴分光装置とよばれる装置により有機化合物の測定を行うと，分子中に物理的・化学的性質（以下，性質と略す）の異なる水素原子が何種類存在するかを観測することができ，分子構造を決定する上で非常に役立つ。測定は，測定用の溶媒に有機化合物を溶解した溶液を使って行う。例えばベンゼンを測定すると，ベンゼン環に直接結合している水素原子 H_a のみが観測される。この結果は，ベンゼン中の水素原子の性質がすべて等しい事実と一致する。一方，トルエンを測定すると，ベンゼン環に直接結合している水素原子は H_b，H_c，H_d の3種類が観測され，これらの水素原子の数の比は，$H_b : H_c : H_d = 2 : 2 : 1$ となる。これはベンゼンにメチル基が置換すると，置換基と水素原子との距離が異なることで，H_b，H_c，H_d の性質が異なるためである。

★ 問1 サリチル酸とアセトアミノフェン  をこの方法で測定すると，ベンゼン環に直接結合している性質の異なる水素原子はそれぞれ何種類観測できるか。

★★ 問2 フェノールと混酸を使って合成されたジニトロフェノールを測定すると，ベンゼン環に直接結合した性質の異なる水素原子が3種類観測され，その数の比は 1：1：1 であった。この条件を満たすジニトロフェノールの異性体はいくつあるか。また，これらの異性体の中で最も収率が高いと考えられるジニトロフェノールの構造式を記せ。

|防衛医科大|

標問 93 化学発光

化学反応と光エネルギー

次の文章を読み，あとの問いに答えよ。

夏の夜，ホタルが黄緑色の光を明滅させている様子は，風情ある季節の風物詩として，昔から日本人にたいへん愛されてきた。なぜ，またどんなしくみでホタルが光るのか。科学者たちも長い間このテーマに魅了され続けてきた。ホタルに代表される昆虫の発光現象が科学の目で解明されるようになったのは，19世紀終わり頃のことであったが，この現象の詳しい解明が進んだのは20世紀半ばになってからである。発光反応の基質であるルシフェリンが酵素であるルシフェラーゼの触媒作用によって，生物の体の中に広く存在するATP（アデノシン三リン酸）と反応する。生じた中間体がさらに酸素と反応し，発光体であるオキシルシフェリンが生成する。オキシルシフェリンはエネルギーの高い状態にあり，安定した状態になるためにエネルギーを光として放出する。

このホタルの光を試験管内で再現できないであろうか。科学者たちはルミノールやシュウ酸ジフェニルなどの合成化合物を用いて，化学反応で発光させることに成功した。このような化学反応により発光する現象は化学発光とよばれる。試験管の中で発光する反応として，塩基性水溶液中でルミノールに過酸化水素を加えると，3-アミノフタル酸（励起状態）が生じるが，そのエネルギーの高い励起状態からエネルギーの最も低い基底状態になるときに，余分なエネルギーを波長460 nmの青色の光で放出する（図1）。この反応はルミノール反応とよばれ，科学捜査における血痕の鑑定法，過酸化水素や金属の微量定量に利用されている。光の吸収，発光と物質の基底状態，励起状態の関係を図2に示す。

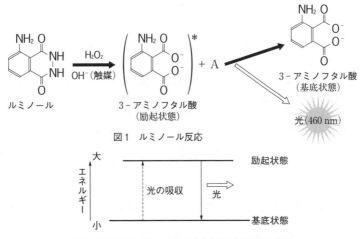

図1　ルミノール反応

図2　光の吸収，発光と物質の基底状態，励起状態の関係

シュウ酸ジフェニルやシュウ酸ジフェニル誘導体も化学発光に用いられる。有機溶媒にシュウ酸ジフェニルを溶かし、(1)シュウ酸ジフェニルに過酸化水素を加えると、フェノールとペルオキシシュウ酸無水物(注1)ができるが、中間体であるペルオキシシュウ酸無水物はすぐに分解して二酸化炭素になる。このときにシュウ酸ジフェニル溶液にあらかじめ蛍光物質を混合しておくと、蛍光物質にエネルギーを与えて、蛍光を発光する（図3）。これはケミカルライトとして利用されている。発光の色は、蛍光物質の励起状態（高エネルギー状態）と基底状態（低エネルギー状態）のエネルギーの差によって決まる。エネルギー差が大きくなるほど波長は短くなり、エネルギー差が小さくなるほど波長は長くなる。光の波長と色の関係を図4に示す。シュウ酸ジフェニルに過酸化水素を加える際に、(2)蛍光物質としてテトラセン(注2)を用いると青緑色の光が出るが、ルブレン(注3)を用いると橙色の光が見られる。

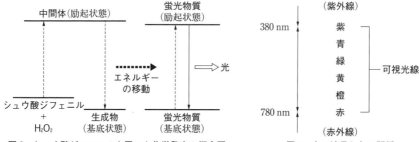

図3 シュウ酸ジフェニルを用いた化学発光の概念図　　図4 光の波長と色の関係

(注1) IUPAC（国際純正および応用化学連合）の名称では、1,2-ジオキセタンジオンである。

(注2) テトラセン 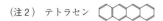　　(注3) ルブレン

問1　ルミノールの分子式を記せ。
問2　ルミノール反応で生じる気体Aは何か。化学式で答えよ。
問3　ルミノール反応で反応物の過酸化水素はどのような役割を果たすか。
★ 問4　下線部(1)の化学反応式を記せ。生成物は二酸化炭素とすること。シュウ酸ジフェニルの組成式は$C_7H_5O_2$である。
★ 問5　ペルオキシシュウ酸無水物の分子式はC_2O_4である。この分子の構造式を記せ。
★★ 問6　発光中の溶液を2本の試験管に分けて、1本は室温のままで、もう1本は熱水に入れた。熱水に入れた直後の試験管内の発光は室温のものと比べてどうなるか。㋐～㋒の中から1つ選び、その理由を述べよ。
　　　㋐ 弱くなる　　㋑ 変わらない　　㋒ 強くなる
★★ 問7　下線部(2)で蛍光物質としてナフタレンを用いたところ、発光は観測されなかった。その理由を答えよ。

|東京医科歯科大|

標問 94 糖類

扱うテーマ 元素分析，二糖類とその性質

解答・解説 p.251

化学

　ここに二糖類であるマルトース，セロビオース，スクロースのいずれかを部分構造として含むエステルがある。この化合物は炭素，水素，酸素からなり，分子量は 500 以下であり，42.6 mg を完全燃焼させると，74.8 mg の二酸化炭素と 27.0 mg の水が得られた。このエステルを水酸化ナトリウム水溶液で加水分解して生成するカルボン酸には不斉炭素原子が含まれていた。また，このエステルを希塩酸でグリコシド結合（糖類の 2 つのヒドロキシ基から生じるエーテル結合）のみを選択的に切断して得られた化合物の中には，フェーリング試験陰性の化合物が存在していた。

問1　エステルの分子式を示せ。原子量は H＝1.0，C＝12.0，O＝16.0 とする。

★ **問2**　下線部で生成するカルボン酸の構造式を示せ。

★ **問3**　マルトース，セロビオース，スクロースのうち，スクロースはフェーリング試験陰性である。この理由を 50 字以内で書け。

★★ **問4**　本文の条件を満たすエステルの理論上可能な構造式 3 つを示せ。ただし，各二糖類の糖部分の構造式は次の（参照図）にならい，紙面に向かって右側のグルコース部分は，マルトースでは α 形，セロビオースでは β 形のみの構造を示せ。

（参照図）

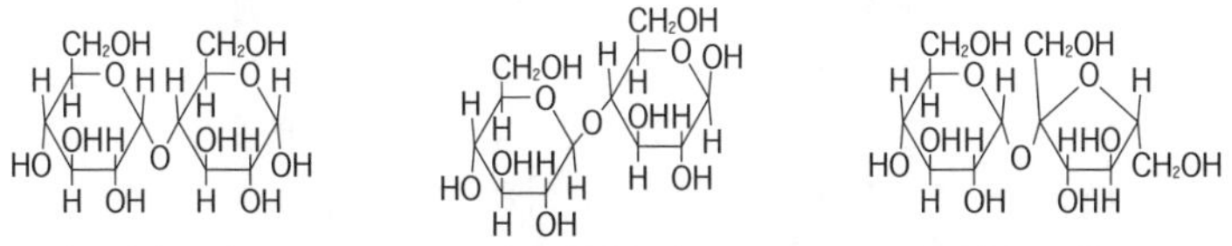

マルトース　　　　セロビオース　　　スクロース

問5　マルトースやスクロースは自然界に多く存在する二糖類である。一方，次の①〜⑤の二糖類はほとんど存在しない。下の文中の ▢ に適するものを，それぞれの解答群から 1 つ選べ。

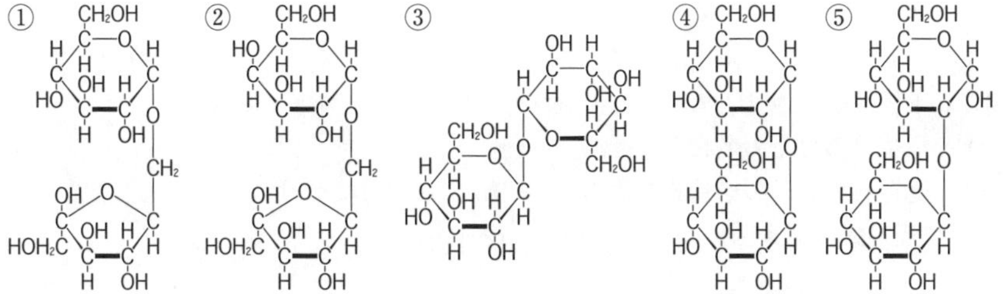

①　②　③　④　⑤

　これら①〜⑤の中でフェーリング試験陰性であるのは ▢A▢ である。また，①と②の関係は ▢B▢ 異性体であるが，④と⑤の関係は ▢B▢ 異性体ではない。

A：� ①と②　　�框 ②と③　　⑀ ③と④　　⑂ ③と⑤　　⑄ ④と⑤

A：あ ①と②　　い ②と③　　う ③と④　　え ③と⑤　　お ④と⑤

B：あ シス–トランス　　い 鏡像　　う 光学　　え 構造　　お 立体

| 問1〜4　大阪大　問5　早稲田大（理工）|

第 3 章　有機化学　　111

標問 95 糖の還元性

扱うテーマ：再生繊維（レーヨン），デンプンとその性質，糖の還元性

次の文章を読み，下の問いに答えよ。ただし，原子量は H＝1.0，C＝12，O＝16 とする。

天然にはさまざまな高分子化合物が存在し，私たちの生活に利用されている。植物細胞壁の主成分として天然に多量に存在している ア を化学的に処理して溶液とし，これを再び繊維状にしたものを再生繊維という。例えば， ア をアルカリで処理してから二硫化炭素と反応させ，これを希硫酸中に押し出して繊維状にしたものが イ であり， ア をシュワイツァー試薬に溶かし，希硫酸中に引き出して繊維状にしたものが ウ である。一方，高等植物の種子・根などに多く含まれるデンプンは食物の成分として私たちのエネルギー源となる。デンプンを簡便に検出できる呈色反応に エ 反応がある。

デンプンを希硫酸中で加熱して完全に加水分解し，この溶液を中和して無機物と溶媒を除いた。①得られた物質をある条件で再結晶すると構造Aの分子からなる結晶Iが得られ，別の条件で再結晶するとAとは異なる構造Bの分子からなる結晶IIが得られた。これら2種類の結晶を別々に水に溶かし，同じ濃度の溶液として長時間放置すると，これらは全く同じ性質を示す溶液になった。この溶液を試験管にとり，フェーリング液を加えておだやかに温めると，フェーリング液の オ 色が消え， カ 色の②沈殿の生成が観察された。これは溶質の 0.02％ が構造Cの分子として存在し，この分子がフェーリング液によって キ ためである。

★問1　 ア ～ エ に適切な語句を入れよ。

問2　 オ ～ キ に次のⓐ～ⓞから最も適切な語句を1つずつ選び，記号で答えよ。

ⓐ 無　　ⓑ 白　　ⓒ 黒　　ⓓ 赤　　ⓔ 青　　ⓕ 黄　　ⓖ 緑
ⓗ 沈殿する　　ⓘ 重合する　　ⓙ 縮合する　　ⓚ 転化する
ⓛ 還元される　　ⓜ 酸化される　　ⓝ 中和される　　ⓞ 加水分解される

問3　下線部①の構造Aの分子はデンプンの構成単位となっている。
(1) 構造Bの分子の名称を記せ。
(2) 構造Bの分子の構造式を次の(記入例)にならって記せ。

(構造式の記入例)

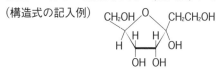

問4　構造Cの分子 1 mol がフェーリング液と反応すると，下線部②の沈殿 1 mol が生成する。この反応について次の問いに答えよ。
(1) 下線部②の沈殿の生成に関与する構造C中の官能基の名称を記せ。

(2) 下線部②の沈殿は何か。化学式で答えよ。

★(3) 結晶 I を水に溶かして長時間放置した溶液に，ある量のフェーリング液を加えて完全に反応させたところ，沈殿の生成は見られたがフェーリング液の色は消えなかった。このとき生成する下線部②の沈殿の物質量は，フェーリング液を加える前の水溶液中に存在するどの物質の量に近いか。次の@～fから最も適切なものを選び記号で答えよ。

@ 構造Aの分子の物質量

ⓑ 構造Aと構造Bの分子の物質量の和

ⓒ 構造Bの分子の物質量

ⓓ 構造Bと構造Cの分子の物質量の和

ⓔ 構造Cの分子の物質量

ⓕ 構造Aと構造Cの分子の物質量の和

★★ 問5　1.8 g の結晶 I を水に溶かして 50 mL にした試料溶液を用いて，下線部②の沈殿の生成を観察した。この実験で，試料溶液の濃度を段階的に薄めたところ，最初の濃度の 720 分の 1 になるまで沈殿の生成が確認できた。結晶 I の代わりに，重合度 n のアミロース 1.8 g を水に溶かして 50 mL にした試料溶液を用いて沈殿の生成を観察すると，n がいくつ以上のときに沈殿が確認できなくなるか。解答は得られた数値を四捨五入して，有効数字 2 桁で記せ。

| 京都大 |

第3章　有機化学　　113

| 標問 | 96 | 多糖 | 解答・解説 p.261 |

扱う テーマ　アミロペクチンの構造　　　　　　　　　　　　　　　　　　　　　　化学

次の文章を読んで，文中の□□□に適した整数をそれぞれ記入せよ。ただし，C=12，H=1，O=16 とする。

デンプンは図に示すように，グルコースが 1,4 結合した主鎖の何箇所かでさらに 1,6 結合による枝分かれをもっている。

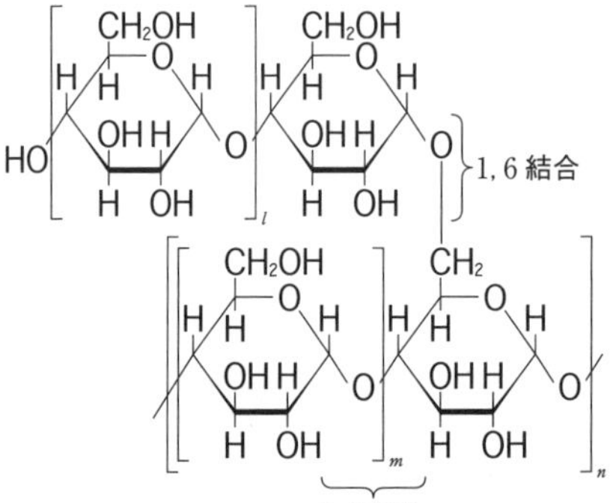

分子量 4.05×10^5 のデンプンがある。このデンプンは□イ□個のグルコースが縮合したものである。このデンプンのヒドロキシ基をすべて CH_3O 基にした後，希硫酸で加水分解した。主生成物Aは□ロ□個の CH_3O 基をもっていた。また，副生成物として，CH_3O 基を□ハ□個もつBと，□ニ□個もつCとがほぼ等モル生じた。BはCよりも多くのヒドロキシ基をもっていた。なお，この加水分解では CH_3O 基は反応しなかった。

このデンプン 2.431 g を用いたとき，Aは 3.064 g，Bは 0.125 g，Cは 0.142 g 生じた。この結果から，A，B，Cの分子数比は□ホ□：1：1 となる。したがって，このデンプンではグルコース□ヘ□分子あたり 1 個の枝分かれがあり，このデンプン 1 分子あたり□ト□個の枝分かれがあることがわかった。

京都大

114

標問	97	油脂	解答・解説

扱うテーマ　油脂とその性質　　　　　　　　　　　　　　　　　　　　　　　　化学

　ここに，高級脂肪酸とグリセリンのエステルのみからなる油脂Aがある。油脂Aの
ヨウ素価を調べる目的で次のような実験を行った。なお，ヨウ素価とは，油脂にハロ
ゲンを作用させ，その際付加するハロゲンの量をヨウ素の量に換算し，油脂100 gに
対するヨウ素のg数で表した値である。

　油脂A 300 mgを共栓三角フラスコにはかりとり，四塩化炭素10 mLを加えて溶か
した。次いで一塩化ヨウ素 (ICl) の酢酸溶液一定量を正確に加えた。フラスコに栓を
して，ときどきふり混ぜながら室温で暗所に1時間放置した。油脂の二重結合部位を
$-CH=CH-$ と表すと，このとき溶液内では①式の反応が完全に進んだ。

　　　　$-CH=CH- + ICl \longrightarrow -CHI-CHCl-$　…①

　次に，蒸留水100 mLと10%ヨウ化カリウム溶液20 mLを加えた。このとき溶液
内では②式の反応が起こる。

　　　　$ICl + KI \longrightarrow KCl + I_2$　…②

　最後に，②式の反応によって生成したヨウ素を適当な指示薬を用いて，0.100 mol/L
チオ硫酸ナトリウム ($Na_2S_2O_3$) 標準溶液で滴定した。チオ硫酸ナトリウムとヨウ素と
の反応は③式に従う。

　　　　$2Na_2S_2O_3 + I_2 \longrightarrow 2NaI + Na_2S_4O_6$　…③

　なお，これと並行して試料である油脂Aを加えずに他はすべて同じ操作をするブラ
ンク試験を行った。滴定の終点におけるブランク試験の滴定値と油脂A存在のもとで
の滴定値の差は，18.9 mLであった。

　次の問いに答えよ。ただし，原子量は H=1.008, C=12.01, O=16.00, I=126.9 と
する。

問1　下線部にある指示薬として適切なものは何か。また，その指示薬を用いたとき
　　滴定の終点はどのように判断されるか。

★問2　油脂Aのヨウ素価を求めよ。

★★問3　油脂Aより脂肪酸を抽出したところ，パルミチン酸 ($C_{15}H_{31}COOH$) とオレイン
　　酸 ($C_{17}H_{33}COOH$) のみ検出された。この油脂Aのグリセリン部分は完全に脂肪酸で
　　エステル化されているものとして，油脂Aの平均分子量を求めよ。

問4　アマニ油や桐油のようにヨウ素価の高い油脂を，空気中で物体の表面に塗って
　　おくと固まりやすい。この理由を簡潔に説明せよ。

慶應義塾大 (医)

第3章　有機化学　　115

| 標問 | **98** | **アミノ酸** | 解答・解説
p.266 |

扱うテーマ ▶ アミノ酸とその性質，アミノ酸の等電点，アミノ酸の電離平衡　　　　　　　　　　　　　化学

あるアミノ酸 $R-CH(NH_2)-COOH$ は水中で 2 段階の電離平衡を示し，その電離定数をそれぞれ K_1，K_2 とする。

$$\begin{array}{c} \text{COOH} \\ | \\ \text{H--C--R} \\ | \\ \text{NH}_3{}^+ \end{array} \underset{\text{H}^+}{\overset{\text{OH}^-}{\rightleftharpoons}} \text{X} \qquad \text{電離定数}\ K_1 = \frac{[\text{X}][\text{H}^+]}{[\text{R--CH(NH}_3{}^+)\text{--COOH}]}$$

$$\text{X} \underset{\text{H}^+}{\overset{\text{OH}^-}{\rightleftharpoons}} \begin{array}{c} \text{COO}^- \\ | \\ \text{H--C--R} \\ | \\ \text{NH}_2 \end{array} \qquad \text{電離定数}\ K_2 = \frac{[\text{R--CH(NH}_2)\text{--COO}^-][\text{H}^+]}{[\text{X}]}$$

ただし，$\log_{10} K_1 = -2.30$，$\log_{10} K_2 = -9.70$ である。

問1　X の構造式を示せ。

問2　$R-CH(NH_3{}^+)-COOH$ のモル濃度と $R-CH(NH_2)-COO^-$ のモル濃度が等しくなるときの pH の数値を有効数字 2 桁で書け。

★ 問3　上記のアミノ酸の 2 段階の電離平衡において，pH＝1.00 の条件では各イオン濃度の比は次のようになる。

　　　$[\text{X}] : [\text{R--CH(NH}_3{}^+)\text{--COOH}] : [\text{R--CH(NH}_2)\text{--COO}^-] = 1 : \boxed{\ \ \mathcal{F}\ \ } : \boxed{\ \ \mathcal{イ}\ \ }$

　　上の $\boxed{}$ に入る適切な数値を有効数字 2 桁で書け。必要であれば

$\log_{10} 2 = 0.30$ として計算せよ。

| 東北大 |

標 問	**99**	ペプチド	解答・解説 p.269

扱うテーマ　タンパク質，アミノ酸の配列順序，タンパク質とアミノ酸の検出反応　　化学

次の〔I〕および〔II〕に答えよ。原子量は H=1，C=12，N=14，O=16 とする。

〔I〕 α-アミノ酸は図1に示す一般構造をもつ。タンパク質はα-アミノ酸どうしのペプチド結合とよばれる　ア　により形成される重合体である。タンパク質の多くはβ-シート構造，すなわち，隣り合う鎖どうしが　イ　を介して多くのポリペプチド鎖が並行に並んだ板状構造をもつ。また，システインの側鎖どうしはジスルフィ

COOH
H–C–R
NH₂
α-アミノ酸の
一般構造
図1

R：側鎖（または置換基）

	–R
グリシン	–H
システイン	–CH₂–SH
ヒスチジン	–CH₂–（イミダゾール環）
バリン	–CH(CH₃)–CH₃
アスパラギン酸	–CH₂–COOH
リシン	–CH₂–CH₂–CH₂–CH₂–NH₂

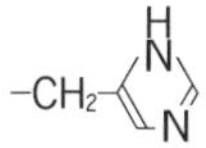

表1

ド結合とよばれる　ウ　により，タンパク質分子内または分子間の架橋を形成することがある。一部のタンパク質は，システインに含まれる硫黄原子やヒスチジンに含まれる窒素原子を介して，　エ　によって亜鉛や鉄などと錯イオンを形成している。バリンなどの無極性の側鎖をもつアミノ酸は，側鎖の原子間の接触が最大になるようにタンパク質分子内に密に詰め込まれており，無極性側鎖間の　オ　がタンパク質の立体構造の安定化に寄与している。タンパク質分子内のアスパラギン酸とリシンは水溶液中で電荷をもち，両者間で　カ　を形成してタンパク質の立体構造を安定化している。

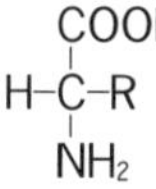

問1　文中の　□□□にあてはまる最も適切な語句を次から選び，番号で答えよ。なお，同じ番号を複数回選んでもよい。

① イオン結合　② 金属結合　③ 共有結合　④ 配位結合
⑤ 水素結合　⑥ ファンデルワールス力

問2　2分子のグリシンが鎖状のジペプチドを形成する化学反応式を書け。また，グリシン10分子がペプチド結合でつながった鎖状のペプチドの分子量はいくらか。整数で答えよ。

問3　図2は，あるタンパク質のβ-シート構造の一部を示したものである。図中で　イ　を形成する原子間をすべて点線で結べ。

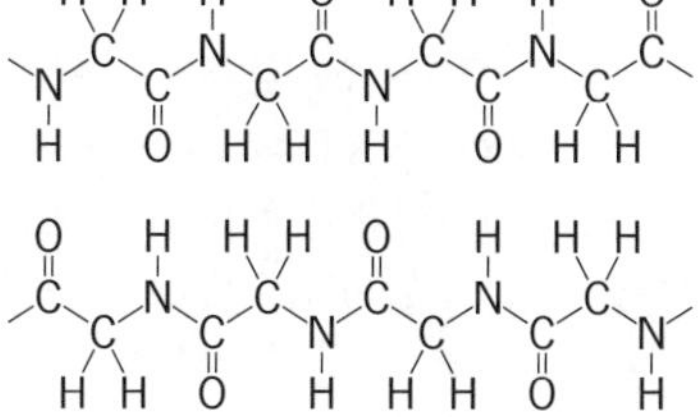

図2

〔II〕 ペプチドは，示性式 H₂N–CHR–COOH で示されるα-アミノ酸がペプチド結合で連結したものである。

図3に示すように示性式の側鎖R以外のアミノ基，カルボキシ基をもつアミノ酸を

第3章　有機化学　　117

それぞれN末端，C末端とよぶことにする。あるペプチドXは表4に示す9種類のアミノ酸によって構成されている。

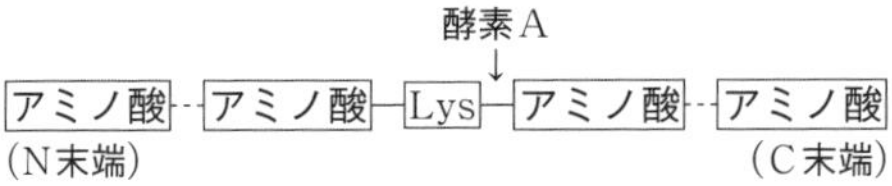

アミノ酸	略号	分子量	1分子中の窒素原子数
アラニン	Ala	89	1
アルギニン	Arg	174	4
グリシン	Gly	75	1
グルタミン酸	Glu	147	1
セリン	Ser	105	1
チロシン	Tyr	181	1
プロリン	Pro	115	1
リシン	Lys	146	2
ロイシン	Leu	131	1

酵素A
アミノ酸‒‒アミノ酸—Lys‒アミノ酸‒‒アミノ酸
(N末端)   (C末端)

図3

ただし，ベンゼン環を含むアミノ酸はTyrのみである。

表4

このペプチドXのアミノ酸結合順序（アミノ酸配列）を決定するために実験を行い，次の(1)～(4)の結果を得た。

(1) ペプチドXは，表4に示す9種類のアミノ酸が各1個ずつペプチド結合で連結していた。

(2) ペプチドXのN末端はAlaで，C末端はGluであった。

(3) 図3に示すように，酵素AはペプチドをLysのカルボキシ基側で加水分解により切断する。ペプチドXをこの酵素Aで切断すると，2種類のペプチドA1，A2が得られた。A1に含まれているアミノ酸はGly，Tyr，Glu，Serの4種類であった。A2には残りの5種類のアミノ酸が含まれ，そのN末端からAla，Leu，Argの順序の配列であることが判明した。

(4) 酵素Bは，ペプチドをベンゼン環を含むアミノ酸のカルボキシ基側で加水分解により切断する。ペプチドXを酵素Bで切断したところ，B1，B2の2種類のペプチドが得られた。B2はビウレット反応を示さず，そのN末端はSerであることが判明した。

問4 ペプチドXの窒素含有率〔％〕はいくらか。ただし，小数点以下は四捨五入せよ。

問5 ペプチドXに含まれるアミノ酸の中で，鏡像異性体をもたないアミノ酸がある。強アルカリ性水溶液中におけるそのアミノ酸の主なイオンの状態を示性式で示せ。

★問6 A1，A2，B1，B2のペプチドの中で，濃硝酸を加えて熱すると黄色になり，さらにアンモニア水を加えてアルカリ性にすると橙黄色を呈する反応が陽性なものをすべて列挙せよ。

★★問7 (1)～(4)の結果から，ペプチドXのアミノ酸配列を次の(例)にしたがって略号で示せ。

(例) GluをN末端，LysをC末端にGlu，Arg，Lysの順序で連結しているペプチドのアミノ酸配列はGlu-Arg-Lysと記す。

|千葉大|

標問 100 酵素

扱うテーマ 酵素とその性質，酵素の反応速度

解答・解説 **p.273**

化学

　生体内の多くの化学反応は，酵素とよばれる触媒の働きで進む。酵素が作用する対象となる分子のことを基質とよぶが，₍₁₎特定の酵素は特定の基質にのみ作用する性質をもつ。酵素をE，基質分子をS，基質が化学反応を起こして生じる生成物分子をPと書く。EとSを溶かした水溶液で生じる反応を観察し，Eの触媒としての働きを研究したい。EとSが会合して中間体ESを形成すると，化学反応が起こり，SはPに変化してEから分離する。

$$E + S \rightleftarrows ES \quad \cdots ①$$
$$ES \longrightarrow E + P \quad \cdots ②$$

　E, S, P, ESの濃度をそれぞれ [E], [S], [P], [ES] と書くと，①式でEとSが会合する速度は $v_1 = k_1[E][S]$，ESがEとSに解離する速度は $v_2 = k_2[ES]$，②式でESがEとPに解離する速度は $v_3 = k_3[ES]$ となる。ここで，k_1, k_2, k_3 は濃度によらない定数である。時間 $\varDelta t$ の間に [ES] が $\varDelta[ES]$ 変化したとすると，[ES] が変化する速さは

$$\frac{\varDelta[ES]}{\varDelta t} = v_1 - v_2 - v_3$$

と書ける。

★ **問1**　どのようなしくみで下線部(1)の性質が現れるか，説明せよ。

問2　次の(ア)〜(エ)の酵素が作用する基質の名前を書け。

　　(ア)　アミラーゼ　　　(イ)　ペプシン　　　(ウ)　リパーゼ　　　(エ)　カタラーゼ

★★ **問3**　問題文の反応を開始した後，しばらくすると [ES] は変化せず，一定値をとるようになった。そのときの速度 v_3 を [E]，[S] および k_1, k_2, k_3 を用いて表せ。

| 名古屋大 |

第3章　有機化学　　119

標問 101 核酸

扱うテーマ ▶ DNA と RNA, DNA の二重らせん構造

解答・解説 p.275

化学

　細胞中には核酸という高分子化合物が存在しており，遺伝情報の伝達に中心的な役割を果たしている。核酸は，塩基，五炭糖（ペントース），リン酸からなるヌクレオチドどうしが多数重合したポリヌクレオチドであり，DNA と RNA の2種類がある。五炭糖は，DNA では　ア　，RNA では　イ　である。DNA と RNA は，それぞれ4種類の塩基を含み，そのうち3種類は両者で共通であるため，DNA と RNA を合わせて5種類の塩基がある。塩基部分の構造を図1の(a)〜(e)に示す。DNA はポリヌクレオチド鎖どうしが塩基対を形成し，　ウ　構造をとっている。図2に塩基(a)アデニンと(c)の間で形成される塩基対を示した。図2中の点線は塩基間で形成される　エ　結合を示している。

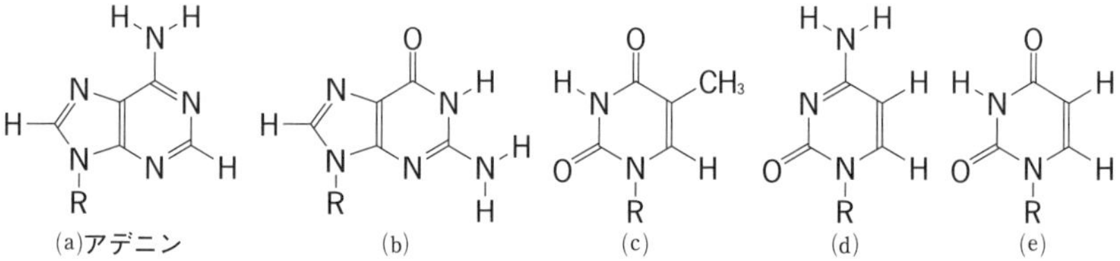

(a)アデニン　　　　(b)　　　　(c)　　　　(d)　　　　(e)

図1　核酸に存在する5種類の塩基部分の構造（R は五炭糖を示す）

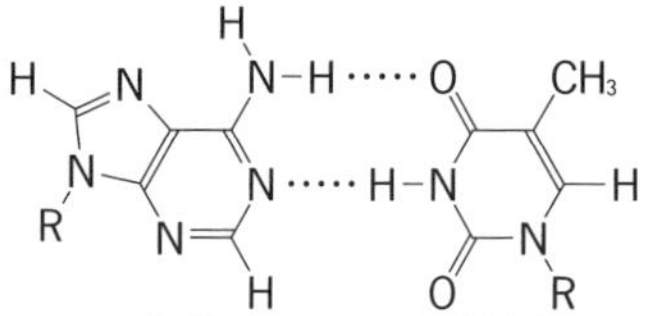

図2　塩基(a)と(c)間の塩基対構造

問1　　ア　〜　エ　に適切な語句を記せ。

問2　塩基(c)以外にも，塩基(a)と塩基対を形成できるものがある。(a), (b), (d), (e)の中から1つ選び，記号で記せ。

★問3　　ウ　構造をとっている DNA を個々のヌクレオチドまで加水分解すると，そのヌクレオチドに含まれている環状の塩基のうち，アデニンが全塩基の20モル％であった。この DNA のグアニンは何モル％か。整数で求めよ。

| 問1, 2 長崎大，問3 産業医科大 |

120

標問 102 合成樹脂

解答・解説 p.277

扱う
テーマ 合成樹脂と熱による性質，ビニル系高分子，付加縮合による合成樹脂

化学

次の文章を読み，下の問いに答えよ。

合成樹脂は熱可塑性樹脂と ア 樹脂に大別される。熱可塑性樹脂は加熱すると軟らかくなって成形加工が容易になる。一方， ア 樹脂は加熱しても軟らかくならない。

発泡スチロールとして利用される A や，塗料や接着剤に利用され，ポリビニルアルコールの原料ともなる B ，有機ガラスとして利用される(a)ポリメタクリル酸メチルや，銅線の被覆や農業用シートなどに用いられる(b)ポリ塩化ビニルなどは熱可塑性樹脂の例である。

一方， ア 樹脂にもさまざまなものが知られている。フェノールと C を(c)酸または塩基を触媒として加熱し合成されるフェノール樹脂，メラミンや尿素を C と加熱して合成される D などが例である。

問1 ア に入る最も適切な語句を記せ。

問2 A ～ C に入る適切な化合物名を記せ。

問3 D に入る最も適切な物質名を次の①～⑤から選び，番号で答えよ。

① アミノ樹脂 ② アルキド樹脂 ③ シリコーン樹脂
④ エポキシ樹脂 ⑤ フッ素樹脂

問4 下線部(a)のポリメタクリル酸メチル，下線部(b)のポリ塩化ビニルの単量体(モノマー)の構造式を書け。

★問5 下線部(c)のフェノール樹脂の合成において，酸を触媒としてフェノールと C を加熱したときに生成する縮合生成物の名称を記せ。

| 秋田大 |

第3章 有機化学 121

標問 103 繊維

扱うテーマ: 天然繊維, 再生繊維, 半合成繊維, 合成繊維

次の文章を読んで, 下の問いに答えよ。数値は有効数字2桁で答えよ。

人類は古来より木綿, 麻, 絹, 羊毛などの天然高分子を繊維として利用してきた。その後, セルロース (示性式 [$C_6H_7O_2(OH)_3$]$_n$) をいったん ┌1┐ 試薬に溶解させ, 溶液としてから糸に加工した銅アンモニアレーヨンなどの再生繊維が開発された。また, (A)セルロースに硫酸を触媒として無水酢酸を反応させてトリアセチルセルロースとし, これを一部加水分解させてつくるジアセチルセルロースなどの半合成繊維が利用されるようになってきた。その後, ナイロン6, ナイロン66, (B)テレフタル酸とエチレングリコールから ┌2┐ 重合によって合成されるポリエステル, ┌3┐ 重合によって合成された ┌4┐ をけん化して得られるポリビニルアルコール, ポリビニルアルコールをホルムアルデヒドで処理して得られる ┌5┐, アクリル繊維などの合成繊維が開発されて, 現在のわれわれの衣料に利用されている。これらの高分子は単に衣料用繊維として利用されるだけでなく, フィルム, 成形品としても用いられている。さらに, アラミド繊維, (C)超高分子量のポリエチレンから得られる繊維, 炭素繊維は高強度・高弾性率の特性を有していることから, スポーツ用品, ロープ, 航空・宇宙用材料など産業用資材としても利用されている。

問1 文中の ┌ ┐ に適当な語句を記せ。

★ **問2** 下線部(A)の化学反応を示性式をまじえて表せ。

問3 セルロースからつくられる繊維のうち, 次図の反応経路でできる ┌ア┐ と ┌イ┐ にあてはまる再生繊維, 半合成繊維の名称を答えよ。

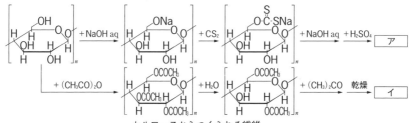

セルロースからつくられる繊維

問4 下線部(B)のポリエステルの分子量を測定したところ, 2.5×10^4 であった。重合度を求めよ。原子量は, H=1.0, C=12, O=16 とする。

★ **問5** 下線部(C)の繊維の密度を測定したところ 0.97 g/cm^3 であった。ポリエチレンの結晶領域の密度を 1.0 g/cm^3, 非晶領域の密度を 0.85 g/cm^3 として, 繊維が結晶領域と非晶領域のみから構成されているとした場合, 結晶領域の質量分率を求めよ。

問6 本文中に出てくる高分子のうち, −NHCO− 結合を含むものの名称をすべて示せ。

| 問1, 2, 4〜6 神戸大　問3 東京海洋大 |

標問 104 ゴム

扱うテーマ 天然 (生) ゴム，合成ゴム

解答・解説 p.285

化学

次の文章を読み，下の問いに答えよ。

天然に存在する高分子化合物の構造や性質を見習って，さまざまな人工 (合成) の高分子化合物がつくられてきた。天然ゴムを手本にしてつくられた合成ゴムは，そのよい例である。

天然ゴム (生ゴム) の主成分は，分子式 $(C_5H_8)_n$ で表され，ジエン化合物Xが付加重合した鎖状構造をもつ高分子化合物である。また，この構成単位に含まれる二重結合は，シス形の構造をとっており，これがゴムとしての性質を示すゆえんである。しかし，天然ゴムは弾性が小さく，そのままではゴムとしての使用にたえない。ところが，これに $_{(a)}$数 % の硫黄を加えて加熱すると，鎖状の分子が硫黄原子によって　A　構造を形成するため，弾性の大きなゴム (弾性ゴム) となる。

一方，ジエン化合物Xやそれに似た構造をもつ単量体を付加重合させると，天然ゴムに似た性質をもつ合成ゴムが得られる。ポリブタジエン (ブタジエンゴム) は，代表的な合成ゴムの１つであり，単量体は 1,3-ブタジエンである。1,3-ブタジエンは，工業的にはナフサの熱分解によって得られるが，1,4-ブタンジオール$^{(注)}$の　B　反応によってもつくることができる。1,3-ブタジエンから合成される重合体の構造は，付加重合の反応様式によって異なる。1,3-ブタジエンの２個の二重結合がともに反応に関わるときの構成単位の構造には　C　と　D　のシス-トランス異性体が存在し，このうち　C　の構造がゴム弾性に有効である。また，　E　は 1,3-ブタジエンの１個の二重結合のみが反応するときに生じる構造である。

より優れた性能をもつ合成ゴムをつくるために，共重合が利用される。例えば，$_{(b)}$アクリロニトリルと 1,3-ブタジエンの共重合により得られる共重合体 (NBR) は，耐油性に優れたゴムとして利用されている。

(注)　1,4-ブタンジオール　$HO-CH_2CH_2CH_2CH_2-OH$

問1　ジエン化合物Xに最も適する構造式を示せ。

問2　文中の下線部(a)について，この操作を何というか。最も適する語句を記せ。

問3　文中の　A　，　B　に最も適する語句を記入せよ。

問4　文中の　C　～　E　に最も適する構造式を (例) にならって記入せよ。

(例)　ナイロン6の構成単位の構造式：$\left[\begin{array}{c} C-(CH_2)_5-N \\ \parallel \qquad\qquad | \\ O \qquad\qquad H \end{array}\right]$

★ 問5　文中の下線部(b)について，アクリロニトリルと 1,3-ブタジエンを共重合させてNBR をつくった。この NBR を元素分析したところ，試料 0.376 g から標準状態で22.4 mL の窒素ガスが発生した。共重合したアクリロニトリルと 1,3-ブタジエンの物質量〔mol〕の比を，最も簡単な整数比で表せ。原子量は，H=1.0，C=12，N=14とする。

同志社大

第3章　有機化学　　123

標問 105 機能性高分子化合物

解答・解説 p.288

扱うテーマ イオン交換樹脂，アミノ酸の等電点，導電性高分子，吸水性高分子，生分解性高分子

化学

〔I〕 次の文章を読んで，下の問いに答えよ。

イオン交換樹脂とはイオン交換能のあるイオン性官能基をもつ不溶性で多孔質の合成樹脂の総称であり，陽イオン交換樹脂と陰イオン交換樹脂とに分けられる。陽イオン交換樹脂の官能基としては，通常，強酸性のスルホ基 ($-SO_3H$) が用いられている。スルホ基は，水素イオンを放して負に荷電した状態で存在し，正に荷電したイオンとイオン結合をすることができる。陽イオン交換樹脂を用いて，ポリペプチドを構成する α-アミノ酸を分離することができる。α-アミノ酸は図1のような一般式で表すことができ，R部分の構造によってそれぞれの名前が決められている。いろいろな荷電状態の平衡にある α-アミノ酸水溶液は，pHの変化によりその組成が変化する。これら平衡混合物がもつ正と負の電荷がつり合って，電荷が全体としてゼロになっているpHの値が存在する。これを等電点とよぶ。

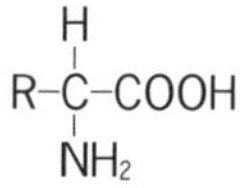

$$\begin{array}{c} H \\ | \\ R-C-COOH \\ | \\ NH_2 \end{array}$$

図1 α-アミノ酸の一般構造

α-アミノ酸の混合溶液を強酸性にすると，α-アミノ酸はすべて正に荷電した状態になり，これを強酸性陽イオン交換樹脂のつまったカラムに通すと，すべて樹脂に吸着する。このカラムに緩衝液を順次pHを上げながら流していくと，樹脂に吸着した各 α-アミノ酸が中和され，分子中の正と負の電荷がつり合って等電点に達した α-アミノ酸から順番に樹脂との吸着力を失って溶出する。最後に強塩基性の緩衝液を流すと，すべての α-アミノ酸はカラムから溶出する。

あるポリペプチドAに関して，次にあげる実験①～⑤を行った（次ページ図2を参照）。

実験① ポリペプチドAを酸性溶液中で加熱することにより，完全に α-アミノ酸にまで分解した。この分解溶液中にはセリン，リシン，グルタミン酸，アラニン，グリシンの5種類の α-アミノ酸が検出された。表1にそれぞれの α-アミノ酸のR部分の構造式と等電点を表示した。

α-アミノ酸の名称	R部分の構造式	等電点
セリン	$-CH_2OH$	5.68
リシン	$-(CH_2)_4NH_2$	(ウ)
グルタミン酸	$-(CH_2)_2COOH$	(エ)
アラニン	$-CH_3$	(オ)
グリシン	$-H$	5.97

表1

124

実験②　強酸性陽イオン交換樹脂のつまったカラムに，強酸性(pH 2.5)の緩衝液を流し，樹脂のスルホ基から水素イオンを完全に解離させた状態にした。そこに実験①で得られた分解溶液を強酸性(pH 2.5)にして流した後，カラムを強酸性(pH 2.5)の緩衝液で洗った(図2-実験②)。このとき，カラムから流出した液中にはα-アミノ酸は検出されなかった。

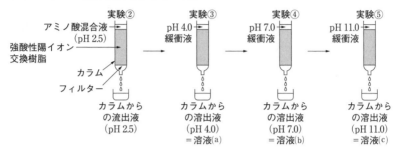

図2　陽イオン交換樹脂カラムによるα-アミノ酸混合物の分離

実験③　続いて，弱酸性(pH 4.0)の緩衝液をカラムに流し，カラムから出てきた溶液(溶液(a))を集めた(図2-実験③)。

実験④　続いて，中性(pH 7.0)の緩衝液をカラムに流し，カラムから出てきた溶液(溶液(b))を集めた(図2-実験④)。

実験⑤　最後に，強塩基性(pH 11.0)の緩衝液をカラムに流し，カラムから出てきた溶液(溶液(c))を集めた(図2-実験⑤)。この段階で，カラムに吸着していたα-アミノ酸はすべて溶出したことがわかった。

問1　水溶液中のα-アミノ酸はpHの違いによっていくつかのイオンの形をとる。グルタミン酸において，(ア)強酸性溶液中で主に存在するイオンと，(イ)強塩基性溶液中で主に存在するイオンの構造式を書け。

★問2　表1に示したように，セリン，グリシンの等電点はそれぞれ5.68, 5.97である。表中の(ウ)，(エ)，(オ)にそれぞれ最もふさわしいと思われる数値を次の中から選べ。
　　1.67　　3.22　　6.00　　9.74　　12.05

★問3　溶液(a)，溶液(b)，溶液(c)にそれぞれ含まれているα-アミノ酸の名称をすべて挙げよ。ない場合には"なし"と記入せよ。

｜神戸大｜

〔Ⅱ〕　高分子化合物A～Gに関する次の記述(ア)～(オ)を読み，あとの問いに答えよ。

(ア)　アセチレンを重合させるとAが得られる。

(イ)　酢酸ビニルを重合させるとBが得られる。

(ウ)　CはBから得られ，Cを繊維化した後，ホルムアルデヒド水溶液を作用させることによってDが得られる。Dは日本で開発された合成繊維である。

(エ)　スチレンとp-ジビニルベンゼンを共重合させるとEが得られる。Eに濃硫酸を反応させるとFが得られる。

(オ) アクリル酸ナトリウムを架橋構造を形成するように重合させるとGが得られる。

問 次の記述のうち，誤っているものはどれか。1つまたは2つの正解がある。

① Aとヨウ素から金属に近い電気伝導性を示す高分子化合物が得られる。

② BからCを生成する反応を，けん化とよぶ。

③ Dは六員環構造を含む。

④ Fを塩化ナトリウム水溶液に加えると，水溶液が酸性になる。

⑤ Gは高分子内に存在するイオンの影響によって，多量の水を吸収することができる。

⑥ A～Fのうち，水に溶けるのは3つである。

⑦ A～Gのうち，縮合重合によっても得られる高分子化合物がある。 │東京工業大│

〔Ⅲ〕 乳酸は不斉炭素原子を1つもつヒドロキシ酸であり，L-乳酸とD-乳酸の2つの鏡像異性体が存在する。特にL-乳酸はトウモロコシなどの植物から大量に得られることから，L-乳酸を重合させたポリ-L-乳酸はバイオプラスチックとして盛んに研究されている。しかし，L-乳酸を直接重合しても，高い重合度のポリ-L-乳酸は得られなかった。そこで，図3のようにL-乳酸2分子を脱水縮合させることで環状構造をもつL-ラクチドを合成し，開環重合を行ったところ，高い重合度のポリ-L-乳酸が得られた。

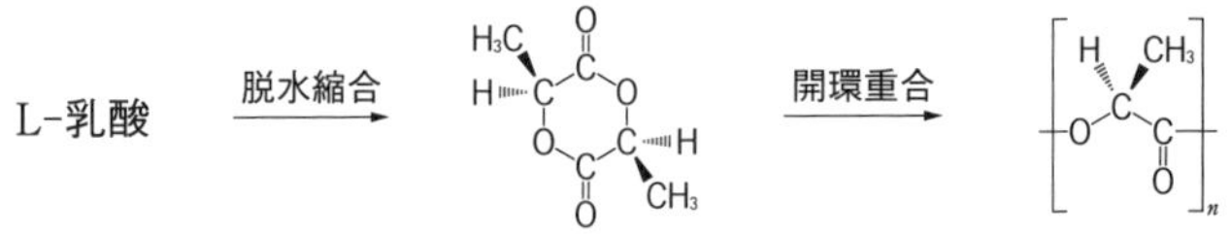

図3

★ **問1** L-ラクチドは，図3に示すような立体構造をもつ。図3に示す結合のうち， ◀ で示す結合は紙面の手前側に，ᴵᴵᴵᴵᴵは紙面の奥側に伸びていることを表す。図4にL-乳酸の鏡像異性体であるD-乳酸の立体構造を示す。 ア および イ に入る原子または原子団を化学式で答えよ。

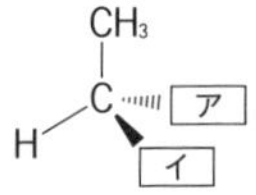

図4 D-乳酸

★★ **問2** ラクチドの立体異性体は全部で3つある。L-ラクチドを除く，残り2つのラクチドの異性体の立体構造を，図3のL-ラクチドの例にならって構造式で示せ。

★ **問3** ポリ-D-乳酸の構造式を次のあ～えから1つ選び，記号で答えよ。

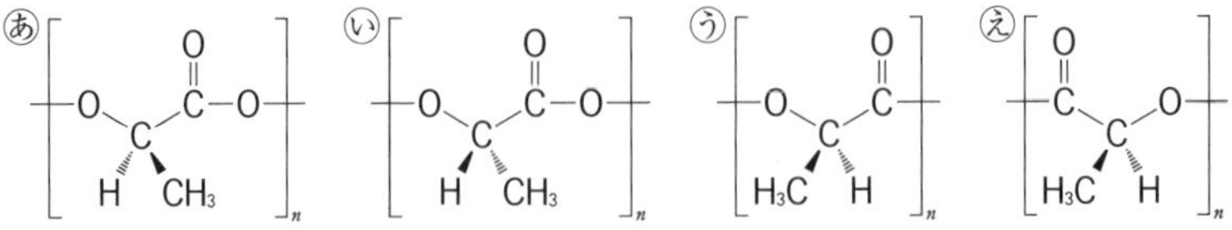

│問1，2 京都大 問3 北海道大│

| 標問 | **106** | **感光性樹脂（フォトレジスト）** | 解答・解説 p.293 |

扱うテーマ ▶ 感光性樹脂，化学反応と光　　　　　　　　　　　　　　　　　　　　　　　化学

次の文章を読み，下の問いに答えよ。ただし，原子量は，H＝1.00，C＝12.0，O＝16.0，Cl＝35.5 とする。

代表的な機能性高分子として感光性高分子が知られている。感光性高分子は，光が当たると化学反応を起こしてさまざまな物理的，化学的性質が変化する。このような感光性高分子の光に対する特性は，プリント配線，半導体，印刷版の製造などに応用されている。

感光性高分子の一つであるポリケイ皮酸ビニルは，ポリ酢酸ビニルのけん化によって得られる高分子化合物Xとケイ皮酸塩化物（酸塩化物とはカルボン酸の –COOH が –COCl になった化合物）との縮合反応によって得られる。その反応式は次に示す(a)式のとおりである。

高分子化合物 X ＋ *n* ケイ皮酸塩化物 ⟶ ポリケイ皮酸ビニル ＋ *n* HCl　…(a)

金属や半導体等の基板上にポリケイ皮酸ビニルの薄膜をつくり，模様をつけたフィルムを密着させて光を当てると，模様どおりに溶媒に対して不溶性の部分ができるので，溶媒を用いて溶ける部分を除き，現れた基板表面を薬品で腐食させると模様どおりの形状が基板表面に転写される。

光照射によってポリケイ皮酸ビニルの薄膜が溶媒に対して不溶性になる機構を調べるために，実験1，2を行い，それぞれ以下に示す結果を得た。

実験1：純粋なポリケイ皮酸ビニルの薄膜は，光照射前には高温にすると軟化したが，十分な量の光を照射した後では高温にしても軟化することがなかった。

実験2：純粋なポリケイ皮酸ビニルの光照射後の薄膜を強塩基の水溶液に加えて加熱すると，化合物Yの塩が生成していることがわかった。

化合物 Y

問1　高分子化合物Xの名称を答えよ。

★ **問2**　(a)式に示した反応によって得られるポリケイ皮酸ビニルの平均分子量を求めたい。以下の(1)，(2)に答えよ。ただし，平均分子量とは含まれるすべての分子の分子量の和を，総分子数で割ったものである。

(1)　ポリケイ皮酸ビニルのくり返し単位の式量を整数で求めよ。

第3章　有機化学　　127

(2) (a)式では，高分子化合物X中のすべての官能基がケイ皮酸塩化物と反応したときのポリケイ皮酸ビニルの構造が描かれているが，実際に実験を行うと高分子化合物X中の一部の官能基は反応せずに残った。出発物質として平均分子量が2.2×10^4の高分子化合物Xを用い，高分子化合物X中の官能基の80％がケイ皮酸塩化物と反応したとき，本反応により得られる高分子の平均分子量はいくつになるか。有効数字2桁で示せ。

★★ 問3　実験1，2の結果をもとに，ポリケイ皮酸ビニルの薄膜に光を照射したときに起こる反応について考察した。次のあ〜おから，誤っているものを2つ選び，記号で答えよ。

　　あ　光照射後はポリケイ皮酸ビニルのエステル結合が開裂しており，生成したヒドロキシ基間の水素結合により高分子鎖間に架橋構造ができたため，溶媒に対して溶けにくくなったと考えられる。

　　い　化合物Yに見られるシクロブタン環の構造は，一対の炭素-炭素二重結合が反応して形成されたものであり，光によって高分子間または高分子内の側鎖どうしが反応して新たな共有結合を形成していることがわかる。

　　う　光を照射することで熱が発生し，その結果，ポリケイ皮酸ビニル薄膜は高温となり，室温では起こらない反応が起こっていると推察できる。

　　え　光照射によって高分子が軟化しなくなった原因としては，ゴムの加硫に見られうような高分子鎖間での架橋反応が起こり，立体網目構造が形成された可能性が考えられる。

　　お　光照射後の薄膜を強塩基の水溶液中で十分に加熱すれば，高分子化合物Xも生成するはずである。

|北海道大|

S

Standard
Exercises
in
Chemistry

解答・解説編

S

化学 ［化学基礎・化学］

標準問題精講 六訂版

Standard Exercises in **Chemistry**

旺文社

Standard Exercises in Chemistry

化　学

[化学基礎・化学]

標 準 問 題 精 講

六訂版

鎌田 真彰・橋爪 健作 共著

解答・解説編

旺文社

本書の特長と使い方

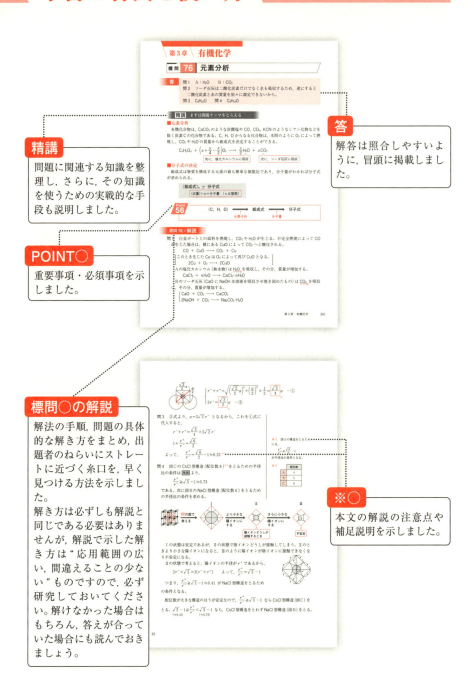

精講
問題に関連する知識を整理し、さらに、その知識を使うための実戦的な手段も説明しました。

POINT○
重要事項・必須事項を示しました。

標問○の解説
解法の手順、問題の具体的な解き方をまとめ、出題者のねらいにストレートに近づく糸口を、早く見つける方法を示しました。
解き方は必ずしも解説と同じである必要はありませんが、解説で示した解き方は"応用範囲の広い、間違えることの少ない"ものですので、必ず研究しておいてください。解けなかった場合はもちろん、答えが合っていた場合にも読んでおきましょう。

答
解答は照合しやすいように、冒頭に掲載しました。

※○
本文の解説の注意点や補足説明を示しました。

目　次

本書の特長と使い方 ……………………………………………… 2

標問 No.	問題タイトル	ページ

第1章
理論化学

標問 1	原子の構造と電子配置 ……………………………… 6
標問 2	同位体と原子量 ……………………………………… 8
標問 3	周期表と元素 ………………………………………… 12
標問 4	アボガドロ定数の測定実験 ………………………… 14
標問 5	物質量 ………………………………………………… 16
標問 6	イオン化エネルギーと電子親和力 ……………… 18
標問 7	結合と極性 …………………………………………… 20
標問 8	分子の形と極性 ……………………………………… 22
標問 9	金属結晶の構造 ……………………………………… 25
標問 10	面心立方格子のすきまとイオン結晶 …………… 28
標問 11	イオンの半径比と結晶型 ………………………… 30
標問 12	黒鉛の結晶構造 ……………………………………… 33
標問 13	分子間相互作用 ……………………………………… 35
標問 14	理想気体の定量的なとり扱い(1) …………………… 37
標問 15	理想気体の定量的なとり扱い(2) …………………… 40
標問 16	気体の分子量測定実験 …………………………… 42
標問 17	理想気体と実在気体 ……………………………… 44
標問 18	ファンデルワールスの状態方程式 ……………… 46
標問 19	蒸気圧(1) ……………………………………………… 48
標問 20	蒸気圧(2) ……………………………………………… 50
標問 21	状態図とそのとり扱い方 ………………………… 52
標問 22	水蒸気蒸留 …………………………………………… 54
標問 23	分留 …………………………………………………… 56
標問 24	溶液の濃度 …………………………………………… 58
標問 25	固体の溶解度 ………………………………………… 60
標問 26	ヘンリーの法則 ……………………………………… 62
標問 27	希薄溶液の性質(1) …………………………………… 64
標問 28	希薄溶液の性質(2) …………………………………… 66
標問 29	冷却曲線 ……………………………………………… 68
標問 30	希薄溶液の性質(3) …………………………………… 70
標問 31	希薄溶液の性質(4) …………………………………… 72
標問 32	熱化学計算(1) ………………………………………… 74
標問 33	熱化学計算(2) ………………………………………… 78
標問 34	イオン結晶に関する熱サイクル ………………… 80
標問 35	反応熱測定実験 ……………………………………… 82
標問 36	反応速度 ……………………………………………… 84
標問 37	平衡定数と平衡移動(1) ……………………………… 86
標問 38	平衡定数と平衡移動(2) ……………………………… 88
標問 39	反応速度と化学平衡 ……………………………… 90
標問 40	オキソ酸 (酸素酸) ………………………………… 93
標問 41	指示薬の理論 ………………………………………… 96
標問 42	逆滴定 ………………………………………………… 98
標問 43	水素イオン濃度の計算(1) （強酸） ………………100

3

標問 No.	問題タイトル	ページ
標問 44	水素イオン濃度の計算(2) （弱酸）	102
標問 45	緩衝液・塩の加水分解における pH	105
標問 46	炭酸塩の滴定実験・電離平衡	110
標問 47	過マンガン酸カリウム滴定(1) （COD の測定）	114
標問 48	過マンガン酸カリウム滴定(2) （鉄（Ⅱ）イオンの定量）	117
標問 49	ヨウ素滴定（オゾン濃度の測定）	119
標問 50	金属のイオン化傾向とダニエル型電池	121
標問 51	各種電池	124
標問 52	実用的な二次電池	128
標問 53	電気分解(1)	130
標問 54	電気分解(2)	133

第2章
無機化学

標問 No.	問題タイトル	ページ
標問 55	定性的な実験による塩の決定	135
標問 56	溶解度積(1)	139
標問 57	溶解度積(2)	142
標問 58	錯体	144
標問 59	イオンの分離	146
標問 60	気体の発生実験	149
標問 61	1族（アルカリ金属）	154
標問 62	2族	157
標問 63	8族（Fe）(1)	160
標問 64	8族（Fe）(2)	163
標問 65	11族（Cu）	166
標問 66	12族（Zn, Hg）	171
標問 67	13族（Al）	174
標問 68	14族（C）	178
標問 69	14族（Si）	180
標問 70	14族（Sn, Pb）	185
標問 71	15族（N）	187
標問 72	15族（P）	191
標問 73	16族（S）	194
標問 74	17族（ハロゲン）	197
標問 75	18族（貴(希)ガス）	200

第3章
有機化学

標問 No.	問題タイトル	ページ
標問 76	元素分析	201
標問 77	不飽和度	203
標問 78	異性体(1)	205
標問 79	異性体(2)	208
標問 80	炭化水素の反応(1)	209
標問 81	炭化水素の反応(2)	213
標問 82	炭化水素の反応(3)	214
標問 83	アルコールとその誘導体の性質	218
標問 84	カルボン酸とエステル	222
標問 85	エステルの合成	226
標問 86	芳香族化合物(1)	229

標問 No.	問題タイトル	ページ
標問 87	芳香族化合物(2)	232
標問 88	芳香族化合物(3)	234
標問 89	芳香族化合物(4)	237
標問 90	芳香族化合物(5)	239
標問 91	芳香族化合物(6)	242
標問 92	核磁気共鳴法（NMR）	246
標問 93	化学発光	248
標問 94	糖類	251
標問 95	糖の還元性	258
標問 96	多糖	261
標問 97	油脂	263
標問 98	アミノ酸	266
標問 99	ペプチド	269
標問 100	酵素	273
標問 101	核酸	275
標問 102	合成樹脂	277
標問 103	繊維	280
標問 104	ゴム	285
標問 105	機能性高分子化合物	288
標問 106	感光性樹脂（フォトレジスト）	293

第1章 理論化学

標問 1 原子の構造と電子配置

答 問1 ア：Hg イ：As ウ：Cd 問2 エ：陽子 オ：中性子
問3 電子：54個 中性子：74個 問4 カ：K キ：Sc
問5 ⑤, Mg

精講 まずは問題テーマをとらえる

現在, 118種類ほどの元素が知られている。各元素はアルファベット1文字ないしは2文字の元素記号で表す。

原子は, 正の電荷をもつ陽子と電荷をもたない中性子からなる原子核と, その周囲を運動する負の電荷をもつ電子で構成されている。

同じ元素に属する原子は同じ数の陽子をもち, 陽子数を原子番号という。陽子と中性子の質量はほぼ同じで, 電子の約1840倍であるため, 原子の質量はほぼ原子核の質量に等しい。陽子数と中性子数の和を質量数といい, 質量数が大きな原子ほど質量が大きい。

陽子と電子のもつ電気量は絶対値が等しい。電子は原子核の周囲の特定の場所に存在し, これを電子殻という。電子殻は原子核に近いほうからK殻, L殻, M殻, N殻…とし, n 番目の電子殻には最大で $2n^2$ 個の電子が存在できる。

電子殻は最大で電子が2個存在できる副殻（電子軌道）からなり, K殻は1個, L殻は4個, M殻は9個, N殻は16個の副殻が存在する。電子は一般に内側の電子殻から配置されるが, 副殻のレベルで考えると必ずしも内側の電子殻の副殻から入るとは限らない。

難関大学の入試では原子番号18のアルゴンArから先の元素の電子配置を問われることがあるので, 難関大学の受験を考えている人は原子番号36のクリプトンKrまでの電子配置を書けるようにしよう。

	K殻	L殻	M殻	N殻
₁H	1			
₂He	1+1			
₃Li	2	1		
₄Be	2	1+1		
₅B	2	2+1		
₆C	2	3+1		
₇N	2	4+1		
₈O	2	5+1		
₉F	2	6+1		
₁₀Ne	2	7+1		
₁₁Na	2	8	1	
₁₂Mg	2	8	1+1	
₁₃Al	2	8	2+1	
₁₄Si	2	8	3+1	
₁₅P	2	8	4+1	
₁₆S	2	8	5+1	
₁₇Cl	2	8	6+1	
₁₈Ar	2	8	7+1	

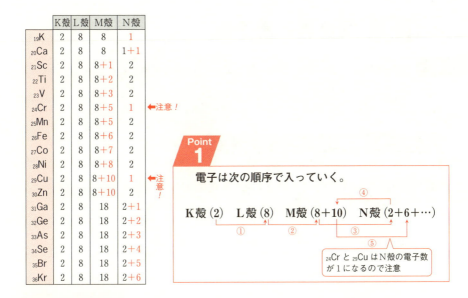

標問 1 の解説

問1 教科書や参考書で見かけた元素の名称と元素記号は記憶しておくこと。

問2 同じ元素の原子は原子核中の陽子の数が同じであり，これを原子番号という。原子核中の陽子の数と中性子の数の和を，その原子の質量数という。

問3 元素記号の左下の数値が原子番号，左上が質量数である。ヨウ素 $_{53}$I では原子番号 53 なので陽子の数は 53 個であり，質量数 127 なので中性子数は 127−53=74 個である。

陽子のもつ正電荷と電子のもつ負電荷の絶対値は同じなので，電気的に中性なヨウ素原子なら電子数は陽子数と同じであり 53 個となる。1 価の陰イオン $_{53}$I$^-$ では 1 個余分に電子をもつので 54 個となる。

問4 原子番号 19 のカリウム K の最外殻は M 殻ではなく N 殻となる。
　　$_{19}$K の電子配置＝K 殻(2) L 殻(8) M 殻(8) <u>N 殻(1)</u>
原子番号 21 のスカンジウム Sc の最外殻電子数は 3 ではなく 2 である。
　　$_{21}$Sc の電子配置＝K 殻(2) L 殻(8) <u>M 殻(8+1)</u> N 殻(2)

問5 ① $_2$He ② $_6$C ③ $_8$O ④ $_{11}$Na ⑤ $_{12}$Mg ⑥ $_{17}$Cl
からできる Ne(K^{2}L^8) と同じ電子配置をもつ安定なイオンは，$_8$O^{2-}，$_{11}$Na$^+$，$_{12}$Mg^{2+} である。C^{4-} や Cl^{7+} は不安定なイオンなので，ここでは除く。

これらの安定なイオンのうち，最も原子番号の大きな Mg^{2+} は，原子核の方向へ電子をより強く引き寄せるため，イオン半径は最も小さい。

第 1 章　理論化学　7

| 標問 | 2 | 同位体と原子量 |

答
〔Ⅰ〕 問1 ^{3}He　　問2 陽子数：6　　中性子数：7
　　　問3 12.01　　問4 1.1×10^4 年
〔Ⅱ〕 A：(ニ)　　B：(ろ)

精講 まずは問題テーマをとらえる

■**元素の原子量を決める手順**

手順1 質量数 12 の炭素原子（^{12}C）1 個の質量（1.99265×10^{-26} kg）を 12 としたときの相対質量を求める。

　　例えば，質量数 1 の水素原子（^{1}H）1 個の質量は 1.67354×10^{-27} kg なので，相対質量を x とすると，

$$\frac{^1\text{H}}{^{12}\text{C}} = \frac{1.67354 \times 10^{-27} \text{(kg)}}{1.99265 \times 10^{-26} \text{(kg)}} = \frac{x}{12}$$

となり，$x \fallingdotseq 1.00783$　となる。

　　このようにして計算された結果が問題文中の表に記載されており，^{1}H の相対質量は 1.008 となっている。

手順2 同位体の相対質量と存在比から求められた，その元素を構成する同位体の相対質量の平均値を元素の原子量とする。

　　例えば水素の原子量は次のようにして決める。問題文中の表の値から H 原子 10000 個のうち 9999 個が ^{1}H，1 個が ^{2}H であることがわかり，

$$\text{水素の原子量} = \frac{1.008 \times 9999 + 2.014 \times 1}{10000}$$

$$= \underset{\text{相対質量}}{1.008} \times \underset{\text{存在比}}{\frac{99.99}{100}} + \underset{\text{相対質量}}{2.014} \times \underset{\text{存在比}}{\frac{0.01}{100}}$$

$$\fallingdotseq 1.0081$$

この値は自然界の水素原子の相対質量の平均値であり，周期表にはふつうこの値が記載されている。

| Point 2 | 元素の原子量＝{同位体の相対質量×存在比} の和 |

■**同位体**

　同位体は陽子数と電子配置が同じで，化学的性質はほぼ等しく，同じ元素に分類する。つまり ^{16}O でも ^{18}O でも同じ「酸素」という元素に属し，これらからなる酸素分子は ^{16}O$_2$ でも ^{16}O^{18}O でも ^{18}O$_2$ でも，通常は区別はせず O$_2$ 分子としている。

ところが質量や中性子数の違いが問題となる場合は，同位体を区別しなければならない。こういうときは「同位体を色の異なる玉だと考え，それらが無数に入った袋から玉を1個ずつとり出し分子をつくる」とし，次のような数学の問題と同じように考える。

> **問題**
> 袋の中に無数の赤玉と白玉が入っている。1個の玉を選ぶとき赤玉を引く確率が $\frac{1}{3}$，白玉を引く確率が $\frac{2}{3}$ である。玉を2個とり出すとき，2個の玉の色の組み合わせは何通りか。また赤玉と白玉の組み合わせになる確率はいくらか。

解法　1個の玉を引く確率が与えられていて，2個引かなくてはいけないので，(1回目)→(2回目) と順序をつける。1回目にとり出すとき，赤，白 の2つの場合があり，2回目にとり出すときも，赤，白 の2つの場合がある。この2つの操作は独立した試行なので，この場合 2×2＝4 通りの引き方がある。

次に，引き終わった後，手元に残る2個の玉の色の組み合わせは，(1)で赤2個，(2)と(3)で赤1個白1個，(4)で白2個となるので $\boxed{3\,通り}$ となる。

次に確率を計算してみよう。

(1)の確率が $\frac{1}{3} \times \frac{1}{3} = \frac{1}{9}$，(2)の確率が $\frac{1}{3} \times \frac{2}{3} = \frac{2}{9}$，(3)の確率が $\frac{2}{3} \times \frac{1}{3} = \frac{2}{9}$，(4)の確率が $\frac{2}{3} \times \frac{2}{3} = \frac{4}{9}$ となる。

よって(2)または(3)であれば白と赤の組み合わせとなるので，$\frac{2}{9} + \frac{2}{9} = \boxed{\frac{4}{9}}$ となる。

このように1個の玉を引く確率が与えられて2個の玉の組み合わせの確率を求めるときは，まず選ぶ順序を決めてから組み合わせを考える。

> **Point 3**　同位体を区別する問題は，色の異なる玉が入った袋から玉を1個ずつとり出す問題に帰着する。

標問2の解説

〔I〕**問1**　不安定な原子核をもち放射線を出す同位体は<u>放射性同位体</u>という。放射線には3つあり，それぞれ α 線（^4_2He の原子核），β 線（電子），γ 線（波長の短い電磁波）という。高校化学ではこのうち β 線を出す原子核の崩壊（β 崩壊）は知ってお

てほしい。
　β 線は，原子核中の中性子が陽子に変化するときに生じる電子である。
　${}^3_1H$ では中性子が陽子に変化し，質量数はそのままで原子番号が1つ大きくなるので ${}^3_2He$ に変化する。よって，
$${}^3_1H \longrightarrow {}^3_2He + e^-$$
と変化する。

問2　質量数＝陽子数＋中性子数　なので，${}^{13}C$ では原子番号（＝陽子数）が6であることを考慮すると，中性子数は，
$$13-6=7$$
となる。

問3　精講で述べた手順で決める。
　　炭素の原子量 ＝ ${}^{12}C$ の相対質量×存在比 ＋ ${}^{13}C$ の相対質量×存在比
$$= 12 \times \frac{98.90}{100} + 13.00 \times \frac{1.10}{100}$$
$$\fallingdotseq 12.01$$

問4　半減期は，その同位体の存在比が半分になるのにかかる時間である。
　${}^{14}C$ の場合は，半減期が5700年なのでグラフにすると次のようになる。

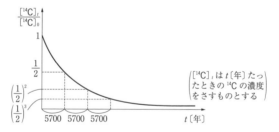

よって，$\dfrac{1}{4}$ つまり $\left(\dfrac{1}{2}\right)^2$ となるのは，$5700 \times 2 = 11400$〔年〕たったときである。

〔II〕　A：塩素は原子番号17の元素であり陽子数は17である。よって ${}^{37}Cl$ では，
　　中性子数＝質量数－陽子数
　　　　　　＝37－17＝20
となる。

B：(1)　地球という袋の中に ${}^{35}Cl$，${}^{37}Cl$ という色の異なる玉が存在し，その存在確率（＝1個をとり出す確率）は ${}^{35}Cl=0.76$，${}^{37}Cl=0.24$ と考える。また，地球には，ほぼ無限に近いくらいの Cl 原子が存在するので，とり出す確率は何回玉をとり出しても変化しないと考えてよい。

(2) 袋から玉を4回とり出して，四塩化炭素 CCl_4 分子の Cl の場所（次の①〜④）に順に置くとする。$^{35}Cl=$ ◯，$^{37}Cl=$ ● とする。

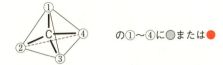

の①〜④に◯または●

例えば，$C^{35}Cl_3^{37}Cl$ で表される分子は，次の図のように①〜④のどれが●になるかで4通りの置き方が存在する。

すべて同種の分子

1つの置き方になる確率は $(0.76)^3×0.24$ となるが，この4通りの置き方はすべて同じ組み合わせであり $C^{35}Cl_3^{37}Cl$ という化学式で表される。

そこで，この組み合わせになる確率は，
$(0.76)^3×0.24×4 ≒ 0.42$
となる。これと同様に(い)〜(ほ)の残りについて計算すると次の表のようになる。

	(い) $C^{35}Cl_4$	(ろ) $C^{35}Cl_3^{37}Cl$	(は) $C^{35}Cl_2^{37}Cl_2$	(に) $C^{35}Cl^{37}Cl_3$	(ほ) $C^{37}Cl_4$
①②③④	◯◯◯◯	●◯◯◯ ◯●◯◯ ◯◯●◯ ◯◯◯●	●●◯◯ ●◯●◯ ●◯◯● ◯●●◯ ◯●◯● ◯◯●●	◯●●● ●◯●● ●●◯● ●●●◯	● ● ● ●
1つの確率	$(0.76)^4$	$(0.76)^3×0.24$	$(0.76)^2×(0.24)^2$	$0.76×(0.24)^3$	$(0.24)^4$
その組み合わせになる確率	$(0.76)^4$ ≒0.33	$(0.76)^3×0.24×4$ ≒0.42	$(0.76)^2×(0.24)^2×6$ ≒0.20	$0.76×(0.24)^3×4$ ≒0.042	$(0.24)^4$ ≒0.0033

よって，(ろ)のような ^{35}Cl（◯）を3個，^{37}Cl（●）を1個含む四塩化炭素になる確率が最も高く，存在比は42％程度である。

第1章 理論化学　11

| 標問 | **3** | 周期表と元素 |

答

問1　ア：⑤　　イ：④　　ウ：⑨　　エ：⑩　　問2　メンデレーエフ
問3　元素の化学的性質を決める最外殻電子数が，原子番号とともに周期
　　的に変化するから。(39字)
問4　名称：ケイ素　　元素記号：Si　　問5　B

精講　まずは問題テーマをとらえる

■周期表と電子配置

　メンデレーエフは元素を原子量の順に並べると化学的性質に周期性があらわれることに注目し，周期表をつくった。しかし化学的性質のもとになるのは電子配置と陽子数である。

　そこで，現在の周期表は原子番号順に元素を並べ，最外電子殻の電子配置を主につくられている。横の行(＝**周期**)は最外電子殻が同じ元素が並べられ，縦の列(＝**族**)は最外殻電子数が同じ元素が並べられている(Heを除く)。

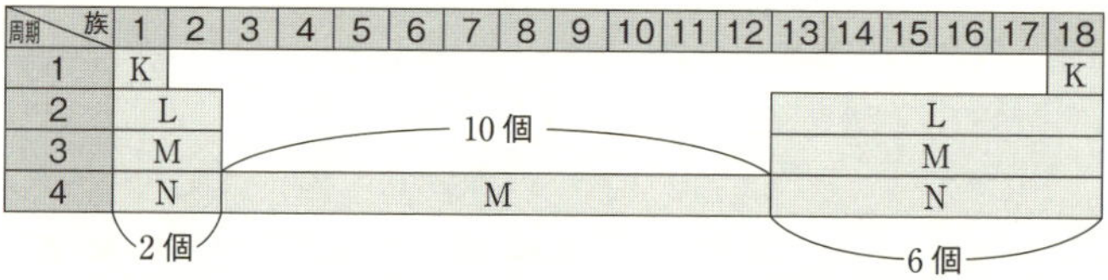

　これにより結合に利用される最外殻電子数が同じものは同じ族となり，性質が似る。例えば酸素と硫黄は同じ16族元素であり，その水素化物は H_2O と H_2S というように化学式も似ている。

　また周期表から電子配置がすぐにわかる。例えばカリウムは第4周期で1族の元素なので最外殻はN殻であり，最外殻電子数は1個であるから次のように表せる。

	K殻	L殻	M殻	N殻	O殻	P殻
カリウムK	2	2+6=8	2+6=8	1	0	0

　周期表は化学を学ぶ者にとって非常に大事な表である。横には第4周期まで，縦には1族，2族，11〜18族の元素の元素名，元素記号と周期表の位置をゴロ合わせなどを使ってしっかり覚えてほしい。

標問3の解説

問1　現在，原子番号1の水素Hから原子番号118のオガネソンOgまでの元素に固
　　有名と元素記号が与えられている。よって，　ア　は⑤である。このうち天然に存
　　在する元素は原子番号1の水素から原子番号92のウランの間にあり，原子番号93

以降はすべて人工的に合成された元素である。よって，［　イ　］は④である。

現在の周期表は原子番号順に主に電子配置をもとに整理されているが，メンデレーエフが1869年に最初につくった周期表は原子量順に並べていた。よって，［　ウ　］は⑨，［　エ　］は⑩である。

問2　ロシアの科学者メンデレーエフは，1869年に当時知られていた63種類の元素を原子量の順に並べると元素の性質が規則正しく変化することを見い出し，現在の周期表の原型を発表した。なお，現在の周期表は原子量の順に並んではいない。例えば $_{18}Ar$ の原子量は39.9であり， $_{19}K$ の原子量は39.1である。これは天然には Ar は質量数 40 の $^{40}_{18}Ar$ の割合が多く，K は質量数 39 の $^{39}_{19}K$ の割合が多いことに起因する。

問3　周期表の1族，2族，12族〜18族の元素を**典型元素**という。典型元素を原子番号順に並べると最外殻電子数が周期的に変化する。一般に化学結合に使われる電子を**価電子**という。典型元素は最外殻電子が価電子に相当する。ここでは最外殻電子数（あるいは価電子数）が周期的に変化することを書けばよいだろう。

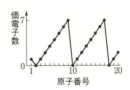

なお，18族の元素は化学結合をつくりにくいため価電子数は0とする。同じ族の元素を同族元素といい，価電子数が同じなのでよく似た性質をもつ元素となる。周期表の3族〜11族の元素を**遷移元素**という。遷移元素の最外殻電子数は1または2である。最外殻だけでなく内殻の電子の一部も価電子となり，多様な化合物をつくることが多い。遷移元素はすべて金属元素であり，単体はすべて金属である。

問4　周期表での元素の位置は正確に記憶すること。

周期＼族	1	2	3	4	5	6	7	8	9	10	11	12	13	14	15	16	17	18
1	H																	He
2	Li	Be		遷移元素（他は典型元素）									B	C	N	O	F	Ne
3	Na	Mg											Al	Si	P	S	Cl	Ar
4	K	Ca	Sc	Ti	V	Cr	Mn	Fe	Co	Ni	Cu	Zn	Ga	Ge	As	Se	Br	Kr
5	Rb	Sr	Y	Zr	Nb	Mo	Tc	Ru	Rh	Pd	Ag	Cd	In	Sn	Sb	Te	I	Xe
6	Cs	Ba	ランタノイド	Hf	Ta	W	Re	Os	Ir	Pt	Au	Hg	Tl	Pb	Bi	Po	At	Rn
7	Fr	Ra	アクチノイド	Rf	Db	Sg	Bh	Hs	Mt	Ds	Rg	Cn	Nh	Fl	Mc	Lv	Ts	Og

──── アルカリ土類金属（Be, Mg は除く）
──── アルカリ金属（H は除く）
ハロゲン ────
貴(希)ガス ────

ゲルマニウム（元素記号 Ge）の上は，ケイ素（元素記号 Si）である。

問5　日本の研究所で発見されたニホニウム Nh は，日本の国名にちなんでつけられた名称である。

Nh は周期表第7周期，13族の元素で，同族元素（$_5B$, $_{13}Al$, $_{31}Ga$, $_{49}In$, $_{81}Tl$, $_{113}Nh$）のうち，最も軽い元素は，ホウ素 B である。

第1章　理論化学　13

標問 4 アボガドロ定数の測定実験

答 問1 (1) ![フラスコ] (2) 6.5×10^{-3} % (3) 2.0×10^{-4} mol/L
　　　問2 2.0×10^{-8} mol
　　　問3 6.2×10^{23}/mol

精講 まずは問題テーマをとらえる

■アボガドロ定数と物質量〔mol〕

$6.02214076 \times 10^{23}$ 個の粒子集団を **1 mol** と定義する。mol 単位で表した物質の量を**物質量**という。

定義値 $6.02214076 \times 10^{23}$ 〔/mol〕を**アボガドロ定数**(N_A)という。

■溶液の濃度

$$\text{質量パーセント濃度}〔\%〕 = \frac{\text{溶質の質量}〔g〕}{\text{溶液の質量}〔g〕} \times 100$$

$$\text{モル濃度}〔\text{mol/L}〕 = \frac{\text{溶質の物質量}〔\text{mol}〕}{\text{溶液の体積}〔L〕}$$

標問 4 の解説

^{12}C 原子の質量を 12 としたとき,化学式Ⓐの相対質量(化学式量)が M_A とする。

アボガドロ定数を N_A〔/mol〕とすると,N_A〔個〕のⒶの質量は,ほぼ M_A〔g〕となる。

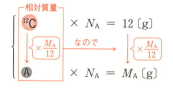

すなわち,Ⓐのモル質量を M_A〔g/mol〕としてよい。

問1 (1) 溶液の濃度を調製するには,次のようにメスフラスコを用いる。

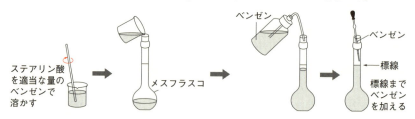

(2) 質量パーセント濃度 $= \dfrac{溶質の質量〔g〕}{溶液の質量〔g〕} \times 100$

$= \dfrac{0.0142〔g〕}{250〔mL〕\times 0.880〔g/mL〕}^{※1} \times 100$

$\fallingdotseq 6.5 \times 10^{-3}$ 〔%〕

※1
溶液の密度〔g/mL〕
$=$溶液1mLあたりの質量〔g〕
$= \dfrac{溶液の質量〔g〕}{溶液の体積〔mL〕}$

(3) ステアリン酸 $C_{17}H_{35}COOH$ の分子量$=284.0$ である。

モル濃度$= \dfrac{溶質の物質量〔mol〕}{溶液の体積〔L〕} = \dfrac{\dfrac{0.0142〔g〕}{284.0〔g/mol〕}}{\dfrac{250}{1000}〔L〕} = 2.0 \times 10^{-4}$〔mol/L〕

問2 問1(3)のモル濃度の溶液を 0.100 mL 滴下したので,中に含まれるステアリン酸の物質量〔mol〕は,

2.0×10^{-4}〔mol/L〕$\times \dfrac{0.100}{1000}$〔L〕$= 2.0 \times 10^{-8}$〔mol〕

問3

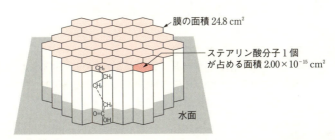

アボガドロ定数を N_A〔/mol〕とすると,滴下したステアリン酸の分子数に関して次の等式が成立する。

$\underbrace{N_A〔/\text{mol}〕\times 2.0 \times 10^{-8}〔\text{mol}〕}_{\text{ステアリン酸の分子数}} = \dfrac{24.8}{2.00 \times 10^{-15}} \dfrac{〔cm^2〕}{〔cm^2〕}$

よって,$N_A = 6.2 \times 10^{23}$〔/mol〕

| 標問 | **5** | **物質量** |

答　〔Ⅰ〕⑦　〔Ⅱ〕問1 $\dfrac{48W_1 - 62W_2}{W_2 - W_1}$　問2 $\dfrac{22.4Z(W_2 - W_1)}{36W_1 - 64W_2}$　〔Ⅲ〕④

精講　まずは問題テーマをとらえる

■物質量（単位：mol）

$$\left(\begin{array}{l}\text{1 mol の粒子の集団が示す具体量}\\ \text{アボガドロ定数 } N_A \text{〔/mol〕},\\ \text{粒子の化学式量 } M\end{array}\right)\left\{\begin{array}{l}① \quad N_A \text{〔個〕の粒子}\\ ② \quad \text{質量 } M \text{〔g〕}\\ ③ \quad 22.4 \text{〔L〕}\end{array}\right.$$

← 標準状態（$0\,℃$, 1.013×10^5 Pa）下の気体なら

■化学反応式と反応による変化量

$$CH_4 \quad + \quad 2O_2 \quad \longrightarrow \quad CO_2 \quad + \quad 2H_2O^{※1}$$

消費量　n mol　　$2n$ mol　　$+n$ mol　$+2n$ mol　生成量

※1　化学反応式は、両辺の原子の種類と数が同じ。

> **Point 4**　反応による変化量計算の手順
> **手順1**　化学反応式の係数から変化する物質の物質量（モル）比をみる。
> **手順2**　与えられた量から反応物質や生成物質の物質量（モル）を求める。
> **手順3**　**手順2** の比を **手順1** の比から決める。

標問 5 の解説

〔Ⅰ〕　⑦　$2 \text{〔mol/L〕} \times \dfrac{100}{1000} \text{〔L〕} = 0.2 \text{〔mol〕}$

④　$\dfrac{5.6 \text{〔L〕}}{22.4 \text{〔L/mol〕}} = 0.25 \text{〔mol〕}$

⑨　$\dfrac{6 \text{〔g〕}}{20 \text{〔g/mol〕}} = 0.3 \text{〔mol〕}$

エ　$\dfrac{3.01 \times 10^{23} \times \dfrac{1 \text{〔個 (H}_2\text{O)〕}}{2 \text{〔個 (H)〕}}}{6.02 \times 10^{23} \text{〔個/mol〕}} = 0.25 \text{〔mol〕}$

　　　← H原子2個で H₂O 1個

オ　水素の単体は H_2 で[※2]、完全燃焼で H_2O となるときは、

$$2H_2 + O_2 \longrightarrow 2H_2O \quad \text{となる。}$$

H_2 1 g から生じる H_2O の物質量は、次式から求める。

$$\dfrac{1 \text{〔g〕}}{2.0 \text{〔g/mol〕}} \times \dfrac{2}{2} \dfrac{\text{〔mol (H}_2\text{O)〕}}{\text{〔mol (H}_2\text{)〕}}{}^{※3} = 0.5 \text{〔mol〕}$$

消 mol (H₂)　　生 mol (H₂O)

よって、⑦が最も小さい。

物質量の求め方

(i) モル濃度〔mol/L〕 × 溶液の体積〔L〕

(ii) $\dfrac{\text{粒子数〔個〕}}{\text{アボガドロ定数〔個/mol〕}}$

(iii) $\dfrac{\text{質量〔g〕}}{\text{モル質量〔g/mol〕}}$

(iv) $\dfrac{\text{標準状態下の気体の体積〔L〕}}{22.4 \text{〔L/mol〕}}$

※2　水素は二原子分子で存在する。

※3　H_2 2 mol から H_2O 2 mol が生じる。

〔Ⅱ〕 **問1** Mの陽イオンの価数が n なので M^{n+} とすると，硝酸塩と硫酸塩の化学式と化学式量は次になる。[※4]

	化学式	化学式量
硝酸塩	$M(NO_3)_n$	$X+62n$
硫酸塩	$M_2(SO_4)_n$	$2X+96n$

反応前後で M^{n+} の数が変化していないことから，$M(NO_3)_n$ 2 mol から $M_2(SO_4)_n$ 1 mol が生じる。

$$2M(NO_3)_n \ + \ \cdots \ \longrightarrow \ 1M_2(SO_4)_n \ + \ \cdots$$

$$\underbrace{\frac{W_1 \ [g]}{X+62n \ [g/mol]}}_{mol \ (M(NO_3)_n)} \times \frac{1 \ [mol \ (M_2(SO_4)_n)]}{2 \ [mol \ (M(NO_3)_n)]} = \underbrace{\frac{W_2 \ [g]}{2X+96n \ [g/mol]}}_{mol \ (M_2(SO_4)_n)}$$ [※5]

よって，$\dfrac{X}{n} = \dfrac{48W_1 - 62W_2}{W_2 - W_1}$ …①

問2 Mの炭酸塩の化学式は $M_2(CO_3)_n$ と表せ，一般に炭酸塩を加熱すると，金属酸化物と二酸化炭素が生じる。[※6]

$$M_2(CO_3)_n \xrightarrow{\text{加熱}} M_2O_n \ + \ nCO_2$$

$$\underbrace{\frac{Z \ [g]}{2X+60n \ [g/mol]}}_{mol \ (M_2(CO_3)_n)} \times \frac{n \ [mol \ (CO_2)]}{1 \ [mol \ (M_2(CO_3)_n)]} = \underbrace{\frac{V \ [L]}{22.4 \ [L/mol]}}_{mol \ (CO_2)}$$

よって，$V = \dfrac{Z}{2\left(\dfrac{X}{n}\right)+60} \times 22.4$

これに①式を代入すると，

$$V = \frac{Z}{2\left(\dfrac{48W_1 - 62W_2}{W_2 - W_1}\right)+60} \times 22.4$$ [※7]

$$= \frac{22.4Z(W_2 - W_1)}{36W_1 - 64W_2}$$

〔Ⅲ〕 エタノールの化学式は，C_2H_5OH であり，分子量 $=46.0$ [※8] となる。1.00 L に含まれるエタノール分子の物質量は，

$$\frac{1.00 \ [L] \times \dfrac{10^3 \ [cm^3]}{1 \ [L]} \times 0.789 \ [g/cm^3]}{46.0 \ [g/mol]} \fallingdotseq 17.15 \ [mol]$$

このうち，0.205 % が $C_2H_5{}^{18}OH$ であり，$C_2H_5{}^{18}OH$ の分子量 $=48.0$ である。[※9]

$$17.15 \ [mol \ (C_2H_5OH)] \times \underbrace{\frac{0.205}{100}}_{mol \ (C_2H_5{}^{18}OH)} \times \underbrace{48.0 \ [g/mol]}_{g \ (C_2H_5{}^{18}OH)} \fallingdotseq 1.687 \ [g]$$

[※4] 硝酸イオンは1価，硫酸イオンは2価である。
$$\begin{cases} (M^{n+})_1(NO_3{}^-)_n \\ (M^{n+})_2(SO_4{}^{2-})_n \end{cases}$$

[※5]
$$2W_2(X+62n) = W_1(2X+96n)$$
$$\Longleftrightarrow 2(W_2 - W_1)X = (96W_1 - 124W_2)n$$
$$\Longleftrightarrow \frac{X}{n} = \frac{48W_1 - 62W_2}{W_2 - W_1}$$

[※6] 炭酸カルシウムを加熱すると，次のように分解する。
$$CaCO_3 \longrightarrow CaO + CO_2$$

[※7]
$$V = \frac{22.4Z}{\dfrac{96W_1 - 124W_2 + 60W_2 - 60W_1}{W_2 - W_1}}$$
$$= \frac{22.4Z(W_2 - W_1)}{36W_1 - 64W_2}$$

[※8] 冒頭に与えられた元素の原子量から計算する。

[※9] $^{18}O = 18$ を用いる。

第1章 理論化学 **17**

標問 6 イオン化エネルギーと電子親和力

答 問1 (ア) Mg (イ) K (ウ) Al 問2 F＞Ne

精講 まずは問題テーマをとらえる

■気体状の原子の化学的性質

(第一)イオン化エネルギー	気体状の原子から e^- を1つ奪い，1価の陽イオンにするために必要なエネルギー
(第一)電子親和力	気体状の原子に e^- を1つ与えて1価の陰イオンとしたときに放出されるエネルギー

(第一)イオン化エネルギーの値は，周期表で右上の元素ほど大きくヘリウムが最大である。

(第一)電子親和力の値は，17族の元素（ハロゲン）が大きい。

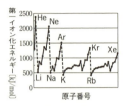

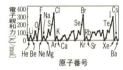

Point 5

(第一)イオン化エネルギー(大)
 ➡ 1価の陽イオンになりにくい

(第一)電子親和力(大)
 ➡ 1価の陰イオンになりやすい

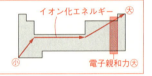

標問 6 の解説

原子Aの第一イオン化エネルギー I_1，第二イオン化エネルギー I_2，第三イオン化エネルギー I_3 は，次図のエネルギーに相当する。

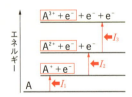

第 n イオン化エネルギーでは，1つ内殻の電子を奪う段階で，原子核に強く引きつけられている電子を奪い去ることとなり，非常に大きな値となる。例えば，アルミニウム Al では次のようになる。

Alの第 n イオン化エネルギー（単位は kJ/mol）				
n	1	2	3	4
kJ/mol	577	1816	2744	11600

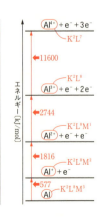

問1　3つの元素の電子配置は次のようになる。

	K殻	L殻	M殻	N殻
カリウム K	2	8	8	1
マグネシウム Mg	2	8	2	
アルミニウム Al	2	8	3	

　(ア)は第三イオン化エネルギーで急激に大きくなるので，3個目の電子を奪うときに1つ内殻の電子を奪っていると考えられる。よって，マグネシウム Mg である。

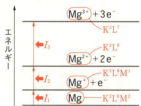

　(イ)は第二イオン化エネルギーで急激に大きくなるので，2個目の電子を奪うときに1つ内殻の電子を奪っていると考えられる。よって，カリウム K である。

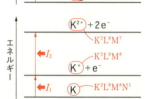

　(ウ)は残りから考えて，アルミニウム Al となる。
　よって，(ア)が Mg，(イ)が K，(ウ)が Al である。

問2　フッ素とネオン，それぞれの1価の陰イオンの電子配置は次のようになっている。

	K殻	L殻
F	2	7
F⁻	2	⑧

	K殻	L殻	M殻
Ne	2	8	
Ne⁻	2	8	①

　それぞれの電子親和力 Q〔kJ〕は，次のような熱化学方程式で表される。
　　F（気） + e⁻ = F⁻（気） + Q_F〔kJ〕
　　Ne（気） + e⁻ = Ne⁻（気） + Q_{Ne}〔kJ〕
　Q の値が大きいほど1価の陰イオンをもとの原子に戻しにくい。そのため，L殻より原子核から遠いところにあるM殻の電子を奪うほうが小さなエネルギーですむので，
　　　Q_F〔kJ〕 > Q_{Ne}〔kJ〕
と考えられる。
　このことから，一般に1価の陰イオンの電子配置が貴ガス型になる17族の元素の電子親和力が大きい。

| 標問 | 7 | 結合と極性 |

答	問1	極性(または電気陰性度の差,イオン結合性,分極)と原子半径
	問2	双極子モーメントの値が大きいほど電気陰性度の差が大きい。
	問3	Δの値:HF…269.5 kJ/mol,HCl…91.5 kJ/mol,HBr…51.0 kJ/mol
		電気陰性度の差が大きいほどΔの値は大きい。
	問4	a:マリケンの電気陰性度 b:分極 c:イオン結合
		d:ポーリングの電気陰性度

精講 まずは問題テーマをとらえる

■結合と極性

2原子間の化学結合では電気陰性度の差によって極性の程度が決まる。

H-H結合は非金属元素どうしの結合であり完全な**共有結合**である。H-Cl結合は電気陰性度が H<Cl であるため,共有電子対が Cl 原子側に引き寄せられて,Hはやや正に Cl はやや負に帯電する。これを**極性のある共有結合**という。Na-Cl結合は電気陰性度が Na≪Cl であり,ほぼ完全に共有電子対が移動し Na$^+$ と Cl$^-$ となり,多数の Na$^+$ と Cl$^-$ が静電気的な引力で集合する。これが**イオン結合**であり,完全に分極した共有結合がイオン結合といえる。

```
共有結合        極性のある共有結合        イオン結合
                   δ+ δ-
H:H               H:Cl                  (Na)⁺ (:Cl)⁻
─────────────────────────────────────────────→ 極性の度合い
0%                                       100%
```

Point 6 分極を考えるときの目安となる電気陰性度とは,共有電子対を引きつける強さを数値化したものである。

標問7の解説

問1 まず,問題文から解離エネルギーが大きい結合ほど切断しにくい,すなわち,強い結合であるといえる。次に,表のデータを整理すると,下のようになる。

H-X	H:F	H:Cl	H:Br	
解離エネルギー	大 >	中 >	小	←表3
Xの原子半径	小 <	中 <	大	←表1
極性	大 >	中 >	小	←表2

これより,原子半径が小さく極性が大きいほど解離エネルギーが大きいといえる。

問2　問題文の(注)から双極子モーメント (μ) は次のようなものであることがわかる。

$$-q \xleftarrow{\hspace{3em}\vec{r}\hspace{3em}} +q \qquad \vec{\mu} = q \times \vec{r}$$

$\vec{\mu}$ が大きいほど極性の度合いが大きいと解釈すればよい。表2と表4から双極子モーメントの値が大きいほどハロゲンの電気陰性度が大きくなるといえる。

問3　(1)式を用いて表3と表5の値から Δ を求めてみよう。

H-X	$D_{\text{H-X}}$	$D_{\text{H-H}}$	$D_{\text{X-X}}$	$\Delta = D_{\text{H-X}} - \dfrac{D_{\text{H-H}} + D_{\text{X-X}}}{2}$
H-F	565	436	155	$565 - \dfrac{436 + 155}{2} = 269.5$
H-Cl	431	436	243	$431 - \dfrac{436 + 243}{2} = 91.5$
H-Br	366	436	194	$366 - \dfrac{436 + 194}{2} = 51.0$

　問題文によると Δ は「イオン結合の寄与の目安」とある。計算結果から電気陰性度の差が大きいほど，極性つまりイオン結合性が大きいほど Δ の値が大きくなっていることがわかる。

問4　マリケンの電気陰性度は「イオン化エネルギーと電子親和力の和」を用いて定義されたとある。イオン化エネルギーが大きいほど自らの電子を引きつけやすく，電子親和力が大きいほど相手の電子をとり込みやすいことを反映していると考えれば納得いくであろう。

　マリケンの電気陰性度の差が大きな異核二原子分子の結合はイオン結合性（極性）が大きく分極の程度が大きな共有結合といえる。

　また問3からわかるように，解離エネルギーをもとに定義されたポーリングの電気陰性度の差もまた分極の程度に比例している。

第1章　理論化学　　21

標問	**8**	**分子の形と極性**

答

問1　非共有電子対の数が最も多いもの：CO_2　　非共有電子対の数：4対

問2　PH_3 では，P のまわりに共有電子対が3個，非共有電子対が1個あり三角錐形となる。BF_3 では，B のまわりに共有電子対が3個あり正三角形となる。

問3　二酸化炭素は直線形の分子であり，正電荷の重心と負電荷の重心が一致する。二酸化窒素は折れ線形の分子であり，正電荷の重心と負電荷の重心が一致しない。

精講　まずは問題テーマをとらえる

■電子対反発則による分子の形の推定法

分子の形は，中心原子のまわりの電子対(非共有電子対を含む)の数で決まる。電子対が反発し，できるだけ離れて配置されると考える。ただし，二重結合，三重結合の電子対は1対として数える。

中心原子のまわりの電子対の数	電子対の配置される方向	結合角
4	正四面体の頂点方向	109.5°
3	正三角形の頂点方向	120°
2	直線の反対方向	180°

■分子の極性

		全体で	例
極性分子		$\delta+$ の重心 $\neq$ $\delta-$ の重心	$\overset{\delta+}{H}\diagdown\overset{\delta-}{O}\diagdown\overset{\delta+}{H}$
無極性分子		$\delta+$ の重心 $=$ $\delta-$ の重心	$\overset{\delta-}{O}=\overset{\delta+}{C}=\overset{\delta-}{O}$

Point 7

分子の形と極性は，次の手順で推定する。

手順1　電子式を書く。

手順2　中心原子のまわりの電子対を数え，方向を決める。

手順3　原子核の位置を結ぶ。

手順4　$\delta+$ の重心と $\delta-$ の重心が一致するかどうか調べる。

標問8の解説

問1　典型元素は，最外殻電子が価電子となる。副殻には最大2個まで電子が入るが，できるだけ対にならないように配置する。

元素	$_1H$	$_6C$	$_8O$	$_{15}P$
K殻	<u>1</u>	2	2	2
L殻		<u>4</u>	<u>6</u>	8
M殻				<u>5</u>
電子配置	H:	:C:	:O:	:P:

22

	電子式のつくり方	電子式	非共有電子対の数
H₂O	H:O:H	H:O:H	2
CO₂	:O:C:O:	:O::C::O:	4
PH₃	H:P:H / H	H:P:H / H	1

よって，分子内に最も非共有電子対が多いのは，4対の CO_2 である。

問2 電子対反発則より，H_2O は折れ線形，CO_2 は直線形と予想できる。

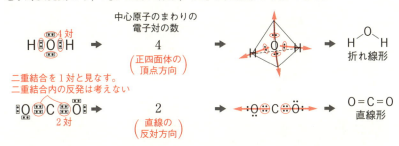

PH_3 では，P のまわりに 4 個の電子対があり，正四面体の頂点方向に配置されるため三角錐形となる。

BF_3 では，$_5B$ の電子配置がK殻(2) L殻(3)であり，$_9F$ の電子配置がK殻(2) L殻(7)であるから，電子式が次のようになる。

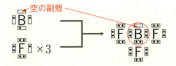

中心の B 原子のまわりの電子対は 3 個なので，これらは正三角形の頂点方向に配置され，BF_3 は正三角形の分子である。

問3　CO_2 は直線分子である。電気陰性度は C＜O なので，C=O 結合に極性はあるが，分子全体では $\delta-$ と $\delta+$ の重心は一致し，無極性である。

$$\overset{\delta-\ \delta+\ \delta-}{O=C=O}$$
直線形
➡ $\delta-$ の重心と $\delta+$ の重心は，C 原子上で一致するので無極性分子

NO_2 の電子式は，高校化学でふれることは少ないが説明しておこう。

最外殻の電子数が 8 より大きくならないというルールを守るならば，N と O の結合の 1 つを配位結合※1 とすればよい。

N 原子上に不対電子が残るのを気持ち悪く思う人がいるだろうが，NO_2 が密閉容器中でさらに結合し，四酸化二窒素 N_2O_4 と平衡状態になることを思い出せば納得いくだろう。(標問 38 参照)

NO_2 の形を予想する場合，この不対電子も反発に関与するので 1 つの電子対のように考える。中心の N 原子のまわりの電子対は，3 対の場合と同様に正三角形の頂点方向に配置され，折れ線形の分子となる。

そこで，電気陰性度は N＜O なので N と O の結合に極性が生じ，分子全体としては $\delta-$ の重心と $\delta+$ の重心が一致しないので，NO_2 は極性分子である。

標問 9 金属結晶の構造

答 〔I〕問1 名称：面心立方格子　接している数：12　問2 ⑩
〔II〕1.1倍

精講　まずは問題テーマをとらえる

■金属の結晶格子
金属の結晶は，次の3つのいずれかの結晶格子をとるものが多い。

名称	体心立方格子	面心立方格子	六方最密構造
配位数（最近接原子数）	8	12	12
結晶格子			

■最密構造
金属原子を球とする。最密に球を配列したA層の球と球の間のくぼみの上に球をさらに最密に並べていくと，B層またはC層の配列がある。

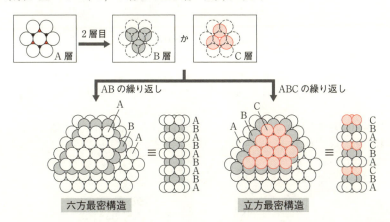

ABABAB…と交互に配列させたものを六方最密構造，ABCABCABC…と配列させたものを立方最密構造という。

立方最密構造を異なる角度からながめ，単位格子のとり方を変えると面心立方格子となる。

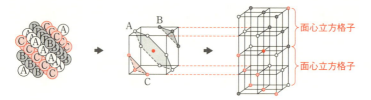

■ 結晶の密度の求め方

$$\text{結晶の密度}(=\text{単位格子の密度}) = \frac{\text{単位格子の質量}}{\text{単位格子の体積}}$$

$$= \frac{\dfrac{M}{N_A} \times n}{V}$$

結晶を構成する粒子1個の質量 → $\dfrac{M}{N_A}$

$\begin{pmatrix} M：結晶を構成する粒子のモル質量 \\ N_A：アボガドロ定数 \\ n：単位格子内の粒子数 \\ V：単位格子の体積 \end{pmatrix}$

標問 9 の解説

〔I〕 問1 立方最密構造である。最近接原子数は，1つの球が同一平面上で6個と接触し，上下の平面から3個ずつ接触するので，6+3+3=12 となる。

立方最密構造は見る角度を変えると面心立方格子である。

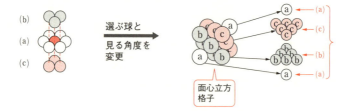

問2 球①〜⑩の位置関係は下の図1のようになっている。①が図1の立方体の中心にあり，他は立方体の辺の中心にある。⑦と⑩の距離は立方体の1辺の長さに等しい。

図1の立方体を横に並べ，立方体の頂点の選び方を半周期ずらしてみると面心立方格子となる（図2）。図2より，⑦と⑩の距離が面心立方格子の1辺の長さと等しいことがわかる。

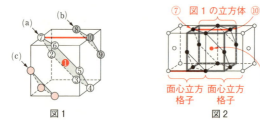

〔Ⅱ〕 鉄原子の半径を r〔cm〕とする。体心立方格子から面心立方格子に変化すると，単位格子は次のように変化する。

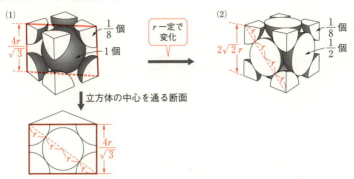

	体心立方格子	面心立方格子
単位格子内の鉄原子の数	$\frac{1}{8}$ 個×8＋1 個＝2 個	$\frac{1}{8}$ 個×8＋$\frac{1}{2}$ 個×6＝4 個
単位格子の1辺の長さ	$4r×\frac{1}{\sqrt{3}}=\frac{4r}{\sqrt{3}}$	$4r×\frac{1}{\sqrt{2}}=2\sqrt{2}\,r$

体心立方格子をとるときの密度を $d_体$〔g/cm³〕，面心立方格子をとるときの密度を $d_面$〔g/cm³〕とし，Fe のモル質量を M，アボガドロ定数を N_A とすると，

$$\begin{cases} d_体 = \dfrac{\text{Fe 原子 2 個の質量}}{\text{単位格子の体積}} = \dfrac{\dfrac{M}{N_A}×2\,〔g〕}{\left(\dfrac{4r}{\sqrt{3}}\right)^3〔cm^3〕} & \cdots① \\[2mm] d_面 = \dfrac{\text{Fe 原子 4 個の質量}}{\text{単位格子の体積}} = \dfrac{\dfrac{M}{N_A}×4\,〔g〕}{(2\sqrt{2}\,r)^3〔cm^3〕} & \cdots② \end{cases}$$

②式÷①式 より，

$$\frac{d_面}{d_体} = \frac{\dfrac{M}{N_A}×4}{(2\sqrt{2}\,r)^3} \bigg/ \dfrac{\dfrac{M}{N_A}×2}{\left(\dfrac{4}{\sqrt{3}}r\right)^3} = \frac{4\sqrt{6}}{9} ≒ 1.1\,〔倍〕$$

標問 10 面心立方格子のすきまとイオン結晶

答 問1 ①と⑤　問2 ②　問3 ⑥

精講　まずは問題テーマをとらえる

■面心立方格子のすきま

金属結晶の代表的な単位格子の1つである面心立方格子には，原子に囲まれたすきまが2種類存在する。1つは次図のPで表される4個の原子に囲まれたすきまであり，もう1つは図のQで表される6個の原子に囲まれたすきまである。

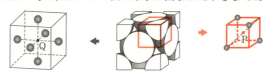

点Pは正四面体の頂点に位置した球のつくるすきま，点Qは正八面体の頂点に位置した球のつくるすきまといえる。

イオン結晶の代表的な単位格子のうち，CaF_2型構造はCa^{2+}が面心立方格子をつくり，点PにF^-が入り込んだ構造といえる。(ただし，金属結晶と異なりCa^{2+}どうしは接触しているとはいえない。)

また，NaCl型構造はCl^-が面心立方格子をつくり，点QにNa^+が入り込んだ構造といえる。(Na^+が面心立方格子をつくり，Cl^-が入り込んだとみてもよい。)

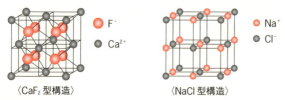

〈CaF_2型構造〉　〈NaCl型構造〉

Point 8　面心立方格子内には，2種類のすきまがある。

標問10の解説

問題文の図のaは正四面体のすきま，bは正八面体のすきまである。

問1　① 面心立方格子中では1つの球が接触している球は12個である。これは右図より明らかであろう。よって誤り。

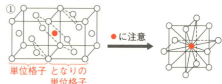

●に注意
単位格子　となりの単位格子

② 単位格子の1辺の長さを l とすると,
$$l \times \sqrt{2} = 4r$$
となる。よって,
$$l = 2\sqrt{2}\,r$$

③ 頂点に位置する $\dfrac{1}{8}$ 個が8頂点分と,面の中心に位置する $\dfrac{1}{2}$ 個が6面分で,1つの単位格子が構成されている。よって,
$$\dfrac{1}{8} \times 8 + \dfrac{1}{2} \times 6 = 4〔個〕$$
含まれている。

④ すきまaは図の○の部分であるので8個である。

⑤ すきまbは図の●の部分である。そのまま数えると13個になる。ただし,辺の中心に位置するすきまbは4つの単位格子に共有されるので $\dfrac{1}{4}$ 個と数えると,
$$\dfrac{1}{4}〔個〕\times 12〔辺〕 + 1〔個〕 = 4〔個〕$$
　　　　　　　　　　└─真ん中のすきまb

となる。どちらにせよ誤り。

⑥ すきまbに入る球の半径の最大値を r' とすると,右図より,
$$(r + 2r' + r) \times \sqrt{2} = 4r$$
となり,
$$r' = \dfrac{2\sqrt{2}\,r - 2r}{2} = (\sqrt{2} - 1)r$$
と表せる。

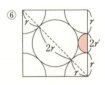

問2 すきまbは立方体の中心と各辺の中心にあり,ここに反対符号のイオンが入ると,NaCl型構造となる。

問3 結晶の組成式と単位格子の組成式は同じである。よって単位格子内の A^{2+} と B^{3+} と C^{2-} の個数を求めればよい。

$$\begin{cases} A^{2+}: & 8 \times \dfrac{1}{8} = 1〔個〕 \\ & \text{すきまaの数　} A^{2+}\text{の数} \\ B^{3+}: & 4 \times \dfrac{1}{2} = 2〔個〕 \\ & \text{すきまbの数　} B^{3+}\text{の数} \\ C^{2-}: & 4 個 \quad ←問1の③ \end{cases}$$

よって,$A^{2+} : B^{3+} : C^{2-} = 1 : 2 : 4$ なので,組成式は AB_2C_4 となる。

| 標問 | 11 | イオンの半径比と結晶型 |

答

問1　単位格子の長さ：$\dfrac{\sqrt{3}}{5}$ nm　　密度：$3.8\,\text{g/cm}^3$

問2　ア：$\dfrac{\sqrt{3}}{4}$　　イ：$\dfrac{\sqrt{2}}{2}$　　問3　0.22　　問4　$0.41 \leqq \dfrac{r^+}{r^-} < 0.73$

精講　まずは問題テーマをとらえる

■ **イオン結晶の安定性と半径比**

イオン結晶は，陽イオンと陰イオンが静電気力（クーロン力）によって集合してできたものである。

1つのイオンのまわりをとり囲む反対符号のイオンの数ができるだけ多いほど安定性は大きくなる。しかし陽イオンと陰イオンの半径比によっては同符号どうしのイオンが接触してしまい不安定になり，やむをえずとり囲む反対符号のイオンの数が少ない構造をとる。例えば塩化セシウム型の結晶は次のような単位格子である。

今から ◯ の陽イオンを Cs$^+$ → Rb$^+$ → K$^+$ というように，より半径の小さいものに変えていく。このとき，この CsCl 型結晶と同じ構造をとりうるための半径比 $(Q) = \dfrac{陽イオン}{陰イオン}$ を計算してみる。

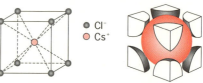

〈塩化セシウム CsCl 型結晶の単位格子〉

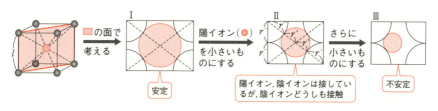

上図から，Ⅱのときより陽イオン（◯）が小さくなると CsCl 型構造をとることはできない。Ⅱの状態では，$2r^- \times \sqrt{3} = 2(r^- + r^+)$ となり，$\dfrac{r^+}{r^-} = \sqrt{3} - 1$ となる。このときより陽イオンの半径が大きくなければこの構造をとることができないので，

$$Q = \dfrac{陽イオンの半径}{陰イオンの半径} \geqq \sqrt{3} - 1$$

が CsCl 型の構造をとるための条件となる。

イオン結晶では，1つのイオンが，できるだけ多くの反対符号のイオンに接触できる構造が安定である。ただし，半径比の制約を受ける。

標問 11 の解説

問1 ダイヤモンドの単位格子は右図のようになる。単位格子の長さを a [nm] とする。

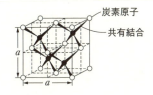

単位格子の $\dfrac{1}{8}$ スケールの小立方体を考える。炭素原子間の距離を l [nm] とする。

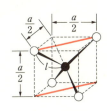 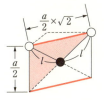

$$l = \sqrt{\left(\dfrac{a}{2}\right)^2 + \left(\dfrac{a}{2}\times\sqrt{2}\right)^2} \times \dfrac{1}{2} = \dfrac{\sqrt{3}}{4}a$$

小立方体の断面の対角線の長さ

よって，$a = \dfrac{4l}{\sqrt{3}} = \dfrac{4}{\sqrt{3}} \times 0.15 = \dfrac{\sqrt{3}}{5}$ [nm]

$l = 0.15$ [nm]

単位格子内に含まれる炭素原子数は，

$$\underbrace{\dfrac{1}{8}\times 8}_{\text{頂点}} + \underbrace{\dfrac{1}{2}\times 6}_{\text{面の中心}} + \underbrace{1\times 4}_{\text{小立方体の中心}} = 8 \text{〔個〕}$$

となる。これが1辺の長さ $\dfrac{\sqrt{3}}{5}$ [nm] $= \dfrac{\sqrt{3}}{5}\times 10^{-9}$ [m] $= \dfrac{\sqrt{3}}{5}\times 10^{-7}$ [cm]※1 の立方体に含まれるから，

ダイヤモンドの密度 [g/cm³] $= \dfrac{\dfrac{12.0}{6.02\times 10^{23}}\times 8}{\left(\dfrac{\sqrt{3}}{5}\times 10^{-7} \text{[cm]}\right)^3}$ 〔g〕

炭素原子1個の質量

≒ 3.8 〔g/cm³〕

※1
1 [nm]
$= 1\times 10^{-9}$ [m]
$= 1\times 10^{-9}$ [m] $\times \dfrac{100 \text{[cm]}}{1 \text{[m]}}$
$= 1\times 10^{-7}$ [cm]

問2

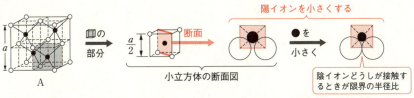

よって，陰イオンどうしが接触するときは次ページのようになっている。

$$\begin{cases} r^- + r^+ = \sqrt{\left(\dfrac{\sqrt{2}}{2}a\right)^2 + \left(\dfrac{a}{2}\right)^2} \times \dfrac{1}{2} = \boxed{\dfrac{\sqrt{3}}{4}}a \quad \cdots ① \\ 2r^- = \boxed{\dfrac{\sqrt{2}}{2}}a \quad \cdots ② \end{cases}$$

問3 ②式より，$a = 2\sqrt{2}\,r^-$ となるから，これを①式に代入すると，

$$r^- + r^+ = \dfrac{\sqrt{3}}{4} \times 2\sqrt{2}\,r^-$$

$$1 + \dfrac{r^+}{r^-} = \dfrac{\sqrt{6}}{2}$$

よって，$\dfrac{r^+}{r^-} = \dfrac{\sqrt{6}}{2} - 1 \fallingdotseq 0.22$ ※2

問4 図Cの CsCl 型構造（配位数8）※3 をとるための半径比の条件は 精講 より，

$$\dfrac{r^+}{r^-} \geqq \sqrt{3} - 1 \fallingdotseq 0.73$$

である。次に図Bの NaCl 型構造（配位数6）をとるための半径比の条件を求める。

※2 図Aの構造をとるためには，
$$\dfrac{r^+}{r^-} \geqq \dfrac{\sqrt{6}}{2} - 1$$
が半径比の条件となる。

※3

	配位数
A	4
B	6
C	8

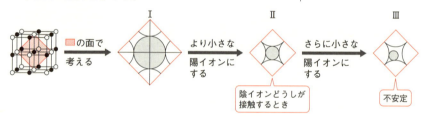

Ⅰの状態は安定であるが，Ⅱの状態で陰イオンどうしが接触してしまう。Ⅱのときより小さな陽イオンになると，Ⅲのように陽イオンが陰イオンに接触できなくなり不安定になる。

Ⅱの状態で考えると，陽イオンの半径が r^+ であるから，

$$2r^- \times \sqrt{2} = 2(r^- + r^+) \quad \text{よって，} \dfrac{r^+}{r^-} = \sqrt{2} - 1$$

つまり，$\dfrac{r^+}{r^-} \geqq \sqrt{2} - 1 \fallingdotseq 0.41$ が NaCl 型構造をとるための条件となる。

配位数が大きな構造のほうが安定なので，$\dfrac{r^+}{r^-} \geqq \sqrt{3} - 1$ なら CsCl 型構造（図C）をとる。$\underset{(\fallingdotseq 0.41)}{\sqrt{2} - 1} \leqq \dfrac{r^+}{r^-} < \underset{(\fallingdotseq 0.73)}{\sqrt{3} - 1}$ なら，CsCl 型構造をとれず NaCl 型構造（図B）をとる。

標問 12 黒鉛の結晶構造

答 問1 ③　問2 2.3

精講　まずは問題テーマをとらえる

■炭素の同素体
炭素にはいくつかの同素体が知られている。**同素体**とは同じ元素の単体で性質の異なるものをいう。次表に炭素の代表的な同素体をまとめておく。

ダイヤモンド	黒鉛（グラファイト）	フラーレン
炭素原子が正四面体の頂点方向に連続して共有結合してできた巨大分子。	正六角形を単位とする炭素原子の共有結合による平面状巨大分子（グラフェンという）がファンデルワールス力で結びついた結晶。	サッカーボール型のC_{60}分子の他にもC_{70}～C_{120}までのさまざまなものが確認されている。
融点が高い（約3500℃）。硬度が大きい。光の屈折率が大きい。	はがれやすい（へき開性）。炭素の価電子の一部が平面上は自由に移動できるので、面方向に大きな電気伝導性をもつ。	アルカリ金属をドーピングすることで超電導物質になるなど、さまざまな研究の材料として注目されている。

Point 10　代表的な炭素の同素体については、その構造や性質をおさえておく。（とくに黒鉛とダイヤモンド）

標問 12 の解説

問1　0.246 nm という距離がどこの距離か考えるために炭素原子でできた正六角形をとり出してみる（右図）。1辺の長さ（l とする）は図1より 0.142 nm である。

$\dfrac{0.246}{0.142} = 1.73\cdots ≒ \sqrt{3}$　ということから l の $\sqrt{3}$ 倍の長さが

0.246 nm ということになる。l は正六角形の1辺の長さなので、この $\sqrt{3}$ 倍というと右図の x に相当する。

よって、正解は③である。

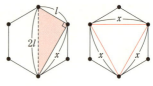

問2 黒鉛は次の正六角柱が繰り返して結晶ができている。この正六角柱の密度を求めれば、それが黒鉛の結晶の密度となる。

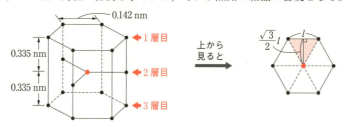

〈正六角柱内の炭素原子数〉

$$\underbrace{\frac{1}{6}〔個〕\times 12}_{頂点}+\underbrace{\frac{1}{3}〔個〕\times 3}_{辺上}+\underbrace{1〔個〕}_{中心}=4〔個〕$$

〈正六角柱の体積〉

正六角形の1辺の長さ (0.142 nm) を l、層間の高さ (0.335 nm) を h とする。

$$正六角柱の体積 = \underbrace{l\times\frac{\sqrt{3}}{2}l\times\frac{1}{2}\times 6}_{正六角形の面積}\times\underbrace{2h}_{正六角柱の高さ}=3\sqrt{3}\,hl^2$$

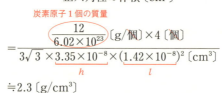

体積の単位が cm^3 なので、長さはすべて nm から cm に直しておく。
$1〔nm〕=1\times 10^{-9}〔m〕=1\times 10^{-7}〔cm〕$ なので、

$$\begin{cases} l = 0.142\times 10^{-7}〔cm〕=1.42\times 10^{-8}〔cm〕 \\ h = 0.335\times 10^{-7}〔cm〕=3.35\times 10^{-8}〔cm〕 \end{cases}$$

となる。したがって、黒鉛の密度は、

$$黒鉛の密度〔g/cm^3〕=\frac{正六角柱内の炭素原子4個分の質量〔g〕}{正六角柱の体積〔cm^3〕}$$

$$=\frac{\overbrace{\dfrac{12}{6.02\times 10^{23}}}^{炭素原子1個の質量}〔g/個〕\times 4〔個〕}{3\sqrt{3}\times\underbrace{3.35\times 10^{-8}}_{h}\times(\underbrace{1.42\times 10^{-8}}_{l})^2〔cm^3〕}$$

$$\fallingdotseq 2.3〔g/cm^3〕$$

標問 13 分子間相互作用

答
1：分子間　2：共有　3：静電気（クーロン）　4：イオン
5：分子量　6：正四面体　7：電気陰性度　8：極性
9：折れ線　10：無極性　11：水素

精講　まずは問題テーマをとらえる

■ファンデルワールス力

一般に，分子量の大きな分子ほど，ファンデルワールス力は強い。
　分子量が同程度なら極性が大きいほど，分子量も極性も同程度なら分子の接触面積が大きいほど，ファンデルワールス力は強い。

■水素結合

ファンデルワールス力の約10倍程度の強さをもち，次のような構造間で生じる。

(X, Y = フッ素 酸素 窒素　F, O, N)

ファンデルワールス力が強い分子や分子間で水素結合を形成する分子は，分子どうしを引き離すのに大きなエネルギーが必要となり，沸点が高くなる。

Point 11

分子間相互作用 { (狭義の)分子間力 { 引力（ファンデルワールス力）
（広義の分子間力） 　　　　　　　　斥力
　　　　　　　　　　水素結合

標問 13 の解説

1：ここでは，広義の意味で分子間力と入れるとよい。
2：ダイヤモンドは，炭素原子間の共有結合が連続した巨大分子である。
3：静電気的な力は，クーロン力ともよばれる。
4：多数の陽イオンと陰イオンがクーロン力で集まってできたイオン結合である。
5：一般に，分子量が大きな分子ほど所有電子数が多く，瞬間的な分極により引力が強くなる。
6：14族の水素化物 XH_4 は，メタン CH_4 と同様に正四面体形である。

正四面体形

第1章　理論化学

7：原子が共有電子対を引きつける強さの尺度が電気陰性度である。
8：異種原子間の共有結合では，電気陰性度の差が大きいほど極性が大き（イオン結合性が大き）くなる。
9：15族の水素化合物 XH₃ は，アンモニア NH₃ と同様に三角錐形分子であり，16族の水素化合物 H₂X は，水と同様に折れ線形分子である。これらは正電荷の重心と負電荷の重心が一致せず極性分子である。

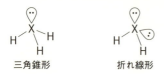

10：14族の水素化合物 XH₄ は，正電荷の重心と負電荷の重心が一致し，無極性分子である。
11：フッ化水素 HF，水 H₂O，アンモニア NH₃ は，分子間で水素結合を形成するため，分子量が小さいわりに沸点が高くなる。

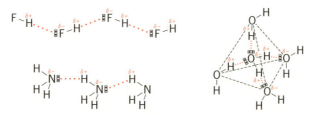

| 標問 | 14 | 理想気体の定量的なとり扱い(1) |

| 答 | 1：ウ　2：ア　3：カ　4：ス　5：オ　6：エ |

精講 まずは問題テーマをとらえる

■理想気体の状態方程式

理想気体では一般に，圧力 P〔Pa〕，体積 V〔L〕，絶対温度 T〔K〕で物質量 n〔mol〕の気体に関して次式が成立する。

$$PV = nRT \quad \cdots ①$$

R は気体定数とよばれ，標準状態（0℃，1.013×10^5 Pa）のもとで 1 mol の気体の体積が 22.4 L を示すことから，

$$R = \frac{PV}{nT} = \frac{1.013 \times 10^5 \text{〔Pa〕} \times 22.4 \text{〔L〕}}{1 \text{〔mol〕} \times (0+273) \text{〔K〕}} \fallingdotseq 8.31 \times 10^3 \text{〔Pa·L/(mol·K)〕}$$

と求まる。①式は変形すると，$n = \dfrac{PV}{RT}$ となり，(P, T, V) の 3 つの数値が決まると物質量 n が具体的に決まるというふうに考えてほしい。

また，圧力 P と絶対温度 T が一定のもとでは，①式を

$$V = \underbrace{\frac{RT}{P}}_{\text{一定}} \times n = k \text{（定数）} \times n$$

のように変形できる。つまり，物質量 n と体積 V は比例関係となる。

このように，①式は一定になる量がある場合，上記のように変形すれば，残った変数どうしでより簡単な関係式で表せるのである。

Point 12　$PV = nRT$ を使うときは，
定数があればすべてまとめ，より簡単な式で考える。

標問 14 の解説

状態(a)　理想気体の状態方程式より，

$$\begin{cases} 容器 \text{I}：P_A V = \dfrac{w}{M_A} RT \\ 容器 \text{II}：P_B \times 1.4V = \dfrac{w}{M_B} RT \end{cases}$$

がそれぞれの容器に対して成立する。よって，

$$P_A - P_B = \frac{wRT}{M_A V} - \frac{wRT}{M_B \times 1.4V}$$
$$= \frac{wRT}{V}\left(\frac{1}{M_A} - \frac{1}{1.4 M_B}\right)$$

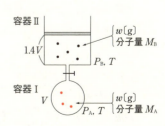

第1章　理論化学

状態(b)　コックを開けると容器ⅠとⅡの圧力が同じになるまで気体は移動し、やがて均一になる。

2：状態(a)に比べるとピストンが上に移動し、容器Ⅱの体積が $1.4V$ から $2V$ になっている。

このことから、気体は容器Ⅰから容器Ⅱへとまず移動してやがて均一になったと考えられ、状態(a)では $P_A > P_B$ だったとわかる。よって、

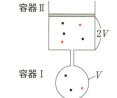

$$P_A - P_B = \frac{wRT}{V}\left(\frac{1}{M_A} - \frac{1}{1.4M_B}\right) > 0$$

であり、

$$\frac{1}{M_A} - \frac{1}{1.4M_B} > 0$$

つまり、$M_A < 1.4M_B$ となる。

3：分圧とは、体積と温度を一定にしたまま成分気体が単独で示す圧力であり、気体Aと気体Bの分圧とは、仮想的に次のような状態を考えたときの圧力である。

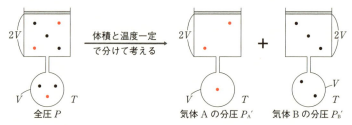

このように分けて考えると V, T 一定なので、$PV = nRT$ は、

$$P = \underline{\frac{RT}{V}} \times n = k(定数) \times n$$
　　　　一定

となり、圧力と物質量が比例関係となる。よって、圧力比＝物質量比　となる。また、物質量に関して　全物質量＝Aの物質量＋Bの物質量　なので両辺に k をかけると、$P = P_A' + P_B'$ のように分圧の和が全圧となる。

連結管やコック部分の体積は無視できるので全体積は $2V + V = 3V$ で、Aの物質量が $\frac{w}{M_A}$〔mol〕、Bの物質量が $\frac{w}{M_B}$〔mol〕であることから、理想気体の状態方程式より、

$$\begin{cases} 気体A：P_A' \times 3V = \frac{w}{M_A}RT \\ 気体B：P_B' \times 3V = \frac{w}{M_B}RT \end{cases}$$

が成立し、$P_A' = \frac{wRT}{3VM_A}$, $P_B' = \frac{wRT}{3VM_B}$ となる。

4 ：全圧は分圧の和になるので，

$$P=P_A{}'+P_B{}'=\frac{wRT}{3VM_A}+\frac{wRT}{3VM_B}=\frac{wRT}{3V}\left(\frac{1}{M_A}+\frac{1}{M_B}\right)$$

状態(c) 物質量と圧力が一定なので，$PV=nRT$ は，

$$V=\underset{\text{一定}}{\underline{\frac{nR}{P}}}\times T=k\,(\text{定数})\times T$$

となり，体積と絶対温度は比例関係となる。

よって，体積が $3V$ からもとの $V+1.4V=2.4V$ になるには，絶対温度も $\dfrac{2.4V}{3V}=\dfrac{4}{5}$ 倍にならなくてはならないため，$\dfrac{4}{5}T\,[\text{K}]$ になる。

状態(d) V，T 一定条件では，$PV=nRT$ は，

$$P=\underset{\text{一定}}{\underline{\frac{RT}{V}}}\times n=k\,(\text{定数})\times n$$

となり，圧力と物質量が比例関係になる。

よって，圧力が1.75倍ということは，物質量が1.75倍ということになる。

$$\underset{\substack{\text{気体Aの mol}\\\text{状態(a)の容器 I}}}{\left.\frac{w}{M_A}\right|}\times\underset{=\frac{7}{4}}{1.75}=\underset{\substack{\text{気体Bの mol}\\\text{状態(d)の容器 I}}}{\left.\frac{2w}{M_B}\right|}$$

よって，$M_A:M_B=7:8$ となり，与えられた原子量から考えると，気体 A$=N_2$（分子量28），気体 B$=O_2$（分子量32）があてはまる。

第1章　理論化学　　39

標問 15 理想気体の定量的なとり扱い(2)

答 〔Ⅰ〕 一酸化炭素の分圧：1.40×10^5 Pa　　酸素の分圧：1.10×10^5 Pa
〔Ⅱ〕 問1　$x:2$　$y:\dfrac{1}{2}$　問2　1.6×10^{-3} mol　問3　6.3×10^4 Pa

精講　まずは問題テーマをとらえる

■**気体反応における変化量の計算**　一般に化学反応式を使って変化量を計算するには，物質量を求める。ただし気体反応の場合，$PV=nRT$ を使うことが多くなると計算が面倒なので，分圧（V, T 一定で気体を分ける）や成分気体の体積（P, T 一定で気体を分ける）を利用すると計算が楽になることが多い。圧力や体積が物質量に比例するので，化学反応式の係数を使って変化量が計算できる。

> **Point 13**　気体反応における変化量計算では，分圧や成分気体の体積をうまく使う。

標問 15 の解説

〔Ⅰ〕 圧力 2.50×10^5 Pa，温度 27 ℃ が一定なので，体積で分けることを考えてみる。

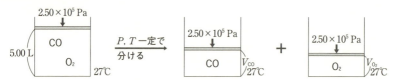

V_{CO} や V_{O_2} をそれぞれの成分気体の体積という。P, T 一定なので体積 V と物質量 n は比例関係で，5.00 L : V_{CO} : V_{O_2} ＝全物質量 : CO の物質量 : O₂ の物質量　となる。
また，全物質量 ＝ CO の物質量 ＋ O₂ の物質量 なので，
　　全体積 5.00 L＝V_{CO}＋V_{O_2}
となり，V_{O_2}＝5.00－V_{CO} と表せる。ここで起こった化学反応式は，
　　2CO ＋ O₂ ⟶ 2CO₂
と表せる。CO 2 mol と O₂ 1 mol が消費され CO₂ 2 mol が生じるという意味であるが，P, T 一定条件では物質量と体積が比例関係になるので，27 ℃，2.50×10^5 Pa のもとで 2 L の CO と 1 L の O₂ が消費され 2 L の CO₂ が生じると考えてもさしつかえない。

	2CO ＋	O₂ ⟶	2CO₂
反応前	V_{CO}	5.00－V_{CO}	0
変化量	－V_{CO}	－$\dfrac{1}{2}V_{CO}$	＋V_{CO}
反応後	0	5.00－$\dfrac{3}{2}V_{CO}$	V_{CO}

（単位は L（27 ℃，2.50×10^5 Pa のもと））

よって，反応後の O₂ の成分気体の体積は $5.00-\dfrac{3}{2}V_{CO}$ 〔L〕，CO₂ は V_{CO} 〔L〕となる。

反応後の全体積は 3.60 L なので,

$$3.60 = 5.00 - \frac{3}{2}V_{CO} + V_{CO} \quad \text{よって,} \quad V_{CO} = 2.80 \text{ [L]}$$

したがって, $V_{O_2} = 5.00 - V_{CO} = 5.00 - 2.80 = 2.20$ [L]
となる。そこで反応前は,

CO の物質量 : O_2 の物質量 $= V_{CO} : V_{O_2} = 2.80 : 2.20 = 14 : 11$

であったとわかる。次に分圧は V, T 一定で成分気体に分けて, それぞれの成分気体が単独で示す圧力のことであったが, これもまた物質量に比例するのであった。

よって, CO の分圧 = 全圧 × $\dfrac{\text{CO の物質量}}{\text{全物質量}}$ = 2.50×10^5 [Pa] × $\dfrac{14}{14+11}$ = 1.40×10^5 [Pa]

O_2 の分圧 = 全圧 × $\dfrac{O_2 \text{ の物質量}}{\text{全物質量}}$ = 2.50×10^5 [Pa] × $\dfrac{11}{14+11}$ = 1.10×10^5 [Pa]

〔Ⅱ〕 **問1** 化学反応式の左右の各元素の原子数は同じだから,

炭素 C : $4 = 1 + x + 2y$　　水素 H : $10 = 4x + 4y$　　➡　$x = 2, \ y = \dfrac{1}{2}$

問2 理想気体の状態方程式より,

$$n = \frac{PV}{RT} = \frac{0.105 \times 10^5 \times 0.500}{8.31 \times 10^3 \times (127+273)} ≒ 1.6 \times 10^{-3} \text{ [mol]}$$

問3 分圧で変化量計算をするために, 仮に 127 ℃ のまま反応し, その後, 527 ℃ になったとする。127 ℃ で反応したとすると, 分圧は次のように変化する。

	$C_2H_5OC_2H_5$ ⟶	CO	+	$2CH_4$	+	$\frac{1}{2}C_2H_4$	
最初の分圧	0.105	0		0		0	(×10⁵ Pa)
変化した分圧	$-0.105 \times \dfrac{4}{5}$	$+0.105 \times \dfrac{4}{5}$		$+0.105 \times \dfrac{8}{5}$		$+0.105 \times \dfrac{2}{5}$	← $1:1:2:\dfrac{1}{2}$ で変化する
残った分圧	$0.105 \times \dfrac{1}{5}$	$0.105 \times \dfrac{4}{5}$		$0.105 \times \dfrac{8}{5}$		$0.105 \times \dfrac{2}{5}$	

（最初の5分の1が残る）

よって全圧は, $\left(0.105 \times \dfrac{1}{5} + 0.105 \times \dfrac{4}{5} + 0.105 \times \dfrac{8}{5} + 0.105 \times \dfrac{2}{5}\right) \times 10^5 = 0.315 \times 10^5$ [Pa]

となる。これを 527 ℃ にすると, 圧力は絶対温度に比例するから, ← $P = \dfrac{nR}{V} \times T = kT$（一定）

$$\text{全圧 } P = 0.315 \times 10^5 \underset{\text{Pa (127℃)}}{} \times \underset{\text{Pa (527℃)}}{\dfrac{527+273 \text{ [K]}}{127+273 \text{ [K]}}} = 6.3 \times 10^4 \text{ [Pa]}$$

標問 16 気体の分子量測定実験

答　問1　必要な導入量：1.2 mL　　理由：ⓒ　　問2　130
　　　問3　ア：液体　　イ：小さく　　ウ：$\dfrac{P_m V M_A}{1000 RT}$

精講　まずは問題テーマをとらえる

■理想気体の状態方程式の変形式

理想気体の状態方程式 $PV=nRT$ は次のように変形することができる。

$PV=nRT$

$\Leftrightarrow PV=\left(\dfrac{w}{M}\right)RT$　←物質量 $n=\dfrac{質量\ w}{分子量\ M}$

$\Leftrightarrow M=\dfrac{wRT}{PV}$

$\Leftrightarrow M=d\times\dfrac{RT}{P}$　←気体の密度 $d=\dfrac{質量\ w}{体積\ V}$

問題によっては，$M=\dfrac{wRT}{PV}$ や $M=d\times\dfrac{RT}{P}$ を使うこともあるので，これらの形にも慣れるようにすることが大切である。

> **Point 14**　気体は，ある圧力，温度のもとでの体積と質量または密度がわかれば，分子量が求められる。

標問 16 の解説

問題の実験を図にすると次のようになる。もちろん●の分子量を $PV=nRT$ を使って求めることが目的なので④に $M=\dfrac{wRT}{PV}$ を適用すればよい。

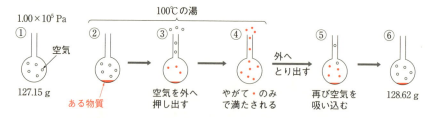

④では $V=\dfrac{350}{1000}$〔L〕，$T=100+273=373$〔K〕，P は外圧とつり合うまで蒸気の吹き出しは止まらないので，最終的には大気圧と同じ 1.00×10^5 Pa である。

ところが質量が不明である。そこで外へ再びとり出している。当然再び液体になるが代わりに外から空気を内圧が 1.00×10^5 Pa になるまで吸い込む。蒸気圧を無視してよいのであれば⑥のようにすべて液体になったと考えてよい。

問1 ④で・の気体のみで満たされるためには②で入れる量がある値以上でなければならない。表からわかるように，この値が 1.2 mL である。

問2 ①と⑥の質量の差は ━ の有無による。よって，

$$\text{④での・の質量} = 128.62 - 127.15 = 1.47 \text{ [g]}$$

となる。したがって，

$$M = \frac{wRT}{PV} = \frac{1.47 \times 8.31 \times 10^3 \times 373}{1.00 \times 10^5 \times \frac{350}{1000}} \fallingdotseq 130$$

また，このとき⑥で凝縮して生じた液滴の体積に相当する体積の空気が①より少ないが，この程度の体積の空気の質量は無視してかまわない。

もともと②で加えた液体が 1.2 mL であり，④で外に出ていった分も考えると⑥の液滴の体積はどう見積もっても 1.2 mL より少ない体積だと考えられるからである。

問3 蒸気圧を考えなくてはならない場合は，⑥の状態が分圧で考えると次のようになっている。蒸気圧と空気分圧の和が全圧とつり合っているのである。

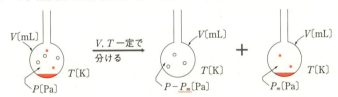

つまり，すべて・が液体ア になったと仮定したときと異なり，蒸気圧 P_m の分だけ空気が押し出されたことと同じであり，この分，質量は小さくイ なっている。この押し出された分の空気の質量を補正しないと正確な・の質量は①との差から求められない。

この押し出された空気は分圧 P_m [Pa]，体積 $\dfrac{V}{1000}$ [L]，温度 T [K] の蒸気と同じ物質量であり，その質量 w_A [g] は次のように表せる。

$$w_A = \underbrace{\frac{P_m \times \dfrac{V}{1000}}{RT}}_{\text{mol(蒸気)=mol(空気)}} \times \underbrace{M_A}_{\text{g(空気)}} = \frac{P_m V M_A}{1000 RT}_{\text{ウ}}$$

そこで，正確には，問2で用いた 1.47 g に本来入ってくるはずだったのに，入ってこないと考えてしまった空気の質量 w_A を加えた値を④での蒸気の質量としなければならない。特に，蒸気圧の値が高い物質はこの補正をしないと，実験によって求めた分子量の値はかなり誤差が大きくなってしまうのである。

| 標問 | 17 | 理想気体と実在気体 |

答

問1　低圧では分子自身の体積より分子間力の効果が強く作用し，同じ条件の理想気体より体積が小さくなるから。(49字)

問2　高圧では分子間力より分子自身の体積の効果が強く作用し，同じ条件の理想気体より体積が大きくなるから。(49字)

問3　7.0×10^{-3} mm

精講　まずは問題テーマをとらえる

■理想気体と実在気体

理想気体とは，分子自身の体積と分子間力を無視し，気体分子を単なる質量をもった点と考えた気体である。

当然，実在する気体はいかに小さいとはいえ，それらを無視することはできない。しかし，高温・低圧条件では，分子間の距離も大きく，また熱運動も激しいので，分子自身の体積や分子間力を無視できるため理想気体とみなすことができる。ふつう，このような条件で我々は $PV = nRT$ を使用しているのである。

Point 15　理想気体と実在気体の違い

	分子自身の体積	分子間力	$PV = nRT$
理想気体	なし	なし	成立
実在気体	あり	あり	高温，低圧では，ほぼ成立

標問 17 の解説

問1，2　ある圧力 P，温度 T のもとでの実在気体の体積 $V_{実}$ が，同じ条件下で理想気体としたときの体積 $V_{理}$ に対し，分子自身の体積（v とする），分子間力（f とする）の効果をどう反映するか考えてみよう。ここで物質量は n とする。

まず，$P \cdot V_{理} = nRT$ となり，

$$\frac{P \cdot V_{理}}{nRT} = 1 \quad \cdots ①$$

と表せる。問題文中のパラメーター Z は，$Z = \dfrac{P \cdot V_{実}}{nRT}$ のことであるが，①式を使って次のように変形できる。

$$Z = \frac{Z}{1} = \frac{\dfrac{P \cdot V_{実}}{nRT}}{\dfrac{P \cdot V_{理}}{nRT}} = \frac{V_{実}}{V_{理}}$$

つまり,「$V_実$ が $V_理$ のZ倍である」という意味をもつ。
次に,分子自身の体積vや分子間力fの効果について考えよう。

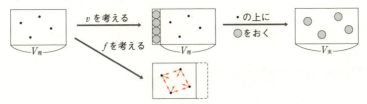

上図からわかるように,vの効果によって体積は大きくなり,fの効果によって小さくなるのである。どちらの効果が上回るかによって全体として体積が大きくなるか小さくなるかが決まる。つまり図2のグラフでは次のようなことがいえる。

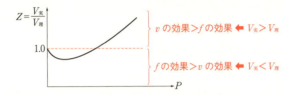

これを50字程度でまとめればよい。

問3

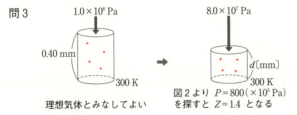

最初の体積を $0.40\,S$ [L] とし,O_2 の物質量を n [mol] とすると,1.0×10^6 Pa のときは理想気体とみなしてよいので $Z=1$ だから,

$$\frac{1.0\times10^6\times0.40S}{n\times R\times300}=1 \quad\cdots②$$

8.0×10^7 Pa のときは体積は dS [L] となり,$Z=1.4$ なので,

$$\frac{8.0\times10^7\times dS}{n\times R\times300}=1.4 \quad\cdots③$$

となる。②式,③式より,
$$d=7.0\times10^{-3}\text{ [mm]}$$

標問 18 ファンデルワールスの状態方程式

答 問1 ④　問2 ④　問3 $a\left(\dfrac{n}{V}\right)^2$

精講　まずは問題テーマをとらえる

■ファンデルワールスの実在気体の状態方程式

圧力 P, 体積 V, 物質量 n, 絶対温度 T の実在気体に関して, 次の式が成立する。これを**ファンデルワールスの実在気体の状態方程式**という。

$$\left\{P+a\left(\dfrac{n}{V}\right)^2\right\}(V-nb)=nRT$$

ここで a, b は気体によって異なる定数である。

この式を理想気体の状態方程式から導出する。

$$P_{理}\cdot V_{理}=nRT \quad \cdots ⓪$$

理想気体に比べて実在気体の圧力は,分子間力が作用する分低下している[※1]。

$$P=P_{理}-\Delta P \quad \cdots ①$$

圧力の低下量 ΔP は 2 分子の出会う確率と分子間力の強さに比例すると考える。特定の場所に分子がいる確率は,単位体積あたりの分子数 $\left(\dfrac{n}{V}\right)$ に比例するので, 2 分子が出会う確率は $\left(\dfrac{n}{V}\right)^2$ に比例すると考える。分子間力の強さも含めて比例定数を a とすると,

$$\Delta P=a\left(\dfrac{n}{V}\right)^2$$

と表すことができる。

次に体積は, 理想気体に比べて実在気体は分子そのものの体積の分増加している[※2]。

$$V=V_{理}+\Delta V \quad \cdots ②$$

分子 1 mol の体積を b とすると, $\Delta V=nb$ となる。
そこで①式, ②式より,

$$\begin{cases} P_{理}=P+\Delta P=P+a\left(\dfrac{n}{V}\right)^2 \\ V_{理}=V-\Delta V=V-nb \end{cases}$$

となり, ⓪式の $P_{理}\cdot V_{理}=nRT$ に代入するとファンデルワールスの実在気体の状態方程式が得られる。

※1 圧力

分子間力(➡)により圧力が低下する。

※2 体積

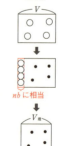

nb に相当

V は $V_{理}$ より nb だけ大きい。

標問 18 の解説

問1　理想気体の状態方程式(1)式とファンデルワールスの状態式(2)式を見比べると，

$$\begin{cases} P_\text{理} = P_\text{実} + \dfrac{a}{V_\text{実}^2} & \cdots① \\ V_\text{理} = V_\text{実} - b & \cdots② \end{cases}$$

①式より，$P_\text{理} > P_\text{実}$，②式より，$V_\text{実} > V_\text{理}$ なので，④が正しい。

　もちろん，問題文で与えられた式からでなく，実在気体と理想気体のちがいから次のように考えてもよい。

　気体の体積 V は，気体分子が運動する空間の大きさを表す。実在気体は分子自身の体積（b に相当）の分だけ理想気体としたときより体積が大きい。

　よって，$V_\text{実} > V_\text{理}$

　気体の圧力 P は，分子が容器の壁面に衝突したときに及ぼす単位面積あたりの力である。実在気体は分子間力（a に相当）が作用し，衝突したときの力が弱くなる。

　よって，$P_\text{実} < P_\text{理}$

問2　高温にすると，分子の熱運動が激しくなる。低圧にすると，分子の密度が小さ
単位体積あたりの分子数
　くなり，分子間距離は大きくなる。

　そこで高温，低圧条件では，分子間力や分子自身の体積の影響が無視できるため，実在気体は理想気体に近づく。

　よって，④が正しい。

問3　分子間力は，分子の密度が大きくなると強く働く。体積 V，物質量 1 mol のときの分子の密度は $\dfrac{1}{V}$ となり，物質量 n〔mol〕のときは $\dfrac{n}{V}$ となる。

　よって，$a \cdot \dfrac{1}{V^2} = a\left(\dfrac{1}{V}\right)^2$ の $\dfrac{1}{V}$ を $\dfrac{n}{V}$ に変更すればよいので，　ア　には $a\left(\dfrac{n}{V}\right)^2$ が入る。

第 1 章　理論化学　　47

標問 19 蒸気圧(1)

答 問1 3.9×10^5 Pa 問2 1.3×10^5 Pa

精講 まずは問題テーマをとらえる

■蒸気圧の値を使った状態の判定

　ある温度における蒸気圧の値は，その気体が示すことのできる圧力（混合気体のときは分圧）の最大値である。

　例えば，右のような外圧の影響を受けない体積 V_0〔L〕の容器があり，そこに揮発性の液体物質Aのみが n〔mol〕入っているとし，温度を T〔K〕，Aの T〔K〕での蒸気圧の値を P_V〔Pa〕とする。このとき圧力計の示す値 P_A を求めてみる。

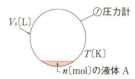

　まず，最終的な容器内の状態がわからないので，これらがすべて気体になると仮定し，圧力 P_{if} を求めると状態方程式より次式のようになる。

$$P_{if} = \frac{nRT}{V_0} \quad \cdots ①$$

　ただし，T〔K〕では P_V〔Pa〕より大きな圧力の気体は存在しないので，P_{if} と P_V を比較することで，最終的には次の3つの状況のいずれかであることがわかる。

$P_{if} > P_V$ の場合	$P_{if} = P_V$ の場合	$P_{if} < P_V$ の場合
$P_A = P_V$	$P_A = P_{if} = P_V$	$P_A = P_{if}$
一部は液体として残り，気液共存。$P_A = P_V$	凝縮寸前だがすべて気体。$P_A = P_V = P_{if}$	すべて気体。$P_A = P_{if}$

Point 16 系内の状態がわからないときは，すべて気体と仮定し，蒸気圧の値と比較せよ。

標問 19 の解説

　液体窒素の沸点が 1.0×10^5 Pa の外圧のもとで -196 ℃ であるということは，-196 ℃ つまり 77 K の窒素の蒸気圧が 1.0×10^5 Pa であるという意味でもある。

問1　封入する気体の窒素の圧力を 300 K で P〔Pa〕とし，問題文を図に示すと次ページのようになる。

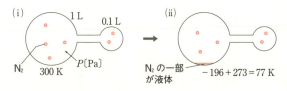

77 K で仮にすべて気体であると仮定し，圧力を P_{if} とする。
体積 $V(=1.1\,\mathrm{L})$ と物質量は変化しないので $PV=nRT$ より，

$$P = \underbrace{\frac{nR}{V}}_{一定} \cdot T = k \cdot T$$

となり，圧力と絶対温度は比例する。よって，

$$P_{if} = P \times \frac{77\,[\mathrm{K}]}{300\,[\mathrm{K}]}$$

次に $P_{if} > 77\,\mathrm{K}$ の窒素の蒸気圧 $(1.0\times10^5\,\mathrm{Pa})$ になれば(ii)の状態で液体が生じるから，

$$P \times \frac{77}{300} > 1.0\times10^5$$

よって，$P > 3.9\times10^5\,[\mathrm{Pa}]$ の条件を満たせばよい。

問2 封入する気体の窒素の圧力を 300 K で $P\,[\mathrm{Pa}]$ とする。

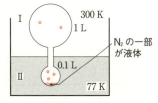

右図のようにすると，ⅠとⅡは温度差こそあるものの，つながっているので圧力が同じになるまで N_2 は移動する。

今，N_2 分子がすべて気体で存在すると仮定し，圧力を P_{if}' とする。またⅠ内の N_2 分子が $x\,[\mathrm{mol}]$，Ⅱ内の N_2 分子が $y\,[\mathrm{mol}]$ とすると，$PV=nRT$ より，

$$\begin{cases} 容器Ⅰ : x = \dfrac{P_{if}' \times 1}{R \times 300} & \cdots ① \\[4pt] 容器Ⅱ : y = \dfrac{P_{if}' \times 0.1}{R \times 77} & \cdots ② \end{cases}$$

また，x と y の和ははじめの N_2 の物質量に相当するので $PV=nRT$ より，

$$x+y = \frac{P \times (1+0.1)}{R \times 300} \quad \cdots ③$$

③式に①式と②式を代入すると，

$$\frac{P_{if}' \times 1}{300R} + \frac{P_{if}' \times 0.1}{77R} = \frac{P \times 1.1}{300R} \qquad よって，P_{if}' = \frac{847}{1070}P$$

次に，液体が生じるためには，$P_{if}' > 1.0\times10^5\,[\mathrm{Pa}]$ でなければならないので，

$$\frac{847}{1070}P > 1.0\times10^5$$

よって，$P > 1.3\times10^5\,[\mathrm{Pa}]$ の条件を満たせばよい。

| 標問 20 | 蒸気圧(2) |

答	問1 1.1×10^{-1} mol 問2 ⓓ
	問3 分圧：8.3×10^4 Pa 体積：2.9 L 問4 8.7×10^{-2} mol

精講 まずは問題テーマをとらえる

凝縮しにくい気体と凝縮しやすい気体が混合している場合は，加圧や温度低下によ
（例えば N_2 や O_2）　（例えば H_2O やジエチルエーテル）
って一方が凝縮しても，気相が残るため気液平衡となる。

そこで，上図②を体積 V，温度 T 一定で成分気体に分けて分圧を考えると，H_2O（気）の分圧は温度 T_2 での（飽和）蒸気圧に一致する。

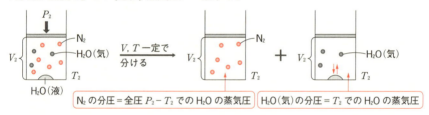

Point 17
凝縮しても気相が存在する場合は，一部蒸発し，気液平衡となる。

標問 20 の解説

問1　ジエチルエーテルと N_2 がそれぞれ n 〔mol〕ずつあるとすると，理想気体の状態方程式より，

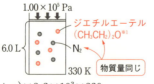

※1　ジエチルエーテルの構造式

$1.00\times10^5\times6.0=(n+n)\times8.3\times10^3\times330$

よって，$n=0.109\cdots\fallingdotseq1.1\times10^{-1}$ 〔mol〕

問2　ジエチルエーテルがすべて気体としたときの分圧を P_{if} とすると，ジエチルエーテルと N_2 の物質量比が $1:1$ なので，

$$P_{if} = \underbrace{1.00 \times 10^5}_{\text{全圧}} \times \underbrace{\frac{n}{n+n}}_{\text{モル分率}} = 5.00 \times 10^4 \text{ [Pa]}$$

ジエチルエーテルの分圧は蒸気圧曲線より 290 K で蒸気圧の値と一致する。290 K 以下では，一部凝縮し，気液平衡となり，蒸気圧曲線にそって変化する。そこで ⓓ の 284 K では液体が存在する。

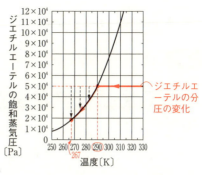

問3 267 K ではジエチルエーテルは気液平衡であり，分圧は飽和蒸気圧と一致する。

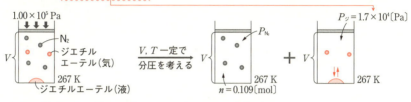

窒素の分圧 $P_{N_2} = \underbrace{1.00 \times 10^5}_{\text{全圧}} - \underbrace{1.7 \times 10^4}_{\text{ジエチルエーテルの分圧}} = 8.3 \times 10^4$ [Pa]

窒素の物質量は問1より $n = 0.109$ [mol] なので，理想気体の状態方程式より，

$$V = \frac{nRT}{P_{N_2}} = \frac{0.109 \times 8.3 \times 10^3 \times 267}{8.3 \times 10^4} = 2.91\cdots ≒ 2.9 \text{ [L]}$$

問4 気相に存在するジエチルエーテルの物質量を $n_{ジ,気}$，凝縮して液体として存在するジエチルエーテルの物質量を $n_{ジ,液}$ とすると，問1より次式が成立する。

$$n_{ジ,気} + n_{ジ,液} = n = 0.109 \text{ [mol]} \quad \cdots ①$$

$n_{ジ,気}$ は (2.91 L, 267 K, 1.7×10^4 Pa) の気体の物質量に一致するので，状態方程式より，

$$n_{ジ,気} = \frac{1.7 \times 10^4 \times 2.91}{8.3 \times 10^3 \times 267} ≒ 0.0223 \text{ [mol]}$$

①より，$n_{ジ,液} = 0.109 - 0.0223 ≒ 8.7 \times 10^{-2}$ [mol]

別解 仮に 2.91 L, 267 K でジエチルエーテルがすべて気体として存在すると，N_2 と同じ物質量なので，その分圧 P_{if}' は N_2 の分圧に等しい。

よって，$P_{if}' = P_{N_2} = 8.3 \times 10^4$ [Pa]

V, T 一定[※2]では物質量の比は分圧の比に等しいので，$P_ジ = 1.7 \times 10^4$ [Pa] だけ残して，$P_{if}' - P_ジ$ の分圧に相当するジエチルエーテルが凝縮し，気体から液体になる。問1よりジエチルエーテルは全部で 0.109 mol あったので，求める値は，

$$0.109 \text{ [mol]} \times \underbrace{\frac{8.3 \times 10^4 - 1.7 \times 10^4}{8.3 \times 10^4}}_{\text{分圧比＝物質量比}} \begin{array}{l} \leftarrow P_{if}' - P_ジ \text{ に相当} \\ \leftarrow P_{if}' \text{ に相当} \end{array} ≒ 8.7 \times 10^{-2} \text{ [mol]}$$

※2 別解のように解くときは，凝縮前後で V, T 一定でなくてはならないことに注意すること。

第1章　理論化学　51

標問 21 状態図とそのとり扱い方

答　問1 ④　問2 ④　問3 ⑤　問4 ⑤　問5 ⑤

精講　まずは問題テーマをとらえる

■ 状態図

物質はおかれた環境の温度や圧力によって粒子間の距離や粒子の熱運動の激しさが決まり状態が決まる。温度や圧力を変え，どの状態をとるのか表した図を**状態図**という。

例えば，二酸化炭素の状態図は右のようになる。大気圧が $1×10^5$ Pa 程度であるため，液体の二酸化炭素をふつう見かけることは少ないが，液体も存在する。また，境界線上は2つの状態の平衡状態になっていて点Oは三重点とよばれ，三態が共存した点である。

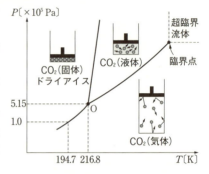

臨界点よりも温度と圧力が高い領域(超臨界状態)では気体と液体が区別できない超臨界流体となる。

> **Point 18**　物質は温度と圧力によって状態が決まり，さらに物質量が決まると体積が決まる。

標問 21 の解説

水の状態図は固体と液体の境界線が左上がりになっている。これは氷を温度一定のもとで加圧すると液体の水になることを意味する。

氷の結晶中では，H_2O 分子は水素結合による4配位のすきまの多い構造をとり，液体になると，この構造の一部が崩れ，すきまが埋まり体積が減るからである。

問1　三重点は固体，液体，気体の3つの状態が共存する。よって，④が正しい。

問2　温度一定のもとで氷を加圧すると液体の水になる。氷も液体の水も状態変化が起こらなければ圧力による体積変化は小さい。ただし，状態変化を起こす最中は，すきまの多い構造が崩れるため体積は減少する。よって，④が正しい。

問3　温度一定のもとで気体の水を加圧して，体積がどう変化するか問われている。
$PV = nRT$ において，n, T 一定の場合，

$$V = \frac{\overbrace{nRT}^{一定}}{P} = \frac{k}{P}$$

となり，反比例の関係になる。ただし，c→dよりe→fのほうが高温なのでkの値が大きくなり，㋔が正しいということになる。

問4 定圧のもとで液体の水を加熱し気体にする変化である。沸騰している最中は，加熱をしても分子間の距離を大きくするのにエネルギーが使われるため，温度は一定である。液体の水の体積は，温度によってあまり変化しないが，気体の水は $PV=nRT$ により，P, n 一定なので，$V = \boxed{\dfrac{nR}{P}}_{一定} \cdot T = kT$ と表せ，体積は絶対温度と比例関係となる。図に示すと次のようになり，㋔が正しい。

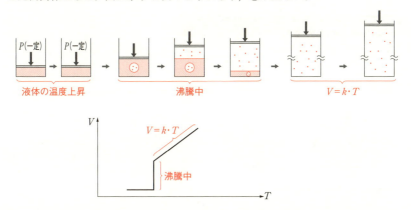

問5 定圧のもとで氷を加熱し液体の水にしていく変化である。氷や液体の水に一定の割合で熱量を与えていくと，比熱がほぼ一定であるとすれば，質量が一定なので温度も一定の割合で上がっていく。

ただし，融解する最中は，与えられた熱量が氷の結晶中の分子間水素結合の一部を断ち切っていくのに利用されるため，温度は一定である。標準大気圧1気圧（≒$1.013×10^5$ Pa）では氷の融点は0℃である。よって，㋒が正しい。

標問 22 水蒸気蒸留

答
問1 $\dfrac{p-p_W}{p_W}$

問2 $\dfrac{p_0}{p_W} \cdot \dfrac{M_0}{M_W}$

問3 85℃

問4 0.28 g（計算過程は解説参照）

精講 まずは問題テーマをとらえる

■水蒸気蒸留
　水と混ざりにくい物質は，水蒸気を吹き込むことで，大気圧のもと100℃以下で蒸留することができる。

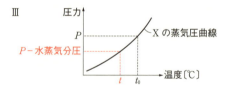

　例えば，有機化合物Xを沸騰させるには，Ⅰの図からわかるように大気圧Pと同じ圧力Pの気泡を液体内部に生じさせる必要があるため，Xの蒸気圧の値がPとなる温度 (t_0〔℃〕とする) が沸点となる。
　ところが，ここに水蒸気を送り込むと，Ⅱの図からわかるように水蒸気と気体Xの混合気体が圧力Pとなれば気泡は押しつぶされることはない。よって，水蒸気の分圧とXの蒸気圧の和がPとなる温度，つまり，

　　Xの蒸気圧＝P－水蒸気分圧

となる温度 (t〔℃〕とする) で沸騰させることができる。$t < t_0$ であるため，より低い温度で蒸留することができるのである。

Point 19 沸騰中に液体内部に生じる気泡内の圧力は，外圧に等しい。

標問 22 の解説

問1 生じる気泡は有機化合物の蒸気と水蒸気の混合気体であり，分圧の和が全圧とつり合っている。

$$p = p_0 + p_w \quad \cdots(1)$$

また，分圧は物質量に比例するので，

$$n_0 : n_w = p_0 : p_w$$

となる。これらが冷却器内で冷却されて液体になっても物質量は変化しないので，留出液中での物質量比は，

$$\frac{n_0}{n_w} = \frac{p_0}{p_w}$$

である。(1)式を利用すると，

$$\frac{n_0}{n_w} = \frac{p - p_w}{p_w} \quad \cdots(2)$$

となる。

問2 物質量 $n \times$ 分子量 $M =$ 質量 W　であるので，

$$\frac{W_0}{W_w} = \frac{n_0 M_0}{n_w M_w} = \frac{n_0}{n_w} \cdot \frac{M_0}{M_w} = \frac{p_0}{p_w} \cdot \frac{M_0}{M_w} \quad \cdots(3)$$

$\frac{p_0}{p_w}$ と同じ

と表せる。

問3 トルエンの蒸気圧＋水蒸気圧＝外圧 (760 mmHg)　となる温度を図2の蒸気圧曲線から探す。85℃ 付近でトルエンの蒸気圧が 310 mmHg，水の蒸気圧が450 mmHg 程度になるので，このあたりで沸騰すると考えられる。

問4 問2の式に問3のデータ，それぞれの分子量を代入すると，

$$\frac{W_0}{W_w} = \frac{310 \,(\text{mmHg})}{450 \,(\text{mmHg})} \times \frac{92 \,(\text{g/mol})}{18 \,(\text{g/mol})}$$

$$\fallingdotseq 3.52$$

$W_0 = 1.0 \,(\text{g})$ を代入すると，

$$W_w = \frac{1.0}{3.52}$$

$$\fallingdotseq 0.28 \,(\text{g})$$

第1章　理論化学　　55

標問	23	分留

答
問1　㋒, ㋔
問2　熱量 M：6.9×10^3 J/分　エタノールのモル比熱：1.1×10^2 J/(mol·K)
問3　0.75倍　　問4　0.32　　問5　3回, 補助線は解説参照

標問 23 の解説

〔Ⅰ〕問1　㋐　エタノール-水の混合物は, 純粋なエタノールより高い温度で沸騰する。区間Aは混合物の沸騰領域で温度が変化している。正しい。

㋑　エタノールは水より蒸発しやすい。沸騰中に生じる気泡は, はじめはエタノールの割合が大きく, 徐々に水の割合が大きくなっていく。正しい。

㋒　沸騰中は, 液体から気体へと分子間を引き離すのにエネルギーが用いられるので, 熱量が温度上昇のみに使われるわけではない。誤り。

㋓　気体として系から逃げるのは最初はエタノールが多いので, 溶液中は水のモル分率が増加していく。正しい。

㋔　沸騰中に生じる気泡の全圧は大気圧に等しいが, エタノールや水のモル分率※1 が変化していくので, 気泡のエタノール分圧と水蒸気分圧の比は一定にならない。誤り。

問2　図1より, 水207 g を5分間加熱すると, 0℃ (273 K) から 40℃ (313 K) へと 40 K 温度が上昇している。※2

$$M \times 5 = 75.3 \times \frac{207\text{ g}}{18\text{ g/mol}} \times 40$$

（$M \times 5$：5分間に加えた熱量 [J], M：J/分, 5：分）
（75.3：H₂Oのモル比熱 J/(mol·K), $\frac{207}{18}$：mol (H₂O), 40：K, J/K, J）

よって, $M = 6.92 \times 10^3 \fallingdotseq 6.9 \times 10^3$ [J/分]

図1より, エタノール C_2H_5OH 207 g を5分間加熱すると, 0℃ (273 K) から 70℃ (343 K) へと 70 K 温度が上昇している。※2 エタノールのモル比熱を c [J/(mol·K)] とすると,

$$75.3 \times \frac{207}{18} \times 40 = c \times \frac{207\text{ g}}{46\text{ g/mol}} \times 70$$

（左辺：5分間で水207 g が吸収した熱量 [J]）
（右辺：5分間でエタノール207 g が吸収した熱量 [J]; c：モル比熱, $\frac{207}{46}$：mol (エタノール), 70：K）

よって, $c \fallingdotseq 1.1 \times 10^2$ [J/(mol·K)]※3

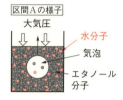

区間Aの様子
大気圧
水分子
気泡
エタノール分子

※1
エタノールのモル分率
$$x_{エタノール} = \frac{n_{エタノール}}{n_{エタノール} + n_{H_2O}}$$

水のモル分率
$$x_{H_2O} = \frac{n_{H_2O}}{n_{エタノール} + n_{H_2O}}$$

エタノールの分圧
$$P_{エタノール} = P_{大気圧} \times x_{エタノール}$$

H₂Oの分圧
$$P_{H_2O} = P_{大気圧} \times x_{H_2O}$$

※2
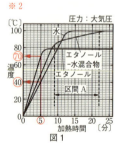
図1

※3　$M \times 5 = c \times \frac{207}{46} \times 70$
に $M = 6.92 \times 10^3$ を代入して c を求めてもよい。
$c \fallingdotseq 1.1 \times 10^2$ [J/(mol·K)]

〔Ⅱ〕 問3 下線部の説明にあるように図2より，87℃で気液平衡状態にある気体中のエタノールのモル分率は 0.43 と読みとれる。

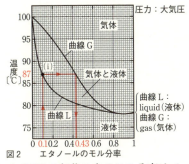

図2

エタノールのモル分率＝0.1 の液体
↓
87℃で沸騰
↓
このとき共存する 87℃ の気体
↓
エタノールのモル分率＝0.43

この 87℃ の気体の水のモル分率は $1-0.43=0.57$ ※4
となるから，全圧（大気圧）を $P_{全}$ とすると，

$$\frac{エタノールの分圧}{水（蒸気）の分圧}=\frac{P_{全}×0.43}{P_{全}×0.57}≒0.75$$

全圧　モル分率

※4　$x_{エタノール}+x_{H_2O}=1$
モル分率の和

問4

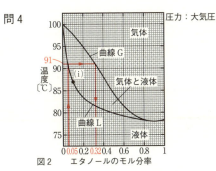

図2

図2より，
エタノールのモル分率＝0.05 の液体
↓曲線L
91℃で沸騰
↓
このとき共存する 91℃ の気体
↓曲線G
エタノールのモル分率＝0.32
と読みとれる。

問5　エタノール-水混合物を沸騰させて，生じた気体を凝縮する。これを繰り返して得られる混合物中のエタノールのモル分率が 0.66 を超える回数を図2から読みとる※5

1回目	問4の結果より，エタノールのモル分率が 0.32 の混合物が得られる。
2回目	1回目で得られた混合物は曲線Lより約 81.5℃で沸騰し，曲線Gからエタノールのモル分率が約 0.6 の混合物が凝縮により得られる。
3回目	2回目で得られた混合物は約 79.2℃で沸騰し，エタノールのモル分率が約 0.7 の混合物が凝縮により得られる。

※5　次のように図2を利用する。

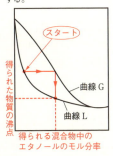

よって，3回目の操作で混合物中のエタノールのモル分率が 0.66 を超える。

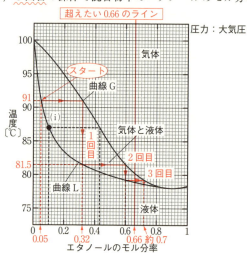

標問 24 溶液の濃度

答 1：⑨ 2：ⓔ 3：③ 4：⑧ 5：③

精講 基本事項の整理

■溶液と濃度

2種類以上の物質が均一に混合した液体状態のものが溶液である。

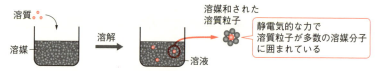

溶液の濃度としては，次の3つの濃度の定義を記憶すること。

$$質量パーセント濃度〔\%〕 = \frac{溶質の質量〔g〕}{溶液の質量〔g〕} \times 100$$

$$(体積)モル濃度〔mol/L〕 = \frac{溶質の物質量〔mol〕}{溶液の体積〔L〕}$$

$$質量モル濃度〔mol/kg〕 = \frac{溶質の物質量〔mol〕}{溶媒の質量〔kg〕}$$

Point 20 濃度の単位に注意すること！

	質量パーセント濃度	モル濃度	質量モル濃度
基準量	溶液 100 g	溶液 1 L	溶媒 1 kg
溶質量	グラム〔g〕	モル〔mol〕	モル〔mol〕

注 質量モル濃度〔mol/kg〕の基準が，溶媒 1 kg であることに注意。

標問 24 の解説

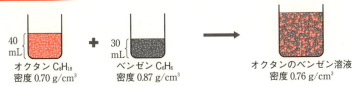

オクタン C_8H_{18} 　　ベンゼン C_6H_6 　　　　　オクタンのベンゼン溶液
密度 0.70 g/cm³ 　密度 0.87 g/cm³ 　　　　　　密度 0.76 g/cm³

1：質量保存の法則より，溶液の質量は，

$$\underbrace{40〔mL〕\times 0.70〔g/mL〕}_{\text{オクタンの質量}} + \underbrace{30〔mL〕\times 0.87〔g/mL〕}_{\text{ベンゼンの質量}} \text{※}1$$

$= 54.1$〔g〕 となる。

2：溶液の体積を V〔mL〕とすると，

V〔mL〕$\times 0.76$〔g/mL〕$= 54.1$〔g〕

よって，　$V \fallingdotseq 71.1$〔mL〕※2

3：モル濃度〔mol/L〕$= \dfrac{\text{オクタンの物質量〔mol〕}}{\text{溶液の体積〔L〕}}$ ※3

$= \dfrac{\dfrac{40〔mL〕\times 0.70〔g/mL〕}{114〔g/mol〕}}{\dfrac{71.1}{1000}〔L〕} \fallingdotseq 3.45$〔mol/L〕

4：質量パーセント濃度〔%〕$= \dfrac{\text{オクタンの質量〔g〕}}{\text{溶液の質量〔g〕}} \times 100$

$= \dfrac{40〔mL〕\times 0.70〔g/mL〕}{54.1〔g〕} \times 100 \fallingdotseq 51.7$〔%〕

5：加えたベンゼンの体積を v〔mL〕とすると，溶媒としてベンゼンは $30+v$〔mL〕用いたことになる。

質量モル濃度〔mol/kg〕$= \dfrac{\text{オクタンの物質量〔mol〕}}{\text{ベンゼンの質量〔kg〕}}$ なので，

4.7〔mol/kg〕$= \dfrac{\dfrac{40〔mL〕\times 0.70〔g/mL〕}{114〔g/mol〕}}{(30+v)〔mL〕\times 0.87〔g/mL〕\times \dfrac{1〔kg〕}{10^3〔g〕}}$

よって，　$v \fallingdotseq 30.0$〔mL〕

※1　1 mL = 1 cm³ である。

※2　オクタンとベンゼンでは密度が異なるので，体積が $40+30=70$ mL にはならない。

※3　C_8H_{18} の分子量
$= 8 \times 12 + 18 \times 1.0$
$= 114$

標問 25 固体の溶解度

答 〔I〕 問1 16.8%
問2 47.6 g
〔II〕 ②，⑦

精講 まずは問題テーマをとらえる

■固体の溶解度

溶解度とは溶解平衡時の溶液の濃度である。溶解度は NaCl などの水によく溶ける固体の場合，

　　水 100 g あたりに NaCl が S 〔g〕溶けている　　※1 S〔g/100 g 水〕

と表すことが多い。

ただし，問題によっては異なる単位の濃度が用いられることがある。くれぐれも単位には気をつけるように。

標問 25 の解説

〔I〕問1　飽和水溶液とは溶解平衡時の溶液のことである。20℃では溶解度が水 100 g あたり 20.2 g となっている。よって，質量パーセント濃度で表すと，

$$質量パーセント濃度 = \frac{溶質の質量〔g〕}{溶液の質量〔g〕} \times 100$$

$$= \frac{20.2}{100+20.2} \times 100 ≒ 16.8 〔\%〕$$

問2

希釈して水の量は増えても溶質である $CuSO_4$ の量は変化しないことより，用意する水溶液の質量を x〔g〕とすると，次式が成立する。

$$x〔g〕 \times \frac{16.8〔g〕}{100〔g〕} = 0.0500〔mol/L〕 \times 1.00〔L〕 \times 160〔g/mol〕$$

（左辺：水溶液中に含まれる $CuSO_4$ の質量〔g〕／右辺：水溶液中に含まれる $CuSO_4$ の物質量〔mol〕）

よって，$x ≒ 47.6$〔g〕

〔Ⅱ〕

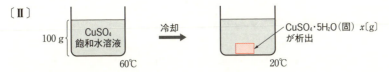

答えを2つ要求されている。

まず，S_{20} を使用してみる。CuSO₄·5H₂O x 〔g〕が析出したとき，残った水溶液の質量は $100-x$ 〔g〕となる。

水 100 g あたり CuSO₄ は S_{20} 〔g〕溶解している。いいかえると，溶液 $100+S_{20}$ 〔g〕あたり CuSO₄ が S_{20} 〔g〕溶解しているので，$100-x$ 〔g〕の水溶液には，

$$(100-x)〔g〕\times \frac{S_{20}〔g〕}{100+S_{20}〔g〕}=\frac{(100-x)S_{20}}{100+S_{20}}〔g〕$$

の CuSO₄ が含まれている。よって，⑦が1つ目の解答である。

次に，S_{60} を使用してみる。溶質に関して，次の質量保存の法則が成立する。

60°C の飽和水溶液中の CuSO₄ 〔g〕＝20°C で析出しなかった CuSO₄ 〔g〕
　　　　　　　　　　　　　　　　　＋析出した CuSO₄·5H₂O 中の CuSO₄ 〔g〕

よって，
　20°C で溶解している CuSO₄ 〔g〕
　　＝60°C の飽和水溶液中の CuSO₄ 〔g〕
　　　　　－ 析出した CuSO₄·5H₂O 中の CuSO₄ 〔g〕

$$=100〔g〕\times \frac{S_{60}〔g〕}{100+S_{60}〔g〕}-x\times \frac{M}{M+5m}$$ ← CuSO₄·5H₂O の式量は $M+5m$ で，そのうち M が CuSO₄

$$=\frac{100S_{60}}{100+S_{60}}-x\times \frac{M}{M+5m}$$

となる。よって，②が2つ目の解答である。

標問 26 ヘンリーの法則

答
問1　17℃：$4.2×10^{-2}$ mol　　37℃：$2.5×10^{-2}$ mol
問2　液体：$8.5×10^{-2}$ mol　　気体：$8.4×10^{-3}$ mol
問3　$3.2×10^5$ Pa

精講　まずは問題テーマをとらえる

■ヘンリーの法則

溶解度の小さい気体では，一定温度で，その気体の溶解度が分圧に比例して大きくなる。これを**ヘンリーの法則**という。

例えば，次図で t 〔℃〕のとき気体Aが水1Lに対し，$1×10^5$ Pa のもとで k 〔mol〕溶けているとすると，$P×10^5$ Pa のもとでは kP 〔mol〕が水1Lあたりに溶ける。

（気相中の気体Aの分圧が $1×10^5$ Pa から $P×10^5$ Pa になったときは，気相中の気体Aの濃度が $\dfrac{P×10^5}{1×10^5}=P$ 倍 になるのと同じ意味であり，それに応じて水中のAの濃度も P 倍になるというふうに理解してほしい。）

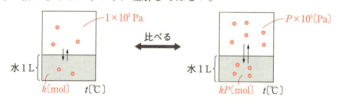

Point 21　溶解度の小さい気体では，T 一定のとき，溶解度が分圧に比例して大きくなる。

標問26の解説

問1　図にすると，次のようになる。

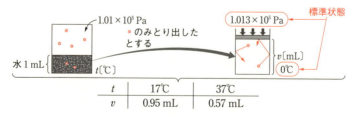

t	17℃	37℃
v	0.95 mL	0.57 mL

標準状態（0℃，$1.013×10^5$ Pa）での気体のモル体積は 22.4 L/mol なので，

$$\begin{cases} 17°C : \dfrac{0.95 \times 10^{-3} \text{[L]}}{22.4 \text{[L/mol]}} \div \dfrac{1}{1000} \underset{\text{L(水)}}{} = \dfrac{0.95}{22.4} \fallingdotseq 4.2 \times 10^{-2} \text{[mol/L(水)]} \\ 37°C : \dfrac{0.57 \times 10^{-3} \text{[L]}}{22.4 \text{[L/mol]}} \div \dfrac{1}{1000} \underset{\text{L(水)}}{} = \dfrac{0.57}{22.4} \fallingdotseq 2.5 \times 10^{-2} \text{[mol/L(水)]} \end{cases}$$

$\dfrac{\text{mol}}{\text{L(水)}}$

問2　図にすると右のようになる。気相，水溶液中の二酸化炭素の物質量をそれぞれ n_g，n_l とする。n_l はヘンリーの法則によって求められる。問1より，$17°C$ では 1.01×10^5 Pa のときに水 1 L あたりに $\dfrac{0.95}{22.4}$ mol の二酸化炭素が溶解するので，

$$n_l = \dfrac{0.95}{22.4} \times \underbrace{\dfrac{2.02 \times 10^5 \text{[Pa]}}{1.01 \times 10^5 \text{[Pa]}}}_{\text{圧力が2倍}} = \dfrac{1.9}{22.4} = 8.48\cdots \times 10^{-2} \fallingdotseq 8.5 \times 10^{-2} \text{[mol]}$$

n_g は理想気体の状態方程式より求められる。

$$n_g = \dfrac{PV}{RT} = \dfrac{2.02 \times 10^5 \times 0.1}{8.3 \times 10^3 \times (17+273)} = 8.39\cdots \times 10^{-3} \fallingdotseq 8.4 \times 10^{-3} \text{[mol]}$$

問3　図にすると，

$37°C$ での気相，水溶液中の二酸化炭素の物質量をそれぞれ a，b とする。また，求める圧力を $P \times 1.01 \times 10^5$ [Pa] とする。

b はヘンリーの法則より，問2と同様に求められる。

$$b = \dfrac{0.57}{22.4} \times \underbrace{\dfrac{P \times 1.01 \times 10^5 \text{[Pa]}}{1.01 \times 10^5 \text{[Pa]}}}_{\text{圧力が}P\text{倍}} = \dfrac{0.57}{22.4}P \fallingdotseq 2.54 \times 10^{-2}P$$

a は理想気体の状態方程式より，問2と同様に求められる。

$$a = \dfrac{PV}{RT} = \dfrac{P \times 1.01 \times 10^5 \times 0.1}{8.3 \times 10^3 \times (37+273)} \fallingdotseq 3.92 \times 10^{-3}P$$

密閉容器中では二酸化炭素の全物質量は一定なので，$n_g + n_l = a + b$ が成立する。

$$8.48 \times 10^{-2} + 8.39 \times 10^{-3} = 2.54 \times 10^{-2}P + 3.92 \times 10^{-3}P$$

よって，　$P = \dfrac{9.319}{2.932} \fallingdotseq 3.17$

したがって，求める圧力は，

$$P \times 1.01 \times 10^5 = 3.17 \times 1.01 \times 10^5 \fallingdotseq 3.2 \times 10^5 \text{[Pa]}$$

標問 27 希薄溶液の性質(1)

答 ⑥

精講 まずは問題テーマをとらえる

■ラウールの法則

純溶媒の蒸気圧を P_0，不揮発性の溶質が溶解した希薄溶液の蒸気圧を P とすると，次の関係があり，これは**ラウールの法則**とよばれている。

Point 22
$$P = \frac{N}{N+n} \cdot P_0 \quad (N：溶媒分子の物質量, \; n：溶質粒子の物質量)$$

P_0 と P の差を ΔP とすると，

$$\Delta P = P_0 - P = \left(1 - \frac{N}{N+n}\right) P_0 = \frac{n}{N+n} P_0$$

希薄溶液では N は n より十分大きいので，$N+n \fallingdotseq N$ と近似できるから，

$$\Delta P \fallingdotseq \frac{n}{N} P_0 \quad \cdots ①$$

溶媒の分子量を M とし，①式を次のように変形すると，ΔP は質量モル濃度 m に比例することがわかる。

$$\Delta P = \frac{n}{\underbrace{N \times M \times 10^{-3}}_{\text{溶媒の質量 [kg]}}} \times \underbrace{M \times 10^{-3} \times P_0}_{\text{定数 } k \text{ とする}} = k \cdot m \quad (k は溶媒に固有な定数)$$

■蒸気圧降下と密閉系内での溶媒の移動

ある純溶媒の蒸気圧を P_0 とし，これにスクロースのような不揮発性の溶質を溶解したときの溶液の蒸気圧を P とすると，同じ温度では $P_0 > P$ となる。

蒸気圧降下度 $\Delta P = P_0 - P$ は，希薄溶液の場合，一定量の溶媒中に含まれる全溶質の物質量に比例する。例えば次図のように，密閉容器中に 0.5 mol/kg のスクロース水溶液と 0.4 mol/kg のスクロース水溶液が入っていて，両者の間の仕切りをとり去り長時間放置したらどうなるか考えてみよう。

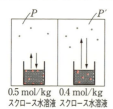 仕切りをとる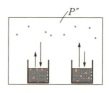

まず，溶液の表面では，蒸発する水の量と凝縮する水蒸気の量がつり合った状態になり，このときの水蒸気圧 P と P' を比べると濃度が高いほうが蒸気圧降下度が大きい

ので $P<P'$ である。次に，仕切りをはずすと密閉容器内の水蒸気圧は同じになり，はずした直後の水蒸気圧を P'' とすると $P<P''<P'$ である。

すると，左側のビーカーでは $P<P''$ であるため，凝縮量が蒸発量を上回り，逆に右側のビーカーでは $P''<P'$ であるため，蒸発量が凝縮量を上回る。つまり，左側のビーカーの水は増え，右側のビーカーの水は減るのである。最終的に，両者の濃度が同じになり蒸気圧が同じになるまでこの変化は続くのである。

前ページの図のような実験では，すべての液の蒸気圧が同じになるまで溶媒が移動する。

標問 27 の解説

A，B，Cの各ビーカーに含まれる溶質の物質量〔mol〕は，

$$\begin{cases} A：NaCl & \dfrac{1.17〔g〕}{58.5〔g/mol〕}=0.0200〔mol〕 \\ B：CaCl_2 & \dfrac{1.11〔g〕}{111〔g/mol〕}=0.0100〔mol〕 \\ C：スクロース & \dfrac{6.84〔g〕}{342〔g/mol〕}=0.0200〔mol〕 \end{cases}$$

ただし，全溶質の物質量を考えるので，NaClやCaCl_2のような電解質は，全イオンの物質量の合計で考えなくてはならない。

$$\begin{cases} NaCl \longrightarrow 1Na^+ + 1Cl^- \\ CaCl_2 \longrightarrow 1Ca^{2+} + 2Cl^- \end{cases}$$

NaCl 1つからはNa$^+$とCl$^-$の計2つのイオン，CaCl_2 1つからはCa^{2+}と2つのCl$^-$の計3つのイオンが生じるので，Aに含まれる全イオンの物質量は $0.0200 \times 2 = 0.0400$ mol，Bに含まれる全イオンの物質量は $0.0100 \times 3 = 0.0300$ mol である。

よって，A，B，Cの全溶質の物質量比は，

　　A：B：C＝0.0400 mol：0.0300 mol：0.0200 mol＝4：3：2

となる。そこで，最終的には同じ濃度にならなくてはならないため，溶媒の質量比も 4：3：2 になる。ここで，A，B，C全体に含まれる水の量の合計は，

$$\begin{cases} Aの水の量：100-1.17=98.83〔g〕 \quad Bの水の量：100-1.11=98.89〔g〕 \\ Cの水の量：100-6.84=93.16〔g〕 \end{cases}$$

　　　98.83＋98.89＋93.16＝290.88〔g〕

なので，最終的な水の量は，これを 4：3：2 に配分した量となる。

$$A：290.88 \times \dfrac{4}{4+3+2} = 129.28〔g〕 \quad B：290.88 \times \dfrac{3}{4+3+2} = 96.96〔g〕$$

$$C：290.88 \times \dfrac{2}{4+3+2} = 64.64〔g〕$$

が最終的にそれぞれのビーカーに存在する水の量である。つまり，Aの水の量は増えるが，BとCの水の量は減るのである。よって，⑥が正しい。

| 標問 28 | 希薄溶液の性質(2) |

答

1 : $\dfrac{1000K_b x}{My}$　　2 : 0.052　　3 : 0.292　　4 : ㋚　　5 : ㋖

6 : ㋑　　7 : ㋕　　8 : $2z\left(1-\dfrac{M_1}{M_2}\right)$

精講　まずは問題テーマをとらえる

■**希薄溶液の性質**

　不揮発性の溶質が溶けた溶液では，溶液からぬけ出す溶媒分子の数が純溶媒に比べて減少する。純溶媒に比べ，溶液中の溶媒は気体や固体になりにくく，蒸気圧は降下し温度を上げないと沸騰せず，温度を下げないと凝固しない。

　また希薄溶液では，蒸気圧降下度，沸点上昇度，凝固点降下度は，溶質の種類によらず，一定量の溶媒中に含まれる溶質の粒子数のみに依存する。

> **Point 24**　希薄溶液では，蒸気圧降下度，沸点上昇度，凝固点降下度は，溶質の種類によらず粒子数のみに依存する。

標問 28 の解説

1：沸点上昇度は，溶液の質量モル濃度，つまり溶媒 1 kg あたりに含まれる溶質の物質量に比例する。1 mol/kg のときの沸点上昇度が K_b である。とすると，m 〔mol/kg〕のときは $K_b \cdot m$ だけ上昇する。

　よって，$\Delta t = K_b \cdot m$

$$= K_b \times \left(\underbrace{\dfrac{x\,〔g〕}{M\,〔g/mol〕}}_{\text{mol}} \div \underbrace{\dfrac{y}{1000}\,〔kg〕}_{\text{mol/kg}}\right) = \dfrac{1000K_b x}{My}$$

 1 K だけ温度が上がることと，1℃ だけ温度が上がることは同じ意味である。

2：グルコース，尿素ともに非電解質なので，溶かす前の溶質の物質量と溶かした後の全溶質の物質量は同じである。よって，$\Delta t = K_b \cdot m$ より，

〈グルコース〉

$$0.026 = K_b \times \left(\underbrace{\dfrac{0.900\,〔g〕}{180\,〔g/mol〕}}_{\text{mol(グルコース)}} \div \underbrace{\dfrac{100}{1000}\,〔kg〕}_{\text{mol/kg}}\right) \quad \cdots(\text{i})$$

〈尿素〉

$$\Delta t = K_b \times \left(\frac{6.01\,[\text{g}]}{60.1\,[\text{g/mol}]} \div 1.00\,[\text{kg}] \right) \quad \cdots(\text{ii})$$

（i）式より，$K_b = 0.52\,[\text{K·kg/mol}]$ となり，これを(ii)式に代入すると，

$\Delta t = 0.052\,[\text{K}]$

3：$\text{NaCl} \longrightarrow \text{Na}^+ + \text{Cl}^-$ により，NaCl の物質量の 2 倍のイオン（Na^+ と Cl^-）が溶液中に存在する。必要な NaCl の質量を $x\,[\text{g}]$ とすると，$\Delta t = K_b \cdot m$ より，

$$0.026 = 0.52 \times \left(\frac{x\,[\text{g}]}{58.4\,[\text{g/mol}]} \times 2 \div \frac{200}{1000}\,[\text{kg}] \right)$$

が成立し，$x = 0.292\,[\text{g}]$ となる。

4：会合が起こる場合，二量体を 1 つの溶質粒子と見なさなくてはならない。よって，会合が起こらないとした場合よりも溶質粒子の数が少なくなるので，凝固点降下度は小さくなる。

5〜8：

	$2\text{CH}_3\text{COOH}$	$\rightleftharpoons$	$(\text{CH}_3\text{COOH})_2$	合計	
初期量	z		0	z	[mol]
変化量	$-\alpha$		$+\dfrac{\alpha}{2}$	$-\dfrac{\alpha}{2}$	[mol]
平衡量	$z - \alpha$		$\dfrac{\alpha}{2}$	$z - \dfrac{\alpha}{2}$	[mol]

初めは $z\,[\text{mol}]$ だったのが $z - \dfrac{\alpha}{2}\,[\text{mol}]$ になるため，質量保存の法則より，

$$z\,[\text{mol}] \times M_1\,[\text{g/mol}] = \left(z - \frac{\alpha}{2}\,[\text{mol}] \right) \times M_2\,[\text{g/mol}]$$

が成立し，$\alpha = 2z\left(1 - \dfrac{M_1}{M_2} \right)$ となる。

第 1 章　理論化学　　67

標問 29 冷却曲線

答
問1　水分子内で負に帯電している酸素と静電気的な力で結びついている。
問2　4.5
問3　凝固の進行にともなって，溶媒が減少し，溶液の濃度が大きくなる。そのため，凝固点降下度も大きくなる。
問4　-21°C

精講　まずは問題テーマをとらえる

■冷却曲線
純溶媒と溶液をゆっくりと冷却したときの温度と時間の変化は，それぞれ次のようになる。

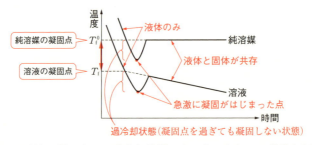

純溶媒および溶液の凝固点は，過冷却状態がないものとして，液体と固体が共存しているときの直線を延長し，ぶつかった点とする。$T_f^0 - T_f$ が溶液の凝固点降下度である。

Point 25　凝固点は，過冷却状態がないものとして求める。

標問 29 の解説

問1　水分子は折れ線形の極性分子であり，水素が正，酸素が負に帯電している。そこで，陽イオンである Na$^+$ とは，負に帯電した酸素が静電気的な力で結びついている。

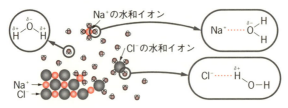

問2　問題の図1-1，図1-2は過冷却状態がないものとしている。水の凝固点は0℃，この塩化ナトリウム水溶液の凝固点はA点の－3℃である。塩化ナトリウム水溶液の質量モル濃度を x [mol/kg] とすると，凝固点降下度の式 $\Delta T_f = K_f \cdot m$ より，

$$\underbrace{0-(-3)}_{\text{凝固点降下度 }\Delta T_f} = \underbrace{1.85}_{\text{モル凝固点降下 }K_f} \times \underbrace{(x \times \text{②})}_{\text{全溶質粒子の質量モル濃度 }m}$$

　　　　NaClは電離してNa⁺とCl⁻になっている

よって，　$x ≒ 0.810$ [mol/kg]

よって，水1kgに対してNaCl（式量58.5）が0.810 mol溶解しているので，質量パーセント濃度は次のように求められる。

$$\frac{0.810\,[\text{mol}] \times 58.5\,[\text{g/mol}]}{1000+0.810 \times 58.5} \times 100 ≒ 4.5\,[\%]$$

問3　溶媒である水が凝固して氷になると，溶液の濃度が大きくなり，$\Delta T_f = K_f \cdot m$ より，m が大きくなると凝固点降下度 ΔT_f も大きくなる。

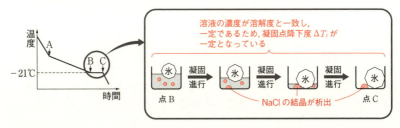

質量モル濃度は，$m_{\text{I}} < m_{\text{II}}$ である。

問4　問3で解説したように，凝固が進行すると溶液の濃度は大きくなっていく。ただし，溶解度と一致した時点（図1-2のB）で，それ以上は大きくならない。凝固が進んでも，同時に溶質であるNaClの結晶が析出し，溶液の濃度は溶解度と一致する。このときの濃度が23％であり，温度は－21℃である。

図1-2のCで，氷とNaClの結晶のみとなり，以下，冷却すると再び温度が下がる。

第1章　理論化学

| 標問 30 | 希薄溶液の性質(3) |

答

問1　③　　問2　$\dfrac{1}{2}$

問3　a：$\dfrac{M_1+M_2}{2M_1}$　　b：$\dfrac{M_1+M_2}{2M_2}$

精講　まずは問題テーマをとらえる

■浸透圧

半透膜をへだてて一方に純溶媒，一方に溶液があるとすると溶媒分子の移動量が異なるため，溶液側から余分な圧力をかけないと浸透平衡が成立しない。このような圧力を**浸透圧**という。希薄溶液では浸透圧 π は，気体定数 R，絶対温度 T，溶液の濃度を C [mol/L] とすると次式が成立する。

$$\pi = CRT \quad \text{（ファントホッフの法則）}$$

ただし，ここでの濃度 C [mol/L] は，蒸気圧降下のときなどと同様に，溶質の種類に無関係に独立して運動している全溶質粒子のモル濃度である。

Point 26　　$\pi = CRT$ の C は，全溶質粒子のモル濃度 [mol/L] である。

標問 30 の解説

溶液と純溶媒を，次図のように半透膜を隔ててU字管に入れたとする。

最終的に液面の高さの差が h であるとすると，この高さ h の液柱の及ぼす圧力が浸透圧 π になる。溶質が非電解質であるとすれば，

$$\pi = cRT$$

と表せる。ここで，c は浸透平衡時の濃度であり，初期濃度 c_0 ではないことに注意しよう。また，

$$c = \dfrac{W}{M}\,\text{[mol]} \div V\,\text{[L]} = \dfrac{W}{MV}\,\text{[mol/L]}$$

なので，代入すると，

$$\pi = \dfrac{W}{MV}RT$$

となり文中の式となる。

問 1　外気圧を 2 倍にしても両液にかかる外圧による差はない。そこで，h もまた変化しない。

問 2　h を 2 倍にするには，浸透圧 π が 2 倍になればよい。$\pi = \dfrac{W}{MV}RT$ で M が $\dfrac{1}{2}$ 倍のものを用意すれば，あとは同じ条件でも π は 2 倍になる。

問 3　M_1 のときの浸透圧を π_1，M_2 のときを π_2，半々で入っているときを π_3 とすると，

$$h_1 : h_2 : h_3 = \pi_1 : \pi_2 : \pi_3$$

である。

　また，M_1，M_2 の分子量の分子を同じ物質量ずつ含む場合，それらの平均である $\dfrac{M_1 + M_2}{2}$ の分子量の溶質が 2 つを合わせた物質量だけ入っているのと同じである。

問題文のただし書きにあるように $\dfrac{W}{V}$，T が一定に保たれるので，

$$\pi M = \boxed{\dfrac{W}{V}RT} = 一定$$

である。

$$\pi_1 M_1 = \pi_2 M_2 = \pi_3 \cdot \dfrac{M_1 + M_2}{2}$$

となり，

$$h_1 M_1 = h_2 M_2 = h_3 \cdot \dfrac{M_1 + M_2}{2}$$

が成立する。よって，

$$\frac{h_1}{h_3} = \frac{M_1 + M_2}{2M_1} \quad \text{a}$$

$$\frac{h_2}{h_3} = \frac{M_1 + M_2}{2M_2} \quad \text{b}$$

| 標問 31 | 希薄溶液の性質(4) |

答
問1　7.67×10^5 Pa
問2　分子量1万以上の高分子が通過できない。(19字)
問3　3.99×10^3 Pa

精講　まずは問題テーマをとらえる

■液面差による圧力の単位換算

ファントホッフの法則 $\pi = CRT$ に代入するために，液面差による圧力の単位を Pa に換算するには次のような手順をふむ。

手順1　水銀柱の高さによる圧力単位に直す。

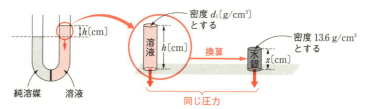

一般に，圧力は液体の密度と高さの積に比例する。

$$\left(圧力 = \frac{底面にかかる力}{底面積} \propto \frac{液体の質量}{底面積} = \frac{底面積 \times 高さ \times 密度}{底面積}\right)$$

そこで，　$h \times d_1 = x \times 13.6$
　　　　　溶液柱の高さと　水銀柱の高さと
　　　　　密度の積　　　　密度の積

よって，　$x = \dfrac{hd_1}{13.6}$ 〔cmHg〕

手順2　76 cmHg (760 mmHg) ≒ 1.013×10^5〔Pa〕を用いて換算する。

$$(h\text{〔cm〕の溶液柱による圧力}) = \underbrace{\frac{hd_1}{13.6}}_{\text{cmHg}} \times \frac{1.013 \times 10^5 \text{ Pa}}{76 \text{ cmHg}} \text{〔Pa〕}$$

Point 27　溶液柱の高さから Pa 単位の圧力を求めるときは，一度水銀柱の高さに直す。

標問 31 の解説

問1 ファントホッフの法則 $\pi = CRT$ を用いるため，塩化ナトリウム水溶液の濃度をモル濃度に換算する。

水溶液 100 g に NaCl (式量 58.5) が 0.900 g 含まれ，水溶液の密度が 1.00 g/cm^3 なので，モル濃度 C_{NaCl} [mol/L] は，

$$C_{NaCl} = \underbrace{\frac{0.900}{58.5}}_{\text{mol (NaCl)}} \div \underbrace{\frac{100\ [\text{g}]}{\frac{1.00\ [\text{g/cm}^3]}{1000}}}_{\text{L}} \fallingdotseq 0.1538\ [\text{mol/L}]$$

となる。NaCl が Na$^+$ と Cl$^-$ に電離していることを考慮して，ファントホッフの法則より，

$$\pi = \underbrace{(0.1538 \times ②)}_{C} \times \underbrace{8.31 \times 10^3}_{R} \times \underbrace{(27 + 273)}_{T} \fallingdotseq 7.67 \times 10^5\ [\text{Pa}]$$

問2 本実験で用いた半透膜は，実験1より，Na$^+$，Cl$^-$，H$_2$O は自由に通過できることがわかる。

実験2では，血しょうに含まれるタンパク質などの分子量1万以上の高分子が，この半透膜を通過できないため，液面差が生じる。そこで，0.900%の塩化ナトリウム水溶液を純溶媒，血しょうを分子量1万以上の溶質のみを含む水溶液としたときの浸透圧を測定していると考えてかまわない。

問3 液面差の 40.0 cm がおよぼす圧力が，求める浸透圧となる。まずは，水銀柱で同じ圧力をおよぼすのに h [cm] 必要とすると，

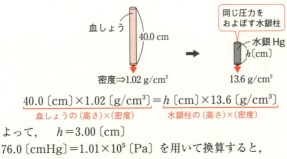

$$\underbrace{40.0\ [\text{cm}] \times 1.02\ [\text{g/cm}^3]}_{\text{血しょうの(高さ)×(密度)}} = \underbrace{h\ [\text{cm}] \times 13.6\ [\text{g/cm}^3]}_{\text{水銀柱の(高さ)×(密度)}}$$

よって， $h = 3.00$ [cm]

76.0 [cmHg] $= 1.01 \times 10^5$ [Pa] を用いて換算すると，

$$3.00\ [\text{cmHg}] \times \frac{1.01 \times 10^5\ [\text{Pa}]}{76.0\ [\text{cmHg}]} \fallingdotseq 3.99 \times 10^3\ [\text{Pa}]$$

標問 32 熱化学計算(1)

答 〔Ⅰ〕 $4CH_4 \cdot 23H_2O$(固) $+ 8O_2$(気)
$= 4CO_2$(気) $+ 31H_2O$(液) $+ Q_1 - 4Q_2 + 4Q_3 + 8Q_4$〔kJ〕

〔Ⅱ〕 1541 kJ/mol

精講 まずは問題テーマをとらえる

■各種反応熱の定義

(1) **化学反応にともなう熱**

一般に発熱量は正の値，吸熱量は負の値を用いる。

生成熱	化合物 1 mol が成分元素の単体から生成するときに発生または吸収する熱量
	例　NH_3 の生成熱　46 kJ/mol $\frac{1}{2}N_2$(気) $+ \frac{3}{2}H_2$(気) $= NH_3$(気) $+46$ kJ
燃焼熱	物質 1 mol が完全燃焼するときに発生する熱量
	例　CH_4 の燃焼熱　891 kJ/mol CH_4(気) $+ 2O_2$(気) $= CO_2$(気) $+ 2H_2O$(液) $+891$ kJ
溶解熱	物質 1 mol が多量の水に溶解するときに発生または吸収する熱量
	例　NaCl(固)の溶解熱　-4.2 kJ/mol $NaCl$(固) $+$ aq $= Na^+$aq $+ Cl^-$aq -4.2 kJ 　　　　多量の水を表す　　水和された Na^+ を表す
中和熱	中和反応で 1 mol の水が生じるときに発生する熱量
	例　中和熱　56.5 kJ/mol H^+aq $+ OH^-$aq $= H_2O$(液) $+56.5$ kJ
水和熱	気体状のイオン 1 mol が多量の水中で水和イオンになるときに発生する熱量
	例　Na^+ の水和熱　403 kJ/mol Na^+(気) $+$ aq $= Na^+$aq $+403$ kJ

(2) **状態変化にともなう熱**

一般に発熱量，吸熱量ともに絶対値で表す。

蒸発熱	物質 1 mol が蒸発するときに吸収する熱量
凝縮熱	物質 1 mol が凝縮するときに発生する熱量
融解熱	物質 1 mol が融解するときに吸収する熱量
凝固熱	物質 1 mol が凝固するときに発生する熱量
昇華熱	物質 1 mol が昇華するときに発生または吸収する熱量

(3) ―――エネルギー

一般に吸収する熱量を符号をつけないで表す。

結合エネルギー	気体状分子内の2原子間の結合1mol分を切って，ばらばらの原子にするのに必要な吸熱量
	例　O=Oの結合エネルギー　498 kJ/mol O=O（気） ＝ 2O（気） －498 kJ
イオン化エネルギー	気体状原子1molから最もとれやすい電子1molを奪うのに必要な吸熱量
	例　Naのイオン化エネルギー　493 kJ/mol Na（気） ＝ Na⁺（気） ＋ e⁻ －493 kJ

(4) その他

電子親和力	気体状原子1molが電子1molを受けとるときに放出される熱量
	例　Clの電子親和力　349 kJ/mol Cl（気） ＋ e⁻ ＝ Cl⁻（気） ＋ 349 kJ

Point 28 反応熱の定義をしっかりと覚えること。

標問 32 の解説

〔Ⅰ〕 メタンハイドレート（固）の燃焼熱を Q〔kJ/mol〕とすると，熱化学方程式は，
$$4CH_4 \cdot 23H_2O（固） + 8O_2（気） = 4CO_2（気） + 31H_2O（液） + Q〔kJ〕$$
となる。問題に与えられた熱化学方程式(2)〜(4)は，次の反応熱を意味する。

式番号	反応熱〔kJ/mol〕	内容
(2)	Q_2	CH₄（気）の生成熱
(3)	Q_3	C（黒鉛）の燃焼熱　または　CO₂（気）の生成熱
(4)	Q_4	H₂（気）の燃焼熱　または　H₂O（液）の生成熱

生成熱が与えられているので，単体を基準にしてエネルギー図（p.78参照）をつくると，

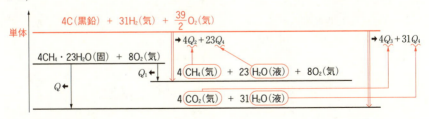

ヘスの法則より，
$$Q - Q_1 = 4Q_3 + 31Q_4 - (4Q_2 + 23Q_4) \qquad よって，\ Q = Q_1 - 4Q_2 + 4Q_3 + 8Q_4$$

したがって，熱化学方程式は，
$$4CH_4 \cdot 23H_2O(固) + 8O_2(気)$$
$$= 4CO_2(気) + 31H_2O(液) + Q_1 - 4Q_2 + 4Q_3 + 8Q_4 [kJ]$$

別解 問題文に熱化学方程式が与えられているので，(1)〜(4)式それぞれを何倍かずつして足し合わせ，求める熱化学方程式をつくることを考えてもよい。
求める熱化学方程式を次のようにおく。
$$4CH_4 \cdot 23H_2O(固) + 8O_2(気) = 4CO_2(気) + 31H_2O(液) + Q [kJ]$$

$4CH_4 \cdot 23H_2O(固)$ の項は(1)式にしかないので，(1)式を1倍する。すると右辺に $4CH_4(気)$ が残るので，これを消すために(2)式を(-4)倍する。$CO_2(気)$ は(3)式にしかないので，これを4倍する。(1)式を1倍することで $23H_2O(液)$ が右辺に残り，$31H_2O(液)$ にするために $8H_2O(液)$ が必要となるので，(4)式を8倍する。

$$(4CH_4 \cdot 23H_2O(固) = 4CH_4(気) + 23H_2O(液) + Q_1 [kJ]) \times 1$$
$$(C(黒鉛) + 2H_2(気) = CH_4(気) + Q_2 [kJ]) \times (-4)$$
$$(C(黒鉛) + O_2(気) = CO_2(気) + Q_3 [kJ]) \times 4$$
$$+) \; (H_2(気) + \frac{1}{2}O_2(気) = H_2O(液) + Q_4 [kJ]) \times 8$$
$$\overline{4CH_4 \cdot 23H_2O(固) + 8O_2(気) = 4CO_2(気) + 31H_2O(液) + Q_1 - 4Q_2 + 4Q_3 + 8Q_4 [kJ]}$$

〔Ⅱ〕 与えられた反応熱をすべて熱化学方程式に直してから問題を解こうとすると，本問のように与えられたデータが多い場合は時間がかかる。こういうときはエネルギー図をかいて解くほうがよい。
まず，求めたいものはエタン C_2H_6 の燃焼熱である。これを $Q [kJ/mol]$ とすると，
$$C_2H_6(気) + \frac{7}{2}O_2(気) = 2CO_2(気) + 3H_2O(液) + Q [kJ]$$
となる。これをエネルギー図に直すと，左辺＝右辺$+Q$ なので，

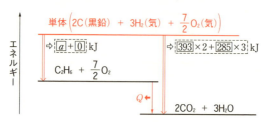
（↓は変化の方向を表す）

となる。ヘスの法則によると，反応熱の値は途中の経路によらないので，まず生成熱の値を利用するために単体経路を図にかき込むと次のようになる。

（ただし，C_2H_6 の生成熱の値がないので，これを $a [kJ/mol]$ とする。また，単体である O_2 の生成熱は $0 kJ/mol$ であることにも注意すること。）

よって，$Q=393\times2+285\times3-a=1641-a$ …①
次に a の値を求めることにする。
$\quad$ 2C(黒鉛) + 3H$_2$(気) = C$_2$H$_6$(気) + a〔kJ〕
をエネルギー図で表すと，次のようになる。

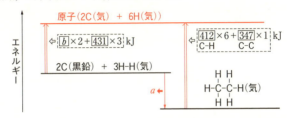

結合エネルギーの値を利用するために，原子経路を図にかき込むと次のようになる。ただし，C(黒鉛)の昇華熱を b〔kJ/mol〕とする。

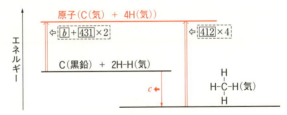

よって，$a=412\times6+347\times1-(b\times2+431\times3)=1526-2b$ …②
最後に，b の値と CH$_4$ の燃焼熱 890 kJ/mol を結びつけるしかないが，まず CH$_4$ の生成熱を c〔kJ/mol〕とすると，先と同様に結合エネルギーの値を利用して，次のようなエネルギー図がかける。

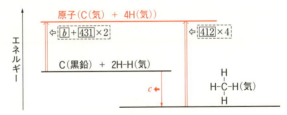

よって，$c=412\times4-(b+2\times431)=786-b$ …③
さらに，CH$_4$ に関して生成熱と燃焼熱のデータから次のエネルギー図がかける。

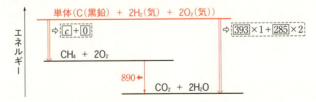

よって，$c=393+285\times2-890=73$
これを③式に代入すると，$b=713$，さらにこれを②式に代入すると $a=100$ となり，これを①式に代入すると $Q=1541$ となる。

標問 33 熱化学計算(2)

答 問1 594 kJ　問2 323 kJ

精講　まずは問題テーマをとらえる

■反応熱データに応じたエネルギー図のかき方

(1) 生成熱の利用

熱化学方程式 $aX + bY = cZ + Q$〔kJ〕について，X，Y，Z の生成熱が各々 x〔kJ/mol〕，y〔kJ/mol〕，z〔kJ/mol〕のとき，次のエネルギー図で示される関係がある。

右図より，
$$Q = (c \times z) - (a \times x + b \times y)$$
一般に，

> Q ＝ 右辺物質の生成熱の総和
> 　　 － 左辺物質の生成熱の総和

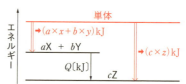

(2) 結合エネルギーの利用

熱化学方程式 $A_2(気) + B_2(気) = 2AB(気) + Q$〔kJ〕について，(A-A)，(B-B)，(A-B) の結合エネルギーが各々 x〔kJ/mol〕，y〔kJ/mol〕，z〔kJ/mol〕のとき，次のエネルギー図で示される関係がある。

右図より，
$$Q = (2 \times z) - (x + y)$$
一般に，

> Q ＝ 右辺物質の結合エネルギーの総和
> 　　 － 左辺物質の結合エネルギーの総和

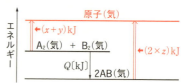

(3) 燃焼熱の利用

熱化学方程式 $aX + bY = cZ + Q$〔kJ〕について，X，Y，Z の燃焼熱が各々 x〔kJ/mol〕，y〔kJ/mol〕，z〔kJ/mol〕のとき，次のエネルギー図で示される関係がある。

右図より，
$$Q = (a \times x + b \times y) - (c \times z)$$
一般に，

> Q ＝ 左辺物質の燃焼熱の総和
> 　　 － 右辺物質の燃焼熱の総和

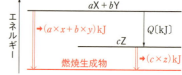

Point 29　問題文に与えられたデータに応じて，エネルギー図を使い分けよ。

標問 33 の解説

問題文の表に与えられているデータは，一般に解離エネルギーとよばれ，分子内の結合エネルギーの和に相当する。

問1 C(黒鉛)の昇華熱を x [kJ/mol] とする。CO(気)の生成熱 109 kJ/mol を原子状態を基準にとってエネルギー図を完成させると右のようになる。ここで，O_2 の結合エネルギーを y [kJ/mol] とする。右のエネルギー図より，

$$x + \frac{1}{2}y = 965 \quad \cdots ①$$

次に，H_2 の結合エネルギーを z [kJ/mol] とし，H_2O(気)の生成熱 242 kJ/mol を原子状態を基準にとってエネルギー図を完成させると右のようになる。右のエネルギー図より，

$$z + \frac{1}{2}y = 686 \quad \cdots ②$$

次に，NH_3(気) 2 mol 分の生成熱が 92 kJ であり，原子状態を基準にとってエネルギー図を完成させると右のようになる。右のエネルギー図より，

$$z = 434 \quad \cdots ③$$

①式，②式，③式より，$x = 713$，$y = 504$

よって，10 g の黒鉛をすべて原子にするのに必要なエネルギーは，

$$713 \text{ [kJ/mol]} \times \frac{10}{12.0} \text{ [mol]} ≒ 594 \text{ [kJ]}$$

注 なお，CO は C=O ではなく，⁻C≡O⁺ と表すほうが実際の構造に近い分子である。C=O として CO の解離エネルギーを求めないように。

問2 C(黒鉛)の燃焼熱を Q [kJ/mol] とし，原子を基準としたエネルギー図を作成すると右のようになる。右のエネルギー図より，

$$Q = 388 \text{ [kJ/mol]}$$

よって，

$$388 \text{ [kJ/mol]} \times \frac{10}{12.0} \text{ [mol]} ≒ 323 \text{ [kJ]}$$

標問 34 イオン結晶に関する熱サイクル

答　問1　イ：−　　ロ：−　　ハ：＋
　　　問2　A：イオン化エネルギー　　B：電子親和力
　　　問3　NaCl(固) = Na⁺(気) + Cl⁻(気) − Q〔kJ〕　問4　771 kJ/mol

精講　まずは問題テーマをとらえる

■ イオン結晶に関する熱サイクル

　格子エネルギーは，測定することが難しく，次のような段階を考えて，生成熱や結合エネルギーなどのデータから求められる。

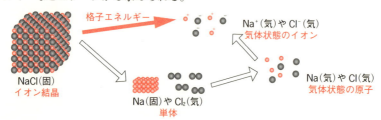

Point 30　イオン結晶 → 気体状態のイオン の変化を考えるときは，単体，気体状態の原子の段階を経て考えてみよ。

標問 34 の解説

問1，2　イオン化エネルギーは，気体状の原子から電子を1つ奪い1価の陽イオンにするのに必要なエネルギーで，必ず吸熱である。例えば，Na(気) のイオン化エネルギー_A が 496 kJ/mol とあるときは，その熱化学方程式は，

　　　Na(気) + 496 kJ = Na⁺(気) + e⁻

つまり，

　　　Na(気) = Na⁺(気) + e⁻ − 496 kJ

となる。結合エネルギーも同様に必ず吸熱であり，ロ の符号も − である。

　また電子親和力は，気体状の原子が電子を1つとり込み1価の陰イオンになったときに放出されるエネルギーであり，発熱量で表される。例えば，Cl(気) の電子親和力_B が 349 kJ/mol とあるときは，その熱化学方程式は，

　　　Cl(気) + e⁻ = Cl⁻(気) + 349 kJ

問3　格子エネルギーも吸熱量なので，熱化学方程式は，

　　　NaCl(固) + Q〔kJ〕 = Na⁺(気) + Cl⁻(気)

つまり，

$$NaCl(固) = Na^+(気) + Cl^-(気) - Q \text{[kJ]} \quad となる。$$

問4　次のようなエネルギー図をかくとよい。

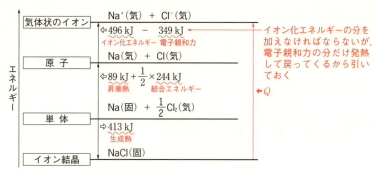

上図より，
$$Q = 413 + 89 + \frac{1}{2} \times 244 + 496 - 349$$
$$= 771 \text{[kJ/mol]}$$
となる。

別解　⑥式＝①式＋②式＋③式×$\frac{1}{2}$＋④式－⑤式　なので，熱量の部分だけ見比べると，
$$-Q = -89 - 496 - 244 \times \frac{1}{2} + 349 - 413$$
となり，
$$Q = 771 \text{[kJ/mol]}$$
と求まる。

研究　格子エネルギーは，水和熱や溶解熱からも求められる。
　NaCl(固)の溶解熱をQ_1[kJ/mol]，Na$^+$(気)とCl$^-$(気)の水和熱をそれぞれQ_2[kJ/mol]，Q_3[kJ/mol]とすると，次のエネルギー図がかける。

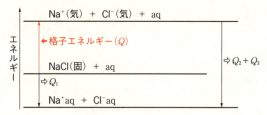

上図より，
　　　格子エネルギー$(Q) = Q_2 + Q_3 - Q_1$
と求めることができるのである。

第1章　理論化学　81

標問 35 反応熱測定実験

答
問1 ⓒ
理由：断熱性が高い発泡ポリスチレン製で，熱容量の小さい（体積の小さい）ものがよいから。(32字)
問2 ① $9.3(100d+1.00)C\times10^{-3}$ 〔kJ〕
② $9.3(100d+1.00)Cm\times10^{-3}$ 〔kJ/mol〕

精講 まずは問題テーマをとらえる

■反応熱の測定

溶解熱，燃焼熱，中和熱など，速やかにかつほぼ完全に進み，なおかつ副反応がない反応によって生じる熱は実験によって測定することができる。

例えば，n〔mol〕の試料が反応により Δt〔℃〕だけ温度が上昇し，温度が上昇した系 m〔g〕の比熱が C〔J/(g・℃)〕の場合，試料1molあたりの反応熱 Q〔kJ/mol〕は，

$$Q = \frac{C\text{〔J/(g・℃)〕}\times m\text{〔g〕}\times \Delta t\text{〔℃〕}}{n\text{〔mol〕}} \times 10^{-3} \text{〔kJ/mol〕}$$

（J/mol）

と表せる。

また，温度上昇度 Δt〔℃〕は，より正確な Q の値を求めるために，外部への熱の散逸がないとしたときの水溶液の最高温度とはじめの温度の差を利用することが多い。

質量 m〔g〕，比熱 C〔J/(g・℃)〕の物質を Δt〔℃〕だけ温度を上げるには，
$C\cdot m\cdot \Delta t$〔J〕
の熱が必要となる。

標問 35 の解説

問1 酸化マグネシウムと塩酸の反応によって生じる熱は，水溶液の温度上昇に使われる以外に容器の温度上昇に使われた分や外界へと逃げた分がある。これらをできるだけ最小限におさえることができれば，水溶液の温度上昇に使われた熱だけを考えてもよいといえる。

そこで，断熱性に優れた発泡ポリスチレンの容器を選ぶ。また，小さな熱量しか吸収しない小さなサイズのものがよいであろう。よって，ⓒが適切である。

問2 ① まず，酸化マグネシウムと塩酸との反応は，
　　MgO ＋ 2HCl ⟶ MgCl₂ ＋ H₂O
となる。反応後の水溶液の質量を W〔g〕とすると，

W＝塩酸の質量 ＋ MgO の質量
$=100\,[\text{mL}]\times d\,[\text{g/mL}]+1.00\,[\text{g}]=100d+1.00\,[\text{g}]$

となる。断熱性の高い容器を用いても時間とともに外界に熱が逃げるので，少しずつ溶液の温度は下がっていく。反応熱によって溶液の温度が上昇していく最中にも熱が外へ逃げるため，本問では溶液の温度上昇が一瞬で完了したと仮定し，直線 AB を延長して，時刻 0 秒とぶつかった点 C の温度を理論上の最高温度としている。

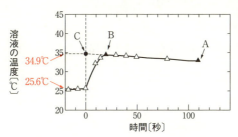

そこで，$34.9-25.6\,[\text{°C}]$ が温度上昇度となる。よって，

発生した熱量 $= \underset{\text{比熱}}{C} \times \underset{\text{溶液の質量}}{(100d+1.00)} \times \underset{\text{温度上昇度}}{(34.9-25.6)} \times \underset{\substack{\text{J}\\\downarrow\\\text{kJ}}}{10^{-3}}$

$=(34.9-25.6)(100d+1.00)C\times 10^{-3}\,[\text{kJ}]$
$=9.3(100d+1.00)C\times 10^{-3}\,[\text{kJ}]$

② 酸化マグネシウムの物質量は $\dfrac{1.00\,[\text{g}]}{m\,[\text{g/mol}]}\,[\text{mol}]$ なので，反応熱は，

反応熱 $[\text{kJ/mol}] = \dfrac{(34.9-25.6)(100d+1.00)C\times 10^{-3}\,[\text{kJ}]}{\dfrac{1.00}{m}\,[\text{mol}]}$

$= \dfrac{(34.9-25.6)(100d+1.00)Cm}{1.00}\times 10^{-3}\,[\text{kJ/mol}]$

$= 9.3(100d+1.00)Cm\times 10^{-3}\,[\text{kJ/mol}]$

標問 36 反応速度

答 問1 証明は解説参照。$k = 8.6 \times 10^{-2}$ [min^{-1}]　問2 $E_a = \dfrac{R}{\dfrac{1}{T_1} - \dfrac{1}{T_2}} \times \log_e\left(\dfrac{k_2}{k_1}\right)$

精講　まずは問題テーマをとらえる

■反応速度の定義

反応速度は，一般に単位時間あたりの濃度変化で表される。例えば，
$$xA + yB \longrightarrow zC \quad (x, y, z \text{は反応式の係数})$$
の化学反応式では，

$$\begin{cases} A の減少速度 v_A = \left|\dfrac{A の濃度の変化量}{時間の変化量}\right| = -\dfrac{d[A]}{dt} & \leftarrow \dfrac{d[A]}{dt} < 0 \text{ なので} - \text{をつけ, 絶対値をとる}\\ B の減少速度 v_B = \left|\dfrac{B の濃度の変化量}{時間の変化量}\right| = -\dfrac{d[B]}{dt} & \leftarrow \dfrac{d[B]}{dt} < 0 \text{ なので} - \text{をつけ, 絶対値をとる} \\ C の増加速度 v_C = \left|\dfrac{C の濃度の変化量}{時間の変化量}\right| = \dfrac{d[C]}{dt} & \end{cases}$$

と表すことができる。また，
$$v_A : v_B : v_C = x : y : z$$
となる。そこで，各係数で速度を割っておけば規格化され，これを反応全体の速度 $v_{全体}$ とすることが多い。

$$v_{全体} = \dfrac{v_A}{x} = \dfrac{v_B}{y} = \dfrac{v_C}{z}$$

■反応速度式

また，反応速度は反応物の濃度や温度に支配され，次のように表すこともできる。
$$v_{全体} = k[A]^\alpha[B]^\beta$$

k は(反応)速度定数とよばれ，温度や活性化エネルギーの値によって決まる。また，α や β の次数は，化学反応式の係数に一致するとは限らず，実験によって求める。

> **Point 32**
> $xA + yB \longrightarrow zC$ の反応では，次のように表せる。
> 　　Aの減少速度 $v_A = -\dfrac{d[A]}{dt}$　　$v_A = k[A]^\alpha[B]^\beta$

標問 36 の解説

例えば，右のような装置を組み立てれば O_2 の量が測定できる。

問1　$v = k[H_2O_2]^1$ であることを示せばよい。
ただし，モル濃度 $[H_2O_2]$ に対して，その瞬

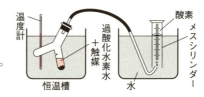

間の速度 v が求められない。こういうときは，平均の速度 $\bar{v}$ を利用し，$\bar{v}=k\overline{[H_2O_2]}^1$ であることを示せばよい。ここで，$\overline{[H_2O_2]}$ は2つの時刻における $[H_2O_2]$ の平均である。そして，$\dfrac{\bar{v}}{\overline{[H_2O_2]}^1}=k$ が一定になることを示せばよい。

時間	$\bar{v}=\left|\dfrac{\Delta[H_2O_2]}{\Delta t}\right|$	$\overline{[H_2O_2]}$	$k=\dfrac{\bar{v}}{\overline{[H_2O_2]}}$
0〜1 min	$\bar{v}=\dfrac{0.542-0.497\,(mol/L)}{1-0\,(min)}$ $=0.0450\,(mol/(L\cdot min))$	$\dfrac{0.542+0.497}{2}$ $\fallingdotseq0.520\,(mol/L)$	$\dfrac{0.0450}{0.520}$ $\fallingdotseq8.65\times10^{-2}$
1〜2 min	$\bar{v}=\dfrac{0.497-0.456}{2-1}$ $=0.0410\,(mol/(L\cdot min))$	$\dfrac{0.497+0.456}{2}$ $\fallingdotseq0.477\,(mol/L)$	$\dfrac{0.0410}{0.477}$ $\fallingdotseq8.60\times10^{-2}$
2〜3 min	$\bar{v}=\dfrac{0.456-0.419}{3-2}$ $=0.0370\,(mol/(L\cdot min))$	$\dfrac{0.456+0.419}{2}$ $\fallingdotseq0.438\,(mol/L)$	$\dfrac{0.0370}{0.438}$ $\fallingdotseq8.45\times10^{-2}$

　表からわかるように，「k の値はほぼ一定であり，$\bar{v}=k\overline{[H_2O_2]}$，つまり $v=k[H_2O_2]$ が成立する。」

　また，k の値は誤差をならすため3つの相加平均を解答としておく。

$$\bar{k}=\frac{(8.65+8.60+8.45)\times10^{-2}}{3}\fallingdotseq8.6\times10^{-2}\,(min^{-1})$$

問2　(3)式より，

$$\begin{cases}\log_e k_1=-\dfrac{E_a}{RT_1}+C & \cdots① \\[2mm] \log_e k_2=-\dfrac{E_a}{RT_2}+C & \cdots②\end{cases}$$

②式－①式より，定数 C を消去して，

$$\log_e\left(\frac{k_2}{k_1}\right)=\frac{E_a}{R}\times\left(\frac{1}{T_1}-\frac{1}{T_2}\right)$$

$$E_a=\frac{R}{\dfrac{1}{T_1}-\dfrac{1}{T_2}}\times\log_e\left(\frac{k_2}{k_1}\right)$$

このように，T_1，T_2，k_1，k_2 により，E_a の値を求めることができるのである。

補足　**アレニウスの式**

　(反応)速度定数 k は，活性化エネルギーの値を E_a，系の温度を $T\,(K)$ とすると，次のように表されることが知られている。

$$k=C\cdot e^{-\frac{E_a}{RT}}\quad(C：反応に固有な定数\quad R：気体定数)$$

第1章　理論化学　85

標問 **37** 平衡定数と平衡移動(1)

答

問1 $[x]=\dfrac{n(x)}{V}$ 　　問2 $\dfrac{K_c}{K_p}=(RT)^2$ 　　問3 変化しない

問4 減少した 　　問5 問3の条件下：⑦ 　　問4の条件下：⑰

精講 まずは問題テーマをとらえる

■化学平衡の法則（質量作用の法則）と平衡定数

$$x\mathrm{A}\ +\ y\mathrm{B}\ \underset{v_2}{\overset{v_1}{\rightleftharpoons}}\ z\mathrm{C}\ +\ w\mathrm{D}\quad (x,\ y,\ z,\ w\ \text{は反応式の係数})$$

において，$v_1=v_2$ のように，左右の速度がつり合った状態を**平衡状態**という。このときの各化学種のモル濃度を求め，次のKの値を計算する。

$$K=\dfrac{[\mathrm{C}]^z[\mathrm{D}]^w}{[\mathrm{A}]^x[\mathrm{B}]^y}\quad \cdots①$$

Kの値は**（濃度）平衡定数**とよばれ，温度が一定ならば同じ反応では各化学種のモル濃度 [　] の値に関係なく一定となる。また気体の場合，濃度〔mol/L〕と分圧〔Pa〕の間には，

$$P_i=\left(\dfrac{n_i}{V}\right)RT$$

つまり，

　　気体 i の分圧 ＝ 気体 i の mol/L ×RT

の関係があるため，①式で A，B，C，D がすべて気体のときは，

$$K=\dfrac{\left(\dfrac{P_\mathrm{C}}{RT}\right)^z\left(\dfrac{P_\mathrm{D}}{RT}\right)^w}{\left(\dfrac{P_\mathrm{A}}{RT}\right)^x\left(\dfrac{P_\mathrm{B}}{RT}\right)^y}\quad \Leftrightarrow\quad K\cdot(RT)^{z+w-x-y}=\dfrac{P_\mathrm{C}{}^z P_\mathrm{D}{}^w}{P_\mathrm{A}{}^x P_\mathrm{B}{}^y}$$

となり，$K\cdot(RT)^{z+w-x-y}$ を K_p とすると，

$$\dfrac{P_\mathrm{C}{}^z P_\mathrm{D}{}^w}{P_\mathrm{A}{}^x P_\mathrm{B}{}^y}=K_p$$

と表せる。K_p もまた温度が一定ならば一定となり，**圧平衡定数**という。

> **Point 33**
>
> $x\mathrm{A}\ +\ y\mathrm{B}\ \rightleftharpoons\ z\mathrm{C}\ +\ w\mathrm{D}$ では，平衡状態のとき，
>
> $$\dfrac{[\mathrm{C}]^z[\mathrm{D}]^w}{[\mathrm{A}]^x[\mathrm{B}]^y}=K\quad (T\text{一定なら一定})$$

標問 37 の解説

問1 気体の濃度は，物質量÷反応容器の容積　なので，

$$[x]=\dfrac{n(x)}{V}\qquad \text{と表される。}$$

問2　理想気体の状態方程式より，
$$p(x)\cdot V = n(x)RT$$
となり，
$$p(x)=\frac{n(x)}{V}RT=[x]RT \quad \cdots ①$$
と表せる。そこで，
$$K_p=\frac{\{p(NH_3)\}^2}{p(N_2)\cdot\{p(H_2)\}^3}=\frac{([NH_3]RT)^2}{([N_2]RT)([H_2]RT)^3}=\frac{[NH_3]^2}{[N_2][H_2]^3}\cdot\frac{1}{(RT)^2}=\frac{K_c}{(RT)^2}$$
よって，$\dfrac{K_c}{K_p}=(RT)^2$

問3　容器全体の体積が変化していないので，各成分の濃度 $[x]$ は変化していない。よって，①式より各成分の分圧は変化していない。ただし，全圧は Ar の分圧の分大きくなる。

問4
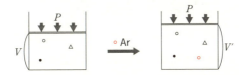

上図からわかるように，Ar を加えても全圧 P を一定に保つには，体積を大きくしなくてはならない（$V<V'$）。
そこで，$[NH_3]$ は V から V' に変化すると，瞬間的に減少する。
よって，①式より $p(NH_3)$ も減少する。

参考　ルシャトリエの原理で考えると，反応に関与する気体の分圧の和が小さくなるため，気体の分子数を増加させる左方向に進む，と判断できる。

問5　問3の条件下：N_2，H_2，NH_3 の濃度がすべて変化していないため，
$K_c=\dfrac{[NH_3]^2}{[N_2][H_2]^3}$ が成立したままである。つまり，平衡状態のままである。

問4の条件下：N_2，H_2，NH_3 の濃度は，V から V' に変化すると，瞬間的に小さくなる。この瞬間に各気体の濃度が $\dfrac{1}{\alpha}$（$\alpha>1$）になったとすると，

$$\frac{([NH_3]')^2}{[N_2]'([H_2]')^3}=\frac{\left(\dfrac{[NH_3]}{\alpha}\right)^2}{\left(\dfrac{[N_2]}{\alpha}\right)\left(\dfrac{[H_2]}{\alpha}\right)^3}=\underbrace{\frac{[NH_3]^2}{[N_2][H_2]^3}}_{\leqq K_c}\cdot\alpha^2$$

となる。このとき $\dfrac{([NH_3]')^2}{[N_2]'([H_2]')^3}$ の値は，$\alpha>1$ なので K_c よりも大きい。つまり，この点が平衡状態でなく，平衡状態より $[NH_3]$ が大きく，$[N_2]$ や $[H_2]$ の小さい点にいるといえる。そこで，ここからは分子の値 $[NH_3]$ が小さく，分母の値 $[N_2]$ や $[H_2]$ が大きくなり，新しい平衡状態に達するのである。いい換えると，この点からは左へ移動して，K_c と一致して平衡状態になるのである。

標問 38 平衡定数と平衡移動(2)

答

問1　$K = \dfrac{\alpha V}{2n(1-\alpha)^2}$ 〔L/mol〕

途中の考え方は解説参照。

問2　α は小さくなる。

問3　圧縮した直後は，眺めている方向からの単位体積あたりの NO_2 の量が多くなり，色が濃くなる。次に，気体の全分子数が減少する方向へ平衡が移動し，NO_2 の量が減るため色が薄くなる。

問4　圧縮した直後は，色の変化はないが，次第に色が薄くなっていく。

精講　まずは問題テーマをとらえる

■ルシャトリエの原理

平衡状態にある系に，外から平衡状態を破るような刺激を与えたとする。このとき非平衡状態になり，新たな平衡状態を目指して，ここから左右どちらかへ反応が進行する。

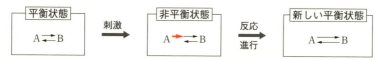

このとき進行する方向は，系に与えられた刺激を緩和する方向であり，これらの関係をまとめておくと次のようになる。

与える刺激	進行方向
① ある物質の濃度を上げる 　ある物質の濃度を下げる	その物質の濃度を減少させる方向へ その物質の濃度を増加させる方向へ
② 温度を上げる 　温度を下げる	吸熱反応の方向へ 発熱反応の方向へ
③ 気体を圧縮 　気体を膨張	気体粒子数を減少させる方向へ 気体粒子数を増加させる方向へ

Point 34　平衡状態 →①刺激→ 非平衡状態 →②進行方向→ 新しい平衡状態

（②は①を緩和する方向）

標問 38 の解説

問1

	$2NO_2$	$\rightleftarrows$	N_2O_4	
初期量	n		0	〔mol〕
変化量	$-n\alpha$		$+\dfrac{n\alpha}{2}$	〔mol〕
平衡量	$n(1-\alpha)$		$\dfrac{n\alpha}{2}$	〔mol〕

←α は会合度とよばれ，
$\alpha = \dfrac{\text{会合した}NO_2\text{の量}}{\text{初期の}NO_2\text{の量}}$
を表している

化学平衡の法則（質量作用の法則）より，

$$K = \frac{[N_2O_4]}{[NO_2]^2} = \frac{\left(\dfrac{n\alpha}{2V}\right)}{\left\{\dfrac{n(1-\alpha)}{V}\right\}^2} = \frac{\alpha V}{2n(1-\alpha)^2} \ \text{〔L/mol〕}$$

問2 体積を大きくし，系全体を膨張させると，ルシャトリエの原理より，全気体粒子数を増加させる方向，つまり左へ平衡が移動する。

よって，α は小さくなる。

問3 1)の方向から眺めると，次図のように変化して見える。

まず，圧縮すると，①よりは②のほうが単位体積あたりの NO_2 の量が多くなるので，赤褐色が濃くなる。

次に，②から③へは全気体粒子数を減少させる方向，つまり右へ平衡が移動する。すると，単位体積あたりの NO_2 の量が減り，赤褐色は次第に薄くなっていく。

問4

問3と同じ変化を，2)の方向から眺めると，上図のように変化して見える。

まず，①から②へは，2)の方向から見た場合，NO_2 分子どうしが互いに近づいたようには見えないため，色の濃さが変化しない。

ただし，②から③へは，NO_2 分子が減少するので赤褐色が薄くなる。

| 標問 | **39** | **反応速度と化学平衡** |

答 問1 ② 問2 $\dfrac{aP^2}{16R^2T^2}$ 〔mol/(L·s)〕 問3 $\dfrac{36b}{25a}$ 〔倍〕

精講 まずは問題テーマをとらえる

■反応速度式と化学平衡

化学平衡の法則（質量作用の法則）は，厳密には大学で学ぶ熱力学の知識を用いないと証明できない。

ただし，反応速度式の濃度項の次数が化学反応式の係数と一致するときだけ，次のような形で証明できる。

例 H_2（気）$+ I_2$（気）$\underset{v_2}{\overset{v_1}{\rightleftharpoons}} 2HI$（気） （高温時）

$\begin{cases} \text{正反応の速度式 } v_1 = k_1[H_2][I_2] \\ \text{逆反応の速度式 } v_2 = k_2[HI]^2 \end{cases}$

と表せることが知られており，また，平衡状態では $v_1 = v_2$ なので，

$k_1[H_2][I_2] = k_2[HI]^2$

よって， $\dfrac{[HI]^2}{[H_2][I_2]} = \dfrac{k_1}{k_2}$

$\dfrac{k_1}{k_2}$ は，温度が一定なら一定なので，これを K とおくと，この反応の平衡定数となる。

標問 **39** の解説

問1 ①，② 触媒を加えると活性化エネルギーが減少し，温度を上げると活性化エネルギーより大きな運動エネルギーをもつ分子が増加するので，正反応，逆反応とも速度が増加する。よって，①は誤りで，②は正しい。

③ $X + Y \rightleftharpoons 2Z + Q$〔kJ〕$(>0)$ の平衡定数を K とする。

$K = \dfrac{[Z]^2}{[X][Y]}$

温度が上昇すると，吸熱方向すなわち左へ平衡は移動する。すると，平衡定数 K の分母の項が大きくなり，分子の項が小さくなるので，K は小さくなる。よって，誤り。

④ 平衡定数は，温度が一定なら一定値である。誤り。

⑤ 平衡定数は，温度が変化すると変化する。誤り。

よって，正解は②だけである。

問2 図にすると，状態Aは次ページのようになる。

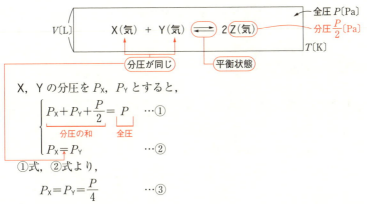

X，Yの分圧をP_X，P_Yとすると，

$$\begin{cases} \underline{P_X + P_Y + \dfrac{P}{2}} = \underline{P} & \cdots ① \\ \phantom{P_X + P_Y + \dfrac{P}{2} = P} \\ P_X = P_Y & \cdots ② \end{cases}$$

　　分圧の和　　全圧

①式，②式より，

$$P_X = P_Y = \dfrac{P}{4} \quad \cdots ③$$

一般に，気体の濃度は，分圧を用いると次のように表せる。

$$[X(気)] = \dfrac{P_X}{RT}^{※1} \qquad [Y(気)] = \dfrac{P_Y}{RT}$$

そこで，③式より，

$$[X(気)] = \dfrac{P}{4RT} \qquad [Y(気)] = \dfrac{P}{4RT}$$

※1 理想気体の状態方程式
　$P_X \cdot V = n_X \cdot RT$　より，
　$[X(気)] = \dfrac{n_X}{V} = \dfrac{P_X}{RT}$
となる。

となる。そこで，正反応の速度をvとすると，

$$v = a[X(気)][Y(気)] = a \times \dfrac{P}{4RT} \times \dfrac{P}{4RT} = \dfrac{aP^2}{16R^2T^2}$$

となる。逆反応の速度v_Aは，平衡状態では正反応の速度と等しいので，

$$v_A = \dfrac{aP^2}{16R^2T^2} \quad となる。$$

問3　図にすると次のようになる。

分圧の比は物質量の比なので，状態AでのXの物質量をn〔mol〕とすると，Yの物質量はn〔mol〕，Zの物質量は$2n$〔mol〕となる。

　平衡状態にある系に触媒を加えても，正，逆両反応の速度が上がり平衡は移動しない。Xをもうn〔mol〕加えると，Xの濃度が上がり，ルシャトリエの原理より平衡は右へ移動して，新しい平衡状態（状態B）に至る。このときのXの減少量をx〔mol〕とすると，

	X	+	Y	⇌	2Z	
移動前	$n+n$		n		$2n$	〔mol〕
変化量	$-x$		$-x$		$+2x$	〔mol〕
平衡量	$2n-x$		$n-x$		$2n+2x$	〔mol〕

第1章　理論化学

温度は一定なので，状態Aと状態Bの平衡定数 K の値は等しい。状態Aで化学平衡の法則（質量作用の法則）より，

$$K=\frac{[Z]^2}{[X][Y]}=\frac{\left(\dfrac{2n}{V}\right)^2}{\left(\dfrac{n}{V}\right)\left(\dfrac{n}{V}\right)}=4$$

となる。状態Bで化学平衡の法則（質量作用の法則）より，

$$K=\frac{\left(\dfrac{2n+2x}{V}\right)^2}{\left(\dfrac{2n-x}{V}\right)\left(\dfrac{n-x}{V}\right)}=\frac{4(n+x)^2}{(2n-x)(n-x)}$$

となる。そこで，

$$4=\frac{4(n+x)^2}{(2n-x)(n-x)}$$

となるので，

$$n^2+2nx+x^2=2n^2-3nx+x^2$$

よって，　$x=\dfrac{n}{5}$

と求まる。したがって，状態Bでは，

$$\begin{cases} \text{X の物質量}=2n-x=2n-\dfrac{n}{5}=\dfrac{9}{5}n \\[2mm] \text{Y の物質量}=n-x=n-\dfrac{n}{5}=\dfrac{4}{5}n \\[2mm] \text{Z の物質量}=2n+2x=2n+2\times\dfrac{n}{5}=\dfrac{12}{5}n \end{cases}$$

状態Bの逆反応の速度を v_B とすると，平衡状態なので，正反応の速度に等しいから，

$$v_B=b[X][Y]=b\left(\frac{\dfrac{9}{5}n}{V}\right)\left(\frac{\dfrac{4}{5}n}{V}\right)=\frac{36bn^2}{25V^2}$$

v_A はXの物質量 n，Yの物質量 n のときの問2で求めた正反応の速度 v に等しいので，次のように表せる。

$$v_A=v$$

$$=a[X][Y]=a\left(\frac{n}{V}\right)\left(\frac{n}{V}\right)=\frac{an^2}{V^2}$$

そこで，

$$\frac{v_B}{v_A}=\frac{\dfrac{36bn^2}{25V^2}}{\dfrac{an^2}{V^2}}=\frac{36b}{25a}\ 〔倍〕$$

標問 40 オキソ酸（酸素酸）

答
問1　ア：ⓟ　イ：ⓖ　ウ：ⓐ　エ：ⓤ　オ：ⓢ　カ：ⓒ
問2　過塩素酸
問3　(1)　HClO₃＞HClO₂＞HClO　　(2)　HClO₃＞HBrO₃＞HIO₃
問4　(1)　FCH₂COOH＞ClCH₂COOH＞CH₃COOH
　　　(2)　Cl₂CHCOOH＞ClCH₂COOH＞CH₃COOH

精講　まずは問題テーマをとらえる

■オキソ酸

分子中に酸素原子を含む酸を**オキソ酸**または**酸素酸**といい，これらの酸は $(O)_m X(OH)_n$ と書き表すことができる。

例　硫酸 H_2SO_4 ➡ $(O)_2S(OH)_2$　　硝酸 HNO_3 ➡ $(O)_2N(OH)$

オキソ酸は，中心原子 X にヒドロキシ基 –OH と酸素原子 O が直接結合した構造をしていて，水溶液中では，分子中の –OH が –O⁻ と H⁺ に電離して酸性を示す。

例　硫酸 H_2SO_4：O=S(O-H)(O-H)O　　硝酸 HNO_3：O=N(O)-O-H

オキソ酸の主な特徴は，次の2つ。

① 中心原子 X の陰性が強い（電気陰性度が大きい）ほど，酸性が強くなる。

例　電気陰性度は S>P なので，酸性の強さは，

硫酸 H₂SO₄　　　　　リン酸 H₃PO₄

② 中心原子 X が同じ場合，X に結合している O 原子の数が多いほど，酸性が強くなる。

例　硫酸 H₂SO₄ ＞ 亜硫酸 H₂SO₃

Point 35

オキソ酸は，中心原子 X の
　① 電気陰性度が大きいほど
　② まわりの O 原子の数が多いほど
酸として強くなる。

第1章　理論化学　93

標問 40 の解説

問1 オキソ酸の酸性の強さは，中心原子 X の電気陰性度(ア)が大きくなるほど強くなる。これは，X の電気陰性度が大きくなるほど X-O-H 結合から電子を強く引きつけ，O-H 間の極性(イ)が大きくなり水素イオン H^+ が電離して酸性を示すからである。(ここで，放出された H^+ は水溶液中ではオキソニウム(エ)イオン H_3O^+ として存在している。)

$$X-O-H \rightleftarrows X-O^- + H^+$$

また，オキソ酸の酸性の強さは，中心原子 X に結合する O 原子の数(カ)が多いほど強くなる。問題文中に与えられている硫酸 H_2SO_4 と亜硫酸 H_2SO_3 について考えてみる。

中心原子 S のまわりに S よりも電気陰性度の大きな O がついているため，S=O の結合は O 原子が負電荷，S 原子は正電荷を帯びた状態になる。ここで，S 原子の正電荷の大きさは O 原子が多くついている硫酸 H_2SO_4 のほうが亜硫酸 H_2SO_3 より大きくなる。

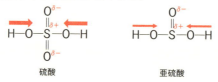

この S 上の正電荷は S-O-H 結合から電子を引きつけ，O-H 間の極性が大きくなり水素イオン H^+ が電離して酸性を示す。

ここで，硫酸 H_2SO_4 中の S は亜硫酸 H_2SO_3 中の S よりも大きな正電荷を帯び電子をより強く引きつけることができるため，硫酸 H_2SO_4 のほうが亜硫酸 H_2SO_3 より水素イオン H^+ が電離しやすく酸性が強くなる。

問2 同一周期では，原子番号が大きくなるほど電気陰性度が大きくなる傾向があった。同じ第3周期の元素で $_{15}P$，$_{16}S$，$_{17}Cl$ であることから，中心原子 X の電気陰性度は Cl>S>P の順となる。よって，オキソ酸の酸性の強さは，

$$HClO_4 \ (過塩素酸) > H_2SO_4 \ (硫酸) > H_3PO_4 \ (リン酸) \quad \cdots ①$$

の順になる。また，N と Cl の電気陰性度は 3.0 と 3.2 でほぼ同じ。そのため，結合する O 原子の数が多いほうのオキソ酸の酸性が強くなる。よって，酸性の強さは，

$$HClO_4 \ (過塩素酸) > HNO_3 \ (硝酸) \quad \cdots ②$$

の順になる。①，②の結果から，過塩素酸 $HClO_4$ が最も強い酸性を有すると推定できる。

問3 (1) 中心原子は Cl で同じ。よって，結合する O 原子の数が多いほど酸性が強くなる。

$$HClO_3 \quad > \quad HClO_2 \quad > \quad HClO$$
塩素酸　　　　　亜塩素酸　　　　次亜塩素酸

(2) 同族元素では，原子番号が小さくなるほど電気陰性度は大きくなる傾向があった。同じ 17 族で $_{17}Cl$，$_{35}Br$，$_{53}I$ であることから，中心原子 X の電気陰性度は Cl＞Br＞I の順になる。結合する O 原子の数は同じなので，中心原子の電気陰性度の大きいものほど酸性が強くなる。

$$HClO_3 \quad > \quad HBrO_3 \quad > \quad HIO_3$$

問4 (1) 電気陰性度は，F＞Cl＞H の順なので，F は Cl より，Cl は H より電子を強く引きつける。そのため，O-H 間の極性が大きくなり水素イオン H^+ が電離しやすくなる。

$$FCH_2COOH \quad > \quad ClCH_2COOH \quad > \quad CH_3COOH$$

(2) 電気陰性度の大きな Cl が多く結合すればするほど，電子を強く引きつける。そのため，O-H 間の極性が大きくなり水素イオン H^+ が電離しやすくなる。

$$Cl_2CHCOOH \quad > \quad ClCH_2COOH \quad > \quad CH_3COOH$$

第1章　理論化学　　95

標問 **41** 指示薬の理論

答

問1　ア：3.5　イ：$NaHCO_3$　ウ：$NaCl$　エ，オ：H_2O，CO_2（順不同）

問2　pH 2.5〜4.5

問3　4.0×10^{-2} mol/L

精講 まずは問題テーマをとらえる

メチルオレンジは，(1)式で示した電離平衡状態にある。

$$MH \rightleftarrows M^- + H^+ \quad \cdots(1)$$

　　赤色　　　黄色

　このメチルオレンジの水溶液に酸を加える。すなわち $[H^+]$ を大きく（pH を小さく）すると，(1)式の平衡は左に移動し，MH の赤色が強くなる。また，メチルオレンジの水溶液に塩基を加える。すなわち $[H^+]$ を小さく（pH を大きく）すると，(1)式の平衡は右に移動し，M^- の黄色が強くなる。このように，水溶液の $[H^+]$（pH）変化によって色が著しく変化するメチルオレンジは，中和滴定における pH 指示薬として使われる。

標問 41 の解説

問1　ア：メチルオレンジの電離定数 K は，(2)式のように表される。

$$K = \frac{[M^-][H^+]}{[MH]} = 3 \times 10^{-4} \text{ (mol/L)} \quad \cdots(2)$$

$[MH] = [M^-]$ のとき，(2)式より，

$$K = \frac{[M^-][H^+]}{[MH]} = 3 \times 10^{-4} \text{ (mol/L)}$$

となり，

$$[H^+] = K = 3 \times 10^{-4} \text{ (mol/L)}$$

$[MH] = [M^-]$ となるときの pH は，

$$pH = -\log_{10}[H^+] = -\log_{10}(3 \times 10^{-4}) = 4 - \log_{10}3 = 3.5$$

問2　メチルオレンジについて $0.1 \leqq \dfrac{[MH]}{[M^-]} \leqq 10$ となる pH の範囲（変色域）を求める。

変色域とは，分子構造が変化することで色調が変化する pH の範囲をいう。

参考

	0	1	2	3	4	5	6	7	8	9	10	11	12	13	14 pH
メチルオレンジ				赤	黄										
フェノールフタレイン						変色域			無		赤				

(2)式の $K = \dfrac{[M^-][H^+]}{[MH]}$ より，

$$\frac{[MH]}{[M^-]} = \frac{[H^+]}{K} = \frac{[H^+]}{3 \times 10^{-4}} \quad \cdots(2)' \quad \longleftarrow K = 3 \times 10^{-4} \text{ (mol/L)}$$

96

$0.1 \leqq \dfrac{[MH]}{[M^-]} \leqq 10$ に(2)′ 式を代入すると，$0.1 \leqq \dfrac{[H^+]}{3 \times 10^{-4}} \leqq 10$ となり，

$0.1 \times 3 \times 10^{-4}\, (=3 \times 10^{-5}) \leqq [H^+] \leqq 10 \times 3 \times 10^{-4}\, (=3 \times 10^{-3})$

$-\log_{10}(3 \times 10^{-5}) \geqq -\log_{10}[H^+]\,(=pH) \geqq -\log_{10}(3 \times 10^{-3})$

$5-\log_{10}3\,(=4.5) \geqq pH \geqq 3-\log_{10}3\,(=2.5)$

よって，メチルオレンジの変色域は pH 2.5〜4.5 となる。

参考 指示薬は，一方の濃度がもう一方の濃度の 10 倍をこえる濃度になると片方の色だけが見えるようになる。つまり，

MH の濃度が M⁻ の 10 倍より大きい：[MH] > 10 [M⁻]
赤色　　黄色

$\Longleftrightarrow \dfrac{[MH]}{[M^-]} > 10$ (pH < 2.5) のときは，赤色に変色する。

M⁻ の濃度が MH の 10 倍より大きい：[M⁻] > 10 [MH]
黄色　　赤色

$\Longleftrightarrow \dfrac{[MH]}{[M^-]} < \dfrac{1}{10} = 0.1$ (pH > 4.5) のときは，黄色に変色する。

問3 炭酸ナトリウム Na_2CO_3 水溶液（水溶液X）は，加水分解してかなり強い塩基性を示すために，メチルオレンジを加えると黄色に呈色する。ここに強酸である希塩酸 HCl を加えていくと，はじめに弱酸の陰イオン $CO_3{}^{2-}$ が HCl から H^+ を受けとる。

$Na_2CO_3 + HCl \longrightarrow NaHCO_3{}_{イ} + NaCl_{ウ}$ …(3)

(3)式の反応が終了すると，生成した弱酸の陰イオン $HCO_3{}^-$ がさらに HCl から H^+ を受けとる。

$NaHCO_3{}_{イ} + HCl \longrightarrow H_2O_{エ} + CO_2{}_{オ} + NaCl_{ウ}$ …(4)

(4)式の反応が終了すると，生成した $H_2CO_3(H_2O+CO_2)$ のために水溶液は弱酸性を示し，メチルオレンジが赤色に変色する。

つまり，メチルオレンジが黄色から赤色に変色するまでには，(3)式＋(4)式の反応が終了する。よって，(3)式＋(4)式より，

$Na_2CO_3 + 2HCl \longrightarrow H_2O + CO_2 + 2NaCl$ …(*)

(*)式より，Na_2CO_3 1 mol に HCl が 2 mol 必要になることがわかるので，水溶液X を x〔mol/L〕とすると，

$$\underbrace{x \times \dfrac{20}{1000}}_{\substack{\text{使用した } Na_2CO_3 \\ \text{〔mol〕}}} \underbrace{\times 2}_{\substack{\text{必要となる } HCl \\ \text{〔mol〕}}} = \underbrace{0.10 \times \dfrac{16}{1000}}_{\substack{\text{使用した } HCl \\ \text{〔mol〕}}}$$

よって，$x=4.0 \times 10^{-2}$〔mol/L〕

標問 42 逆滴定

答 28%

標問 42 の解説

問題文の操作は，次のようになる。

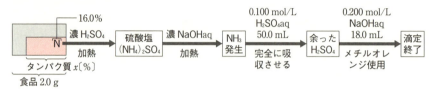

N 原子に注目して，個数関係を調べる。

食品に含まれるタンパク質の中に N 原子(原子量 14)が a 個含まれているとすると，濃 H_2SO_4 を加えて加熱し，含有窒素分をすべて NH_4^+ としたので NH_4^+ が a 個得られる。この NH_4^+ a 個に強塩基である NaOH aq を加えて加熱すると，弱塩基遊離反応が完全に進んで NH_3 が a 個発生する。

ここまでの個数関係は次のようになり，N 原子と同じ物質量〔mol〕の NH_3 が発生することがわかる。

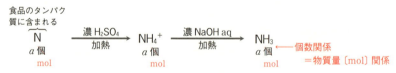

よって，この食品に含まれるタンパク質を x〔%〕とすると，N＝14 より，

$$2.0 \times \frac{x}{100} \times \frac{16.0}{100} \times \frac{1}{14} \times ① = \frac{16}{7} \times 10^{-4} x \text{〔mol〕}$$

の NH_3 が発生する。

次に，この発生した NH_3 $\frac{16}{7} \times 10^{-4} x$〔mol〕を 0.100 mol/L の H_2SO_4 aq 50.0 mL に吸収させ，余った H_2SO_4 aq を 0.200 mol/L NaOH aq 18.0 mL で滴定する。

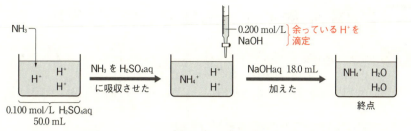

よって，NH₃ を吸収させた後に余っている H⁺ の物質量〔mol〕は，

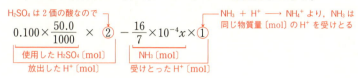

となり，メチルオレンジが変色するときには，余っている H⁺ の物質量〔mol〕と NaOH aq が放出した OH⁻ の物質量〔mol〕が等しくなっているので，次の関係式が成り立つ．

$$\underbrace{0.100 \times \frac{50.0}{1000} \times 2 - \frac{16}{7} \times 10^{-4} x \times 1}_{\text{余っている H⁺ の物質量〔mol〕}} = \underbrace{0.200 \times \frac{18.0}{1000}}_{\text{NaOH〔mol〕}} \times \underbrace{①}_{\text{OH⁻〔mol〕}} \quad \text{← NaOH は 1 価の塩基なので}$$

よって，$x = 28$〔%〕

> **参考** この滴定では，NH₄⁺ が残存しているところを終点とするので，滴定終了時の水溶液は NH₄⁺ の加水分解により弱酸性を示す．
> 　　　NH₄⁺ ＋ H₂O ⇌ NH₃ ＋ H₃O⁺
> 　そのため，変色域が酸性側にあるメチルオレンジを指示薬として用いる．

第 1 章　理論化学　99

標問 43 水素イオン濃度の計算(1)(強酸)

答 問1 ア：強　イ：電離　ウ：水　エ：$A+B$　オ：水酸化物
　　カ：$[OH^-]$（または B）　キ：イオン　ク：$(A+B)\times B$
　　ケ：1.0×10^{-14}（ク，ケは順不同）　問2　解説参照

精講　まずは問題テーマをとらえる

■**強酸の pH について**　C〔mol/L〕の塩酸 HCl の pH を求めてみる。

1. 強酸は，一般に水溶液中で完全に電離しているので，

$$HCl \longrightarrow H^+ + Cl^-$$

C〔mol/L〕　　C〔mol/L〕　C〔mol/L〕
完全電離

となり，$[H^+]=C$〔mol/L〕なので　$pH=-\log_{10}[H^+]=-\log_{10}C$　となる。

2. 酸の水溶液を薄めていったときの pH には注意が必要になる。

希薄な酸になると，酸の電離で生じる H^+ の濃度が小さくなり，水の電離で生じる H^+ の影響が無視できなくなってくる。水の電離で生じる H^+ の影響も考えて，pH を求めてみると次のようになる。

$$HCl \longrightarrow H^+ + Cl^- \qquad H_2O \rightleftarrows H^+ + OH^-$$

C〔mol/L〕　C〔mol/L〕　C〔mol/L〕　　　　　x〔mol/L〕　x〔mol/L〕
完全電離　　　　　　　　　　　　　　　　　　水の電離で生じる H^+ を x〔mol/L〕とすると，OH^- も x〔mol/L〕生じている

よって，　$[H^+]=C+x$〔mol/L〕　…①，　$[OH^-]=x$〔mol/L〕　…②
　　　　　HCl から生じた H^+　水から生じている H^+　　　　　水から生じている OH^-

となり，水溶液中では水のイオン積 K_w が成り立つので①式，②式を K_w に代入すると，

$$[H^+]\times[OH^-]=K_w \Rightarrow (C+x)\times x=K_w \Rightarrow x^2+Cx-K_w=0$$

よって，　$x=\dfrac{-C\pm\sqrt{C^2+4K_w}}{2}$　　$x>0$ なので，　$x=\dfrac{-C+\sqrt{C^2+4K_w}}{2}$

となる。求める全水素イオン濃度は $[H^+]=C+x$〔mol/L〕だから，

$$[H^+]=C+x=C+\dfrac{-C+\sqrt{C^2+4K_w}}{2}=\dfrac{C+\sqrt{C^2+4K_w}}{2}$$

$$pH=-\log_{10}[H^+]=-\log_{10}\dfrac{C+\sqrt{C^2+4K_w}}{2}$$

注　塩酸の濃度と pH の関係は右のようになる。
　破線(a)のグラフは，塩酸の濃度をそのまま水素イオンの濃度とした（水の電離による H^+ の影響を考えなかった）ときの pH を表し，

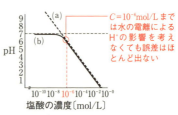

曲線(b)のグラフは，実際の塩酸の pH を表す。グラフから，$C \geqq 10^{-6}$ mol/L であれば，水の電離による H^+ の影響を考えずに $\boxed{1}$ の方法で pH を求めてよいことがわかり，$C < 10^{-6}$ mol/L になると誤差が生じてくることから，水の電離の影響も考えて $\boxed{2}$ の方法で pH を求めなくてはいけないとわかる。

Point
36

C 〔mol/L〕の HCl の $[H^+]$ は，

$$\begin{cases} C \geqq 10^{-6} \text{ mol/L のとき} \quad \Rightarrow \quad [H^+] = C \text{ 〔mol/L〕} \\ C < 10^{-6} \text{ mol/L のとき} \quad \Rightarrow \quad [H^+] = \dfrac{C + \sqrt{C^2 + 4K_w}}{2} \text{ 〔mol/L〕} \end{cases}$$

標問 43 の解説

問 1，2　塩酸や硝酸のような 1 価の強酸の場合，0.1 mol/L 以下のような濃度の水溶液では完全に電離しているとみなす。

A〔mol/L〕の HCl（薄めていく前）の pH は，$[H^+] = A$〔mol/L〕なので，pH $= -\log_{10}[H^+] = -\log_{10} A$（(1)式）となる。しかし，塩酸を薄めていき，酸の濃度が低くなると水の電離による H^+ も無視できなくなってくる。水の電離によって生じる H^+ の濃度を B〔mol/L〕とすると，pH は次のように求めることができる。

$$\begin{array}{ccccc} \text{HCl} & \longrightarrow & H^+ & + & Cl^- \\ A \text{〔mol/L〕} & & & & \\ 0 & & A \text{〔mol/L〕} & & A \text{〔mol/L〕} \end{array} \qquad \begin{array}{ccccc} H_2O & \rightleftarrows & H^+ & + & OH^- \\ & & B \text{〔mol/L〕} & & B \text{〔mol/L〕} \end{array}$$

希薄な塩酸中の全水素イオン濃度は $[H^+] = A + B$〔mol/L〕となる。一方，そのときの水酸化物イオン OH^- の濃度は B〔mol/L〕であり，$A > 0$，$B > 0$ なので，どんなに希薄な塩酸中でも，$[H^+]$ は次のようになり，pH が 7 を超えることはない。

$$[H^+] = A + B > B = [OH^-]$$

このような希薄な塩酸の pH を求めたいときは，水のイオン積を利用する。

$$[H^+] \times [OH^-] = K_w$$
$$(A + B) \times B = 1.0 \times 10^{-14} \text{〔(mol/L)}^2\text{〕} \quad \cdots(3)$$

(3)式から B の値を求め，(1)式の代わりとなる式を導く必要がある。(3)式より，

$$B^2 + AB - 10^{-14} = 0$$

$$B = \frac{-A \pm \sqrt{A^2 + 4 \times 10^{-14}}}{2} \qquad B > 0 \text{ より，} \quad B = \frac{-A + \sqrt{A^2 + 4 \times 10^{-14}}}{2}$$

全水素イオン濃度：$[H^+] = A + B = \dfrac{A + \sqrt{A^2 + 4 \times 10^{-14}}}{2}$

$$\frac{A + \sqrt{A^2 + 4 \times 10^{-14}}}{2} = \frac{1}{2}\left(1 + \sqrt{1 + \frac{4 \times 10^{-14}}{A^2}}\right)A = \frac{1}{2}\left\{1 + \sqrt{1 + \left(\frac{2 \times 10^{-7}}{A}\right)^2}\right\}A$$

なので，(1)式の代わりとなる次の(4)式を導くことができる。

$$\text{pH} = -\log_{10}[H^+] = -\log_{10}\left[\frac{1}{2}\left\{1 + \sqrt{1 + \left(\frac{2 \times 10^{-7}}{A}\right)^2}\right\}A\right] \quad \cdots(4)$$

第 1 章　理論化学　101

標問 **44** **水素イオン濃度の計算(2)(弱酸)**

答
問1　3.0
問2　9.5×10^{-2}
問3　(c)

精講 まずは問題テーマをとらえる

■弱酸の水素イオン濃度 [H⁺] について

C〔mol/L〕の酢酸 CH_3COOH（電離度 α）の [H⁺] を求めてみる。

電離度が α なので，電離した CH_3COOH は $C\alpha$〔mol/L〕になり，電離平衡になったときの各成分の濃度は次のようになる。

$$CH_3COOH \rightleftarrows CH_3COO^- + H^+$$

電離前　　C〔mol/L〕
電離後　$C-C\alpha$〔mol/L〕　　　$C\alpha$〔mol/L〕　　$C\alpha$〔mol/L〕

このときの電離定数 K_a は次のようになり，温度一定で一定の値をとる。

$$K_a = \frac{[CH_3COO^-][H^+]}{[CH_3COOH]} = \frac{C\alpha \times C\alpha}{C-C\alpha} = \frac{C^2\alpha^2}{C(1-\alpha)} = \frac{C\alpha^2}{1-\alpha} \quad \cdots ①$$

└ acid：酸を表す

(1) **電離度 α の値が 1 に比べて極めて小さい場合**

$1-\alpha \fallingdotseq 1$ と近似できるので，①式より，

$$K_a = \frac{C\alpha^2}{1-\alpha} \fallingdotseq C\alpha^2$$

$\alpha > 0$ より，$\alpha = \sqrt{\dfrac{K_a}{C}} \quad \cdots ②$

また，[H⁺]$=C\alpha$ に②式を代入すると，

$$[H^+] = C\alpha = C\sqrt{\frac{K_a}{C}} = \sqrt{CK_a}\ \text{〔mol/L〕}$$

(2) **電離度 α の値が 1 に比べて小さくない場合**

$1-\alpha \fallingdotseq 1$ と近似することができなくなるので，①式より，

$$C\alpha^2 + K_a\alpha - K_a = 0$$

よって，$\alpha = \dfrac{-K_a \pm \sqrt{K_a^2 + 4CK_a}}{2C}$

$\alpha > 0$ より，$\alpha = \dfrac{-K_a + \sqrt{K_a^2 + 4CK_a}}{2C} \quad \cdots ③$

また，[H⁺]$=C\alpha$ に③式を代入すると，

$$[H^+] = C\alpha = \frac{-K_a + \sqrt{K_a^2 + 4CK_a}}{2}$$

注 弱酸の濃度が小さくなってくると，電離度 α が大きくなり $1-\alpha \fallingdotseq 1$ の近似が成立しなくなる。一般に，$\alpha \geqq 0.05$ のときには $1-\alpha \fallingdotseq 1$ の近似は行わない。
（ただし，問われている有効数字の桁数によっては，近似できることもある。）

Point 37

酢酸の電離度について，

$$
\begin{cases}
\alpha = \sqrt{\dfrac{K_a}{C}} & (\alpha < 0.05 \text{ のとき}) \\[3mm]
\alpha = \dfrac{-K_a + \sqrt{K_a{}^2 + 4CK_a}}{2C} & (\alpha \geqq 0.05 \text{ のとき})
\end{cases}
$$

標問 44 の解説

C〔mol/L〕の RCOOH（電離度 α）について，電離平衡になったときの各成分の濃度と電離定数 K_a は次のように表すことができる。

$$
\begin{array}{ccccc}
\text{RCOOH} & \rightleftharpoons & \text{RCOO}^- & + & \text{H}^+ \\
\end{array}
$$

電離前　　C〔mol/L〕

電離後　$C(1-\alpha)$〔mol/L〕　　　$C\alpha$〔mol/L〕　　$C\alpha$〔mol/L〕

$$
K_a = \frac{[\text{RCOO}^-][\text{H}^+]}{[\text{RCOOH}]} = \frac{C\alpha \times C\alpha}{C(1-\alpha)} = \frac{C\alpha^2}{1-\alpha} \quad \cdots (\mathcal{P})
$$

問1　25℃で　$C = 0.10$〔mol/L〕，RCOOH の電離度は $\alpha = 0.010$ なので，

$$
[\text{H}^+] = C\alpha = 0.10 \times 0.010 = 1.0 \times 10^{-3} \text{〔mol/L〕}
$$

よって，　pH＝3.0

このとき，(ア)式より 25℃のときの K_a を求めることができる。

$$
K_a = \frac{0.10 \times (0.010)^2}{1 - 0.010} \fallingdotseq 0.10 \times (0.010)^2 = 1.0 \times 10^{-5} \text{〔mol/L〕}
$$

$\alpha = 0.010 < 0.05$ なので近似できる

問2　水で 100 倍に薄めたこのカルボン酸の濃度は，次のようになる。

$$
C = 0.10 \times \frac{1}{100} = 1.0 \times 10^{-3} \text{〔mol/L〕}
$$

求める電離度 α の値が，1 に比べて極めて小さく $1-\alpha \fallingdotseq 1$ と近似できるとすると，(ア)式より，

$$
\alpha = \sqrt{\frac{K_a}{C}} \quad \longleftarrow \text{ } \alpha > 0 \text{ なので}
$$

問1 より，25℃のとき $K_a = 1.0 \times 10^{-5}$〔mol/L〕なので，$C = 1.0 \times 10^{-3}$〔mol/L〕のときの電離度 α は，次のように求めることができる。

$$
\alpha = \sqrt{\frac{1.0 \times 10^{-5}}{1.0 \times 10^{-3}}} = 10^{-1} = 0.10
$$

ところが，この α の値は 0.05 よりはかなり大きいので，$1-\alpha \fallingdotseq 1$ と近似せずに求めるほうがよい。よって，(ア)式を近似せずにそのまま利用すると，

第1章　理論化学　　103

$K_a = \dfrac{C\alpha^2}{1-\alpha}$ より，

$C\alpha^2 + K_a\alpha - K_a = 0$

$\alpha > 0$ より，

$$\alpha = \frac{-K_a + \sqrt{K_a^2 + 4CK_a}}{2C} \quad \cdots(イ)$$

ここで，$K_a = 1.0 \times 10^{-5}$ 〔mol/L〕，$C = 1.0 \times 10^{-3}$ 〔mol/L〕を(イ)式に代入すると，

$$\alpha = \frac{-1.0 \times 10^{-5} + \sqrt{(1.0 \times 10^{-5})^2 + 4 \times 1.0 \times 10^{-3} \times 1.0 \times 10^{-5}}}{2 \times 1.0 \times 10^{-3}}$$

$$= \frac{-1.0 \times 10^{-2} + \sqrt{401} \times 10^{-2}}{2}$$

$$\fallingdotseq \frac{-1.0 \times 10^{-2} + 20 \times 10^{-2}}{2} = 9.5 \times 10^{-2}$$

問3 問1より，$C = 0.10 = 10^{-1}$ 〔mol/L〕のときは $\alpha = 0.010$，問2より，
$C = 10^{-3}$ 〔mol/L〕のときは $\alpha = 9.5 \times 10^{-2} = 0.095$ なので，グラフのうち(b)か(c)が解答になる。

ここで，(b)と(c)のどちらになるかは，$C = 10^{-6}$ 〔mol/L〕のときの α の値を求めることで決定することができる。グラフから(b)と(c)ともに α の値は 0.05 より大きくなっていることがわかるので，近似しない(イ)式に $C = 10^{-6}$ 〔mol/L〕，25℃ のときの $K_a = 1.0 \times 10^{-5}$ 〔mol/L〕を代入すればよい。

$$\alpha = \frac{-1.0 \times 10^{-5} + \sqrt{(1.0 \times 10^{-5})^2 + 4 \times 10^{-6} \times 1.0 \times 10^{-5}}}{2 \times 10^{-6}}$$

$$= \frac{-1.0 \times 10^{-5} + \sqrt{1.4} \times 10^{-5}}{2 \times 10^{-6}} \fallingdotseq 0.90 \quad {\color{red}\leftarrow 1.4 \fallingdotseq 1.18^2}$$

よって，(c)のグラフが解答となる。

| 標問 | **45** | 緩衝液・塩の加水分解における pH |

答

問1　$\alpha : 9.48 \times 10^{-3}$　　　pH : 2.72

問2　4.75

問3　(1)　$K_b = \dfrac{K_w}{K_a}$　　(2)　8.87

問4　緩衝液

問5　ⓦ

精講　まずは問題テーマをとらえる

■緩衝液

「弱酸とその塩」や「弱塩基とその塩」の混合水溶液に強酸や強塩基を少量加えても，pH の値はほとんど変化しない。このように，加えた H^+ や OH^- が，水溶液中で反応し消費されるために pH の値がほぼ一定に保たれる働きを**緩衝作用**，緩衝作用をもつ溶液を**緩衝液**という。

例えば，弱酸である酢酸 CH_3COOH とその塩である酢酸ナトリウム CH_3COONa の混合水溶液について考えてみよう。

この混合水溶液中では，CH_3COONa はほぼ完全に CH_3COO^- と Na^+ に電離しており，CH_3COOH は弱酸で，もともと電離度が小さいうえに CH_3COO^- が多量に存在しているので，ほとんど電離できずに（電離を抑制されて）CH_3COOH として存在している。つまり，この混合水溶液中には酢酸イオンと酢酸が多量に存在する。

$$CH_3COONa \longrightarrow CH_3COO^- + Na^+$$

$$CH_3COOH \rightleftharpoons CH_3COO^- + H^+ \quad \leftarrow 電離が抑制される$$

そのため，この混合水溶液に少量の強酸を加えると，強酸から生じた H^+ は多量に存在する酢酸イオンと次のように反応するので，$[H^+]$ はほとんど変化しない。

$$CH_3COO^- + H^+ \longrightarrow CH_3COOH$$

また，この混合水溶液に少量の強塩基を加えても，強塩基から生じた OH^- は多量に存在する酢酸と次のように反応するので，$[OH^-]$ もほとんど変化しない。

$$CH_3COOH + OH^- \longrightarrow CH_3COO^- + H_2O$$

このように，酢酸と酢酸ナトリウムの混合水溶液に少量の強酸や強塩基を加えても，$[H^+]$ や $[OH^-]$ はほとんど変化せず，pH もほとんど変化しない。

■緩衝液の pH

酢酸と酢酸ナトリウムの混合水溶液（緩衝液）の pH は，次のように求めることができる。

水溶液中に酢酸と酢酸イオンが少しでも存在すれば，酢酸の電離定数 K_a は成立するので，酢酸と酢酸ナトリウムの混合水溶液中であっても成立する。酢酸の電離定数 K_a は，次のように表すことができる。

第1章　理論化学　　105

$$K_a = \frac{[CH_3COO^-][H^+]}{[CH_3COOH]} \quad 変形すると, \quad [H^+] = \frac{[CH_3COOH]}{[CH_3COO^-]} \times K_a$$

ここで，[CH_3COOH]は酢酸がほとんど電離できていないため酢酸のモル濃度に等しく，[CH_3COO^-]は酢酸ナトリウムが完全に電離しているため酢酸ナトリウムのモル濃度に等しくなる。つまり，[H^+]は酢酸と酢酸ナトリウムの濃度比で決まり，これを利用してpHを求めることができる。

また，緩衝液を水で薄めても，$\frac{[CH_3COOH]}{[CH_3COO^-]}$はほとんど変化しないので，[H^+]はほとんど変化せず，pHの値もほとんど変化しない。

Point 38
一般に，「弱酸とその塩」または「弱塩基とその塩」の混合水溶液のことを緩衝液という。
例　CH_3COOH ＋ CH_3COONa　や　NH_3 ＋ NH_4Cl
CH_3COOH ＋ CH_3COONa の緩衝液のpHは，次の[H^+]から求める。
$$[H^+] = \frac{[CH_3COOH]}{[CH_3COO^-]} \times K_a$$

■塩の加水分解における水素イオン濃度

C [mol/L]の酢酸ナトリウム CH_3COONa の水素イオン濃度は，次のように求めることができる。

```
            CH_3COONa  ⟶  CH_3COO^-  +  Na^+
電離前        C [mol/L]
電離後          0           C [mol/L]    C [mol/L]
```

CH_3COO^- が加水分解する割合を加水分解度 h ($0<h<1$) で表すと，電離平衡になったときの各成分の濃度は次のようになる。

```
            CH_3COO^-  +  H_2O  ⇌  CH_3COOH  +  OH^-
加水分解前    C [mol/L]     一定
加水分解後    C(1-h) [mol/L]  一定      Ch [mol/L]   Ch [mol/L]
```

この電離平衡に化学平衡の法則（質量作用の法則）を用いると，
$$K = \frac{[CH_3COOH][OH^-]}{[CH_3COO^-][H_2O]}$$
となり，水の濃度はほぼ一定なので，整理すると次式が得られる。
$$K_h = K[H_2O] = \frac{[CH_3COOH][OH^-]}{[CH_3COO^-]} \quad \cdots ①$$

─hydrolysis：加水分解を表す

このときの平衡定数 K_h を加水分解定数といい，温度一定で一定の値をとる。

ここで，K_h と酢酸の電離定数 $K_a = \frac{[CH_3COO^-][H^+]}{[CH_3COOH]}$ の積は，

$$K_h \times K_a = \frac{[CH_3COOH][OH^-]}{[CH_3COO^-]} \times \frac{[CH_3COO^-][H^+]}{[CH_3COOH]} = [OH^-][H^+] = K_w$$

水のイオン積

となり，

$$K_h = \frac{K_w}{K_a} \quad \cdots ②$$

となる。①式に各成分の濃度を代入すると，

$$K_h = \frac{[CH_3COOH][OH^-]}{[CH_3COO^-]} = \frac{Ch \times Ch}{C(1-h)} = \frac{Ch^2}{1-h}$$

加水分解度 h の値は，1 に比べて極めて小さいので $1-h \fallingdotseq 1$ と近似できる。よって，

$$K_h = \frac{Ch^2}{1-h} \fallingdotseq Ch^2 \qquad h > 0 \ \text{より，} \quad h = \sqrt{\frac{K_h}{C}} \quad \cdots ③$$

また，$[OH^-] = Ch$ に③式を代入すると，

$$[OH^-] = Ch = C\sqrt{\frac{K_h}{C}} = \sqrt{CK_h} \ [mol/L]$$

となり，水のイオン積 $K_w = [H^+][OH^-]$ と②式から，$[H^+]$ は次式のようになる。

$$[H^+] = \frac{K_w}{[OH^-]} = \frac{K_w}{\sqrt{CK_h}} = \frac{K_w}{\sqrt{C \cdot \dfrac{K_w}{K_a}}} = \sqrt{\frac{K_a K_w}{C}}$$

Point 39

$C \ [mol/L]$ の CH_3COONa の $[H^+]$ は，

$$[H^+] = \sqrt{\frac{K_a K_w}{C}}$$

標問 45 の解説

問1 $0.200 \ mol/L \ CH_3COOH$ の電離度 α の値が 1 に比べて極めて小さく，$1-\alpha \fallingdotseq 1$ と近似できるので，$K_a = 1.80 \times 10^{-5} \ [mol/L]$ より，

$$\alpha = \sqrt{\frac{K_a}{C}} = \sqrt{\frac{1.80 \times 10^{-5}}{0.200}} = \sqrt{90 \times 10^{-6}} = 3\sqrt{10} \times 10^{-3} \fallingdotseq 9.48 \times 10^{-3}$$

$$[H^+] = C\alpha = 0.200 \times 3\sqrt{10} \times 10^{-3} = 2 \times 10^{-1} \times 3 \times 10^{\frac{1}{2}} \times 10^{-3}$$

$$= 2 \times 3 \times 10^{-\frac{7}{2}} \ [mol/L]$$

よって，$pH = -\log_{10}(2 \times 3 \times 10^{-\frac{7}{2}}) = \dfrac{7}{2} - \log_{10} 2 - \log_{10} 3 \fallingdotseq 2.72$

問2，4 $0.200 \ mol/L \ CH_3COOH \ 200 \ mL$ に $0.200 \ mol/L \ NaOH \ 100 \ mL$ を滴下すると，量的関係は次のようになる。

	CH_3COOH	$+$	$NaOH$	$\longrightarrow$	CH_3COONa	$+$	H_2O
反応前	$0.200 \times \dfrac{200}{1000} \ [mol]$		$0.200 \times \dfrac{100}{1000} \ [mol]$				
反応後	$0.200 \times \dfrac{100}{1000} \ [mol]$		0		$0.200 \times \dfrac{100}{1000} \ [mol]$		$0.200 \times \dfrac{100}{1000} \ [mol]$
	弱酸				その塩		

緩衝液

第1章 理論化学　107

混合した水溶液の全体積は，$(200+100)$ mL なので，分子として余っている CH_3COOH の濃度は，

$$[CH_3COOH]=\dfrac{0.200\times\dfrac{100}{1000}\,(mol)}{\dfrac{200+100}{1000}\,(L)}=\dfrac{1}{3}\times0.200\,(mol/L)$$

生成した CH_3COONa は完全に電離するので，CH_3COO^- の濃度は，

$$[CH_3COONa]=[CH_3COO^-]=\dfrac{0.200\times\dfrac{100}{1000}\,(mol)}{\dfrac{200+100}{1000}\,(L)}=\dfrac{1}{3}\times0.200\,(mol/L)$$

これらを，酢酸の電離定数 K_a に代入すると，$K_a=\dfrac{[CH_3COO^-][H^+]}{[CH_3COOH]}$ より，

$$[H^+]=\dfrac{[CH_3COOH]}{[CH_3COO^-]}\times K_a=\dfrac{\dfrac{1}{3}\times0.200}{\dfrac{1}{3}\times0.200}\times1.80\times10^{-5}=1.80\times10^{-5}\,(mol/L)$$

よって，$pH=-\log_{10}(1.80\times10^{-5})=-\log_{10}(18\times10^{-6})=-\log_{10}(2\times3^2\times10^{-6})$
$$=6-\log_{10}2-2\log_{10}3\fallingdotseq4.75$$

> **参考** $[CH_3COOH]$ と $[CH_3COO^-]$ の濃度比が $1:1$ とわかれば，水素イオン濃度をわざわざ計算して求めなくとも $[H^+]=K_a$ を直ちに導くことができる。
>
> $$K_a=\dfrac{[CH_3COO^-][H^+]}{[CH_3COOH]}$$

問3 (1)　$CH_3COO^- + H_2O \rightleftarrows CH_3COOH + OH^-$

この反応の平衡定数（加水分解定数）$K_b=\dfrac{[CH_3COOH][OH^-]}{[CH_3COO^-]}$ と酢酸の電離定数 $K_a=\dfrac{[CH_3COO^-][H^+]}{[CH_3COOH]}$ の積は次のようになる。

$$K_b\times K_a=\dfrac{[CH_3COOH][OH^-]}{[CH_3COO^-]}\times\dfrac{[CH_3COO^-][H^+]}{[CH_3COOH]}=[OH^-][H^+]=K_w$$

よって，$K_b=\dfrac{K_w}{K_a}$

(2)　0.200 mol/L の CH_3COOH 200 mL を中和するのに必要な 0.200 mol/L の NaOH を v (mL) とすると，「中和点」では，

酸が放出した H^+ の物質量 (mol)＝塩基が放出した OH^- の物質量 (mol)

の関係式が成り立つので，

$$0.200\times\dfrac{200}{1000}\times1=0.200\times\dfrac{v}{1000}\times1$$

CH_3COOH (mol)　H^+ (mol)　　　NaOH (mol)　OH^- (mol)

となり，これを解くと $v=200$ (mL) となる。

よって，中和点では次の量的関係が成り立つ。

$$CH_3COOH \quad + \quad NaOH \quad \longrightarrow \quad CH_3COONa \quad + \quad H_2O$$

反応前　　$0.200 \times \dfrac{200}{1000}$〔mol〕　　$0.200 \times \dfrac{200}{1000}$〔mol〕

反応後　　　　　　0　　　　　　　　0　　　　　　$0.200 \times \dfrac{200}{1000}$〔mol〕　$0.200 \times \dfrac{200}{1000}$〔mol〕

　中和点では，$0.200 \times \dfrac{200}{1000}$〔mol〕の CH₃COONa が生じており，混合した水溶液の全体積は $(200+200)$ mL なので，

$$[CH_3COONa] = \frac{0.200 \times \dfrac{200}{1000} 〔mol〕}{\dfrac{200+200}{1000} 〔L〕} = 0.100 〔mol/L〕$$

で，加水分解して弱塩基性を示す。

　ここで，$C = 0.100$〔mol/L〕の CH₃COONa の $[H^+]$ は，

$$[H^+] = \sqrt{\frac{K_a K_w}{C}} \quad \longleftarrow \text{導き方は 精講 参照}$$

と表せるので，$C = 0.100$〔mol/L〕，$K_a = 1.80 \times 10^{-5}$〔mol/L〕，$K_w = 1.00 \times 10^{-14}$〔(mol/L)²〕を代入すると，

$$[H^+] = \sqrt{\frac{1.80 \times 10^{-5} \times 1.00 \times 10^{-14}}{0.100}} = \sqrt{18 \times 10^{-19}} = 3\sqrt{2} \times 10^{-9.5} 〔mol/L〕$$

　よって，　$pH = 9.5 - \log_{10} 3\sqrt{2} = 9.5 - \log_{10} 3 - \dfrac{1}{2}\log_{10} 2 \fallingdotseq 8.87$

問5　弱酸である CH₃COOH を NaOH で滴定する場合，中和で生じた CH₃COONa は弱塩基性を示すため，中和点付近での pH 変化は塩基性側に偏る。そのため，中和点を決定するために用いる指示薬は，塩基性側に変色域をもつフェノールフタレインになる。

第1章　理論化学　　109

標問 46 炭酸塩の滴定実験・電離平衡

答

問1 $\begin{cases} \text{第一反応} \quad Na_2CO_3 + HCl \longrightarrow NaHCO_3 + NaCl \\ \text{第二反応} \quad NaHCO_3 + HCl \longrightarrow CO_2 + H_2O + NaCl \end{cases}$

問2 $\quad a \cdots \dfrac{[H^+][HCO_3^-]}{[H_2CO_3]} \quad b \cdots \dfrac{[H^+][CO_3^{2-}]}{[HCO_3^-]}$

$\quad c \cdots [H_2CO_3] + [HCO_3^-] + [CO_3^{2-}]$

$\quad d \cdots [Na^+] + [H^+] = [HCO_3^-] + 2[CO_3^{2-}] + [OH^-]$

$\quad e \cdots \sqrt{K_1 K_2} \quad f \cdots 8.34$

問3 炭酸ナトリウム：炭酸水素ナトリウム：水和水＝1：1：2

問4 10.33

問5 酸(H^+)を微量加えると，血液中の HCO_3^- と次のように反応し，H^+ の増加をおさえる。

$$HCO_3^- + H^+ \longrightarrow H_2CO_3$$

塩基(OH^-)を微量加えると，血液中の H_2CO_3 と次のように反応し，OH^- の増加をおさえる。

$$H_2CO_3 + OH^- \longrightarrow HCO_3^- + H_2O$$

精講 まずは問題テーマをとらえる

■炭酸の電離平衡

炭酸の電離定数 $\begin{cases} K_1 = \dfrac{[H^+][HCO_3^-]}{[H_2CO_3]} = 10^{-6.35} \ \text{(mol/L)} \\ K_2 = \dfrac{[H^+][CO_3^{2-}]}{[HCO_3^-]} = 10^{-10.33} \ \text{(mol/L)} \end{cases}$

K_1 の値は K_2 に比べて，約 10^4 倍大きい。これは H_2CO_3（第一電離）が HCO_3^-（第二電離）より酸として強いことを意味している。

一般に，"酸 HA が H^+ を出しにくい弱い酸であるほど，H^+ 脱離後の A^- は H^+ を受けとりやすく塩基として強い"。[※1]

※1	ブレンステッドの定義
酸	H^+ を与える物質
塩基	H^+ を受けとる物質

$$\underset{\text{酸}}{HA} \underset{+H^+}{\overset{-H^+}{\rightleftarrows}} \underset{\text{塩基}}{A^-}$$

H^+ を出しにくい ⟵⟶ H^+ を受けとりやすい

そこで，次のような強弱関係があり，CO_3^{2-} と HCO_3^- が共存するときには酸(H^+)との反応に優先順序があらわれる。

酸 $\quad H_2CO_3 \ > \ HCO_3^- \quad$ ⇦H^+ の出しやすさ

$\qquad -H^+ \Updownarrow +H^+ \quad -H^+ \Updownarrow +H^+$

塩基 $\quad HCO_3^- \ < \ CO_3^{2-} \quad$ ⇦H^+ の受けとりやすさ

110

標問 46 の解説

問1

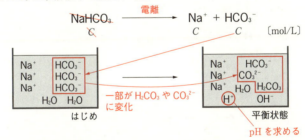

(第一反応) CO_3^{2-} は HCO_3^- より優先的に H^+ を受けとり，まず，次の反応が起こる。

$$CO_3^{2-} + H^+ \longrightarrow HCO_3^-$$

両辺に Na^+ を2つ，Cl^- を1つ加えて整理する。

$$Na_2CO_3 + HCl \longrightarrow NaHCO_3 + NaCl$$

(第二反応) CO_3^{2-} が事実上なくなると，HCO_3^- が H^+ を受けとり，次の反応が起こる。生じた H_2CO_3 は，ほとんどが CO_2 と H_2O に分解する。

$$HCO_3^- + H^+ \longrightarrow (H_2CO_3) \longrightarrow CO_2 + H_2O$$

両辺に Na^+ を1つ，Cl^- を1つ加えて整理する。

$$NaHCO_3 + HCl \longrightarrow CO_2 + H_2O + NaCl$$

問2 $C = 0.10\ \text{mol/L}$ の $NaHCO_3$ 水溶液の pH を問題の指示にしたがって求める。なお，$NaHCO_3$ は水溶液中で完全に電離しているとする。

$$NaHCO_3 \xrightarrow{\text{電離}} Na^+ + HCO_3^-$$
$$C \qquad\qquad\quad C \quad\ \ C \quad [\text{mol/L}]$$

次の3つの可逆反応を考える。

$$\begin{cases} H_2CO_3 \rightleftarrows HCO_3^- + H^+ & K_1 = \dfrac{[H^+][HCO_3^-]}{[H_2CO_3]} \quad \cdots\cdots ① \\ HCO_3^- \rightleftarrows CO_3^{2-} + H^+ & K_2 = \dfrac{[H^+][CO_3^{2-}]}{[HCO_3^-]} \quad \cdots\cdots ② \\ H_2O \rightleftarrows H^+ + OH^- & \end{cases}$$

最初は，$C = [Na^+] = [HCO_3^-]_{はじめ}$ であり，HCO_3^- の一部が H_2CO_3 あるいは CO_3^{2-} に変化する。平衡状態では，C原子の収支に関して次式が成立する。

第1章 理論化学　111

$[HCO_3^-]_{はじめ}=[H_2CO_3]+[HCO_3^-]+[CO_3^{2-}]$ ※3

そこで，$[Na^+]=[H_2CO_3]+[HCO_3^-]+[CO_3^{2-}]$ …③

次に系全体では電気的に中性なので，溶液1Lあたりの全正電荷と全負電荷は等しいことから次式が成立する。※4

CO_3^{2-} 1個あたり，−2なので2倍する

$\underbrace{[Na^+]\times 1+[H^+]\times 1}_{1Lあたりの全正電荷}=\underbrace{[HCO_3^-]\times 1+[CO_3^{2-}]\times 2+[OH^-]\times 1}_{1Lあたりの全負電荷}$

よって，$[Na^+]+[H^+]=[HCO_3^-]+2[CO_3^{2-}]+[OH^-]$ …④

④式を変形すると，

$[Na^+]+[H^+]-[OH^-]=[HCO_3^-]+2[CO_3^{2-}]$

$[Na^+]\gg[H^+]$，$[Na^+]\gg[OH^-]$ とみなせるので，左辺は $[Na^+]+\underbrace{[H^+]-[OH^-]}_{無視}\fallingdotseq[Na^+]$ と近似できる。

$[Na^+]=[HCO_3^-]+2[CO_3^{2-}]$ …④′

③式，④′式より，

$[H_2CO_3]+[HCO_3^-]+[CO_3^{2-}]=[HCO_3^-]+2[CO_3^{2-}]$

$[H_2CO_3]=[CO_3^{2-}]$ …⑤

①式×②式より，

$K_1K_2=\dfrac{[H^+][HCO_3^-]}{[H_2CO_3]}\times\dfrac{[H^+][CO_3^{2-}]}{[HCO_3^-]}=\dfrac{[H^+]^2[CO_3^{2-}]}{[H_2CO_3]}$ …⑥

⑤式より，$[H_2CO_3]=[CO_3^{2-}]$

$K_1K_2=\dfrac{[H^+]^2[CO_3^{2-}]}{[H_2CO_3]}=[H^+]^2$

$[H^+]>0$ なので，$[H^+]=\sqrt{K_1K_2}$

よって，求めるpHは，

$pH=-\log_{10}\sqrt{K_1K_2}=\dfrac{6.35+10.33}{2}=8.34$

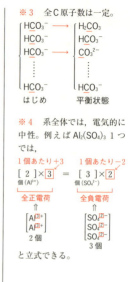

※3 全C原子数は一定。

※4 系全体では，電気的に中性。例えば $Al_2(SO_4)_3$ 1つでは，

1個あたり+3　　1個あたり−2
[2]×3　　＝　[3]×2
個(Al^{3+})　　　　個(SO_4^{2-})
全正電荷　　　　全負電荷

と立式できる。

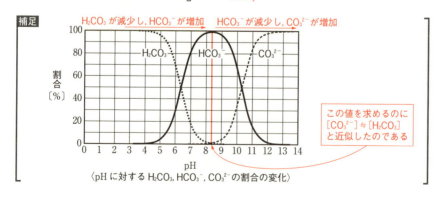

〈pHに対する H_2CO_3, HCO_3^-, CO_3^{2-} の割合の変化〉

問3 トロナ鉱石 4.52 g に含まれる Na_2CO_3（式量 106）を x〔mol〕，$NaHCO_3$（式量 84）を y〔mol〕とする。滴定で必要な HCl の物質量について，次の等式が成り立つ。[※5]

（第一反応）　$x = 1.00 〔mol/L〕 \times \dfrac{20.0}{1000} 〔L〕$

（第二反応）　$x + y = 1.00 〔mol/L〕 \times \dfrac{40.0}{1000} 〔L〕$

よって，$x = 2.0 \times 10^{-2}$〔mol〕，$y = 2.0 \times 10^{-2}$〔mol〕
このトロナ鉱石に含まれる水和水の物質量は，

$$\dfrac{\overset{g（鉱石）}{4.52} - (\overset{g（Na_2CO_3）}{2.0 \times 10^{-2} \times 106} + \overset{g（NaHCO_3）}{2.0 \times 10^{-2} \times 84})}{\underset{g/mol}{18}} \; \overset{g（H_2O）}{}$$

$= 4.0 \times 10^{-2}$〔mol〕

よって，求める物質量の比は，

$Na_2CO_3 : NaHCO_3 : H_2O = 2.0 \times 10^{-2} : 2.0 \times 10^{-2} : 4.0 \times 10^{-2} = 1 : 1 : 2$

> [※5]　（第一反応）
> $Na_2CO_3 + HCl$
> 　　x　　　x
> 　　　　$\longrightarrow NaHCO_3 + NaCl$
> 　　　　　　　　x　　　x
> （第二反応）
> $NaHCO_3 + HCl$
> 　$y+x$　　　$x+x$
> 　　　$\longrightarrow CO_2 + H_2O + NaCl$

問4 Na_2CO_3 と $NaHCO_3$ の物質量の比が 1:1 の水溶液なので，$[CO_3^{2-}] = [HCO_3^-]$ としてよい。

問2の②式，$K_2 = \dfrac{[H^+][CO_3^{2-}]}{[HCO_3^-]}$ より，$[H^+] = K_2$ となる。

よって，求める pH は，

$pH = -\log_{10} K_2 = 10.33$

問5 ヒトの血液は中性に近い pH であることから，H_2CO_3 と HCO_3^- の混合溶液とみなせる。[※6]

そこで，酸（H^+）を微量加えると，

$HCO_3^- + H^+ \longrightarrow H_2CO_3$

塩基（OH^-）を微量加えると，

$H_2CO_3 + OH^- \longrightarrow HCO_3^- + H_2O$

が起こり，pH の変動をおさえ緩衝作用を示す。

> [※6]
> $[H_2CO_3] = [HCO_3^-]$ のとき，
> 　$[H^+] = K_1$ となり，
> $pH = 6.35$ である。そこで，中性付近は H_2CO_3 と HCO_3^- の混合溶液とみなせる。

第1章　理論化学　　113

標問 47 過マンガン酸カリウム滴定(1)(CODの測定)

答 問1 ア：酸化　イ：還元　ウ：酸化　エ：還元　オ：酸化
①：8　②：5　③：16　④：10　Ⅰ：e⁻　Ⅱ：Mn²⁺　Ⅲ：Mn²⁺
問2　3.00 mL　　問3　9.48 mg　　問4　2.40 mg

精講　まずは問題テーマをとらえる

■酸化還元滴定

　酸化還元反応を利用して，還元剤または酸化剤の濃度を求める方法を酸化還元滴定といい，「KMnO₄滴定（標問 47, 48）」と「I₂滴定（標問 49）」がよく出題される。<u>「KMnO₄を用いる滴定」の場合，KMnO₄は「酸化剤」と「指示薬」の2つの役割をもっているために指示薬を必要としない。</u>酸化剤であるMnO₄⁻の水溶液は赤紫色をしていて，硫酸(注)で酸性にした条件のもとで，還元剤と反応してほぼ無色のMn²⁺の水溶液に変化する。この色の変化に注目して，反応の終点を知ることができる。

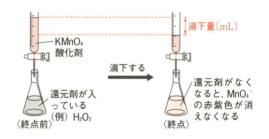

注　酸性にするのに，塩酸HClを使うとCl⁻がMnO₄⁻によって酸化されMnO₄⁻を消費してしまうため，正確な滴定を行うことができない。

■量的関係

　量的関係は，反応式の係数から読みとることができる。また，酸化還元の終点では，還元剤と酸化剤が過不足なく反応することに注目すると，次の関係が成り立つ。

還元剤が放出したe⁻の物質量〔mol〕＝酸化剤が受けとったe⁻の物質量〔mol〕

■化学的酸素要求量(COD)

　河川などの水質汚濁の原因の1つに，産業排水や家庭雑排水に含まれる有機化合物がある。この有機化合物の量は，化学的酸素要求量(Chemical Oxygen Demand：COD)などの指標によって表すことが多い。COD〔mg/L〕は，有機化合物を酸化するために消費された試料水1LあたりのKMnO₄などの酸化剤の量を，酸素の質量〔mg〕に換算して表す。CODの値が大きいほど汚染物質である有機化合物が多く含まれ，水質汚濁が進んでいることを示す。

標問47の解説

問1　物質の原子が電子e⁻を失ったとき，その原子は<u>酸化</u>ア されたこととなり，物質の原子が電子e⁻を得たとき，その原子は<u>還元</u>イ されたことになる。

過マンガン酸イオン MnO_4^- は，酸性溶液では酸化ウ剤として働く。

$$MnO_4^- + 8H^+ + 5e^- \longrightarrow Mn^{2+} + 4H_2O \quad \cdots(1)$$
①　　②Ⅰ　　Ⅱ

シュウ酸イオン $C_2O_4^{2-}$ は，還元剤として働く。

$$C_2O_4^{2-} \longrightarrow 2CO_2 + 2e^- \quad \cdots(1)'$$

(1)式×2+(1)'式×5 より，e^- を消去するとイオン反応式ができる。

$$2MnO_4^- + 5C_2O_4^{2-} + 16H^+ \longrightarrow 2Mn^{2+} + 10CO_2 + 8H_2O \quad \cdots(2)$$
+7　　　　+3　　　　③　　　　　　+2 Ⅲ　　　　④ +4

還元エされる(酸化数減少)
酸化オされる(酸化数増加)

手順(A)〜(C)の分析操作は次のようになる。

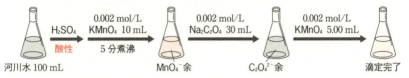

問2 (2)式より，$C_2O_4^{2-}$ 5 mol と反応する MnO_4^- が 2 mol であることがわかる。

0.002 mol/L の $Na_2C_2O_4$ 30 mL と反応した 0.002 mol/L $KMnO_4$ を V [mL] とすると，

$$0.002 \times \frac{30}{1000} \times \frac{2}{5} = 0.002 \times \frac{V}{1000} \qquad \text{よって，} V = 12 \text{ [mL]}$$

$Na_2C_2O_4$ [mol]　　$Na_2C_2O_4$ と反応　　使用した
　　　　　　　　　した $KMnO_4$ [mol]　　$KMnO_4$ [mol]

今回の滴定に使用された 0.002 mol/L の $KMnO_4$ は (10+5.00) mL で，0.002 mol/L の $Na_2C_2O_4$ 30 mL と反応したのは $V = 12$ [mL] なので，河川水 100 mL 中の有機物と反応した $KMnO_4$ は，

$$(10+5.00) - 12 = 3.00 \text{ [mL]}$$

問3 河川水 100 mL 中の有機物と反応した $KMnO_4$（式量 158）は，問2 より 3.00 mL なので，河川水 1 [L] = 1000 [mL] では，

1 L なので，$\frac{1000}{100} = 10$ 倍必要になることに注意

$$0.002 \times \frac{3.00}{1000} \times \boxed{\frac{1000}{100}} \times 158 \times 10^3 = 9.48 \text{ [mg]}$$

反応した $KMnO_4$ [mol]　　$KMnO_4$ [mol]　　$KMnO_4$　　$KMnO_4$
（河川水 100 mL あたり）　（河川水 1000 mL　　[g]　　　[mg]
　　　　　　　　　　　　　あたり）

の $KMnO_4$ が反応したことがわかる。

問4 O_2 が酸化剤として反応すると次式のようになる。

$$O_2 + 4e^- \longrightarrow 2O^{2-} \quad \cdots(3)$$

MnO_4^- の代わりに O_2 を酸化剤として用いるなら，(1)式と(3)式×$\frac{5}{4}$ より，

受けとる e^- をそろえる

$$MnO_4^- + 8H^+ + \boxed{5e^-} \longrightarrow Mn^{2+} + 4H_2O$$
$$\frac{5}{4}O_2 + \boxed{5e^-} \longrightarrow \frac{5}{2}O^{2-}$$

第1章　理論化学

となり，MnO_4^- 1 mol に相当する O_2 は $\frac{5}{4}$ mol となる。よって，$KMnO_4$ の物質量〔mol〕の $\frac{5}{4}$ 倍の O_2 が必要となる。河川水 1 L の有機物と反応する $KMnO_4$ は問 3 より，

$$0.002 \times \frac{3.00}{1000} \times \frac{1000}{100} = 6.00 \times 10^{-5} \text{〔mol〕}$$

$KMnO_4$〔mol〕 　　　$KMnO_4$〔mol〕
（河川水 100 mL あたり）　（河川水 1 L あたり）

なので，$KMnO_4$ の代わりに O_2 で分解すると $O_2 = 32.0$ より，

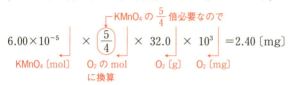

$$6.00 \times 10^{-5} \times \frac{5}{4} \times 32.0 \times 10^3 = 2.40 \text{〔mg〕}$$

別解 河川水 100 mL について，e^- の物質量関係を線分図で表すと次図になる。

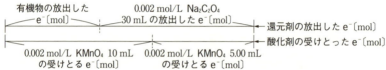

有機物の放出した e^-〔mol〕 $+ 0.002 \times \frac{30}{1000} \times ② = 0.002 \times \frac{10+5.00}{1000} \times ⑤$

よって，有機物の放出した e^-〔mol〕$= 3 \times 10^{-5}$〔mol〕

この有機物を $KMnO_4$ の代わりに O_2 で分解するとすれば，e^- の物質量関係を表した線分図は次のようになる。

使用した O_2（分子量 32.0）を x〔mg〕とすると，次の関係式が成立する。

有機物の放出した e^-〔mol〕$= x \times \frac{1}{10^3} \times \frac{1}{32.0} \times ④$

よって，$x = 0.240$〔mg〕 となる。したがって，河川水 1〔L〕$= 10^3$〔mL〕では，

$$x \times \frac{1000}{100} = 2.40 \text{〔mg〕}$$

河川水 100 mL　河川水 1 L
あたりの O_2〔mg〕 あたりの O_2〔mg〕

| 標問 | **48** | **過マンガン酸カリウム滴定(2)(鉄(Ⅱ)イオンの定量)** |

答 問1　3
　　　問2　2.4

標問 48 の解説

　混合物 4.11 g 中に含まれている $FeSO_4 \cdot 7H_2O$（式量 278）を x〔g〕とすると，$Fe_2(SO_4)_3 \cdot nH_2O$（式量 $400+18n$）は $(4.11-x)$ g となる。よって，水溶液 A 100 mL 中には，

$$Fe^{2+} : \underbrace{\frac{x}{278}}\Bigg|\ \text{〔mol〕} \qquad Fe^{3+} : \underbrace{\frac{4.11-x}{400+18n}}\Bigg| \times 2\Bigg|\ \text{〔mol〕}$$

$FeSO_4 \cdot 7H_2O$〔mol〕＝Fe^{2+}〔mol〕　　$Fe_2(SO_4)_3 \cdot nH_2O$〔mol〕　Fe^{3+}〔mol〕

の Fe^{2+} と Fe^{3+} が存在している。

実験ア

注　酸化剤である Fe^{3+} は，酸化剤である $KMnO_4$ とは反応せず，還元剤である Fe^{2+} だけが $KMnO_4$ と反応する。

　Fe^{2+} が，反応の終点までに放出した e^- は，

$$\underbrace{\frac{x}{278}}\Bigg| \times \underbrace{\frac{10.0}{100}}\Bigg| \times \underbrace{1}\Bigg|\ \text{〔mol〕}\ \cdots ①$$

$\underset{\sim}{1}\ Fe^{2+} \longrightarrow Fe^{3+} + \underset{\sim}{1}\ e^-$ より

水溶液 A 100 mL　滴定に使用した
中の Fe^{2+}〔mol〕　10.0 mL 中の Fe^{2+}〔mol〕　e^-〔mol〕

　一方，MnO_4^- が反応の終点までに受けとった e^- は，

$$0.00200 \times \frac{50.0}{1000} \times \underset{\sim}{5}\Bigg|\ \text{〔mol〕}\ \cdots ②$$

$\underset{\sim}{1}\ MnO_4^- + 8H^+ + \underset{\sim}{5}\ e^- \longrightarrow Mn^{2+} + 4H_2O$

MnO_4^-〔mol〕　e^-〔mol〕

したがって，反応の終点では，①式＝②式が成立する。
よって，$x = 1.39$〔g〕

第 1 章　理論化学　　117

実験イ

$$\left.\begin{array}{l} \text{FeSO}_4 \cdot 7\text{H}_2\text{O} \;\; x \,[\text{g}] \\ \text{Fe}_2(\text{SO}_4)_3 \cdot n\text{H}_2\text{O} \;\; 4.11-x \,[\text{g}] \end{array}\right\} 4.11 \text{ g} \xrightarrow{\;\;\text{水}\;\;} \begin{array}{c} \text{水溶液 A} \\ 100 \text{ mL} \\ \text{Fe}^{2+}, \text{Fe}^{3+} \end{array} \longrightarrow \begin{array}{c} 50.0 \text{ mL} \\ \text{Fe}^{2+}, \text{Fe}^{3+} \end{array}$$

$$\xrightarrow[\substack{\text{十分}}]{\substack{\text{注 HNO}_3}} \text{Fe}^{3+} \xrightarrow{\text{NaOHaq}} \text{Fe(OH)}_3 \downarrow \xrightarrow{\text{加熱}} \text{Fe}_2\text{O}_3 \; 0.680 \text{ g}$$

注 硝酸を十分加えることで，Fe^{2+} を酸化し，すべて Fe^{3+} にしている。

水溶液 100 mL からとり出した 50.0 mL 中に含まれている Fe^{2+} $\dfrac{x}{278} \times \dfrac{50.0}{100}$ [mol]は，十分な量の硝酸を加えることで，すべて Fe^{3+} $\dfrac{x}{278} \times \dfrac{50.0}{100}$ [mol]に酸化される。

よって，硝酸を加えた後の水溶液中に存在している Fe^{3+} は，

$$\underbrace{\frac{x}{278} \times \frac{50.0}{100}}_{\substack{\text{Fe}^{2+}\text{が酸化されて} \\ \text{生成した Fe}^{3+}\,[\text{mol}]}} + \underbrace{\frac{4.11-x}{400+18n} \times 2 \times \frac{50.0}{100}}_{\substack{\text{Fe}_2(\text{SO}_4)_3 \cdot n\text{H}_2\text{O から電離} \\ \text{して生成した Fe}^{3+}\,[\text{mol}]}} = \left(\frac{x}{278} + \frac{4.11-x}{400+18n} \times 2\right) \times \frac{50.0}{100} \; [\text{mol}]$$

この Fe^{3+} に NaOH aq を加えて塩基性にすると Fe(OH)_3 が沈殿し，加熱すると Fe_2O_3（式量 160）0.680 g となった。

$$2\text{Fe(OH)}_3 \longrightarrow \text{Fe}_2\text{O}_3 + 3\text{H}_2\text{O}$$

Fe 原子に注目すると，Fe^{3+} の物質量 [mol] の $\dfrac{1}{2}$ 倍の物質量 [mol] の Fe_2O_3 が生成することがわかる。

よって，次の関係式が成立する。

$$\underbrace{\left(\frac{x}{278} + \frac{4.11-x}{400+18n} \times 2\right) \times \frac{50.0}{100}}_{\text{Fe}^{3+}\,[\text{mol}]} \underbrace{\times \frac{1}{2}}_{\text{Fe}_2\text{O}_3\,[\text{mol}]} = \underbrace{\frac{0.680}{160}}_{\substack{\text{得られた} \\ \text{Fe}_2\text{O}_3\,[\text{mol}]}} \quad \cdots (*)$$

問 1 $(*)$ 式に**実験ア**で求めた $x=1.39$ [g] を代入すると，$n=2.96 \fallingdotseq 3$

問 2 水溶液 A 100 mL 中の Fe^{2+} と Fe^{3+} の濃度の比は，次のようになる。

$$[\text{Fe}^{2+}]:[\text{Fe}^{3+}] = \frac{\dfrac{x}{278}\,[\text{mol}]}{\dfrac{100}{1000}\,[\text{L}]} : \frac{\dfrac{4.11-x}{400+18n} \times 2 \,[\text{mol}]}{\dfrac{100}{1000}\,[\text{L}]} = \frac{x}{278} : \frac{4.11-x}{400+18n} \times 2$$

ここで，$x=1.39$，$n=2.96$ を代入すると，

$$[\text{Fe}^{2+}]:[\text{Fe}^{3+}] \fallingdotseq 1:2.4$$

118

標問 49 ヨウ素滴定（オゾン濃度の測定）

答
問1　$O_3 + 2KI + H_2O \longrightarrow O_2 + I_2 + 2KOH$
問2　ヨウ素が残っているとヨウ素デンプン反応により青色に呈色するが，ヨウ素がなくなるとヨウ素デンプン反応の青色が消えるため。
問3　1.5%

精講　まずは問題テーマをとらえる

■ヨウ素滴定
　濃度のわからない還元剤を酸化剤であるI_2と反応させて余ったI_2の量を調べることや，濃度のわからない酸化剤を還元剤であるI^-と反応させて生成したI_2の量を調べることで，反応させた還元剤や酸化剤の濃度を求めることができる。この滴定を**ヨウ素滴定**といい，ふつう余ったI_2や生成したI_2をデンプンを指示薬としてチオ硫酸ナトリウム$Na_2S_2O_3$の標準溶液で滴定する。
　指示薬としてデンプンを使用するのはヨウ素デンプン反応がきわめて鋭敏な反応であり，I_2が少しでも残っていると青〜青紫色に呈色しているが，I_2がなくなると直ちに無色になるためである。

ヨウ素滴定では，
① 指示薬は，デンプンを用いる。
② ヨウ素デンプン反応の青紫色が消えた点が，反応の終点。

標問 49 の解説

問1，3　実験を図示すると次のようになる。

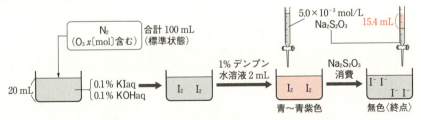

KIの塩基性水溶液に酸化剤であるO_3を通じると次のように反応する。
　　$O_3 + H_2O + 2e^- \longrightarrow O_2 + 2OH^-$ …①
　　$2I^- \longrightarrow I_2 + 2e^-$ …②
①式＋②式，両辺に$2K^+$を加えると化学反応式が完成する。
　　$O_3 + 2KI + H_2O \longrightarrow O_2 + I_2 + 2KOH$ …③←問1

第1章　理論化学　119

③式より，O_3 1 mol から I_2 1 mol が生成して，(1)式から I_2 1 mol と $Na_2S_2O_3$ 2 mol が反応することが読みとれる。このことから，KI 水溶液に通じた O_3 の物質量を x〔mol〕とすると次の関係式が成立する。

$$\underset{\substack{\text{通じた}\\ O_3\,\text{〔mol〕}}}{x} \times \underset{\substack{\text{生成する}\\ I_2\,\text{〔mol〕}}}{\frac{1}{1}} \times \underset{\substack{\text{反応に必要な}\\ Na_2S_2O_3\,\text{〔mol〕}}}{\frac{2}{1}} = \underset{\substack{\text{使った}\\ Na_2S_2O_3\,\text{〔mol〕}}}{5.0\times10^{-3}\times\frac{15.4}{1000}}$$

よって，$x = 3.85\times10^{-5}$〔mol〕

O_3 を含んだ N_2 の体積が標準状態で 100 mL なので，その物質量は，

$$\underset{\text{mL}}{100} \times \underset{\text{mol}}{\frac{1}{22.4\times10^3}} = \frac{100}{22.4\times10^3}\text{〔mol〕}$$

となり，N_2 の物質量〔mol〕は次のようになる。

$$\left(\frac{100}{22.4\times10^3} - \underset{\substack{\\ O_3\text{の物質量〔mol〕}}}{3.85\times10^{-5}}\right)\text{〔mol〕}$$

よって，窒素ガス中のオゾンの質量パーセント濃度は，$N_2 = 28$，$O_3 = 48$ より，

$$\frac{\overset{\substack{O_3\,\text{〔g〕}\\ O_3\,\text{〔mol〕}}}{3.85\times10^{-5}\times48}}{\underset{\substack{N_2\,\text{〔mol〕}\\ N_2\,\text{〔g〕}}}{\left(\frac{100}{22.4\times10^3}-3.85\times10^{-5}\right)\times28} + \underset{\substack{O_3\,\text{〔mol〕}\\ O_3\,\text{〔g〕}}}{3.85\times10^{-5}\times48}}\times100 ≒ 1.5\text{〔%〕} \leftarrow \text{問3}$$

標問 50 金属のイオン化傾向とダニエル型電池

答
問1　A：$Cu^{2+} + 2e^- \longrightarrow Cu$　　B：$Zn \longrightarrow Zn^{2+} + 2e^-$
　　　C：$Cu \longrightarrow Cu^{2+} + 2e^-$　　D：Zn　E：Cu　F：Ag
問2　ア：酸化　イ：還元
問3　イオン化傾向の差の大きな半電池の組み合わせほど起電力が大きくなる。(33字)
問4　Ni
問5　0.51 V

精講　まずは問題テーマをとらえる

■電池
　酸化剤と還元剤を空間的に分離し導線で接続して，その酸化還元反応によって放出されるエネルギーを電気エネルギーとして効率よくとり出す装置を**電池**という。
　還元剤と酸化剤を導線でつなぐと，導線中を還元剤から酸化剤に向かってe^-が流れ，電気エネルギーを得ることができる。また，e^-を放出する極板を**負極**(記号⊖)，e^-を受けとる極板を**正極**(記号⊕)とよぶ。

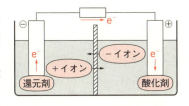

Point 41
　負極(還元剤あり)：e^-を放出する極板
　正極(酸化剤あり)：e^-を受けとる極板

■ダニエル電池　⊖ $Zn|ZnSO_4aq|CuSO_4aq|Cu$ ⊕
　亜鉛 Zn 板を浸した硫酸亜鉛 $ZnSO_4$ 水溶液と銅 Cu 板を浸した硫酸銅(Ⅱ) $CuSO_4$ 水溶液を素焼き板でしきり，導線で結んだものを**ダニエル電池**という。
　Zn は Cu よりもイオン化傾向が大きい(陽イオンになりやすい)ので，Zn が Zn^{2+} になるとともに，亜鉛板から銅板に向かって e^- が流れる。この流れてくる e^- を銅板の表面上で Cu^{2+} が受けとって Cu が析出する。

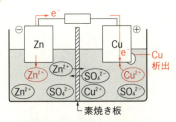

$\begin{cases} 負極：Zn \longrightarrow Zn^{2+} + 2e^- \\ 正極：Cu^{2+} + 2e^- \longrightarrow Cu \end{cases}$

　素焼き板の役割には，次の①，②がある。
　　①拡散によって，正負両極の水溶液が混合するのを防ぐ役割
　　② Zn^{2+} や SO_4^{2-} は通すことで，電気的に接続する役割

第1章　理論化学　121

■電気量

電気量の単位には**クーロン〔C〕**を用いる。電子 e⁻ 1個がもつ電気量は 1.602×10^{-19} C なので、電子 e⁻ 1 mol のもつ電気量は、

$$1.602\times10^{-19}\,\text{〔C/個〕}\times6.022\times10^{23}\,\text{〔個〕}\fallingdotseq9.65\times10^{4}\,\text{〔C〕}$$

となり、この 9.65×10^{4} C/mol を**ファラデー定数**(記号 F)という。

1アンペア〔A〕の電流が1秒〔s〕間流れたときに運ばれる電気量を1クーロン〔C〕といい、電流の単位であるアンペア〔A〕とクーロン〔C〕や秒〔s〕の関係は、

$$[\text{A}]=\left[\frac{\text{C}}{\text{s}}\right]$$

となるので、この単位から次の関係が成り立つことがわかる。

> アンペア〔A〕 × 秒〔s〕 = クーロン〔C〕
> $[\text{A}]=\left[\frac{\text{C}}{\text{s}}\right]$ 〔C〕

1ボルト〔V〕の起電力で1クーロン〔C〕の電気量をとり出したときのエネルギーは1ジュール〔J〕なので、ボルト〔V〕とクーロン〔C〕やジュール〔J〕の関係は、

$$[\text{V}]=\left[\frac{\text{J}}{\text{C}}\right]$$

> **Point 42**
> 電気量についての関係式は、次のものをおさえておくこと。
> ファラデー定数 $F=9.65\times10^{4}$ 〔C/mol〕
> A=C/s
> V=J/C

標問 50 の解説

ダニエル型電池　⊖M|M^{m+}aq|N^{n+}aq|N⊕

負極：M ⟶ M^{m+} + me⁻
正極：N^{n+} + ne⁻ ⟶ N

イオン化傾向の異なる金属 M, N (M>N) を用いてダニエル電池と同じ型の電池をつくった場合、<u>イオン化傾向の大きいMが負極</u>になる。

起電力〔V〕については、次のことがいえる。

①MとNのイオン化傾向の差が大きいほど起電力は大きくなる。
②溶液中の [M^{m+}] が小さく、[N^{n+}] が大きいほど起電力は大きくなる。

問1, 2　1. Zn/ZnSO₄aq, Cu/CuSO₄aq の半電池を組み合わせるとダニエル電池をつくることができる。Zn は Cu よりイオン化傾向が大きいので、Zn板が負極となり、

　　負極：Zn ⟶ Zn²⁺ + 2e⁻　　(Zn は酸化される)
　　　　　　　　　B　　　　　　　　　A

の反応が起こり、Zn板にたまった e⁻ が導線を通って負極の Zn板から正極の Cu

板へ流れ，溶液中の Cu^{2+} と結びついて Cu が析出する。

　　正極：$Cu^{2+} + 2e^- \longrightarrow Cu_A$　　（Cu^{2+} は還元_I される）

2．(b)の組み合わせで電池を構成すると，Cu は Ag よりイオン化傾向が大きいので負極となり，次のように反応する。

$$\ominus Cu|CuSO_4aq|AgNO_3aq|Ag\oplus$$

　　負極：$Cu \longrightarrow Cu^{2+} + 2e^-_C$
　　正極：$Ag^+ + e^- \longrightarrow Ag$

問1, 3　これら3種の金属 Zn, Cu, Ag のイオン化傾向は $Zn_D > Cu_E > Ag_F$ であるので，起電力とイオン化傾向の間には次の関係がある。

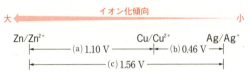

よって，イオン化傾向の差の大きな半電池の組み合わせほど，起電力が大きくなることがわかる。

問4, 5　ある金属およびその硫酸塩で構成した半電池と $Ag/AgNO_3aq$ の半電池を組み合わせるとダニエル型電池をつくることができる。ある金属が負極となるので，ある金属は Ag よりもイオン化傾向が大きいことがわかり，次の関係からある金属のイオン化傾向が Zn と Cu の間になることがわかる。

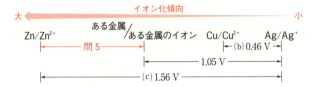

よって，ある金属はイオン化傾向が Zn と Cu の間になる Ni となる。
　また，$Zn/ZnSO_4aq$ の半電池と組み合わせると起電力 $1.56-1.05=0.51$〔V〕のダニエル型電池をつくることができる。

| 標問 | 51 | 各種電池 |

答

問1　正極：$PbO_2 + 4H^+ + SO_4^{2-} + 2e^- \longrightarrow PbSO_4 + 2H_2O$
　　　負極：$Pb + SO_4^{2-} \longrightarrow PbSO_4 + 2e^-$

問2　ア：2.5×10^{-1}　イ：4.5　ウ：1.93×10^4　エ：5.4

問3　下線部②：$H_2 + 2OH^- \longrightarrow 2H_2O + 2e^-$
　　　下線部③：$O_2 + 2H_2O + 4e^- \longrightarrow 4OH^-$

問4　(1)　3.0 mol　(2)　8.6×10^2 kJ　(3)　67%

精講　まずは問題テーマをとらえる

■**鉛蓄電池**　⊖$Pb|H_2SO_4aq|PbO_2$⊕

希硫酸に鉛 Pb と酸化鉛 (IV) PbO_2 を極板として浸して導線で結んだものを**鉛蓄電池**という。この電池では、金属単体の Pb が還元剤として、PbO_2 が酸化剤として使われていて、e^- が流れると Pb および PbO_2 は、ともに Pb^{2+} に変化する。ここで生成した Pb^{2+} は希硫酸中の SO_4^{2-} と結びつき、水に不溶な硫酸鉛(II) $PbSO_4$ となって、極板の表面に付着する。

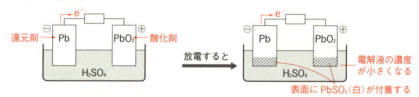

負極：$Pb + SO_4^{2-} \longrightarrow PbSO_4 + 2e^-$
正極：$PbO_2 + 4H^+ + SO_4^{2-} + 2e^- \longrightarrow PbSO_4 + 2H_2O$

鉛蓄電池全体の反応式は、負極＋正極より、次のようになる。

$$Pb + PbO_2 + 2H_2SO_4 \xrightarrow{e^- \, 2\,mol} 2PbSO_4 + 2H_2O \quad \cdots (*)$$

鉛蓄電池の起電力は約 2.1 V であり、放電するにつれて (*) の反応式より両極の表面に $PbSO_4$ が付着する。同時に、H_2SO_4 が減少し H_2O が生成するので電解液の濃度も低下する。その結果、次第に起電力が低下してくる。

そこで、外部直流電源の＋端子に正極を－端子に負極を接続し、放電のときとは逆向きに電流を流して逆反応を起こすと、起電力を回復させることができる。この操作を**充電**といい、充電によってくり返し使える電池を**二次電池**または**蓄電池**という。

■**燃料電池**

負極に燃料 (H_2, CO, メタノール CH_3OH など)、正極に酸素 O_2 を用いて燃焼のときに放出されるエネルギーを電気エネルギーとして効率よくとり出す装置を**燃料電池**という。例として、次のような燃料電池がある。

【⊖ H₂|KOHaq|O₂ ⊕】

負極に還元剤である H₂，正極に酸化剤である O₂，電解質溶液に KOH 水溶液を用いた水素-酸素燃料電池では，正極で O₂ が OH⁻ になり，これが電解液中を移動し負極で H₂ と反応して H₂O となる。

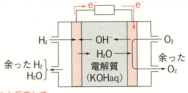

負極　　H₂ ⟶ 2H⁺ + 2e⁻
　　+) H⁺ + OH⁻ ⟶ H₂O ×2　　H⁺ が OH⁻ と反応して H₂O に変化する
　　　H₂ + 2OH⁻ ⟶ 2H₂O + 2e⁻

正極　　O₂ + 4e⁻ ⟶ 2O²⁻
　　　　　　　　　　　　　　O²⁻ が H₂O と反応して OH⁻ に変化する
　　+) O²⁻ + H₂O ⟶ 2OH⁻ ×2　　O + O—H ⟶ OH⁻ + OH⁻
　　　O₂ + 2H₂O + 4e⁻ ⟶ 4OH⁻

標問 51 の解説

問1 精講 参照。

問2 硝酸銀 AgNO₃ 水溶液を白金電極で電気分解すると各極で次の反応が起こる。

陰極(Pt)：Ag⁺ + e⁻ ⟶ Ag
陽極(Pt)：2H₂O ⟶ O₂ + 4H⁺ + 4e⁻

陰極の反応から，Ag が 1 mol 析出するとき e⁻ 1 mol が流れたことがわかるので，27.0 g の Ag が析出したことから，この電気分解で流れた e⁻ は，Ag=107.9 なので，

$$27.0 \times \frac{1}{107.9} \times \frac{1}{1} \fallingdotseq 0.250 \text{〔mol〕}$$

　Ag〔g〕　Ag〔mol〕　e⁻〔mol〕

鉛蓄電池の放電時における全体の反応式

$$Pb + PbO_2 + 2H_2SO_4 \xrightarrow{e^- 2\,mol} 2PbSO_4 + 2H_2O$$

から，e⁻ が 2 mol 流れると H₂SO₄ が 2 mol 減少し H₂O（分子量 18.0）が 2 mol 増加することがわかるので，電池の電解液中の H₂SO₄ の物質量と H₂O の質量はそれぞれ，

$$0.250 \times \frac{2}{2} = \underline{0.25}_{ア} \text{〔mol〕 減少し，} 0.250 \times \frac{2}{2} \times 18.0 = \underline{4.5}_{イ} \text{〔g〕 増加した。}$$

e⁻〔mol〕　H₂SO₄〔mol〕　　　　　e⁻〔mol〕　H₂O〔mol〕 H₂O〔g〕

次に，放電時と逆向きに e⁻ を流して鉛蓄電池を充電した。このとき，水の電気分解も起こったので，各極では次の反応が起こる。

{ 負極：2H⁺ + 2e⁻ ⟶ H₂
{ 正極：2H₂O ⟶ O₂ + 4H⁺ + 4e⁻

↓ 全体

$$2H_2O \xrightarrow{e^- 4\,mol} 2H_2 + O_2$$

　　　　　　負極×2＋正極

第1章　理論化学　　125

全体の反応式から O_2 1 mol が発生し，H_2O（分子量 18.0）が 2 mol 減少するときに e^- が 4 mol 流れたことがわかる。標準状態で 1.12 L の O_2 が発生したので，この電気分解で消費された電気量は，

$$1.12 \underset{O_2 \text{〔L〕}}{} \times \frac{1}{22.4} \underset{O_2 \text{〔mol〕}}{} \times \frac{4}{1} \underset{e^- \text{〔mol〕}}{} \times 9.65 \times 10^4 \underset{\text{〔C〕}}{} = 1.93 \times 10^4 \text{〔C〕}$$

このとき減少した H_2O は次のようになる。

e^- 4 mol 流れると H_2O が 2 mol 減少するので

$$1.12 \underset{O_2 \text{〔L〕}}{} \times \frac{1}{22.4} \underset{O_2 \text{〔mol〕}}{} \times \frac{4}{1} \underset{e^- \text{〔mol〕}}{} \times \underset{H_2O \text{〔mol〕}}{\left(\frac{2}{4}\right)} \times 18.0 \underset{H_2O \text{〔g〕}}{} \times \frac{1}{10^3} \underset{H_2O \text{〔kg〕}}{} = 0.00180 \text{〔kg〕} \quad \cdots ①$$

9.65 A の電流を 1.00×10^4 秒流したので，

$$\underset{\text{〔A〕}=\text{〔C/秒〕}}{9.65} \times \underset{\text{秒}}{1.00 \times 10^4} = \underset{\text{〔C〕}}{9.65 \times 10^4} \text{〔C〕}$$

の電気量が使われ，残りの $(9.65 \times 10^4 - 1.93 \times 10^4)$ 〔C〕の電気量が充電に使われた。

ここで，鉛蓄電池の充電時における全体の反応式

$$2PbSO_4 + 2H_2O \xrightarrow{e^- \, 2\,mol} Pb + PbO_2 + 2H_2SO_4$$

から，e^- が 2 mol 流れると H_2O（分子量 18.0）が 2 mol 減少し H_2SO_4 が 2 mol 増加することがわかるので，充電により電池の電解液中の H_2O は，

$$\underset{\text{〔C〕}}{(9.65 \times 10^4 - 1.93 \times 10^4)} \times \underset{e^- \text{〔mol〕}}{\frac{1}{9.65 \times 10^4}} \times \underset{H_2O \text{〔mol〕}}{\frac{2}{2}} \times \underset{H_2O \text{〔g〕}}{18.0} \times \underset{H_2O \text{〔kg〕}}{\frac{1}{10^3}} = 0.0144 \text{〔kg〕} \quad \cdots ②$$

減少し，H_2SO_4 は，

$$\underset{\text{〔C〕}}{(9.65 \times 10^4 - 1.93 \times 10^4)} \times \underset{e^- \text{〔mol〕}}{\frac{1}{9.65 \times 10^4}} \times \underset{H_2SO_4 \text{〔mol〕}}{\frac{2}{2}} = 0.800 \text{〔mol〕} \quad \cdots ③$$

増加する。

放電後（充電前）の硫酸の質量モル濃度は 1.00 mol/kg で，電解液中の水の質量が 200 g＝0.200 kg であったために電解液中には H_2SO_4 が，

$$\underset{\text{〔mol/kg〕}}{1.00} \times \underset{\text{〔kg〕}}{0.200} = 0.200 \text{〔mol〕}$$

含まれており，①式，②式，③式より，充電後の硫酸の質量モル濃度〔mol/kg〕は次のように求めることができる。

$$\frac{H_2SO_4 \text{〔mol〕}}{H_2O \text{〔kg〕}} = \frac{\overset{\text{充電前〔mol〕}}{0.200} + \overset{③より \quad 充電後〔mol〕}{0.800}}{\underset{\text{充電前〔kg〕}}{0.200} - \underset{②より}{0.0144} - \underset{①より \quad 充電後〔kg〕}{0.00180}} \fallingdotseq 5.4 \text{〔mol/kg〕}$$

問3 **精講** 参照。

問4 (1) $1W＝1V\cdot A$ なので，出力 193 W，電圧 1.00 V で流れた電流を x〔A〕とすると，

$$193〔W〕＝1.00〔V〕\times x〔A〕$$

となる。よって，$x＝193$〔A〕の電流が流れたことがわかる。

ここで，燃料電池を 3.00×10^3 秒稼動させると，

$$\underset{\text{〔A〕＝〔C/秒〕}}{193}\left|\underset{\text{秒}}{\times\underset{}{3.00\times10^3}}\right|\times\underset{\text{e}^-\text{〔mol〕}}{\frac{1}{9.65\times10^4}}〔C〕＝6.00〔mol〕$$

の e^- が流れ，燃料電池の負極の反応式から，e^- が 2 mol 流れると H_2 が 1 mol 反応することがわかるので，

$$\underset{\text{e}^-\text{〔mol〕}}{6.00}\left|\times\underset{H_2\text{〔mol〕}}{\frac{1}{2}}\right|＝3.00〔mol〕$$

の H_2 が反応したことがわかる。

(2) 与えられた熱化学方程式より，H_2(気) 1 mol が完全燃焼すると 286 kJ の熱が発生するので，(1)と同じ物質量の H_2(気) 3.00 mol を燃焼させると発熱量は，

$$\underset{H_2\,1\,\text{mol あたり〔kJ〕}}{286}\left|\times\underset{H_2\,3.00\,\text{mol では〔kJ〕}}{3.00}\right|＝858≒8.6\times10^2〔kJ〕$$

(3) 燃料電池から供給された電気エネルギーは，$1W＝1J/s$ より，

$$\underset{\text{〔W〕＝〔J/s〕}}{193}\left|\times\underset{\text{〔s〕}}{3.00\times10^3}\right|\times\underset{\text{〔kJ〕}}{\frac{1}{10^3}}〔J〕＝579〔kJ〕$$

なので，(2)における H_2 の燃焼反応による発熱量 858 kJ の

$$\frac{579}{858}\times100≒67〔\%〕$$

となる。

第1章　理論化学　　127

標問 52 実用的な二次電池

答

問1 ア：正　イ：負　ウ：酸化　エ：還元

問2 $2Li + 2H_2O \longrightarrow H_2 + 2LiOH$

問3 オ：$CoO_2 + Li^+ + e^- \longrightarrow LiCoO_2$

カ：$LiC_6 \longrightarrow C_6 + Li^+ + e^-$

問4 $LiC_6 + CoO_2 = LiCoO_2 + C_6 + 405\ kJ$　　問5　4.20 V

精講 まずは問題テーマをとらえる

■新しい実用二次電池

(1) **ニッケル–水素電池**　負極に水素が吸収された金属（MHと記す），正極にオキシ水酸化ニッケル（Ⅲ），電解液に水酸化カリウム水溶液を用いる。

負極：$\underset{0}{MH} + OH^- \rightleftharpoons M + \underset{+1}{H_2}O + e^-$

正極：$\underset{+3}{NiO(OH)} + H_2O + e^- \rightleftharpoons \underset{+2}{Ni}(OH)_2 + OH^-$ （放電時 $\longrightarrow$，充電時 $\longleftarrow$）

(2) **リチウムイオン電池**　負極には黒鉛の層間にリチウムが挿入されたもの，正極にはコバルト酸リチウム $LiCoO_2$ などのリチウムと遷移金属などの複合酸化物，電解液にリチウム塩を有機溶媒に溶かしたものを用いる。

負極：Liが挿入された黒鉛 $\rightleftharpoons$ 黒鉛 $+ xLi^+ + xe^-$

正極：$Li_{(1-x)}CoO_2 + xLi^+ + xe^- \rightleftharpoons LiCoO_2$　　（放電時 $\longrightarrow$，充電時 $\longleftarrow$）

LiCoO₂のLi⁺が，ところどころ失われている状態を表す。
LiCoO₂とCoO₂が混ざっていると考えるとよい

標問 52 の解説

問1　還元剤（負極活物質）は黒鉛の層間にある Li だと考えられる。酸化剤（正極活物質）はコバルト酸リチウム $\underset{+3}{LiCoO_2}$ とともに極板に含まれる酸化コバルト（Ⅳ）$\underset{+4}{CoO_2}$ である。よって，ア は正極，イ は負極である。

充電時は放電時の逆反応が起こり，負極では Li^+ が還元されて Li になり再び黒鉛の層間に戻り，正極ではコバルト酸イオン $\underset{+3}{CoO_2^-}$ が酸化されて酸化コバルト（Ⅳ）$\underset{+4}{CoO_2}$ に戻る。よって，ウ は酸化，エ は還元である。

問2　リチウムはアルカリ金属であり還元性が強く，水を還元する。

還元剤：$(Li \longrightarrow Li^+ + e^-) \times 2$

$+)$ 酸化剤：$2\underset{+1}{H_2}O + 2e^- \longrightarrow \underset{0}{H_2} + 2OH^-$

$2Li + 2H_2O \longrightarrow 2LiOH + H_2$

問3　Liを挿入した黒鉛の組成式を LiC_6 と表すのは，上から見ると次のような構造をとるからである。

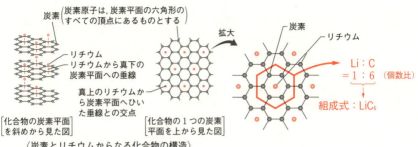

〈炭素とリチウムからなる化合物の構造〉

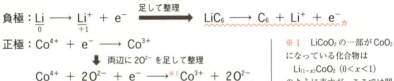

※1　$LiCoO_2$ の一部が CoO_2 になっている化合物は $Li_{(1-x)}CoO_2 \ (0<x<1)$ のように表すが，ここでは問題文に合わせて左のように記述しておく。

問4　リチウムイオン電池の放電時の反応は，

$$\begin{aligned}
\text{正極}:&CoO_2 + Li^+ + e^- \longrightarrow LiCoO_2 \\
+) \ \text{負極}:&LiC_6 \longrightarrow Li^+ + C_6 + e^- \\
\hline
\text{全体}:&CoO_2 + LiC_6 \longrightarrow LiCoO_2 + C_6
\end{aligned}$$

熱化学方程式を次式とすると，表のデータより，
$CoO_2 + LiC_6 = LiCoO_2 + C_6 + Q$ 〔kJ〕※2

※2　問題には物質の状態が明記されていないので，書かなくてよいだろう。

エネルギー図：
原子（Co + 2O + Li + 6C）
←1561+4482　　←2140+4308
$CoO_2 + LiC_6$
Q↓
$LiCoO_2 + C_6$

ヘスの法則より，　$Q = 2140 + 4308 - (1561 + 4482) = 405$ 〔kJ〕

問5　$CoO_2 + LiC_6 = LiCoO_2 + C_6 + 405 \text{ kJ}$ より，e^- が1 mol 移動すると405 kJのエネルギーがとり出せるから，〔V〕＝〔J/C〕より，

$$\text{起電力〔V〕} = \frac{405 \times 10^3 \text{〔J〕}}{1 \times 9.65 \times 10^4 \text{〔C〕}} \fallingdotseq 4.20 \text{〔V〕}$$

（kJ，単位に注意!!，mol(e⁻)，C/mol）

標問 **53** 電気分解(1)

答　問1　9.7×10^2 C　　問2　気体の名称：水素　物質量：5.0×10^{-3} mol
　　　問3　0.20 A　　問4　0.43 g
　　　問5　$4OH^- \longrightarrow O_2 + 2H_2O + 4e^-$　　問6　(B)：(F)＝3：2

精講　まずは問題テーマをとらえる

■電気分解
電池などの外部電源から加えた電気エネルギーによって，酸化還元反応を強制的に起こすことを**電気分解**という。電気分解では，

　　陰極（－極）：外部電源の負極（－極）とつないだ電極
　　陽極（＋極）：外部電源の正極（＋極）とつないだ電極

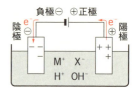

■電極反応
水溶液の電気分解について，陰極と陽極の反応に分けて考える。このとき，水のわずかな電離で生じているH^+，OH^-の存在に注意する。

(1) **陰極の反応**　イオン化傾向の小さな陽イオンが反応し，e^-を受けとる。

　　（条件によっては，イオン化傾向の小さくない金属陽イオン（Zn, Fe, Ni, Sn, Pbなどの陽イオン）が反応することもあるが，そのときには問題中のヒントから判断できるようになっている。）

　注　イオン化傾向の小さな陽イオンとしてH^+が反応するとき，条件によって①，②のように反応式を書き分ける必要がある。

　① 酸性下　　$2H^+ + 2e^- \longrightarrow H_2$
　② 中・塩基性下　　$2H^+ + 2e^- \longrightarrow H_2$
　　　　　　　　　＋)　$2OH^-　　　　　　　　　2OH^-$　←H^+をH_2Oにするために両辺にOH^-を加える
　　　　　　　　　　$2H_2O + 2e^- \longrightarrow H_2 + 2OH^-$

(2) **陽極の反応**　次の手順にしたがって考える。

　手順1　陽極板が炭素C，白金Pt，金Au以外の場合，陽極板自身が溶解する。
　　　　　例　$Cu \longrightarrow Cu^{2+} + 2e^-$
　手順2　陽極板が炭素C，白金Pt，金Auの場合
　　　　　(a) Cl^-が存在　　　➡　Cl^-が反応し，$2Cl^- \longrightarrow Cl_2 + 2e^-$となる。
　　　　　(b) Cl^-が存在しない➡　OH^-が反応する。**注**

　注　OH^-が反応するとき，条件によって①，②のように反応式を書き分ける必要がある。

　① 塩基性下　　$4OH^- \longrightarrow O_2 + 2H_2O + 4e^-$
　② 中・酸性下　　$4OH^- \longrightarrow O_2 + 2H_2O + 4e^-$
　　　　　　　　＋)　$4H^+　　　　　4H^+$　　　　　　　　　　OH^-をH_2Oにするために両辺にH^+を加える
　　　　　　　　　$2H_2O \longrightarrow O_2 + 4H^+ + 4e^-$

■ **直列と並列**

(1) **直列の場合** 次図(左)のように電解槽を直列につないだとき，電解槽Ⅰ，Ⅱに流れた電気量 Q_1, Q_2 は等しくなる。
$$Q = Q_1 = Q_2$$

(2) **並列の場合** 次図(右)のように電解槽を並列につないだとき，電池から出た全電気量 Q は，電解槽Ⅰに流れた電気量 Q_1，電解槽Ⅱに流れた電気量 Q_2 の合計になる。
$$Q = Q_1 + Q_2$$

〈直列〉　　　　　　　　　　　〈並列〉

標問 53 の解説

〔操作1〕 スイッチ S_2 を開いた状態でスイッチ S_1 を閉じると，電解槽Ⅰの NaOH 水溶液の電気分解だけが起こる。

陰極(A)では，Na^+ よりイオン化傾向の小さな陽イオンである H^+ が反応する。このとき，NaOH 水溶液が塩基性なので水が還元される。

(A)⊖(Pt)　$2H_2O + 2e^- \longrightarrow H_2 + 2OH^-$

陽極(B)では，Pt を使っているので電極自身の変化はなく NaOH 水溶液が塩基性なので OH^- が酸化される。

(B)⊕(Pt)　$4OH^- \longrightarrow O_2 + 2H_2O + 4e^-$ ←問5

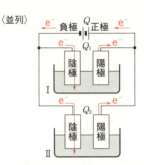

電解槽Ⅰ

問1 G点を流れた電気量は，1.0〔A〕=1.0〔C/秒〕，16分5秒=965秒より，
$$1.0 \times 965 = 9.65 \times 10^2 \fallingdotseq 9.7 \times 10^2 \text{〔C〕}$$
〔A〕=〔C/秒〕　〔C〕

問2 電解槽Ⅰの陰極(A)では H_2 が発生し，反応式から e^- 2 mol 流れると H_2 1 mol が発生することがわかる。ファラデー定数 96500 C/mol より発生する H_2 の物質量は，
$$9.65 \times 10^2 \times \frac{1}{96500} \times \frac{1}{2} = 5.0 \times 10^{-3} \text{〔mol〕}$$
〔C〕　　　　e^-〔mol〕　H_2〔mol〕

〔操作2〕 スイッチ S_2 と S_1 を閉じると，電解槽Ⅰ〜Ⅲで次の反応が起こる。

電解槽Ⅰ　(A)⊖(Pt)　$2H_2O + 2e^- \longrightarrow H_2 + 2OH^-$
NaOHaq　(B)⊕(Pt)　$4OH^- \longrightarrow O_2 + 2H_2O + 4e^-$ ┤〔操作1〕の説明を参照

第1章 理論化学

電解槽Ⅱ $\begin{cases} \text{(C)} \ominus \text{(C)} & Cu^{2+} + 2e^- \longrightarrow Cu \leftarrow \text{イオン化傾向の小さな陽イオンが} e^- \text{を受けとる} \\ \text{(D)} \oplus \text{(C)} & 2Cl^- \longrightarrow Cl_2 + 2e^- \leftarrow Cl^- \text{は} H_2O \text{よりも酸化されやすい} \end{cases}$

CuCl₂aq

電解槽Ⅲ $\begin{cases} \text{(E)} \ominus \text{(Pt)} & Ag^+ + e^- \longrightarrow Ag \quad \leftarrow \text{イオン化傾向の小さな陽イオンが} e^- \text{を受けとる} \\ \text{(F)} \oplus \text{(Pt)} & 2H_2O \longrightarrow O_2 + 4H^+ + 4e^- \leftarrow NO_3^- \text{は酸化されにくい} \end{cases}$

AgNO₃aq

問3 電解槽Ⅱの陰極(C)では Cu が析出し，反応式から Cu が 1 mol 析出するときには e^- が 2 mol 流れることがわかる。ファラデー定数 96500 C/mol，Cu＝63.5 より，電解槽Ⅱには，

$$0.127 \underset{\text{Cu〔g〕}}{\Big|} \times \frac{1}{63.5} \underset{\text{Cu〔mol〕}}{\Big|} \times \frac{2}{1} \underset{e^-\text{〔mol〕}}{\Big|} \times 96500 \underset{e^-\text{〔C〕}}{\Big|} = 386 〔C〕$$

の電気量が流れたことがわかる。流れた電流を x〔A〕とすると，32 分 10 秒＝1930 秒より，次の関係式が成立する。

$$x \underset{\text{〔A〕＝〔C/秒〕}}{\Big|} \times 1930 \underset{\text{〔C〕}}{\Big|} = 386 〔C〕 \qquad よって，\quad x = 0.20 〔A〕$$

問4 電解槽Ⅱと電解槽Ⅲは，直列に接続されているので，

電解槽Ⅱに流れた電気量 ＝ 電解槽Ⅲに流れた電気量

の関係式が成り立ち，電解槽Ⅲにも電解槽Ⅱと同じ 386 C の電気量が流れた。電解槽Ⅲの陰極(E)では Ag が析出し，反応式から e^- 1 mol 流れると Ag 1 mol が析出することがわかる。ファラデー定数 96500 C/mol，Ag＝107.9 から，

$$386 \underset{\text{〔C〕}}{\Big|} \times \frac{1}{96500} \underset{e^-\text{〔mol〕}}{\Big|} \times \frac{1}{1} \underset{\text{Ag〔mol〕}}{\Big|} \times 107.9 \underset{\text{Ag〔g〕}}{\Big|} \fallingdotseq 0.43 〔g〕$$

の Ag が析出したことがわかる。

問6 電解槽Ⅰと電解槽Ⅱ，Ⅲは並列に接続されているので，

全電気量 ＝ 電解槽Ⅰに流れた電気量 ＋ 電解槽Ⅱ，Ⅲに流れた電気量 …(*)

の関係式が成り立つ。全電気量は，〔操作2〕の 0.50 A の電流を 32 分 10 秒＝1930 秒流したことから，

$$0.50 \underset{\text{〔A〕＝〔C/秒〕}}{\Big|} \times 1930 \underset{\text{〔C〕}}{\Big|} = 965 〔C〕$$

となり，電解槽Ⅰに流れた電気量を Q_{I}〔C〕とすると，(*) 式と電解槽Ⅱに流れた電気量（**問3**）から，次の関係式が成り立つ。

$$965 = Q_{\mathrm{I}} + 386$$

よって，$Q_{\mathrm{I}} = 579$〔C〕となる。電解槽Ⅰの陽極(B)と電解槽Ⅲの陽極(F)では，ともに e^- 4 mol つまり 4×96500 C 流れると O_2 1 mol が発生する。このことから，流れた電気量と発生する O_2 の物質量が比例することがわかるので，

$$\underset{\text{物質量〔mol〕比}}{(B):(F)} = \underset{\text{電気量の比}}{579:386} = 1.5:1 = 3:2$$

| 標問 | 54 | 電気分解(2) |

答 問1　ア：塩素　イ：水素　ウ：水酸化物イオン
　　　　エ：ナトリウムイオン　オ：水酸化ナトリウム
　　　問2　73.8 kA

標問 54 の解説

問1　NaCl 水溶液の電気分解を行う。

陰極では，Na^+ よりイオン化傾向の小さな陽イオンである H^+ が反応する。このとき，陰極室は中性なので H_2O が還元される。

陰極：$2H_2O + 2e^- \longrightarrow H_2 + 2OH^-$

陽極では，C を使っているので電極自身の変化はなく Cl^- が酸化される。

陽極：$2Cl^- \longrightarrow Cl_2 + 2e^-$

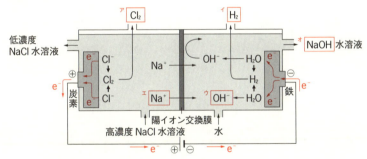

このとき電気的中性を保つため，Na^+ が陽極側から陽イオン交換膜を通って陰極側に移動する。陰極側に NaOH が生じるのである。

問2　毎分 10.0 kg ずつ水を供給して，5.00 mol/kg の NaOH aq を連続的に得るために x [kA] の電流で電気分解を行うとする。1分間（=60秒）に流れる e^- の物質量 [mol] は，ファラデー定数$=9.65×10^4$ C/mol より，

$$x \underset{[kA]}{\times 10^3} \underset{[A]=[C/秒]}{\times 60} \underset{[C]}{\times \frac{1}{9.65 \times 10^4}} = \frac{6x}{9.65} \text{ [mol]} \quad (e^- \text{[mol]})$$

となり，陰極室では H_2O が消費され NaOH が生成する。反応式から e^- 2 mol 流れると H_2O 2 mol が消費され，NaOH 2 mol が生成するので，

$$\underset{e^-\text{[mol]}}{\frac{6x}{9.65}} \underset{\text{消費される}H_2O\text{[mol]}}{\times \frac{2}{2}} \text{ [mol]}$$

の H_2O が消費され，

$$\underbrace{\frac{6x}{9.65}}_{\text{e}^-\,(\text{mol})} \times \underbrace{\frac{2}{2}}_{\text{生成する NaOH }(\text{mol})} \quad (\text{mol})$$

の NaOH が生成する。

よって，得られる NaOH 水溶液の質量モル濃度〔mol/kg〕が 5.00 mol/kg になることから，次の関係式が成り立つ。

$$\frac{\text{NaOH }(\text{mol})}{\text{H}_2\text{O }(\text{kg})} = \cfrac{\overbrace{\dfrac{6x}{9.65} \times \dfrac{2}{2}}^{\text{生成する NaOH }(\text{mol})}\ (\text{mol})}{\left\{\underbrace{10.0}_{\substack{\text{供給される}\\\text{H}_2\text{O }(\text{kg})}} - \underbrace{\underbrace{\dfrac{6x}{9.65} \times \dfrac{2}{2}}_{\substack{\text{消費される}\\\text{H}_2\text{O }(\text{mol})}} \times 18}_{\text{H}_2\text{O }(\text{g})} \times \dfrac{1}{10^3}\right\}\ (\text{kg})} = 5.00\ (\text{mol/kg})$$

（分母の単位は H₂O〔kg〕）

よって，$x \fallingdotseq 73.8\ (\text{kA})$

> 補足　陽イオン交換膜ではなく素焼き板などの隔膜を使うと，Na^+ だけでなく OH^- も隔膜を通って移動し，陽極で発生した Cl_2 が OH^- と反応する。
> $$\text{Cl}_2 + 2\text{OH}^- \longrightarrow \text{Cl}^- + \text{ClO}^- + \text{H}_2\text{O}$$

第2章　無機化学

標問 55　定性的な実験による塩の決定

答

問1　①と②,　③と⑤,　④と②　　　問2　a:②　　c:⑦

問3　A:③　　B:⑦　　C:④　　D:⑦　　E:⑥　　F:⑥

　　　G:②　　H:⑥

問4　$2Fe(NO_3)_3 + H_2S \longrightarrow 2Fe(NO_3)_2 + S + 2HNO_3$

問5　$Al(OH)_3 + NaOH \longrightarrow Na[Al(OH)_4]$

精講　混乱しやすい事項の整理

■沈殿

沈殿を生じる陽イオンと陰イオンとの組み合わせは記憶する必要がある。

① **硝酸イオン NO_3^-**

　　NO_3^- は，どの金属陽イオンとも沈殿をつくりにくい。

② **塩化物イオン Cl^-**

　　Ag^+，Pb^{2+}，Hg_2^{2+} と沈殿をつくる。$AgCl$ には感光性があり，光があたると分解して Ag が析出し，$PbCl_2$ は熱湯に溶ける。

③ **硫酸イオン SO_4^{2-}**

　　$\underline{Ba^{2+}，Ca^{2+}，Sr^{2+}}$，$Pb^{2+}$ と沈殿をつくる。
　　<u>アルカリ土類金属</u>

④ **炭酸イオン CO_3^{2-}**

　　アルカリ金属イオン，NH_4^+ 以外のほとんどの金属陽イオンと沈殿をつくる。
　　Ba^{2+}，Ca^{2+}，Mg^{2+} などの沈殿がよく出題される。

⑤ **クロム酸イオン CrO_4^{2-}**

　　Ba^{2+}，Pb^{2+}，Ag^+ などと沈殿をつくる。

⑥ **水酸化物イオン OH^-**

　　$NaOH$ 水溶液や NH_3 水を<u>少量</u>加えて，水溶液を塩基性にするとアルカリ金属とアルカリ土類金属を除く金属イオンが沈殿する。金属のイオン化列と対応させて覚えるとよい。

	$Li^+\ K^+\ Ba^{2+}\ Ca^{2+}\ Na^+$	$Mg^{2+}\ Al^{3+}\ Mn^{2+}\ Zn^{2+}\ Fe^{3+}\ Fe^{2+}$ $Ni^{2+}\ Sn^{2+}\ Pb^{2+}\ Cu^{2+}$	$Hg^{2+}\ Ag^+$
OH^-	沈殿しにくい ($Ca(OH)_2$ はやや溶解度が小さい)	水酸化物が沈殿する (沈殿を加熱すると酸化物になる)	水酸化物が常温で分解し，酸化物が沈殿する

　　ただし，$NaOH$ 水溶液や NH_3 水を少量ではなく，<u>過剰</u>に加えると，一度できた沈殿が錯イオンとなり溶けるものがある。

(a)　$NaOH$ の水溶液を<u>過剰</u>に加えたとき，一度できた沈殿が錯イオンとなり溶解するもの

第2章　無機化学　　135

$$Al^{3+} \xrightarrow{\text{NaOH}} Al(OH)_3\downarrow(白) \xrightarrow{\text{NaOH}} [Al(OH)_4]^-\ (無色)$$

$$Zn^{2+} \xrightarrow{\text{NaOH}} Zn(OH)_2\downarrow(白) \xrightarrow{\text{NaOH}} [Zn(OH)_4]^{2-}\ (無色)$$

$$Sn^{2+} \xrightarrow{\text{NaOH}} Sn(OH)_2\downarrow(白) \xrightarrow{\text{NaOH}} [Sn(OH)_4]^{2-}\ (無色)$$

$$Pb^{2+} \xrightarrow{\text{NaOH}} Pb(OH)_2\downarrow(白) \xrightarrow{\text{NaOH}} [Pb(OH)_4]^{2-}\ (無色)$$

$$Cr^{3+}(緑) \xrightarrow{\text{NaOH}} Cr(OH)_3\downarrow(灰緑) \xrightarrow{\text{NaOH}} [Cr(OH)_4]^-\ (濃緑)$$

(b) NH_3水を**過剰**に加えたとき，一度できた沈殿が錯イオンとなり溶解するもの

$$Cu^{2+}(青) \xrightarrow{\text{NH}_3} Cu(OH)_2\downarrow(青白) \xrightarrow{\text{NH}_3} [Cu(NH_3)_4]^{2+}\ (深青)$$

$$Zn^{2+} \xrightarrow{\text{NH}_3} Zn(OH)_2\downarrow(白) \xrightarrow{\text{NH}_3} [Zn(NH_3)_4]^{2+}\ (無色)$$

$$Ni^{2+}(緑) \xrightarrow{\text{NH}_3} Ni(OH)_2\downarrow(緑) \xrightarrow{\text{NH}_3} [Ni(NH_3)_6]^{2+}\ (青紫)$$

$$Ag^+ \xrightarrow{\text{NH}_3} Ag_2O\downarrow\quad(褐) \xrightarrow{\text{NH}_3} [Ag(NH_3)_2]^+\ (無色)$$

$$Cd^{2+} \xrightarrow{\text{NH}_3} Cd(OH)_2\downarrow(白) \xrightarrow{\text{NH}_3} [Cd(NH_3)_4]^{2+}\ (無色)$$

⑦ **硫化物イオン S^{2-}**

　H_2S を金属のイオンの水溶液に通じると，その水溶液の液性(酸性・中性・塩基性)によって，沈殿のできるようすが異なる。これも，金属のイオン化列と対応させて覚えるとよい。

	$Li^+\ K^+\ Ba^{2+}\ Ca^{2+}$ $Na^+\ Mg^{2+}\ Al^{3+}$	$Mn^{2+}\ Zn^{2+}\ Fe^{3+}\ Fe^{2+}\ Ni^{2+}$	$Sn^{2+}\ Pb^{2+}\ Cu^{2+}\ Hg^{2+}\ Ag^+$
S^{2-}	沈殿しにくい	中性・塩基性で硫化物が沈殿する(酸性では沈殿しない)	酸性・中性・塩基性いずれでも硫化物が沈殿する

注 Fe^{3+}，Fe^{2+} ともに中性・塩基性で FeS (黒) が沈殿する (Fe^{3+} は S^{2-} により，Fe^{2+} に還元されてから沈殿する)。

補足 Cd^{2+} は酸性・中性・塩基性いずれの水溶液でも CdS (黄) が沈殿する。

■イオンや化合物の色

イオンや化合物の色は覚える必要がある。

水溶液中のイオン	Fe^{2+}：淡緑　　　Fe^{3+}：黄褐　　　Cu^{2+}：青　　　Cr^{3+}：緑 ←実際は共存する Co^{2+}：赤　　　Mn^{2+}：淡桃　　　Ni^{2+}：緑　　　CrO_4^{2-}：黄　 イオンによって $Cr_2O_7^{2-}$：赤橙　　　MnO_4^-：赤紫　　　$[Cu(NH_3)_4]^{2+}$：深青 色は異なる $[Cr(OH)_4]^-$：濃緑
塩化物	AgCl：白　　　$PbCl_2$：白　　　Hg_2Cl_2：白
硫酸塩	$CaSO_4$：白　　　$SrSO_4$：白　　　$BaSO_4$：白　　　$PbSO_4$：白
炭酸塩	$CaCO_3$：白　　　$BaCO_3$：白　　　$SrCO_3$：白　　　$MgCO_3$：白

酸化物 遷移元素の酸化物は有色のものが多い	CuO：黒　　Cu₂O：赤　　　Ag₂O：褐　　MnO₂：黒 Fe₃O₄：黒　Fe₂O₃：赤褐　　ZnO：白　　Al₂O₃：白
水酸化物	一般に典型元素の水酸化物は白 Fe(OH)₂：緑白　　Fe(OH)₃：赤褐　　Cu(OH)₂：青白 Cr(OH)₃：灰緑　　Ni(OH)₂：緑
クロム酸塩	BaCrO₄：黄　　　　PbCrO₄：黄　　　　Ag₂CrO₄：赤褐
硫化物	一般に黒 ZnS：白　　CdS：黄　　MnS：淡赤　　SnS：褐

標問 55 の解説

問1　同族元素のイオンには，1族の Li^+ と K^+，2族の Mg^{2+} と Ca^{2+}，11族の Cu^{2+} と Ag^+，12族の Zn^{2+} と Cd^{2+} の4組がある。例として挙げられている1族の Li^+ と K^+ を除いて答える。

問2, 3 (1)　AとB，CとDが同族元素で，Aのみが炎色反応を示すとの記述から，Ⅰ群の選択肢の中で，同族元素の組み合わせは次のようになる。

　　　　　1族：Li^+ と K^+　　2族：Mg^{2+} と Ca^{2+}　　11族：Cu^{2+} と Ag^+
　　　　　12族：Zn^{2+} と Cd^{2+}

　　この中で，炎色反応の色がよく知られているものは，

　　　　　Li^+ 赤，K^+ 赤紫，Ca^{2+} 橙赤，Cu^{2+} 青緑

の4つである。ここで，AとBのうち，Aのみが炎色反応を示すので，AとBの組み合わせは次のどちらかになる。

　　　　　A：Ca^{2+}，B：Mg^{2+}　　または，　A：Cu^{2+}，B：Ag^+

　　また，CとDはともに炎色反応を示さないので，CとDのどちらかが Zn^{2+} で，もう一方が Cd^{2+} である。

(2)　(1)の結果から，A は Ca^{2+} か Cu^{2+} であることがわかった。ここで，cを通じたものだけに白色沈殿の生成が認められるとの記述から，A が Cu^{2+} であるならば，Ⅱ群の選択肢との組み合わせから，㊂の H_2S を通じると CuS の黒色沈殿，㊅の NH_3 を加えると $Cu(OH)_2$ の青白色沈殿を生じるはずで，白色沈殿を生じることはない。よって，A は Cu^{2+} ではなく Ca^{2+} とわかり，A が Ca^{2+} なので，B は Mg^{2+} となる。また，A が Ca^{2+} であれば，a(NH_3)をごく少量加えたのち c(CO_2)を通じると生じる CO_3^{2-} と $CaCO_3$ の白色沈殿を生じるため，(2)の結果に矛盾しない。

　　　　　よって，A：㋑ Ca^{2+}　　B：㋘ Mg^{2+}　　a：㋦ NH_3　　c：㋐ CO_2
　　　　　CとDは，どちらかが Zn^{2+} で，もう一方が Cd^{2+}

(3)　(2)の結果，a が NH_3，c が CO_2 なので，b は HCl か H_2S となる。E の溶液のみ b を加えると白色の沈殿を生じ，加熱するとその沈殿が溶解するとの記述から E は Pb^{2+} で，b(HCl)を加えると加熱により溶解する白色の沈殿 $PbCl_2$ を生じたことがわかる。また，E を除く A～H に㋒の Ag^+ が含まれていると b(HCl)を加える

第2章　無機化学　　137

と AgCl の白色の沈殿を生じてしまい，E の溶液のみ白色の沈殿が生じるとの記述と矛盾する。つまり，E を除く A〜H に Ag^+ は含まれていなかったこともわかる。また，b が HCl と決まれば，d はⅡ群の選択肢で残った H_2S となる。

　　　よって，E：⒧ Pb^{2+}　　b：⒢ HCl　　d：㋔ H_2S
　　　　　　　E を除く A〜H に Ag^+ は含まれていない

　　b(HCl) を加えて酸性条件にした A，B，C，D，F，G，H の溶液に，d(H_2S) を通じると，F の入った試験管のみが少し白く濁ったとの記述から，F(Fe^{3+}) により d(H_2S) が酸化され S が生じたことがわかる。

　　　よって，F：㋬ Fe^{3+}

(4) C，D，G の溶液に，a(NH_3) をごく少量加えて弱塩基性にしたのち，d(H_2S) を通じると，それぞれ黄色，白色，淡赤色の沈殿を生じるとの記述から，CdS(黄)，ZnS(白)，MnS(淡赤) の沈殿がそれぞれ生成したことがわかる。

　　　よって，C：㋾ Cd^{2+}　　D：㋡ Zn^{2+}　　G：㋩ Mn^{2+}

(5) C(Cd^{2+})，D(Zn^{2+})，F(Fe^{3+})，H のそれぞれの溶液に a(NH_3) を少量加えると，すべてのイオンから沈殿が生じ，さらに多量の a(NH_3) を加えると，C(Cd^{2+})，D(Zn^{2+}) の沈殿が溶解したとの記述から，次のように錯イオン $[Cd(NH_3)_4]^{2+}$ と $[Zn(NH_3)_4]^{2+}$ を生じて沈殿が溶解したことがわかる。

$$C：Cd^{2+} \xrightarrow{\ a(NH_3)\ } Cd(OH)_2\downarrow(白) \xrightarrow{\ a(NH_3)\ } [Cd(NH_3)_4]^{2+}$$

$$D：Zn^{2+} \xrightarrow{\ a(NH_3)\ } Zn(OH)_2\downarrow(白) \xrightarrow{\ a(NH_3)\ } [Zn(NH_3)_4]^{2+}$$

　　F(Fe^{3+}) と H の NH_3 との沈殿に，さらに水酸化ナトリウム水溶液を加えると H の沈殿が溶解するとの記述から，H はⅠ群の選択肢の中では Al^{3+}，Pb^{2+}，Zn^{2+} のいずれかになる。ここで，すでに Pb^{2+} は E，Zn^{2+} は D と決定しているので，H は残った Al^{3+} となる。

$$F：Fe^{3+} \xrightarrow{\ NH_3\ } Fe(OH)_3\downarrow(赤褐) \xrightarrow{\ NaOH\ } Fe(OH)_3\downarrow のまま$$

$$H：Al^{3+} \xrightarrow{\ NH_3\ } Al(OH)_3\downarrow(白) \xrightarrow[問5]{\ NaOH\ } [Al(OH)_4]^- (沈殿溶解)$$

　　　よって，H：㋺ Al^{3+}

(6) G(Mn^{2+}) の溶液を硝酸と非常に強い酸化剤を加えて加熱，酸化すると赤紫色の MnO_4^- に変わったと考えられる。

問4　F(Fe^{3+}) により d(H_2S) が酸化され S が生じて白く濁ったので，
　　　　$Fe^{3+} + e^- \longrightarrow Fe^{2+}$　　　　…①
　　　　$H_2S \longrightarrow S + 2H^+ + 2e^-$　　…②
　　　①式×2＋②式，両辺に $6NO_3^-$ を加えると次のようになる。
　　　　$2Fe(NO_3)_3 + H_2S \longrightarrow 2Fe(NO_3)_2 + S + 2HNO_3$

138

| 標問 56 | 溶解度積(1) |

答

問1　ア：$\dfrac{[H^+][HS^-]}{[H_2S]}$　イ：$\dfrac{[H^+][S^{2-}]}{[HS^-]}$　ウ：$\dfrac{[H^+]^2 + K_1[H^+] + K_1K_2}{K_1K_2}$

　　　エ：$[Cu^{2+}][S^{2-}]$　オ：大きく

問2　カ：1.4×10^{-21}　キ：1.3×10^{-4}

問3　FeS, MnS, NiS

精講　まずは問題テーマをとらえる

■溶解度積

　一般に，$A_mB_n(固) \rightleftarrows mA^{a+} + nB^{b-}$ の平衡があるとき，温度が一定ならば，各イオンの濃度 $[A^{a+}]$，$[B^{b-}]$ について，

$$[A^{a+}]^m[B^{b-}]^n = 一定$$

という関係が成立する。このときの $[A^{a+}]^m[B^{b-}]^n$ の値をこの温度における A_mB_n の**溶解度積**という。

　溶解度積の値からは溶解平衡時の各イオンの濃度を求めることができ，また任意の濃度で各イオンを混合したとき沈殿が生じるか否かを判断することができる。例えば，ある温度での $A_mB_n(固)$ の溶解度積を K_{sp} とすると，

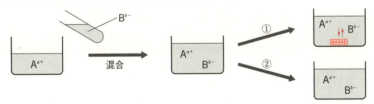

A^{a+} を含む水溶液に B^{b-} を含む水溶液を加えた瞬間の濃度が

① $[A^{a+}]^m[B^{b-}]^n > K_{sp}$ のとき
　➡ $[A^{a+}]^m[B^{b-}]^n = K_{sp}$ になるまで $A_mB_n(固)$ が析出する
② $[A^{a+}]^m[B^{b-}]^n \leqq K_{sp}$ のとき
　➡ 沈殿は生じない（等号が成立するときは，ちょうど飽和溶液）

と判断できる。

Point 43

溶解度積の値からは，次のことがわかる。
- 溶解平衡時の各イオンの濃度
- 沈殿生成の有無

第2章　無機化学

標問 56 の解説

問1

$$\begin{cases} H_2S \rightleftharpoons H^+ + HS^- & K_1 = \dfrac{[H^+][HS^-]}{[H_2S]} \quad \cdots ① \\[3mm] HS^- \rightleftharpoons H^+ + S^{2-} & K_2 = \dfrac{[H^+][S^{2-}]}{[HS^-]} \quad \cdots ② \end{cases}$$

Sに注目すると，濃度に関する次の収支の式が成立する。

$$C = [H_2S] + [HS^-] + [S^{2-}] \quad \cdots ③$$

最初に1Lあたり C 〔mol〕の H_2S があったなら，S原子の保存則より，
平衡時の H_2S，HS^-，S^{2-} は全部で C 〔mol〕である

$[H_2S]$ と $[HS^-]$ を $[S^{2-}]$ を用いて表すために，次のように変形する。

①式×②式より，

$$K_1 K_2 = \frac{[H^+][HS^-]}{[H_2S]} \times \frac{[H^+][S^{2-}]}{[HS^-]} = \frac{[H^+]^2[S^{2-}]}{[H_2S]}$$

よって，$\quad [H_2S] = \dfrac{[H^+]^2[S^{2-}]}{K_1 K_2} \quad \cdots ④$

②式より，

$$[HS^-] = \frac{[H^+][S^{2-}]}{K_2} \quad \cdots ②'$$

③式に②′式と④式を代入すると，

$$C = \frac{[H^+]^2[S^{2-}]}{K_1 K_2} + \frac{[H^+][S^{2-}]}{K_2} + [S^{2-}]$$

$$= [S^{2-}] \times \left(\frac{[H^+]^2 + K_1[H^+] + K_1 K_2}{K_1 K_2} \right) \quad \cdots ⑤$$

硫化銅(II)の溶解平衡を考える。

$$CuS \rightleftharpoons Cu^{2+} + S^{2-} \qquad K_{sp} = [Cu^{2+}][S^{2-}]$$

CuS は，溶液中の $[Cu^{2+}][S^{2-}]$ が K_{sp} より大きくなると沈殿する。

問2 強酸である塩酸が共存すると，硫化水素の電離はおさえられているため，$[H^+]$ は塩酸の濃度に等しいとしてよい。

$$[H^+] \fallingdotseq 3.0 \times 10^{-1} \ \text{〔mol/L〕}$$

$K_1 = 9.6 \times 10^{-8}$ 〔mol/L〕，$K_2 = 1.3 \times 10^{-14}$ 〔mol/L〕，$C = 1.0 \times 10^{-1}$ 〔mol/L〕 を⑤ 式に代入する。

$$1.0 \times 10^{-1} = [S^{2-}] \left\{ \frac{(3.0 \times 10^{-1})^2 + 9.6 \times 10^{-8} \times 3.0 \times 10^{-1} + 9.6 \times 10^{-8} \times 1.3 \times 10^{-14}}{9.6 \times 10^{-8} \times 1.3 \times 10^{-14}} \right\}$$

第2項と第3項は第1項より非常に小さいので無視する

よって，$\quad [S^{2-}] \fallingdotseq \dfrac{1.24 \times 10^{-22}}{9.0 \times 10^{-2}} = 1.37 \cdots \times 10^{-21} \fallingdotseq 1.4 \times 10^{-21}$ 〔mol/L〕

pH=11 とすると，$[H^+] = 1.0 \times 10^{-11}$ 〔mol/L〕なので，上と同様に⑤式に代入す ると，

$$1.0 \times 10^{-1} = [S^{2-}] \left\{ \frac{\cancel{(1.0 \times 10^{-11})^2} + 9.6 \times 10^{-8} \times 1.0 \times 10^{-11} + \cancel{9.6 \times 10^{-8} \times 1.3 \times 10^{-14}}}{9.6 \times 10^{-8} \times 1.3 \times 10^{-14}} \right\}$$

第1項と第3項は第2項より非常に小さいので無視する

よって，　$[S^{2-}] \fallingdotseq \dfrac{1.24 \times 10^{-22}}{9.6 \times 10^{-19}} = 1.29 \cdots \times 10^{-4} \fallingdotseq 1.3 \times 10^{-4}$ 〔mol/L〕

問3　金属イオンの濃度を $[M^{2+}]$〔mol/L〕とおく。問2より，金属硫化物 MS が沈殿しないと仮定したときの $[M^{2+}][S^{2-}]$ の値は，次のように計算できる。

	塩酸濃度 3.0×10^{-1}〔mol/L〕	pH＝11
$[H^+]$	3.0×10^{-1}	1.0×10^{-11}
$[S^{2-}]$	1.37×10^{-21}	1.29×10^{-4}
$[M^{2+}][S^{2-}]$	$1.0 \times 10^{-2} \times 1.37 \times 10^{-21}$ $= 1.37 \times 10^{-23}$	$1.0 \times 10^{-2} \times 1.29 \times 10^{-4}$ $= 1.29 \times 10^{-6}$

塩酸酸性時に硫化物 MS が沈殿しないためには，
　　$[M^{2+}][S^{2-}] = 1.37 \times 10^{-23} \leqq K_{sp}$
pH＝11 のときに硫化物 MS が沈殿するためには，
　　$[M^{2+}][S^{2-}] = 1.29 \times 10^{-6} > K_{sp}$
　そこで，溶解度積 K_{sp} の値が $1.37 \times 10^{-23} \leqq K_{sp} < 1.29 \times 10^{-6}$ の範囲にあるものを表1から選ぶと，FeS, MnS, NiS である。

標問 57 溶解度積(2)

答　問1　ア：1.0×10^{-4}　イ：2.0×10^{-3}
　　　問2　9.8×10^{-5} mol/L

精講　まずは問題テーマをとらえる

■沈殿滴定

沈殿反応を利用した滴定の1つに**モール法**がある。

Cl^- が含まれる試料溶液の一定体積をホールピペットを用いて正確にはかりとり、ビーカーに入れる。この水溶液に指示薬として CrO_4^{2-} を少量加える。これにビュレットを用いて濃度既知の硝酸銀 $AgNO_3$ 水溶液を滴下していく。すると、まず $AgCl$ の白色沈殿が析出するが、やがて Ag_2CrO_4 の赤褐色沈殿が生成しはじめる。このときまでに Cl^- のほとんどすべては沈殿してしまっているので、この時点で滴定を終了する。

よって、水溶液中の Cl^- の物質量を Ag_2CrO_4 の沈殿が見えはじめるまでに加えた Ag^+ の物質量とほぼ等しいとすることができ、塩化物イオンの物質量が求められるのである。

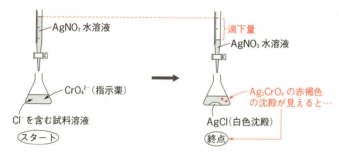

上図で
　　滴下した Ag^+ の物質量 ≒ 試料溶液中に含まれる Cl^- の物質量
としてよい。

本問では、このようにしてよい理由を溶解度積から考察している。

標問 57 の解説

問1 AgCl の沈殿は $[Ag^+][Cl^-]=K_{sp}$ となった点から生じはじめる。つまり,

$$[Ag^+]=\frac{2.0\times10^{-10}}{1.0\times10^{-1}}=2.0\times10^{-9}\,\text{〔mol/L〕}$$ を超えた途端に AgCl は沈殿してくる。

どんどん $[Ag^+]$ を上げていくと, $[Ag^+][Cl^-]=K_{sp}$ が成立するように $Ag^+ + Cl^- \longrightarrow AgCl$ の反応が進行していく。

次に, Ag_2CrO_4 の沈殿は $[Ag^+]^2[CrO_4{}^{2-}]=K_{sp}$[1] となった点から生じはじめる。つまり,

$$[Ag^+]=\sqrt{\frac{K_{sp}}{[CrO_4{}^{2-}]}}=\sqrt{\frac{1.0\times10^{-12}}{1.0\times10^{-4}}}$$
$$=1.0\times10^{-4}\,\text{〔mol/L〕}\ \ \text{ア}$$

を超えたら, Ag_2CrO_4 は沈殿してくる。

このとき Cl^- は,

$$[Cl^-]=\frac{K_{sp}}{[Ag^+]}=\frac{2.0\times10^{-10}}{1.0\times10^{-4}}=2.0\times10^{-6}\,\text{〔mol/L〕}$$

しか溶液中に残っていない。つまり,

$$\frac{2.0\times10^{-6}}{1.0\times10^{-1}}\times100=2.0\times10^{-3}\,\text{〔%〕}\ \ \text{イ}$$

しか, はじめの Cl^- が残っておらず, ほぼ全部 AgCl として沈殿したといえる。

問2 Ag_2CrO_4 の沈殿が見えはじめた点を Cl^- がほぼ全部沈殿した点と考え「ここまでに加えた Ag^+ の物質量=はじめにあった Cl^- の物質量」としてもよいのだろうか。これを検討してみよう。

Ag^+ にしても Cl^- にしても収支を考えれば固体中か溶液中のどちらかに存在しているので, それぞれの物質量に関して次式が成立する。

⑩ Ag^+ の物質量
= 液中⑯ Ag^+ の物質量+⑱ AgCl 中の Ag^+ の物質量+⑱ Ag_2CrO_4 中の Ag^+ の物質量

　　　　← AgCl では $Ag^+:Cl^-=1:1$ 　　　　沈殿は少ないので無視できる

⑤ Cl^- の物質量
= 液中⑯ Cl^- の物質量+⑱ AgCl 中の Cl^- の物質量

上式から下式を引き算する。このとき沈殿した AgCl 中の Ag^+ と Cl^- の物質量が等しいこと, 終点では Ag_2CrO_4 中の Ag^+ が無視できるほど少ないことを考慮すると,

　　　　㊰=液中⑯ Ag^+ の物質量-液中⑯ Cl^- の物質量

となる。1 L あたりで考えると,

　　　　㊰=$1.0\times10^{-4}\,\text{〔mol〕}-2.0\times10^{-6}\,\text{〔mol〕}=9.8\times10^{-5}\,\text{〔mol〕}$

という非常に小さい値になり, ⑩ Ag^+ の物質量≒⑤ Cl^- の物質量　としてよいことがわかる。

第2章　無機化学　143

標問 58 錯体

答
問1 α：Ag⁺　　γ：Zn²⁺
問3 Fe
問5 5.0×10^{-4} mol/L
問6 活性化エネルギー

問2

問4 (図：Pt²⁺錯体のシス形とトランス形)

精講　混乱しやすい事項の整理

■錯イオンの立体構造

配位数	2	4		6
形	直線	正四面体	正方形	正八面体
例	H₃N→Ag⁺←NH₃	(Zn²⁺四面体錯体)	(Cu²⁺正方形錯体)	(Fe錯体正八面体)

Point 45　錯イオンの立体構造は，基本的に配位数で決まる。

配位数 2	直線
配位数 4	正四面体（Zn²⁺ などの錯イオン）， 正方形（Cu²⁺ などの錯イオン）
配位数 6	正八面体

標問58の解説

問1 αは直線構造の配位数2の錯体なので，[Ag(NH₃)₂]⁺ が考えられる。γは正四面体構造の配位数4の錯体なので [Zn(NH₃)₄]²⁺ が考えられる。

問2 正八面体は立方体の各面の中心を結んでできる立体である。[MX₄Y₂]型の錯体では，金属イオンMが中心にあり，配位子XとYのうち2つのYが正八面体の頂点のうち2つを占め，残りをXが占める。隣り合った頂点にYが位置するシス形と向かい合った頂点にYが位置するトランス形の2種類のシス-トランス異性体が存在する。

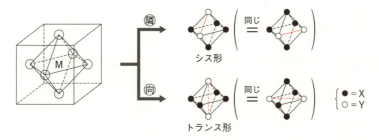

本問では，M＝Co³⁺，X＝NH₃，Y＝Cl⁻ として，シス形とトランス形を描けばよい。

問3 ヘモグロビンは，Fe を含む有機化合物とポリペプチドからなる複合タンパク質である。

問4 [MX₂Y₂]型の錯体の立体構造が正方形の場合，正方形の4つの頂点のうち2つがX，2つがYとなる。隣り合った頂点にXが位置するシス形，向かい合った頂点にXが位置するトランス形の2種類のシス-トランス異性体が存在する。

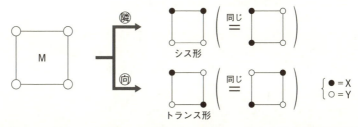

本問では，M＝Pt²⁺，X＝NH₃，Y＝Cl⁻ として，シス形とトランス形を描けばよい。

問5 エチレンジアミン四酢酸のナトリウム塩(EDTA)溶液に Ca^{2+} を加えると錯体を形成する。

$$Ca^{2+} + EDTA \rightleftharpoons Ca\text{-}EDTA^{※1}$$

※1 Ca-EDTA の錯体

この反応の平衡定数Kの値は $3.9×10^{10}$ L/mol と非常に大きな値なので，反応は非常に右に傾いており，事実上，不可逆反応と考えてよい。

そこで，Ca^{2+} と EDTA は 1：1 で反応したと考えられるので，

$$\underbrace{[Ca^{2+}]}_{mol/L} × \underbrace{0.10}_{L} = \underbrace{0.010}_{mol/L} × \underbrace{\frac{5.0}{1000}}_{L}$$
$$\underbrace{}_{mol\,(Ca^{2+})} \underbrace{}_{mol\,(EDTA)}$$

よって，　　$[Ca^{2+}]=5.0×10^{-4}$〔mol/L〕

問6 触媒は，活性化エネルギーの小さな経路で反応を進ませ，反応速度を増加させる働きをもつ。

| 標問 | **59** | **イオンの分離** |

答

問1　ア：Ag_2S　　　イ：Ag_2O　　　ウ：$[Ag(NH_3)_2]^+$

問2　エ：$Fe(OH)_3$　　オ：$[Fe(CN)_6]^{4-}$

　　目的：硫化水素により2価に還元されていた鉄イオンを酸化して3価に
　　　　　戻すため。(34字)

問3　ZnS

問4　$BaSO_4$

問5　2.56×10^{-4} g

問6　ク：Na^+　　ケ：炎色反応

　　試料を白金線につけ，バーナーの外炎に入れると炎が黄色になること
　　から。(34字)

精講　混乱しやすい事項の整理

■陽イオンの系統分析

　水溶液中の未知の金属イオンを数多く分離する場合，沈殿反応を使って性質の似ているグループに分離する方法を系統分析という。次の手順❶〜❻がそのまま出題されたり，一部分を変えて入試で出題されることが多いので知っておくとよい。

❶　Cl^- で沈殿するグループ　➡　Ag^+, Pb^{2+}, Hg_2^{2+}

❷　強酸性下で S^{2-} と沈殿するグループ
　　　　　　　　　　　　➡　イオン化傾向が Sn 以下のイオン, Cd^{2+}

❸　比較的低い pH で OH^- と沈殿するグループ
　　　　　　　　　　　　➡　3価の陽イオンである Fe^{3+}, Al^{3+}, Cr^{3+} など

❹　中〜塩基性下で S^{2-} と沈殿するグループ
　　　　　　　　　　　　➡　イオン化傾向が Zn 以下のイオン, Mn^{2+}

❺　CO_3^{2-} で沈殿するグループ　➡　Ca^{2+}, Ba^{2+}, Sr^{2+}

❻　最後まで残るグループ　➡　Na^+, K^+ などのアルカリ金属イオン
　　　　　　　　　　　　　└→ろ液の炎色反応で確認する

**Point
46**　系統分析で金属イオンは6つのグループに分けられる。

標問 59 の解説

問1〜4, 6　この実験における操作は次のようになる。

146

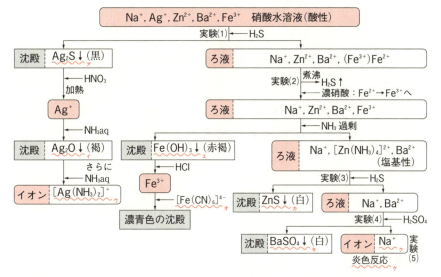

実験(1)：この溶液は金属イオンを含む硝酸水溶液なので，水溶液が酸性であることに注意する。ここに硫化水素 H_2S を吹き込むと，酸性水溶液中では $[H^+]$ が大きく，

$$H_2S \rightleftarrows 2H^+ + S^{2-}$$

の平衡が左に移動するので，$[S^{2-}]$ が小さくなっている。この $[S^{2-}]$ が小さい，酸性条件の下であっても S^{2-} と沈殿するのが，「イオン化傾向が Sn 以下の金属陽イオンと Cd^{2+}」になる。今回の溶液では，Ag^+ が Ag_2S を生成するので，これをろ過によって分離する。この分離して得られた Ag_2S に硝酸を加えて加熱すると，酸化力のある硝酸により S^{2-} が酸化され S に変化するため Ag_2S が溶解する。この溶液にアンモニア水を加えていくと，はじめに Ag_2O の酸化物が沈殿するが，さらに加えると錯イオン $[Ag(NH_3)_2]^+$ を生じて溶解する。

実験(2)：Ag_2S を分離したろ液（Na^+, Zn^{2+}, Ba^{2+}, (Fe^{3+}), Fe^{2+}）をいったん煮沸し，実験(1)で使用した H_2S を除く。このとき，ろ液中の Fe^{3+} は還元性をもつ H_2S によって，一部またはすべて Fe^{2+} に還元されているので，濃硝酸を数滴加えて Fe^{2+} を酸化し，すべて Fe^{3+} に戻す（$Fe(OH)_2$ より $Fe(OH)_3$ のほうが溶解度が小さいので，再び Fe^{3+} に戻す）。次に，アンモニア水を加えると $Fe(OH)_3$ が生成する。ここで加えたアンモニア水は過剰であったことに注意する。もし，過剰でなければ $Zn(OH)_2$ も沈殿してしまうことになり，問題文にある「**実験(1)～(5)を行い，各イオンを分離した**」という記述と矛盾する。$Fe(OH)_3$ の沈殿をろ過により分離した後，この沈殿に塩酸を加えると次の中和反応が起こり沈殿が溶解する。

$$Fe(OH)_3 + 3HCl \longrightarrow FeCl_3 + 3H_2O$$

この Fe^{3+} を含んでいる溶液に，錯イオン $[Fe(CN)_6]^{4-}$ を含むヘキサシアニド鉄(II)酸カリウム水溶液を加えると濃青色沈殿を生じる。

第 2 章 無機化学　147

実験(3)：Fe(OH)₃を分離したろ液（Na⁺，[Zn(NH₃)₄]²⁺，Ba²⁺）は，アンモニア水を過剰に加えたことにより塩基性になっており，ここへ再びH₂Sを吹き込むと，

$$2NH_3 + H_2S \longrightarrow 2NH_4^+ + S^{2-}$$

の反応によってNH₃が中和され，Zn²⁺はNH₃と錯イオンがつくれなくなる。また，[S²⁻]が大きくなっており，「イオン化傾向がZn以下のイオン，Mn²⁺」であるZn²⁺がZnSの沈殿を生成する。

実験(4)：ZnSを分離したろ液（Na⁺，Ba²⁺）にH₂SO₄を加えると，「アルカリ土類金属のイオン」であるBa²⁺がSO₄²⁻とBaSO₄の沈殿を生成する。

実験(5)：BaSO₄を分離したろ液中にNa⁺が残っていることを炎色反応で確認する。

問5
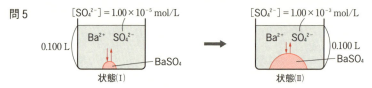

沈殿が析出している溶液では，常に溶解度積 K_{sp} が成立する。

$$K_{sp} = [Ba^{2+}][SO_4^{2-}] = 1.11 \times 10^{-10} \, (mol/L)^2 \quad \cdots ①$$

状態(I)では，[SO₄²⁻] = 1.00×10^{-5} mol/L なので①式より，

$$[Ba^{2+}] = \frac{K_{sp}}{[SO_4^{2-}]} = \frac{1.11 \times 10^{-10}}{1.00 \times 10^{-5}} = 1.11 \times 10^{-5} \, [mol/L]$$

となり，溶液0.100 L中に残っているBa²⁺の物質量〔mol〕は，

$$\underset{Ba^{2+}[mol/L]}{1.11 \times 10^{-5}} \times \underset{Ba^{2+}[mol]}{0.100} = 1.11 \times 10^{-6} \, [mol]$$

状態(II)では，[SO₄²⁻] = 1.00×10^{-3} mol/L なので①式より，

$$[Ba^{2+}] = \frac{K_{sp}}{[SO_4^{2-}]} = \frac{1.11 \times 10^{-10}}{1.00 \times 10^{-3}} = 1.11 \times 10^{-7} \, [mol/L]$$

となり，溶液0.100 L中に残っているBa²⁺の物質量〔mol〕は，

$$\underset{Ba^{2+}[mol/L]}{1.11 \times 10^{-7}} \times \underset{Ba^{2+}[mol]}{0.100} = 1.11 \times 10^{-8} \, [mol]$$

状態(I)と(II)のBa²⁺の物質量〔mol〕の差が，さらに析出したBaSO₄の物質量〔mol〕に相当する。よって，BaSO₄=233.1より，

$$\underset{析出したBaSO_4[mol]}{(\underset{状態(I)}{1.11 \times 10^{-6}} - \underset{状態(II)}{1.11 \times 10^{-8}})} \times \underset{BaSO_4[g]}{233.1} \fallingdotseq 2.56 \times 10^{-4} \, [g]$$

のBaSO₄が析出する。

問6 アルカリ金属，アルカリ土類金属，Cuなどは炎色反応で特有の炎の色を呈す。

Li	Na	K	Cu	Ca	Ba	Sr
赤	黄	赤紫	青緑	橙赤	黄緑	紅

標問 60 気体の発生実験

答

問1 (A) ②，酸化マンガン(Ⅳ)　(B) ①，濃硫酸
　　(C) ②，炭酸カルシウム　(D) ①，水酸化カルシウム
　　(E) ②，希硝酸

問2 (A) ③　(B) ③　(C) ③　(D) ①　(E) ②

問3 (A) ○　(B) ×　(C) ×　(D) ×　(E) ○

問4 (A) ⑥　(B) ⑤　(C) ④　(D) ②　(E) ①

問5 (A) ⑦　(B) ⑧　(C) ⑤　(D) ③　(E) ①

精講　混乱しやすい事項の整理

■気体の性質

気体のもつそれぞれの性質は暗記する必要がある。

有色の気体	O_3(淡青色)，F_2(淡黄色)，Cl_2(黄緑色)，NO_2(赤褐色)	
臭いのある気体	Cl_2，NH_3，HF，HCl，NO_2，SO_2(刺激臭)，H_2S(腐卵臭)，O_3(特異臭)	
水への溶解性と水溶液の液性	水に溶けにくい気体(中性気体)	NO，CO，H_2，O_2，O_3，N_2，CH_4，C_2H_4，C_2H_2
	水に溶け塩基性を示す気体	NH_3
	水に溶け酸性を示す気体	Cl_2，HF，HCl，H_2S，CO_2，SO_2，NO_2

■気体の発生実験

気体の発生実験は，おもに(1)～(4)に分類することができる。

(1) 酸・塩基反応の利用

「弱酸の塩＋強酸 ⟶ 弱酸＋強酸の塩」(弱酸の遊離)や「弱塩基の塩＋強塩基 ⟶ 弱塩基＋強塩基の塩」(弱塩基の遊離)を利用し，弱酸の気体や弱塩基の気体(→NH_3のみ出題される)を発生させることができる。

気体	製法	反応
硫化水素 H_2S	硫化鉄(Ⅱ)に希塩酸，または希硫酸を加える。	$FeS + 2HCl \longrightarrow H_2S + FeCl_2$ $FeS + H_2SO_4 \longrightarrow H_2S + FeSO_4$
二酸化炭素[注1] CO_2	石灰石や大理石に希塩酸を加える。	$CaCO_3 + 2HCl$ 　　$\longrightarrow H_2O + CO_2 + CaCl_2$
二酸化硫黄 SO_2	亜硫酸ナトリウムや亜硫酸水素ナトリウムに希硫酸を加える。	$Na_2SO_3 + H_2SO_4$ 　　$\longrightarrow Na_2SO_4 + H_2O + SO_2$ $2NaHSO_3 + H_2SO_4$ 　　$\longrightarrow Na_2SO_4 + 2H_2O + 2SO_2$
アンモニア[注2] NH_3	塩化アンモニウムに水酸化カルシウムを加えて加熱する。	$2NH_4Cl + Ca(OH)_2$ 　　$\longrightarrow CaCl_2 + 2NH_3 + 2H_2O$

第2章　無機化学　149

注1 炭酸 H_2CO_3 は H_2O と CO_2 に分解するので，H_2CO_3 の製法は CO_2 の製法になる。
　　　弱酸である H_2CO_3 のイオン $CO_3{}^{2-}$ に強酸の HCl を加えると，

$$CO_3{}^{2-} + 2HCl \longrightarrow H_2O + CO_2 + 2Cl^- \quad \text{（弱酸の遊離）}$$

の反応が起こる。この両辺に Ca^{2+} を加えると化学反応式が完成する。

$$CaCO_3 + 2HCl \longrightarrow H_2O + CO_2 + CaCl_2$$

　　　ただし，希硫酸 H_2SO_4 を用いると，$CaCO_3$ の表面を難溶性の $CaSO_4$ が覆ってしまい反応がほとんど進まない。

注2 弱塩基である NH_3 のイオン $NH_4{}^+$ に強塩基の $Ca(OH)_2$ を混ぜて加熱すると，$NH_4{}^+$ と $Ca(OH)_2$ の OH^- が結びついて NH_3 になり，

$$NH_4{}^+ + OH^- \longrightarrow NH_3 + H_2O \quad \text{（弱塩基の遊離）}$$

の反応が起こる。これを 2 倍し，両辺に Cl^- を 2 つ，Ca^{2+} を 1 つ加えると化学反応式が完成する。

$$2NH_4Cl + Ca(OH)_2 \longrightarrow 2NH_3 + 2H_2O + CaCl_2$$

(2) 酸化・還元反応の利用

気 体	製 法	反 応
水素 **注3** H_2	水素よりもイオン化傾向の大きな金属と希塩酸や希硫酸を反応させる。	(例) $Zn + H_2SO_4$ $\longrightarrow ZnSO_4 + H_2$
二酸化窒素 **注4** NO_2	銅に濃硝酸を加える。	$Cu + 4HNO_3$ $\longrightarrow Cu(NO_3)_2 + 2H_2O + 2NO_2$
一酸化窒素 **注5** NO	銅に希硝酸を加える。	$3Cu + 8HNO_3$ $\longrightarrow 3Cu(NO_3)_2 + 4H_2O + 2NO$
二酸化硫黄 SO_2	銅に濃硫酸を加えて加熱する。	$Cu + 2H_2SO_4$ $\longrightarrow CuSO_4 + 2H_2O + SO_2$
酸素 O_2	過酸化水素水に酸化マンガン (IV) を触媒として加える。	$2H_2O_2 \longrightarrow 2H_2O + O_2$
塩素 Cl_2	酸化マンガン (IV) に濃塩酸を加えて加熱する。 **注6**	$MnO_2 + 4HCl$ $\longrightarrow MnCl_2 + 2H_2O + Cl_2$

注3 (i) Fe を希塩酸 HCl や希硫酸 H_2SO_4 と反応させるときには，Fe は Fe^{2+} に変化する。Fe^{3+} には変化しないので注意する。

$$Fe + 2HCl \longrightarrow FeCl_2 + H_2$$

　　(ii) Pb は水素よりもイオン化傾向の大きな金属だが，希塩酸や希硫酸とはほとんど反応しない。難溶性の $PbCl_2$ や $PbSO_4$ が Pb の表面を覆ってしまい，反応がほとんど進まないからである。

注4 Fe, Ni, Al, Co, Cr などは，濃硝酸とは不動態となり，溶解しない。

注5 Cu に希硝酸 HNO_3 を加えて NO を発生させるときの化学反応式は，次のようにつくればよい。

$$Cu \longrightarrow Cu^{2+} + 2e^- \qquad \cdots ①$$
$$HNO_3 + 3H^+ + 3e^- \longrightarrow NO + 2H_2O \quad \cdots ②$$

①式×3＋②式×2，両辺に $6NO_3{}^-$ を加えると，

$$3Cu + 8HNO_3 \longrightarrow 3Cu(NO_3)_2 + 2NO + 4H_2O$$

注6 この実験は，発生装置が頻出するので次の図でチェックしておくこと。不純物を除

去する順序に注意する。

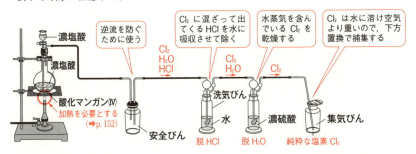

(3) 熱分解反応の利用

加熱し，バラバラにする反応を熱分解反応という。熱分解反応は，暗記が必要。
(次の熱分解反応は，いずれも酸化還元反応でもある。)

気体	製法	反応
酸素 O_2	塩素酸カリウムに酸化マンガン(Ⅳ)を触媒として加えて加熱する。	$2KClO_3 \longrightarrow 2KCl + 3O_2$
窒素 N_2	亜硝酸アンモニウム水溶液を加熱する。	$NH_4NO_2 \longrightarrow N_2 + 2H_2O$

(4) 濃硫酸の利用

(a) 濃硫酸が沸点の高い不揮発性の酸であることを利用する。

気体	製法	反応
塩化水素[注7] HCl	塩化ナトリウムに濃硫酸を加えて加熱する。	$NaCl + H_2SO_4 \longrightarrow NaHSO_4 + HCl$
フッ化水素 HF	ホタル石に濃硫酸を加えて加熱する。	$CaF_2 + H_2SO_4 \longrightarrow 2HF + CaSO_4$

[注7] 塩化ナトリウム $NaCl$ に濃硫酸 H_2SO_4 を加えると，$NaCl$ は Na^+ と Cl^- に，濃硫酸中の H_2SO_4 もわずかに H^+ と HSO_4^- に電離する。この溶液を加熱すると，沸点が高い濃硫酸（約300℃）よりもはるかに沸点の低い HCl（−85℃）（揮発性の酸という）が追い出され，HCl が発生する。

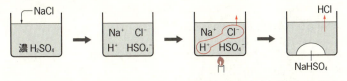

(b) 濃硫酸が，反応物から H と OH を H_2O として奪う働き（脱水作用）を利用する。

気体	製法	反応
一酸化炭素 CO	ギ酸に濃硫酸を加えて加熱する。	$HCOOH \longrightarrow CO + H_2O$ （H_2Oを奪う）

第2章 無機化学

■加熱を必要とする反応

実験装置に加熱が必要かどうかを判断する場合があり，加熱を必要とする反応は，次の4つを覚えておくこと。

- ① NH_3 を発生させる反応
- ② 濃塩酸 HCl と酸化マンガン（Ⅳ）MnO_2 の反応
- ③ 熱分解反応
- ④ 濃硫酸を使う反応

■気体の検出法

気　体	検　出　法
硫化水素 H_2S 二酸化硫黄 SO_2	H_2S 水に SO_2 を通じると，S が析出して水溶液が白濁する。 $2H_2S + SO_2 \longrightarrow 3S\downarrow（白濁）+ 2H_2O$
二酸化炭素 CO_2	石灰水（$Ca(OH)_2$ 飽和水溶液）に CO_2 を通じると白濁する。 $CO_2 + Ca(OH)_2 \longrightarrow CaCO_3\downarrow（白濁）+ H_2O$ [8]
アンモニア NH_3 [9] 塩化水素 HCl	NH_3 と HCl を接触させると，NH_4Cl の白煙を生じる。 $NH_3 + HCl \longrightarrow NH_4Cl$
一酸化窒素 NO	NO（無色）は空気中の O_2 に触れるとすぐに赤褐色の NO_2 になる。 $2NO（無色）+ O_2 \longrightarrow 2NO_2（赤褐色）$
塩素 Cl_2 [10] オゾン O_3	湿ったヨウ化カリウムデンプン紙を青色に変色する。
塩素 Cl_2 オゾン O_3 二酸化硫黄 SO_2	Cl_2，O_3，SO_2 は漂白作用があるので，リトマス紙を最後には脱色する。

注8 白く濁った石灰水に，さらに CO_2 を通じ続けると，炭酸水素カルシウム $Ca(HCO_3)_2$ が生じ，$Ca(HCO_3)_2$ は水に溶けるので，$CaCO_3$ の白色沈殿が消える。

$$CaCO_3 + H_2O + CO_2 \longrightarrow Ca(HCO_3)_2$$

この炭酸水素カルシウム水溶液を加熱すると CO_2 が追い出され，再び $CaCO_3$ の白色沈殿が生成する。

$$Ca(HCO_3)_2 \longrightarrow CaCO_3\downarrow + H_2O + CO_2\uparrow$$

注9 NH_3 は水で湿らせた赤リトマス紙を青に変色することでも確認できる。

注10 湿ったヨウ化カリウム KI デンプン紙に Cl_2 をふきつけると，

$$Cl_2 + 2e^- \longrightarrow 2Cl^-$$
$$2I^- \longrightarrow I_2 + 2e^-$$

2つの式を加え，両辺に $2K^+$ を加えると，

$$Cl_2 + 2KI \longrightarrow 2KCl + I_2$$

の反応が起こる。このとき生成する I_2 とデンプンのヨウ素デンプン反応により，ヨウ化カリウムデンプン紙が青色に変色する。

また，湿った KI デンプン紙に O_3 をふきつけたときの化学反応式は次のようにつくればよい。

$$O_3 + H_2O + 2e^- \longrightarrow O_2 + 2OH^-$$
$$2I^- \longrightarrow I_2 + 2e^-$$

2つの式を加え，両辺に $2K^+$ を加える。

$$O_3 + 2KI + H_2O \longrightarrow O_2 + I_2 + 2KOH$$

標問 60 の解説

問1 図(A)：濃塩酸と酸化マンガン (Ⅳ) を反応させて Cl_2 を発生させる。(酸化還元)

図(B)：塩化ナトリウムと濃硫酸を反応させて HCl を発生させる。(不揮発性)

図(C)：炭酸カルシウムと塩酸を反応させて CO_2 を発生させる。(弱酸の遊離)

図(D)：水酸化カルシウムと塩化アンモニウムを反応させて NH_3 を発生させる。(弱塩基の遊離)

図(E)：銅と希硝酸を反応させて NO を発生させる。(酸化還元)

問2 まず，水に溶けにくい気体 (**精講** 参照) は，水上置換で集める。次に，水に溶けやすい気体の中で，空気の平均分子量 (見かけの分子量) 29 より分子量が小さい気体は，空気よりも密度が小さく空気より軽いために上方置換で集める。同様に考えると，分子量が 29 より大きい気体は，下方置換で集める。ただし，上方置換で集める気体は，NH_3 (分子量 17) だけが出題される。

> **参考** フッ化水素の分子式は温度により異なり，90℃ 以上では HF (分子量 20) で，常温付近ではほぼ H_2F_2 (分子量 40) である。ふつう常温付近で気体を捕集するので，フッ化水素は下方置換で捕集する。

問3 **精講** 参照。

問4，5 図(A)：Cl_2 が発生する。ハロゲンの単体は，原子番号が小さくなるほど，他の物質から電子を奪う力 (酸化力) が大きくなる。

酸化力：$F_2 > Cl_2 > Br_2 > I_2$

例えば，臭化カリウム KBr の水溶液に塩素 Cl_2 を反応させると，Cl_2 のほうが Br_2 よりも酸化力が大きい，つまり陰イオンになりやすいので，Cl_2 は陰イオンになろうとして Br^- から e^- を奪う。

$$Cl_2 + 2KBr \longrightarrow 2KCl + Br_2$$

よって，問5 は⑦を選び，Cl_2 は湿ったヨウ化カリウムデンプン紙を青変するので問4 は⑥を選ぶ。

図(B)：HCl が発生する。HCl は，水によく溶け強酸性を示すので問5 は⑧を選び，NH_3 と接触させると，NH_4Cl の白煙を生じるので問4 は⑤を選ぶ。

図(C)：CO_2 が発生する。石灰石 $CaCO_3$ の多い地域では，CO_2 を含んだ地下水が次のように反応し石灰石を溶かし，長い年月をかけ地下に鍾乳洞ができることがある。

$$CaCO_3 + H_2O + CO_2 \longrightarrow Ca(HCO_3)_2$$

よって，問5 は⑤を選ぶ。また，CO_2 は石灰水を白濁するので問4 は④を選ぶ。

図(D)：NH_3 が発生する。NH_3 はオストワルト法の原料として使用されるので，問5 は③を選ぶ。NH_3 と HCl を接触させると，NH_4Cl の白煙を生じるので問4 は②を選ぶ。

図(E)：NO が発生する。無色の NO は，空気中の O_2 に触れるとすぐに赤褐色の NO_2 になるので，問4 は①，問5 も①を選ぶ。

問5 で残った選択肢は，②は無色・刺激臭・漂白剤で SO_2，④はオゾンの同素体で O_2，⑥はすべての気体の中で分子量が最小なので H_2 とわかる。

第2章　無機化学　　153

標問 61　1族（アルカリ金属）

答

問1　ア：価電子（最外殻電子）　イ：溶融塩（融解塩）　ウ：潮解
　　　エ：風解
問2　A：NaOH　　B：Na$_2$CO$_3$
問3　(1)　アンモニアソーダ法（ソルベー法）
　　　(2)　2NH$_4$Cl + Ca(OH)$_2$ ⟶ 2NH$_3$ + 2H$_2$O + CaCl$_2$
　　　(3)　48 kg

精講　混乱しやすい事項の整理

水素を除く1族元素を**アルカリ金属元素**といい，すべて最外殻電子すなわち価電子が1個であり，1価の陽イオンになりやすい。

単体は銀白色の金属で，融点が低く，密度の小さなやわらかい軽金属（ふつう密度4g/cm³以下の金属のこと）である。結晶はすべて体心立方格子をとり，すべて炎色反応を示す。

■単体

組成式	融点〔°C〕	密度〔g/cm³〕	炎色反応
Li	181	0.53	赤
Na	98	0.97	黄
K	64	0.86	赤紫
Rb	39	1.53	赤
Cs	28	1.87	青

（水よりも密度が小さい）

イオン化傾向が非常に大きく，空気中の酸素，水，ハロゲンと反応する。※1

$\begin{cases} 4Na + O_2 \longrightarrow 2Na_2O \\ 2Na + 2H_2O \longrightarrow H_2 + 2NaOH \\ 2Na + Cl_2 \longrightarrow 2NaCl \end{cases}$

※1　空気中の酸素や水と反応するので，アルカリ金属の単体は灯油（石油）中に保存する。

単体を得るには，イオン化傾向が大きいため，塩化物を融解し**溶融塩電解（融解塩電解）**を行う。

$\begin{cases} 陽極：2Cl^- \longrightarrow Cl_2 + 2e^- \\ 陰極：Na^+ + e^- \longrightarrow Na \end{cases}$

■化合物

【1】水酸化ナトリウム NaOH

吸湿性が大きな白色の固体で，空気中の水蒸気を吸収してべとべとになる。※2 これを**潮解**という。

酸化カルシウム（生石灰）CaO に NaOH 水溶液を吸収させてから焼き固めたものは**ソーダ石灰**といい，乾燥剤

※2
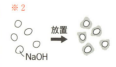
NaOH　放置

に用いる。
　工業的には，塩化ナトリウム水溶液を電気分解する（イオン交換膜法）ことで製造する。[※3]

※3 [標問 54]参照

陰極：$2H_2O + 2e^- \longrightarrow H_2 + 2OH^-$
陽極：$2Cl^- \longrightarrow Cl_2 + 2e^-$
全体：$2Cl^- + 2H_2O \longrightarrow H_2 + Cl_2 + 2OH^-$
　　　　　↓ 両辺にNa^+を2個加えて整理
　　　$2NaCl + 2H_2O \longrightarrow H_2 + Cl_2 + 2NaOH$

【2】　炭酸ナトリウム Na_2CO_3
　炭酸ソーダともよばれ，ガラスやセッケンの原料として使われている。
　炭酸ナトリウムの水溶液は**塩基性**を示す。[※4]
$$CO_3^{2-} + H_2O \rightleftharpoons HCO_3^- + OH^-$$
　炭酸ナトリウムの濃い水溶液を32.4℃以下で濃縮すると，無色透明な炭酸ナトリウム十水和物の結晶 $Na_2CO_3 \cdot 10H_2O$ が析出する。この結晶を乾いた空気中に放置すると，結晶水の一部が失われ白色粉末になる。[※5]
これを**風解**という。
　工業的には，塩化ナトリウムと石灰石を原料にし，NH_3 を用いた**アンモニアソーダ法（ソルベー法）**によって製造するのが一般的である。

※4 $NaHCO_3$ 水溶液も**塩基性**を示す。
$HCO_3^- + H_2O$
$\rightleftharpoons H_2CO_3 + OH^-$

※5 $Na_2CO_3 \cdot 10H_2O$（無色）
↓放置
 $Na_2CO_3 \cdot H_2O$（白色）

①　$CaCO_3 \xrightarrow{加熱} CaO + CO_2 \uparrow$
②　$NaCl + H_2O + CO_2 + NH_3 \longrightarrow NaHCO_3 \downarrow + NH_4Cl$
③　$2NaHCO_3 \xrightarrow{加熱} Na_2CO_3 + CO_2 \uparrow + H_2O$
④　$CaO + H_2O \longrightarrow Ca(OH)_2$
⑤　$2NH_4Cl + Ca(OH)_2 \longrightarrow 2NH_3 \uparrow + 2H_2O + CaCl_2$

CO_2，NH_3，H_2O などは回収し，再利用される。①〜⑤の5つの反応式を1つにまとめると次のように表される。
$$2NaCl + CaCO_3 \longrightarrow Na_2CO_3 + CaCl_2$$

標問 61 の解説

問1　[精講]参照。

問2　B：$NaOH$ と CO_2 が反応すると，Na_2CO_3 が生じる。
$$2NaOH + CO_2 \longrightarrow Na_2CO_3 + H_2O$$

問3　(2) 塩化ナトリウムの飽和水溶液にアンモニアと二酸化炭素を通じると，比較的溶解度の小さい炭酸水素ナトリウムが析出する。[※6]

※6　水1Lに対する溶解度（20℃）

組成式	溶解度〔mol/L〕
$NaHCO_3$	1.1
$NaCl$	6.1
NH_4Cl	6.9
NH_4HCO_3	2.7

第2章　無機化学　155

$$\underbrace{CO_2 + H_2O}_{H_2CO_3} + NH_3 \longrightarrow HCO_3^- + NH_4^+$$

$$\underline{+) \quad Na^+ + HCO_3^- \qquad\qquad \longrightarrow NaHCO_3\downarrow}$$

$$Na^+ + CO_2 + H_2O + NH_3 \longrightarrow NaHCO_3 + NH_4^+$$

両辺に Cl^- を加えて整理する。

$$NaCl + H_2O + CO_2 + NH_3 \longrightarrow NaHCO_3 + NH_4Cl$$

よって，沈殿物 C は $NaHCO_3$，副生物 D は NH_4Cl である。炭酸水素ナトリウムを加熱すると，次のように分解する。

$$2NaHCO_3 \xrightarrow{\text{加熱}} Na_2CO_3 + CO_2 + H_2O\text{※7}$$

アンモニアソーダ法では，石灰石（炭酸カルシウム）を加熱して得られた生石灰（酸化カルシウム）を水と反応させる。

$$\begin{cases} CaCO_3 \longrightarrow CaO + CO_2 \\ CaO + H_2O \longrightarrow Ca(OH)_2 \end{cases}$$

生じた $Ca(OH)_2$ を用いて，副生物 D から弱塩基遊離反応によって，アンモニアを回収する。

$$2NH_4Cl + Ca(OH)_2 \longrightarrow 2NH_3 + 2H_2O + CaCl_2\text{※8}$$

※7
$2HCO_3^- \rightleftarrows CO_2\uparrow + H_2O + CO_3^{2-}$
の可逆反応が，加熱によって右へ移動する。

※8
$NH_4^+ + OH^- \rightleftarrows NH_3 + H_2O$
の可逆反応が右へ移動する。

(3)
$$\begin{cases} NaCl + H_2O + CO_2 + NH_3 \longrightarrow NaHCO_3 + NH_4Cl & \cdots① \\ 2NaHCO_3 \longrightarrow Na_2CO_3 + CO_2 + H_2O & \cdots② \\ 2NH_4Cl + Ca(OH)_2 \longrightarrow 2NH_3 + 2H_2O + CaCl_2 & \cdots③ \end{cases}$$

①式の係数より，$NaCl$ 1 mol から $NaHCO_3$ が 1 mol 生じ，②式より Na_2CO_3 は 0.5 mol 得られる。このとき NH_3 が 1 mol 必要で，NH_4Cl 1 mol が得られるが，③式より NH_3 1 mol が回収される。※9

※9 結局，$NaCl$ 1 mol から Na_2CO_3 が 0.5 mol 得られ，NH_3 1 mol が循環する。

※10 $\begin{cases} Na_2CO_3 \text{の式量} = 106 \\ NH_3 \text{の分子量} = 17 \end{cases}$

$$\underbrace{\frac{150 \times 10^3 \text{〔g〕}}{106 \text{〔g/mol〕}}}_{mol(Na_2CO_3)} \times \underbrace{\frac{1 \text{〔mol (NH}_3)\text{〕}}{0.5 \text{〔mol (Na}_2CO_3)\text{〕}}}_{mol(NH_3)} \times \underbrace{17}_{g(NH_3)} \times \underbrace{10^{-3}}_{kg(NH_3)} \text{※10}$$

$$\fallingdotseq 48 \text{〔kg〕}$$

標問 62 **2族**

答
問1　ア：アルカリ土類　イ：高く　ウ：大きい

問2　③

問3　$Ca + 2H_2O \longrightarrow H_2 + Ca(OH)_2$

問4　(2)　$Ca(OH)_2 + CO_2 \longrightarrow CaCO_3 + H_2O$

　　　(3)　$CaCO_3 + CO_2 + H_2O \rightleftharpoons Ca(HCO_3)_2$

　　　(4)　$CaCO_3 \longrightarrow CaO + CO_2$

問5　②：$CaSO_4 \cdot \dfrac{1}{2}H_2O$　③：$CaSO_4$

精講 混乱しやすい事項の整理

　2族の元素のうち，ベリリウム Be とマグネシウム Mg 以外の元素を**アルカリ土類金属元素**とよぶ。単体，化合物とも Be，Mg とアルカリ土類金属元素とは性質の違う点が多い。

■単体

	組成式	融点 〔℃〕	密度 〔g/cm³〕	水との反応
ア　ル　カ　リ　土　類　金　属	Be	1282	1.85	反応しにくい
	Mg	649	1.74	熱水なら反応※1
	Ca	839	1.55	常温でも反応
	Sr	769	2.54	常温でも反応
	Ba	729	3.59	常温でも反応

※1　Mg の単体は，アルカリ土類金属の単体に比べると，反応性が小さいが，熱水では反応する。

$Mg + 2H_2O$
$\quad \longrightarrow Mg(OH)_2 + H_2$
また，二酸化炭素中でも，加熱すると反応する。
$2Mg + CO_2$
$\quad \longrightarrow 2MgO + C$

■化合物

陽イオン M^{2+}	水酸化物 $M(OH)_2$	硫酸塩 MSO_4	炭酸塩 MCO_3	炎色反応
Be^{2+}　Mg^{2+}	水に溶けにくい（$Mg(OH)_2$はやや溶解度大）	水に溶けやすい	水に溶けにくい	示さない
Ca^{2+}　Sr^{2+}　Ba^{2+}	水に溶けやすい（$Ca(OH)_2$はやや溶解度小）	水に溶けにくい		橙赤　紅　黄緑

標問 62 の解説

問1　2族の元素は最外殻電子数が2であり，アルカリ金属元素より価電子が多いため，単体の金属結合は強く，融点が高い。また，密度もアルカリ金属の単体に比べると大きい。

問2　アルカリ土類金属はイオン化傾向が非常に大きいため，溶融塩電解（融解塩電

第2章　無機化学　　157

解）によって単体を製造する。原料としては，比較的融点の低い塩化物を用いる。[※2]

	融点
CaO	2572 ℃
CaCl₂	772 ℃

例 塩化カルシウムの溶融塩電解

陽極：$2Cl^- \longrightarrow Cl_2 + 2e^-$

陰極：$Ca^{2+} + 2e^- \longrightarrow Ca$

全体：$CaCl_2 \longrightarrow Ca + Cl_2$

よって，正解は③である。

問3 アルカリ土類金属は，イオン化傾向が非常に大きく，常温でも水を還元し，水素が発生する。

還元剤：$Ca \longrightarrow Ca^{2+} + 2e^-$

酸化剤：$2\underset{+1}{H_2}O + 2e^- \longrightarrow \underset{0}{H_2} + 2OH^-$

全 体：$Ca + 2H_2O \longrightarrow H_2 + Ca(OH)_2$

問4 (2) $Ca(OH)_2$ の飽和水溶液は石灰水とよばれ，二酸化炭素を吹き込むと炭酸カルシウムの白色沈殿が生じる。

$CO_2 + H_2O \longrightarrow H_2CO_3$

$Ca(OH)_2 + H_2CO_3 \longrightarrow CaCO_3 + 2H_2O$

全体：$Ca(OH)_2 + CO_2 \longrightarrow CaCO_3\downarrow + H_2O$

(3) 炭酸イオンを含む水溶液に二酸化炭素を吹き込むと，次の可逆反応が形成される。

$\overset{H^+}{CO_3^{2-} + \boxed{CO_2 + H_2O}} \rightleftharpoons 2HCO_3^- \quad \cdots ⓐ$

炭酸カルシウムの白色沈殿が生じている水溶液は，次の溶解平衡の状態にある。

$CaCO_3 \rightleftharpoons Ca^{2+} + CO_3^{2-} \quad \cdots ⓑ$

ここに二酸化炭素を吹き込むと，ⓐ式の平衡が右へ移動し，炭酸イオン CO_3^{2-} の濃度が小さくなるため，ⓑ式の平衡が右へ移動し，$CaCO_3$ は再溶解する。

よって，ⓐ式＋ⓑ式より，次の可逆反応が右へ移動することになる。[※3]

$CaCO_3 + CO_2 + H_2O \rightleftharpoons Ca(HCO_3)_2 \quad \cdots ⓒ$

※3 $CaCO_3$ を多く含む地域では，CO_2 を含む地下水によってⓒ式の右向きの反応が起こり，炭酸カルシウムが溶ける。この水溶液から CO_2 や H_2O が放出されると，ⓒ式の左向きの反応が起こり，$CaCO_3$ が析出する。これにより鍾乳洞内部に鍾乳石ができる。

(4) 2族の炭酸塩を加熱すると，酸化物と二酸化炭素に分解する。

$CaCO_3 \longrightarrow CaO + CO_2$

石灰石という名前は，加熱すると灰のような白色粉末状の酸化カルシウムとなるからであり，これを生石灰という。生石灰に水をかけて生じるものを消石灰といい，消石灰の飽和水溶液が石灰水。

$CaO + H_2O \longrightarrow Ca(OH)_2 \ (+63\,kJ)$

158

問5 <u>CaSO₄・2H₂O</u> の式量は 172 となる。
　　　136　+2×18＝172

質量の変化より,※4

②の式量は,
$$172 \times \frac{72.5 \text{(g)}}{86 \text{(g)}} = 145$$

③の式量は,
$$172 \times \frac{68 \text{(g)}}{86 \text{(g)}} = 136$$

となる。そこで③は CaSO₄ となり，②を CaSO₄・nH₂O とおくと，
$$136 + n \times 18 = 145$$

よって，　$n = \frac{1}{2}$

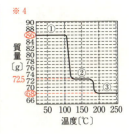

※5　CaSO₄・$\frac{1}{2}$H₂O は,
　　Ca²⁺ : SO₄²⁻ : H₂O
　　＝2 : 2 : 1
の割合で固体中に存在するという意味である。

となるので，②は CaSO₄・$\frac{1}{2}$H₂O ※5 である。

　市販されているセッコウの粉末は，この半水和物であり，これを焼きセッコウといい，水を加えると二水和物となり硬化する。

$$CaSO_4 \cdot \frac{1}{2}H_2O + \frac{3}{2}H_2O \longrightarrow CaSO_4 \cdot 2H_2O$$

第2章　無機化学

標問 63 8族(Fe)(1)

答
問1　ア：CO　　イ：Fe_3O_4　　ウ：FeO　　エ：CO_2　　オ：H_2
　　　カ：$K_3[Fe(CN)_6]$
問2　a：銑鉄　　b：2または+2　　c：3または+3　　d：酸化
問3　1：$3Fe_2O_3 + CO \longrightarrow 2Fe_3O_4 + CO_2$
　　　2：$C + CO_2 \longrightarrow 2CO$
問4　3：濃青色　　4：淡緑色　　5：黄褐色　　6：赤色

精講　混乱しやすい事項の整理

■単体

(1) **性質**

① 融点1535 °Cの銀白色の固体。
② 強磁性体で，クロム，ニッケルとの合金 (Fe+Cr+Ni) がステンレス鋼。
③ 希塩酸や希硫酸に水素を発生しながら溶解する。
$$Fe + 2H^+ \longrightarrow Fe^{2+} + H_2$$
④ 高温の水蒸気と反応する。
$$3Fe + 4H_2O \xrightarrow{高温} Fe_3O_4 + 4H_2$$
⑤ 濃硝酸には不動態となり，溶解しない。

(2) **製法**

① 酸化鉄(Ⅲ)の粉末とアルミニウムの粉末を混ぜて点火する (**テルミット反応**)。
$$Fe_2O_3 + 2Al \longrightarrow 2Fe + Al_2O_3$$
② 赤鉄鉱や磁鉄鉱などの鉄鉱石をコークスCから生じるCOで還元する (**解説** 参照)。

■化合物

【1】**酸化物**

酸化鉄(Ⅲ) Fe_2O_3	赤褐色	天然には赤鉄鉱に含まれる。赤さびとよばれる。
四酸化三鉄 Fe_3O_4	黒色	天然には磁鉄鉱や砂鉄に含まれる。黒さびとよばれる。

【2】**塩化鉄(Ⅲ) $FeCl_3$**

ⓐ 沸騰水中に $FeCl_3$ 水溶液を加えると，水酸化鉄(Ⅲ)の疎水コロイドが生じる。
$$FeCl_3 + 3H_2O \longrightarrow \underline{Fe(OH)_3} + 3HCl$$
　　　　　　　部分的に $[Fe(OH)_2]^+$ になっており，正に帯電した疎水コロイドとなる

ⓑ フェノール類と呈色反応

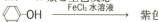

■鉄の精錬

単体の鉄 Fe は，工業的には溶鉱炉の中にコークス C，石灰石 CaCO₃ を入れ，その酸化物（鉄鉱石）を還元してつくる（解説 参照）。

■鉄(Ⅱ)イオン Fe²⁺ と鉄(Ⅲ)イオン Fe³⁺ の色と検出

	Fe²⁺	Fe³⁺
水溶液の色	淡緑色	黄褐色
アンモニア水または水酸化ナトリウム水溶液を加える	沈殿を生じる Fe(OH)₂↓（緑白色）	沈殿を生じる Fe(OH)₃↓（赤褐色）
ヘキサシアニド鉄(Ⅱ)酸カリウム K₄[Fe(CN)₆] 水溶液を加える	[青白色の沈殿を生じる]	濃青色の沈殿を生じる
ヘキサシアニド鉄(Ⅲ)酸カリウム K₃[Fe(CN)₆] 水溶液を加える	濃青色の沈殿を生じる	[褐色溶液になる]
チオシアン酸カリウム KSCN 水溶液を加える	変化なし	血赤色の水溶液になる

[ ]はあまり出題されない。

Point 47

Fe²⁺ ➡ ヘキサシアニド鉄(Ⅲ)酸カリウム K₃[Fe(CN)₆] 水溶液で濃青色の沈殿

Fe³⁺ ➡ ・ヘキサシアニド鉄(Ⅱ)酸カリウム K₄[Fe(CN)₆] 水溶液で濃青色の沈殿
・チオシアン酸カリウム KSCN 水溶液で血赤色の水溶液

標問 63 の解説

(A) 溶鉱炉の上部から Fe₂O₃ を主成分とする赤鉄鉱などの鉄鉱石，コークス C，石灰石 CaCO₃ を入れ，炉の下部から高温の空気を送り込むと，コークス C は燃焼，石灰石は熱分解反応を起こし，それぞれ高温に加熱されることで一酸化炭素 CO〜〜ア（還元剤）が発生する。

$$C + O_2 \longrightarrow CO_2$$
$$CaCO_3 \longrightarrow CaO + CO_2$$
$$CO_2 + C \longrightarrow 2CO$$

炉の上部から供給された Fe₂O₃ は炉の下から上昇してくる熱い CO と接触し，Ⅰ〜Ⅲ の各温度域で段階的に還元され，溶融状態の鉄 Fe を溶鉱炉の底から得ることができる。それぞれの段階でどのような物質に変化するのかは，Fe の酸化数が段階的に減っていくことに注目しながら考えるとよい。

温度域　　　　　　　Ⅰ　　　　　Ⅱ　　　　Ⅲ
Fe の酸化数　Fe₂O₃ ─CO→ Fe₃O₄ ─CO→ FeO ─CO→ Fe
　　　　　　　+3　　　　+2, +3 イ　　　+2 ウ　　　0
　　　　　　　　　　　（平均 +8/3）

このとき，CO はⅠ～Ⅲの温度域でそれぞれ酸化され二酸化炭素 CO_2 になる。これで，反応物と生成物がわかるので，各温度域の化学反応式は係数を合わせるだけで書くことができる。

（温度域Ⅰ）　$3Fe_2O_3 + CO \longrightarrow 2Fe_3O_4 + CO_2$　←1

（温度域Ⅱ）　$Fe_3O_4 + CO \longrightarrow 3FeO + CO_2$

（温度域Ⅲ）　$FeO + CO \longrightarrow Fe + CO_2$

ここで，鉄の生成過程全体を通して，十分な CO の供給は次の反応により確保されている。

　　　$CO_2 + C \longrightarrow 2CO$　←2

一方，鉄鉱石，コークスとともに加えられた石灰石 $CaCO_3$ は温度域ⅡとⅢの間あたりで熱分解反応を起こし，生石灰 CaO と二酸化炭素 CO_2 が生成する。

　　　$CaCO_3 \longrightarrow CaO + CO_2$

ここで生成する塩基性酸化物の CaO は，鉄鉱石に含まれる酸性酸化物の SiO_2 などを炉の最も熱い部分でケイ酸カルシウム $CaSiO_3$ などのカルシウムの化合物に変化させる。

　　　$CaO + SiO_2 \longrightarrow CaSiO_3$

このケイ酸塩は，鉄よりも密度が小さいため鉄と分離し，鉄の上に浮上する。これをスラグという。分離した鉄は高密度の層を形成して炉の底にたまる。これを引き出し，凝固させた鉄は炭素含有量が高く，硫黄，リンなどを含み銑鉄とよばれる。この銑鉄はかたくてもろく，鋳物などとしてマンホールのふたなどに使用する。

この銑鉄を転炉にうつして，炭素の含有量を減らすと鋼を得ることができ，かたく弾力に富んで，丈夫なので主に建築や機械の材料として利用する。

(B)　水素よりもイオン化傾向の大きな鉄 Fe は，希硫酸 H_2SO_4 から電離し生じる水素イオン H^+ と反応して水素 H_2 を発生しながら溶けていく。このとき，Fe は Fe^{2+} に変化することに注意して化学反応式を書く必要がある。

　　　$Fe \longrightarrow Fe^{2+} + 2e^-$　…①

　　　$2H^+ + 2e^- \longrightarrow H_2$　…②

①式＋②式，両辺に SO_4^{2-} を加えて，

　　　$Fe + H_2SO_4 \longrightarrow FeSO_4 + H_2$

この 2 価のイオン Fe^{2+} を含む水溶液を 2 つに分け，一方にヘキサシアニド鉄(Ⅲ)酸カリウム $K_3[Fe(CN)_6]$ の水溶液を加えると濃青色の沈殿が生じる。もう一方の水溶液に，過酸化水素 H_2O_2（酸化剤）を加えると淡緑色の Fe^{2+} は黄褐色の 3 価の Fe^{3+} に酸化される。この水溶液に無色のチオシアン酸カリウム KSCN 水溶液を加えると血赤色の溶液になる。

162

標問 64　8族（Fe）(2)

答

問1　イオン化傾向の異なる2種類の金属を，電解質の水溶液をしみこませたろ紙の上に並べ導線で結んだことで，電池ができたから。

問2　(あ) $1 \rightarrow 2$　　(い) $1 \rightarrow 2$　　(う) $1 \rightarrow 2$　　(え) $2 \rightarrow 1$

　　(お) $1 \rightarrow 2$

問3　鉄板から Fe^{2+} が溶け出し，ヘキサシアニド鉄(Ⅲ)酸イオンと濃青色の沈殿をつくった。

問4　負極，$Fe \longrightarrow Fe^{2+} + 2e^-$

問5　正極，$O_2 + 2H_2O + 4e^- \longrightarrow 4OH^-$

問6　ブリキ：鉄よりもイオン化傾向の小さなスズが鋼板の腐食を防ぐ。

　　トタン：鉄よりイオン化傾向の大きな亜鉛が酸化されて陽イオンとなることで，傷がついた鋼板の腐食を防ぐ。

標問 64 の解説

問1，2　表にあたえられている4種類の金属を，イオン化傾向の大きい順に並べると，

$$Zn > Fe > Sn > Cu$$

となる。

　ここで，イオン化傾向の異なる2種類の金属板を電解質の水溶液に浸し，電池をつくった場合，イオン化傾向の大きいほうの金属板が負極，イオン化傾向の小さい金属板が正極となる。電流の流れる方向は正極から負極になることから電流の向きを判断することができる。

(あ)　$Zn > Fe$ なので，金属2の Zn が負極，金属1の Fe が正極となる。電流は，正極から負極に向かって流れるので 金属1 → 金属2 の方向に流れる。

(い)　$Sn > Cu$ なので，金属2の Sn が負極，金属1の Cu が正極となる。したがって電流は，金属1 → 金属2 の方向に流れる。

(う)　$Fe > Sn$ なので，金属2の Fe が負極，金属1の Sn が正極となる。したがって電流は，金属1 → 金属2 の方向に流れる。

(え)　$Fe > Cu$ なので，金属1の Fe が負極，金属2の Cu が正極となる。したがって電流は，金属2 → 金属1 の方向に流れる。

(お)　$Zn > Sn$ なので，金属2の Zn が負極，金属1の Sn が正極となる。したがって電流は，金属1 → 金属2 の方向に流れる。

問3～5　炭素を微量に含む鉄板の表面に，ヘキサシアニド鉄(Ⅲ)酸カリウム $K_3[Fe(CN)_6]$ 水溶液とフェノールフタレインを含む3%食塩水を滴下する。

　しばらくすると，鉄板上の溶液のある部分に青色物質が生じ，液滴の一部が赤くなったことから鉄板上で起こった反応を推測することができる。

　まず，青色物質が生じたので，この部分が負極となって鉄板から Fe^{2+} が溶け出し，

第2章　無機化学　　163

K₃[Fe(CN)₆]と反応して濃青色の沈殿をつくったことがわかる。

次に，液滴の一部が赤くなったことから，フェノールフタレインは塩基性で赤色になるので，溶液が塩基性になった，つまりOH⁻が生成したことがわかる。

ここで，OH⁻がどのような反応によって生成したのかが考えにくい。問5の「青色物質を生じた結果，液中の酸素と水が反応したもの」という記述がヒントになる。つまり，Fe ⟶ Fe²⁺ + 2e⁻ の反応で放出されたe⁻が鉄板中を伝わり，空気中から水溶液に溶けた酸素O₂がこのe⁻を受けとって，この部分が正極となる。この部分では，

$$O_2 + 2H_2O + 4e^- \longrightarrow 4OH^-$$

の反応が起こり，OH⁻が生成するのでフェノールフタレインが赤色になる。

問題文中には，ある部分としか書いていないが，実際には酸素の供給量の少ない溶液の中央付近で青色の物質が生成し，供給量の多い周辺部分が赤色に変色する（次図）。

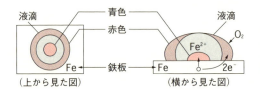

その後，中央付近で生成したFe²⁺と周辺部分で生成したOH⁻は拡散し接触すると，

$$Fe^{2+} + 2OH^- \longrightarrow Fe(OH)_2\downarrow （緑白色）$$

の反応が起こりFe(OH)₂の沈殿を生成する。この沈殿は酸化を受けやすいので，溶液中に溶けている酸素O₂により酸化され次第に赤褐色のFe(OH)₃を生じ，これが徐々に脱水されてさびFe₂O₃·xH₂Oとなっていく。

問6　さびやすい金属の表面を，他の金属の薄膜で覆うことを**めっき**という。
　　鋼板（Fe）の表面にスズSnをめっきしたものを**ブリキ**という。

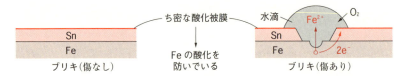

イオン化傾向がFe＞Snであるため，傷がついていないブリキは鋼板だけのときよりもさびにくい。ところが，ブリキの表面に傷がついてFeが露出すると，イオン化傾向の大きなFeがSnより先にFe²⁺となりFeの腐食が進行し，めっきの効果がなくなる。

鋼板 (Fe) の表面に亜鉛 Zn をめっきしたものを**トタン**という。

トタンは，Zn の表面にできるち密な酸化被膜が酸素を遮断して Fe の腐食を防いでいる。また，傷がついて Fe が露出してもイオン化傾向は Zn>Fe であるため，イオン化傾向の大きな Zn が Fe より先に Zn^{2+} となり Fe の腐食を防ぐことができる。

標問 **65** | **11 族（Cu）**

答　〔I〕問1　①　　問2　⑤　　問3　④　　問4　③　　問5　④
　　〔II〕問1　⑥　　問2　⑦

精講 混乱しやすい事項の整理

■単体

(1) **性質**

① 赤色の金属

② 融点 1083°C

③ 希硝酸，濃硝酸，熱濃硫酸に溶ける。

$$\begin{cases} 3Cu + 8HNO_3 \text{（希硝酸）} \longrightarrow 2NO + 3Cu(NO_3)_2 + 4H_2O \\ Cu + 4HNO_3 \text{（濃硝酸）} \longrightarrow 2NO_2 + Cu(NO_3)_2 + 2H_2O \\ Cu + 2H_2SO_4 \longrightarrow SO_2 + CuSO_4 + 2H_2O \end{cases}$$

④ 電気伝導性，熱伝導性が Ag の次に大きい。

(2) **用途**

① 導線，10 円玉，装飾品などに利用。

② 合金として利用。

名称	成分	用途
青銅（ブロンズ）	Cu + Sn	美術品
黄銅（真ちゅう）	Cu + Zn	楽器，5 円玉
白銅	Cu + Ni	50 円玉，100 円玉
洋銀	Cu + Zn + Ni	食器，時計
ジュラルミン	Al + Cu + Mg	航空機の機体

(3) **製法**　p.167 の「■銅の電解精錬」参照。

■化合物

【1】 酸化銅(II) CuO

(1) **性質**　① 黒色の固体。

　　　　② 水に溶けにくいが，酸と反応して溶ける。

$$CuO + 2H^+ \longrightarrow Cu^{2+} + H_2O$$

(2) **製法**　① Cu を空気中で加熱する。

$$2Cu + O_2 \xrightarrow{\text{加熱}} 2CuO$$

　　　　② 水酸化銅(II) Cu(OH)$_2$ を加熱する。

$$Cu(OH)_2 \xrightarrow{\text{加熱}} CuO + H_2O$$

166

【2】 酸化銅(I) Cu_2O

(1) **性質** 赤色（または赤褐色）の固体。
(2) **製法** ① フェーリング液をアルデヒドなどで還元する。
② CuO を 1000°C 以上に加熱する。
$$4CuO \xrightarrow{加熱} 2Cu_2O + O_2$$

【3】 水酸化銅(II) $Cu(OH)_2$

(1) **性質** ① 青白色の固体。
② 水に溶けにくいがアンモニア水を十分加えると溶ける。
$$Cu(OH)_2 + 4NH_3 \longrightarrow [Cu(NH_3)_4]^{2+} + 2OH^-$$
（深青色）

(2) **製法** Cu^{2+} を含む水溶液を塩基性にする。
$$Cu^{2+} + 2OH^- \longrightarrow Cu(OH)_2\downarrow$$

【4】 硫酸銅(II)五水和物 $CuSO_4\cdot5H_2O$

(1) **性質** ① 青色の結晶。次のように $[Cu(H_2O)_4]^{2+}$ と SO_4^{2-}，SO_4^{2-} や配位子の H_2O 分子と水素結合した H_2O 分子からなる。

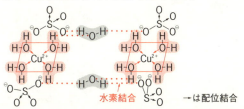

② 加熱すると段階的に水和水がなくなる。

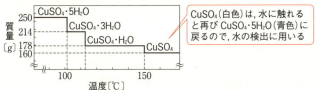

$CuSO_4$（白色）は，水に触れると再び $CuSO_4\cdot5H_2O$（青色）に戻るので，水の検出に用いる

【5】 オキシ炭酸銅(II) $CuCO_3\cdot Cu(OH)_2$

(1) **性質** 緑色の固体。
(2) **製法** 緑青ともよばれ，湿った空気中に Cu を放置すると生成する。
$$2Cu + CO_2 + H_2O + O_2 \longrightarrow CuCO_3\cdot Cu(OH)_2$$

■銅の電解精錬

(1) 粗銅の生成

銅の電解精錬をする前に，純度約 99% 程度の粗銅を生成する必要がある。工業的には黄銅鉱を含む鉱石（黄銅鉱 $CuFeS_2$，他に SiO_2 などを含む），コークス C，石灰石 $CaCO_3$ などを溶鉱炉に入れて熱すると，硫黄分の一部は燃え，鉄分はケイ酸塩となり，硫化銅(I) Cu_2S が得られる。

$$2CuFeS_2 + 4O_2 + 2SiO_2 \longrightarrow Cu_2S + 2FeSiO_3 + 3SO_2$$ ←参考程度にみるだけでよい

次に，炉の中で上に浮かぶ $FeSiO_3$（密度が Cu_2S より小さいため）をとり除き，分離した硫化銅(I) Cu_2S を転炉に移し，強熱しながら空気を吹き込むと，その一部が酸化されて酸化銅(I) Cu_2O と二酸化硫黄 SO_2 を生じる。

$$2Cu_2S + 3O_2 \longrightarrow 2Cu_2O + 2SO_2$$

このとき生じた酸化銅(I) Cu_2O が未反応の硫化銅(I) Cu_2S と反応し，二酸化硫黄 SO_2 の発生とともに銅 Cu が遊離する。

$$Cu_2S + 2Cu_2O \longrightarrow 6Cu + SO_2$$

ここで得られた銅は，純度約 99％ 程度の**粗銅**であり，不純物として鉄 Fe，ニッケル Ni，亜鉛 Zn，鉛 Pb，金 Au，銀 Ag などを含んでいる。また，上記の反応で生じた二酸化硫黄 SO_2 は硫酸製造に用いられる。

(2) 銅の電解精錬

この得られた純度約 99％ の粗銅を電気分解することにより，99.99％ 以上の高純度の銅に精錬する。この電気分解のことを**電解精錬**という。

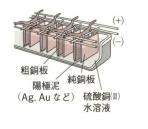
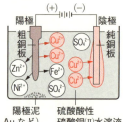

硫酸で酸性にした硫酸銅(II) $CuSO_4$ 水溶液中で，陽極に粗銅，陰極には純銅を使って電気分解すると，陽極では銅 Cu が銅(II)イオン Cu^{2+} となって溶け出し，陰極上には純銅が析出する。このとき，粗銅の中に含まれる金 Au や銀 Ag などの銅よりもイオン化傾向の小さい金属は，陽イオンにならずに単体のまま陽極の下に**陽極泥**として沈殿し，亜鉛 Zn，鉄 Fe，ニッケル Ni，鉛 Pb などの銅よりもイオン化傾向の大きい金属は，陽イオンになって溶け出して水溶液中に残る。ただし，鉛 Pb については Pb^{2+} として溶け出し，すぐに溶液中の SO_4^{2-} と反応して，難溶性の $PbSO_4$ となって金 Au や銀 Ag などといっしょに陽極泥の中に含まれる。

このようにして，陰極に純粋な銅を得ることができ，陽極泥の中から金 Au，銀 Ag などの貴金属を回収する。

Point 48 銅 Cu の電解精錬について

陽　極：粗銅
陰　極：純銅
電解液：硫酸銅(II)水溶液

イオン化傾向 大←→小

Zn, Fe, Ni ＞ Cu ＞ Au, Ag
　↓　　　　　　　↓
陽イオンとなっ　陽極泥として沈殿
て溶液中に溶出

標問 65 の解説

〔I〕 **問1** 塩基性酸化物である CuO は，酸に溶ける。また，得られた溶液を濃縮させると $CuSO_4 \cdot 5H_2O$ が生じることから，試薬 R は希硫酸 H_2SO_4 になる。

$$O^{2-} + 2H^+ \longrightarrow H_2O$$

の両辺に Cu^{2+} と SO_4^{2-} をそれぞれ加えまとめる。

$$CuO + H_2SO_4 \longrightarrow \underset{\substack{\downarrow \\ \text{濃縮し，} CuSO_4 \cdot 5H_2O (\text{青色結晶 Q}) \text{を得る}}}{CuSO_4} + H_2O$$

問2 配位結合には非共有電子対が必要であり，SO_4^{2-} の S や H_2O の H には非共有電子対が存在しない。 精講 の $CuSO_4 \cdot 5H_2O$ の図も確認しておくこと。

問3 $CuSO_4 \cdot 5H_2O$（式量 250，結晶 Q）を 130 ℃ に加熱して得られる水和物を $CuSO_4 \cdot aH_2O$（式量 $160+18a$）とする。また，加熱後得られた $CuSO_4 \cdot aH_2O$ は $13.56-10.000=3.56$ 〔g〕であり，$CuSO_4 \cdot 5H_2O$ 1 mol から $CuSO_4 \cdot aH_2O$ 1 mol が生じるので，次の式が成り立つ。

$$\underset{CuSO_4 \cdot 5H_2O \text{ (mol)}}{\frac{5.000}{250}} = \underset{CuSO_4 \cdot aH_2O \text{ (mol)}}{\frac{3.56}{160+18a}} \quad \text{より，} a=1$$

よって，得られたのは $CuSO_4 \cdot H_2O$ であり，$CuSO_4 \cdot 5H_2O$ 1 式量あたり 4 分子の H_2O がなくなったことがわかる。

問4 $CuSO_4 \cdot H_2O$ を 250 ℃ まで加熱したのち，ルツボに残った粉末は，$CuSO_4$ の白色粉末になる。

> 補足 $CuSO_4$ の分解は 250 ℃ では起こらない。解答群の色に，CuO の黒色がないことも手がかりにしたい。
>
> $$CuSO_4 \xrightarrow{\text{約 600 ℃}} \underset{\text{黒色}}{CuO} + SO_3$$

問5 ルツボに残った粉末は $CuSO_4$ であり，この質量は $CuSO_4 \cdot 5H_2O$ 5.000 g 中に含まれている $CuSO_4$ の質量に相当する。

$$\underset{CuSO_4 \text{ (g)}}{x} = \underset{CuSO_4 \cdot 5H_2O \text{ (g)}}{5.000} \times \underset{CuSO_4 \text{ (g)}}{\frac{160}{250}} \quad \text{より，} x=3.2 \text{〔g〕}$$

〔II〕 **問1** 不純物として粗銅の中に含まれている Cu よりもイオン化傾向の大きな Zn, Fe, Ni は水溶液中に溶け出しイオンとなって存在するが，Cu よりもイオン化傾向の小さな Au, Ag はイオンにならずに単体のまま陽極泥に含まれる。

第2章　無機化学　169

問2

粗銅の減少量 67.14 g の内訳は，イオンとなって溶け出した Cu，Zn，Fe，Ni と陽極泥に含まれる Au，Ag となる。ここで，溶け出した Cu を x〔g〕，Cu 以外の溶け出した Zn，Fe，Ni の合計を y〔g〕とすると，陽極泥の Au，Ag が 0.34 g なので，次の関係式が成立する。

$$67.14 〔g〕= \underset{\text{Cu}}{x〔g〕} + \underset{\text{Zn, Fe, Ni}}{y〔g〕} + \underset{\text{Au, Ag}}{0.34〔g〕} \quad \cdots ①$$

次に，純銅の増加量 66.50 g の内訳について考える。ここで，水溶液中の銅(II)イオン Cu^{2+} の濃度が減少していることに注意する。つまり，粗銅から溶け出した Cu に相当する x〔g〕だけが析出するのでなく，水溶液中に最初から存在していた銅(II)イオン Cu^{2+} も電気分解によって陰極に析出したので，その濃度が減少している。

水溶液中で減少した銅(II)イオン Cu^{2+} に相当する物質量〔mol〕は，

$$0.0400 \times \frac{1000}{1000} = 0.0400 〔mol〕$$

となり，水溶液中で減少した Cu^{2+} と同じ物質量〔mol〕に相当する Cu が析出する。その質量は，

$$\underset{\text{Cu〔mol〕}}{0.0400} \times \underset{\text{Cu〔g〕}}{63.5} = 2.54 〔g〕$$

となる。この 2.54 g と粗銅から溶け出した Cu に相当する x〔g〕が陰極に析出するので，次の関係式が成立する。

$$\underset{\text{析出した純銅}}{66.50 〔g〕} = 2.54 〔g〕 + x〔g〕 \quad \cdots ②$$

②式より，$x = 63.96$〔g〕となり，この値を①式に代入すると $y = 2.84$〔g〕となる。よって，溶け出した不純物 Zn，Fe，Ni の合計質量は，2.84 g となる。

標問 **66** | **12族 (Zn, Hg)**

答 | 問1 ア：同族　イ：陽　ウ：価電子　エ：両性
問2 (a) $Zn + 2H^+ \longrightarrow Zn^{2+} + H_2$
(b) $Zn^{2+} + 2OH^- \longrightarrow Zn(OH)_2$
(c) $Zn(OH)_2 + 2OH^- \longrightarrow [Zn(OH)_4]^{2-}$
問3 (i) アンモニア水を十分に加える。
(ii) 塩酸を加えて強酸性にしたのち，硫化水素を加える。
問4 (i) 水銀は水素よりイオン化傾向が小さく，銀より大きい。
(ii) 水銀の沸点が銀より低い。

精講 混乱しやすい事項の整理

亜鉛 Zn，カドミウム Cd，水銀 Hg は，12族の典型元素で融点が低い重金属[※1]である。

> ※1　重金属とは，密度が $4\,g/cm^3$ 以上の金属である。これに対し，$4\,g/cm^3$ 以下の金属を軽金属という。

■**単体**

【1】　**亜鉛 Zn**

① 銀白色のやわらかい金属で，融点は 420℃ である。

② イオン化傾向が比較的大きく，単体は高温の水蒸気や酸と反応し水素が発生する。

$$\begin{cases} Zn + H_2O\,(気) \xrightarrow{\text{高温}} ZnO + H_2\uparrow \\ Zn + 2H^+ \longrightarrow Zn^{2+} + H_2\uparrow \end{cases}$$

③ 両性金属で，強塩基の水溶液とも反応し，水素が発生する。

$$Zn + 2OH^- + 2H_2O \longrightarrow [Zn(OH)_4]^{2-} + H_2\uparrow$$

④ コークス (主成分 C) を用いて，酸化亜鉛を高温で還元すると得られる。

$$ZnO + C \xrightarrow{\text{高温}} Zn + CO$$

⑤ ボルタ電池，ダニエル電池，マンガン乾電池などの負極に用いる。

【2】　**水銀 Hg**

① 銀白色の金属で融点は $-39℃$，沸点は 357℃ であり，常温常圧では液体である。

② 白金，マンガン，鉄，コバルト，ニッケルなどを除く多くの金属と合金をつくる。これを**アマルガム**という。

③ 水素よりイオン化傾向が小さく，硝酸，熱濃硫酸には酸化されるが，塩酸や希硫酸には溶けない。

■**化合物**

【1】　**酸化亜鉛 ZnO**

① 白色物質で，水には溶けにくい。亜鉛華とよばれる。

② 両性酸化物で，酸や強塩基の水溶液に溶ける。

第2章　無機化学　　171

$$\begin{cases} ZnO + 2H^+ \longrightarrow Zn^{2+} + H_2O \\ ZnO + H_2O + 2OH^- \longrightarrow [Zn(OH)_4]^{2-} \end{cases}$$

【2】 水酸化亜鉛 Zn(OH)₂

① 白色物質で，水には溶けにくい。

② 亜鉛イオンを含む水溶液に，少量の塩基を加えると生じる。

③ 加熱すると酸化亜鉛が生じる。

$$Zn(OH)_2 \xrightarrow{加熱} ZnO + H_2O$$

④ アンモニア水を十分に加えると溶ける。

$$Zn(OH)_2 + 4NH_3 \longrightarrow [Zn(NH_3)_4]^{2+} + 2OH^-$$

⑤ 両性水酸化物であり，酸の水溶液や強塩基の水溶液に溶ける。

$$\begin{cases} Zn(OH)_2 + 2H^+ \longrightarrow Zn^{2+} + 2H_2O \\ Zn(OH)_2 + 2OH^- \longrightarrow [Zn(OH)_4]^{2-} \end{cases}$$

【3】 硫化亜鉛 ZnS

① 白色物質で，水には溶けにくいが希塩酸や希硫酸などの強酸には溶ける。

$$ZnS + 2H^+ \longrightarrow Zn^{2+} + H_2S$$

② 亜鉛イオンを含む水溶液を中～塩基性にし，硫化水素を吹き込むと生じる。

$$Zn^{2+} + H_2S \longrightarrow ZnS\downarrow + 2H^+$$

③ 蛍光塗料に用いられる。

【4】 硫化カドミウム CdS

① 黄色物質で，水にも強酸にも溶けにくい。

② 黄色顔料に用いられる。

【5】 硫化水銀(Ⅱ) HgS

① 水銀(Ⅱ)イオンを含む水溶液に硫化水素を吹き込むと，黒色沈殿として生じる。

$$Hg^{2+} + H_2S \longrightarrow HgS\downarrow + 2H^+$$

② ①の黒色沈殿を昇華すると赤色に変化し，これは印鑑の朱肉に用いられる。

【6】 水銀 Hg の塩化物

塩化水銀(Ⅰ) Hg₂Cl₂	水銀(Ⅰ)イオン Hg₂²⁺ を含む水溶液に塩化物イオンを加えると，白色沈殿として生じる。甘コウという。
塩化水銀(Ⅱ) HgCl₂	水によく溶ける。昇コウという。

標問 66 の解説

問1，2 亜鉛は原子番号 30 で，電子配置は K 殻 (2) L 殻 (8) M 殻 (18) N 殻 (2) である。典型元素であり最外殻電子が価電子となり，2 価の陽 イオンとなる。

$$Zn \longrightarrow Zn^{2+} + 2e^-$$

カドミウムと水銀は，亜鉛と同族 元素である。

亜鉛は水素よりイオン化傾向が大きく，塩酸や希硫酸に水素を発生しながら溶解する。

$$Zn + 2H^+ \longrightarrow Zn^{2+} + H_2\uparrow$$

ここに，水酸化ナトリウム水溶液を加えると，最初は白色沈殿が生じる。

$$Zn^{2+} + 2OH^- \longrightarrow Zn(OH)_2\downarrow_{(b)}$$

水酸化亜鉛は両性_エ水酸化物であるため，水酸化ナトリウム水溶液をさらに加えると錯イオンを形成し溶解する。

$$Zn(OH)_2 + 2OH^- \longrightarrow [Zn(OH)_4]^{2-}{}_{(c)}$$

問3　(i)　Al，Zn ともに両性なので，水酸化ナトリウム水溶液では分離できない。

※2 　▉ 沈殿　　▉ 溶液中

$$\begin{array}{c} Zn^{2+} \\ Al^{3+} \end{array} \xrightarrow[\text{少量}]{NaOHaq} \begin{array}{c} Zn(OH)_2 \\ Al(OH)_3 \end{array} \xrightarrow[\text{十分量}]{NaOHaq} \begin{array}{c} [Zn(OH)_4]^{2-} \\ [Al(OH)_4]^- \end{array} {}^{※2}$$

Zn^{2+} は NH_3 と錯イオンを形成するので，アンモニア水を十分加えて分離する。

$$\begin{array}{c} Zn^{2+} \\ Al^{3+} \end{array} \xrightarrow[\text{少量}]{NH_3aq} \begin{array}{c} Zn(OH)_2 \\ Al(OH)_3 \end{array} \xrightarrow[\text{十分量}]{NH_3aq} \begin{array}{c} [Zn(NH_3)_4]^{2+} \\ Al(OH)_3 \end{array}$$

注　中〜塩基性下で H_2S を加えると，ZnS の沈殿とともに $Al(OH)_3$ が沈殿する。$Al(OH)_3$ の溶解度積 $[Al^{3+}][OH^-]^3 ≒ 10^{-33}$ 〔$(mol/L)^4$〕なので，$[Al^{3+}] = 1 \times 10^{-2}$ 〔mol/L〕程度なら中〜塩基性下では $Al(OH)_3$ が沈殿するのである。

(ii)　Cd^{2+} と Zn^{2+} を含む水溶液から Cd^{2+} のみを硫化物として分離するには，水溶液を強酸性にし，硫化物イオン濃度 $[S^{2-}]$ を小さくすれば，溶解度の小さな CdS のみ沈殿する。${}^{※3}$ そこで塩酸を加えたあと，硫化水素を加える。

※3　溶解度積〔$(mol/L)^2$〕は，
$[Cd^{2+}][S^{2-}] ≒ 10^{-28}$
$[Zn^{2+}][S^{2-}] ≒ 10^{-23}$

$$\begin{array}{c} Cd^{2+} \\ Zn^{2+} \end{array} \xrightarrow{\text{塩酸}} \xrightarrow{H_2S} \begin{array}{c} CdS\,(\text{黄色}) \\ Zn^{2+} \end{array}$$

問4　(i)　Hg は H_2 よりイオン化傾向が小さいため，次の反応は起こらない。

$$Hg + 2H^+ \underset{\text{起こらない}}{\xrightarrow{\times}} Hg^{2+} + H_2$$

ただし，イオン化傾向が Ag より大きいため，硝酸のような酸化力の強い酸には溶ける。

(ii)　水銀は多くの金属と合金をつくり，これをアマルガムという。水銀は沸点が357℃と低いため，アマルガムから水銀を分離するには，真空中で加熱すれば水銀のみを蒸発させることができる。

第2章　無機化学　　173

標問 67 13族 (Al)

答

〔Ⅰ〕 問1 (a) $2Al + 6HCl \longrightarrow 2AlCl_3 + 3H_2$

(b) $2Al + 2NaOH + 6H_2O \longrightarrow 2Na[Al(OH)_4] + 3H_2$

問2 $Al^{3+} + 3OH^- \longrightarrow Al(OH)_3$

問3 $Al(OH)_3 + NaOH \longrightarrow Na[Al(OH)_4]$

問4 テルミット反応（またはゴールドシュミット法）

〔Ⅱ〕 問5 陽極：(Aが生じる反応) $C + O^{2-} \longrightarrow CO + 2e^-$

(Bが生じる反応) $C + 2O^{2-} \longrightarrow CO_2 + 4e^-$

陰極：$Al^{3+} + 3e^- \longrightarrow Al$

問6 (1) 108 g (2) 36 g

精講 混乱しやすい事項の整理

アルミニウム Al は 13 族の元素で，3 つの価電子をもち 3 価の陽イオンになりやすい。

■単体

① 軽くてやわらかい軽金属で，延性・展性に富む。

② 少量の銅，マグネシウムなどとの合金を**ジュラルミン**といい，航空機の機体などに利用される。

③ 両性金属で，酸や強塩基の水溶液と反応し，水素が発生する。ただし，濃硝酸には<u>不動態</u>になり溶けない。

④ 常温では水と反応しにくいが，高温の水蒸気と反応する。

$$2Al + 3H_2O \xrightarrow{\text{高温}} Al_2O_3 + 3H_2$$

⑤ 表面にち密な酸化アルミニウムの被膜をつけた製品を**アルマイト**という。

⑥ 工業的には，ボーキサイトを原料にし，精製して得られる<u>酸化アルミニウム（アルミナ）を氷晶石 Na_3AlF_6 とともに溶融塩電解</u>することで製造する。

■化合物

【1】 酸化アルミニウム Al_2O_3

① 白色の粉末であり，水には溶けないが，酸や強塩基の水溶液には溶解する両性酸化物である。

$$\begin{cases} Al_2O_3 + 6H^+ \longrightarrow 2Al^{3+} + 3H_2O \\ Al_2O_3 + 2OH^- + 3H_2O \longrightarrow 2[Al(OH)_4]^- \end{cases}$$

② **アルミナ**ともよばれる。ルビーやサファイアは酸化アルミニウムを主成分とする結晶であり，ルビーには Cr，サファイアには Fe や Ti が含まれる。

【2】 水酸化アルミニウム $Al(OH)_3$

① 白色の沈殿で，酸や強塩基の水溶液には溶解する両性水酸化物である。

$$\begin{cases} Al(OH)_3 + 3H^+ \longrightarrow Al^{3+} + 3H_2O \\ Al(OH)_3 + OH^- \longrightarrow [Al(OH)_4]^- \end{cases}$$

② 強熱すると酸化アルミニウムになる。

$$2Al(OH)_3 \xrightarrow{\text{加熱}} Al_2O_3 + 3H_2O$$

【3】 (カリウム)ミョウバン

① 組成式 $AlK(SO_4)_2 \cdot 12H_2O$ で表される正八面体の無色の結晶で，複塩の一種である。

② 水溶液は次の加水分解反応により，弱酸性を示す。

$$[Al(H_2O)_6]^{3+} + H_2O \rightleftharpoons [Al(OH)(H_2O)_5]^{2+} + H_3O^+$$

標問 67 の解説

〔Ⅰ〕 **問1** (a) アルミニウムは水素よりイオン化傾向が大きい。

$$Al + 3H^+ \longrightarrow Al^{3+} + \frac{3}{2}H_2$$

両辺に $3Cl^-$ を加えて整理し，両辺を 2 倍する。

$$2Al + 6HCl \longrightarrow 2AlCl_3 + 3H_2$$

(b) $\underset{0 \longrightarrow +3}{Al}$ が $[Al(OH)_4]^-$ へと酸化されるのと同時に，H_2O が還元されて $\underset{+1 \longrightarrow\longrightarrow 0}{H_2}$

が生じる。

$$\begin{cases} \text{還元剤：} Al + 4OH^- \longrightarrow [Al(OH)_4]^- + 3e^- & \cdots① \\ \text{酸化剤：} 2H_2O + 2e^- \longrightarrow H_2 + 2OH^- & \cdots② \end{cases}$$

①式×2+②式×3 より，

$$2Al + 2OH^- + 6H_2O \longrightarrow 2[Al(OH)_4]^- + 3H_2$$

両辺に $2Na^+$ を加えて整理する。

$$2Al + 2NaOH + 6H_2O \longrightarrow 2Na[Al(OH)_4] + 3H_2$$
テトラヒドロキシドアルミン酸ナトリウム

問2 $Al^{3+} + 3OH^- \longrightarrow Al(OH)_3 \downarrow$

問3 $Al(OH)_3 + OH^- \longrightarrow [Al(OH)_4]^-$

両辺に Na^+ を加えて整理する。

$$Al(OH)_3 + NaOH \longrightarrow Na[Al(OH)_4]$$

問4 アルミニウムはイオン化傾向が大きく，酸素との親和性が強い。この性質を利用して，鉄，クロム，マンガンなどの酸化物を還元して，単体を得ることができる。

$$2Al + Fe_2O_3 = Al_2O_3 + 2Fe + 852\,kJ$$

非常に発熱量が大きく高温になるため，生じる金属の単体は融解した形で得られ，溶接などに用いられる。この方法は，ドイツの化学者ハンス・ゴールドシュミットによって 1893 年に発明され，ゴールドシュミット法とよばれる。また，アルミニウムと金属酸化物の粉末混合物をテルミットというため，テルミット反応ともいう。

〔Ⅱ〕 **問5** 単体のアルミニウム Al は，ボーキサイト (主成分 $Al_2O_3 \cdot nH_2O$) を濃い水酸化ナトリウム $NaOH$ 水溶液で化学的に処理し，得られる純粋な酸化アルミニウム Al_2O_3 (別名アルミナ) を溶融塩電解して製造する。

第 2 章 無機化学　　175

【酸化アルミニウム Al₂O₃ までの工程】

ボーキサイトから純粋な Al₂O₃ を得るまでの工程は次のようになる。

ボーキサイト(不純物 Fe₂O₃ など) →(i) [Fe₂O₃沈殿物] ろ液 [Al(OH)₄]⁻ →(ii) 沈殿物 Al(OH)₃ →(iii) アルミナ Al₂O₃

(i) 原料であるボーキサイトを，濃 NaOH 水溶液に加熱溶解させる。このとき，Al₂O₃ は両性酸化物，Fe₂O₃ は塩基性酸化物なので，強塩基の NaOH とは両性酸化物である Al₂O₃ だけが次のように反応し，[Al(OH)₄]⁻ をつくって溶解する。

$$Al_2O_3 + 2NaOH + 3H_2O \longrightarrow 2Na[Al(OH)_4]$$

この化学反応式は次のようにわけて考えるとよい。

$$Al_2O_3 \longrightarrow 2Al^{3+} + 3O^{2-} \quad \cdots ①$$
$$Al^{3+} + 4OH^- \longrightarrow [Al(OH)_4]^- \quad \cdots ②$$
$$O^{2-} + H_2O \longrightarrow 2OH^- \quad \cdots ③$$

①式＋②式×2＋③式×3，両辺に 2Na⁺ を加えて，化学反応式をつくることができる。

塩基と反応しない Fe₂O₃ などの不純物は，得られた水溶液をろ過することで除くことができる。

(ii) 得られたろ液に，多量の水を加えて水溶液の pH を下げる，つまり OH⁻ の濃度を小さくすると，OH⁻ の濃度を大きくする方向である右に平衡が移動し Al(OH)₃ の沈殿が生成する。

$$Na[Al(OH)_4] \rightleftarrows NaOH + Al(OH)_3 \downarrow$$

(iii) Al(OH)₃ の沈殿を加熱し，純粋な Al₂O₃ をつくる。

$$2Al(OH)_3 \longrightarrow Al_2O_3 + 3H_2O$$

【溶融塩電解（融解塩電解）】

これら(i)～(iii)の工程を経て，得られた純粋な酸化アルミニウム Al₂O₃（アルミナ）を加熱し融解させ，その溶液の中で電気分解(溶融塩電解)する。

（ここで，Al³⁺ を含む水溶液を電気分解しても，Al はイオン化傾向が大きく陰極では H⁺ が反応して H₂ が発生するだけで Al を得ることはできない。）

純粋な Al₂O₃（アルミナ）の融点は約 2000℃ と非常に高いため，融点の低い氷晶石（主成分 Na₃AlF₆）を融解して溶媒とし，ここに Al₂O₃ を溶解することで，約 1000℃ というより低い温度で電気分解ができる。

$$Al_2O_3 \longrightarrow 2Al^{3+} + 3O^{2-}$$

この融解液を陽極，陰極のどちらにも炭素 C を使って電気分解すると，陰極では融解液中の Al³⁺ が還元され Al となり電解槽の底に沈む。

陰極での反応：$Al^{3+} + 3e^- \longrightarrow Al$

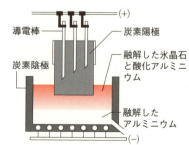

陽極では，融解液中の O^{2-} が反応するが，非常に高い温度で溶融塩電解しているので発生した O_2 がただちに陽極の炭素 C と反応して，一酸化炭素 CO や二酸化炭素 CO_2 が生成する。

　これは，酸化物イオン O^{2-} が酸化されて生じた酸素原子が，高温下で炭素を酸化するからである。

$$O^{2-} \longrightarrow O + 2e^- \quad \cdots ④$$

$$\begin{cases} O + C \longrightarrow CO & \cdots ⑤ \\ 2O + C \longrightarrow CO_2 & \cdots ⑥ \end{cases}$$

④式＋⑤式より，CO が生成するときの反応は，

$$O^{2-} + C \longrightarrow CO + 2e^-$$

④式×2＋⑥式より，CO_2 が生成するときの反応は，

$$2O^{2-} + C \longrightarrow CO_2 + 4e^-$$

CO がさらに酸化されると CO_2 となるので，A が CO，B が CO_2 となる。

問6　(1)　流れた電子の物質量は，

$$\frac{1.158 \times 10^6 \,〔C〕}{9.65 \times 10^4 \,〔C/mol〕} = 12 \,〔mol〕$$

である。よって，生じた Al の質量〔g〕は，Al＝27 より，

$$12 \left| \times \frac{1 \,〔mol\,(Al)〕}{3 \,〔mol\,(e^-)〕} \right| \times 27 \,〔g/mol〕 \left| = 108 \,〔g〕 \right.$$
　　　$\underset{mol\,(e^-)}{}$　　　　　$\underset{mol\,(Al)}{}$　　　　　$\underset{g\,(Al)}{}$

(2)　CO が 1 mol 生じるときは e^- が 2 mol，CO_2 が 1 mol 生じるときは e^- が 4 mol 流れる。CO と CO_2 の物質量比が 1：1 なので，x〔mol〕ずつ生じたとすると，流れた e^- が 12 mol なので，

$$x \,〔mol\,(CO)〕 \times \frac{2 \,〔mol\,(e^-)〕}{1 \,〔mol\,(CO)〕} + x \,〔mol\,(CO_2)〕 \times \frac{4 \,〔mol\,(e^-)〕}{1 \,〔mol\,(CO_2)〕} = 12$$

よって，　$x = 2$

　したがって，CO が生成する反応によって生じる Al の質量〔g〕は，Al＝27 より，

$$2 \,〔mol\,(CO)〕 \times \frac{2 \,〔mol\,(e^-)〕}{1 \,〔mol\,(CO)〕} \left| \times \frac{1 \,〔mol\,(Al)〕}{3 \,〔mol\,(e^-)〕} \right| \times 27 \,〔g/mol〕 \left| \right.$$
　　　　　　　　　　　$\underset{mol\,(e^-)}{}$　　　　　$\underset{mol\,(Al)}{}$　　　　　$\underset{g\,(Al)}{}$

$$= 36 \,〔g〕$$

第2章　無機化学　　177

標問	68	14族（C）

答

問1　ア：同素体　　イ：3　　ウ：移動　　エ：もつ
　　　オ：ファンデルワールス力　　カ：4　　キ：正四面体　　ク：硬い
　　　ケ：もたない
問2　358 kJ/mol　　問3　1.71 g/cm³

精講　混乱しやすい事項の整理

　炭素の単体にはいくつかの同素体が存在し，古くはダイヤモンド，黒鉛（グラファイト），無定形炭素（ススなど）があり，近年発見されたものとしてフラーレン（球状分子の総称），カーボンナノチューブ，グラフェンなどがある。ダイヤモンドと黒鉛の性質は高校化学では特に大切である。

■単体

同素体	性質
ダイヤモンド	非常に硬い無色の結晶で，熱伝導性は非常に大きいが，電気伝導性はほとんどない。
黒鉛（グラファイト）	黒色の金属光沢をもつ結晶で，はがれやすい。価電子の一部が平面上を動けるため，面方向に大きな電気伝導性をもつ。

■化合物

化学式	構造式	性質
二酸化炭素 CO_2	O=C=O	常温常圧で無色・無臭の気体で，水にわずかに溶けて酸性を示す。
一酸化炭素 CO	$^-C≡O^+$ $^-C, O^+$ はともに N と同じ電子配置	常温常圧で無色・無臭の気体で，水には溶けにくい。血液中のヘモグロビンに吸着し，酸素の運搬を阻害する。

標問 68 の解説

問1　同じ元素でできた単体のうち，性質が異なる単体どうしを互いに<u>同素体</u>という。炭素の同素体の1つである黒鉛（グラファイト）は，炭素原子の共有結合によってできた正六角形網目状の平面構造が，<u>ファンデルワールス力</u>で積み重なったような構造をもつ。[※1]

ファンデルワールス力

黒鉛（グラファイト）

　黒鉛（グラファイト）を構成する1枚の平面構造をグラフェンといい，ナノ炭素材料として研究開発が進められている。

　黒鉛（グラファイト）やグラフェンでは，1つの炭素原子が3つの炭素原子と共有結合し，残った価電子が平面構造上を<u>移動</u>できるため，電気伝導性を<u>もつ</u>。

178

ダイヤモンドは，1つの炭素原子が4つの炭素原子と共有結合し，それらが正四面体の頂点方向に配置された共有結合の結晶で非常に硬い。※2 電気伝導性をほとんどもたないが，熱運動が三次元的に伝搬しやすいため熱伝導性が大きい。

※2
ダイヤモンド

カーボンナノチューブ※3 は，日本で開発された炭素の同素体の1つで，グラフェンを丸めて円筒状にした構造をもつ。単位断面積あたりの硬さは鋼鉄の100倍以上といわれ，太さやねじれ具合で電気伝導性が変化する。

※3
カーボンナノチューブ

フラーレンは，多数の炭素原子からなる中心が空洞の球状分子の総称である。最初に発見されたフラーレンC_{60}※4 は，60個の炭素原子が単結合と二重結合を繰り返し，サッカーボール状の対称性の高い形をしている。フラーレンの結晶は電気伝導性をもたないが，アルカリ金属を添加したものが超伝導性を示すことが知られている。

※4
C=が繰り返している
C_{60} フラーレン

問2　ダイヤモンドのC–C結合の結合エネルギーをE_{C-C} 〔kJ/mol〕とする。1 mol のC原子からなるダイヤモンドは 4 mol の価電子があり，2 mol のC–C結合をもつ。※5
C（ダイヤモンド）＋ O_2（気）＝ CO_2（気）＋ 395 kJ　と結合エネルギーの値をもとにエネルギー図をつくると，

※5　Cが1 mol あり，–C–の–が4 mol あると，C–CでC–C結合が1つできるので，C–C結合は$\frac{4}{2}=2$ mol となる。

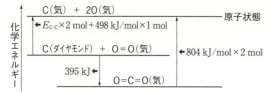

ヘスの法則より，
　　$E_{C-C} \times 2 + 498 = 804 \times 2 - 395$
よって，　$E_{C-C} ≒ 358$ 〔kJ/mol〕

問3　C_{60} の結晶は，ファンデルワールス力でC_{60}分子が集まった分子結晶で，下線部より，面心立方格子をとる。※6 単位格子内のC_{60}分子数は，

$$\frac{1}{8} \times 8 + \frac{1}{2} \times 6 = 4$$
　　　頂点　　面の中心

であるから，1辺 1.41×10^{-7} cm の立方体にC_{60}分子（分子量720）が4分子含まれるので，結晶の密度〔g/cm³〕は，

$$密度〔g/cm^3〕 = \frac{\frac{720}{6.02 \times 10^{23}} \times 4}{(1.41 \times 10^{-7})^3} ≒ 1.71 〔g/cm^3〕$$

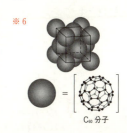
※6
● ＝ C_{60} 分子

第2章　無機化学

| 標問 | 69 | 14族(Si) |

| 答 | 問1 | ア：共有　イ：半導体　ウ：光ファイバー　エ：ケイ酸ナトリウム |
| | | オ：炭化ケイ素（またはカーボランダム）　あ：⑩　い：①　う：⑬ |

問2　$x=0.23$〔nm〕　　$y=2.4$〔g/cm³〕

問3　(b)　$SiO_2 + Na_2CO_3 \longrightarrow Na_2SiO_3 + CO_2$
　　　(c)　$Na_2SiO_3 + 2HCl \longrightarrow H_2SiO_3 + 2NaCl$

問4　多孔質で表面積が極めて大きく，その表面に親水性のヒドロキシ基を多くもつから。

問5　(A)　$SiO_2 + 2C \longrightarrow Si + 2CO$
　　　(B)　$SiO_2 + 3C \longrightarrow SiC + 2CO$

問6　$SiO_2 + 2Mg \longrightarrow Si + 2MgO$

問7　(C)　$SiO_2 + 4HF \longrightarrow SiF_4 + 2H_2O$
　　　(D)　$SiO_2 + 6HF \longrightarrow H_2SiF_6 + 2H_2O$

精講　混乱しやすい事項の整理

■**単体**

ケイ素Siの単体は，ダイヤモンドと同じ構造をもつ灰色で金属光沢がある共有結合の結晶である。硬くて融点が高く，金属と非金属の中間の電気伝導性をもつ。また，高純度の結晶は半導体の材料としてコンピュータのIC（集積回路）や太陽電池などに使われる。

ケイ素Siの単体は，自然界には存在しないので，ケイ素の酸化物である二酸化ケイ素SiO_2をコークスCで還元して得られる。

$SiO_2 + 2C \longrightarrow Si + 2CO$

ケイ素Si

Point 49　ケイ素は，ダイヤモンドと同じ構造をもち，硬くて融点が高い。半導体の材料として利用。

■**化合物**

【1】　二酸化ケイ素SiO_2

二酸化ケイ素SiO_2はシリカともよばれ，石英やケイ砂（石英が砂状になったもの），水晶（石英の透明な結晶）などとして天然に存在している。これらの結晶は，立体的な網目構造をもつ共有結合の結晶で，硬く融点も高い。

SiO_2の構造

① 塩基との反応

酸性酸化物の二酸化ケイ素SiO_2を水酸化ナトリウムNaOHや炭酸ナトリウム

Na_2CO_3 のような塩基とともに加熱すると，ケイ酸ナトリウム Na_2SiO_3 が得られる。ここでは，NaOH との反応式（Na_2CO_3 との反応は問3の **解説** 参照）をつくってみる。

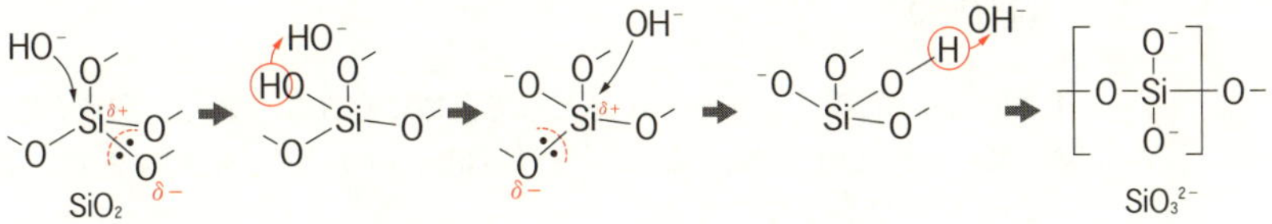

この関係をイオン反応式で表すと，

$$SiO_2 + 2OH^- \longrightarrow SiO_3^{2-} + H_2O$$

となり，両辺に $2Na^+$ を加えて，

$$SiO_2 + 2NaOH \longrightarrow Na_2SiO_3 + H_2O$$

② **シリカゲル**

ケイ酸ナトリウム Na_2SiO_3 に水を加えて加熱すると，粘性の大きな水あめ状の液体である**水ガラス**が得られ，水ガラスの水溶液に塩酸 HCl を加えると**ケイ酸** H_2SiO_3 が析出する。

$$SiO_3^{2-} + 2HCl \longrightarrow H_2SiO_3 + 2Cl^- \quad （弱酸の遊離）$$

両辺に $2Na^+$ を加えて，

$$Na_2SiO_3 + 2HCl \longrightarrow H_2SiO_3 + 2NaCl$$

ケイ酸 H_2SiO_3 を加熱し脱水したものを**シリカゲル**といい，多孔質で水蒸気や他の気体分子などを吸着するので，乾燥剤や吸着剤として使われる。

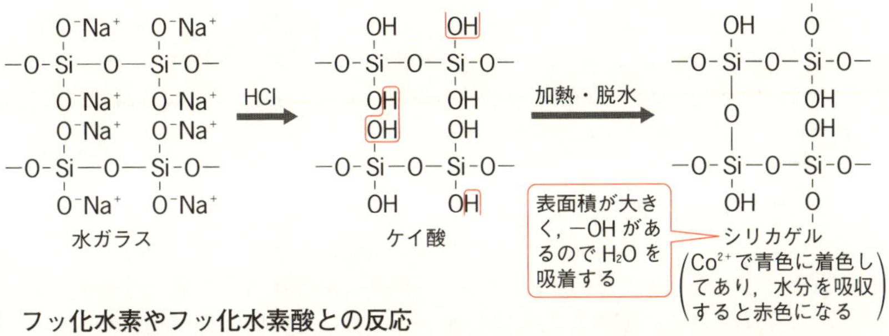

③ **フッ化水素やフッ化水素酸との反応**

フッ化水素やフッ化水素酸（フッ化水素の水溶液）は，ガラスや石英の主成分である二酸化ケイ素 SiO_2 とは，それぞれ次のように反応し SiO_2 を溶かす。

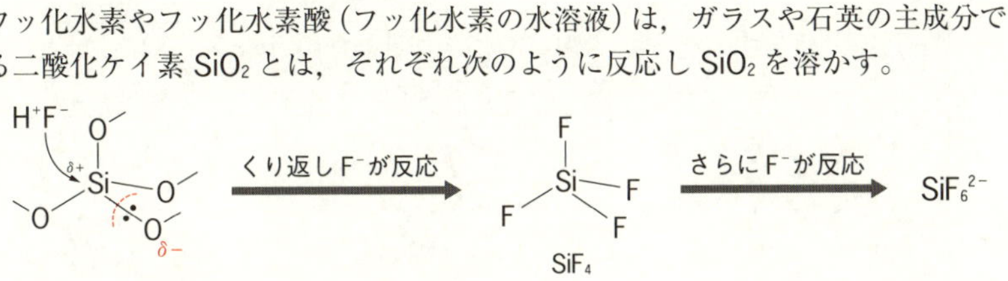

$$SiO_2 + 4HF \longrightarrow SiF_4 + 2H_2O$$
フッ化水素

$$SiO_2 + 6HF \longrightarrow H_2SiF_6 + 2H_2O$$
フッ化水素酸　ヘキサフルオロケイ酸

第2章　無機化学　181

SiO₂と反応するので、HFはくもりガラスの製造やガラスの目盛りつけに利用される。また、フッ化水素酸はガラスを溶かすので、<u>保存するときにはポリエチレン製の容器</u>を使う。

>
> ① SiO₂ は、石英、ケイ砂、水晶として天然に存在し、硬く、融点が高い。
> ② SiO₂ を NaOH や Na₂CO₃ とともに加熱し Na₂SiO₃ を生成させ、次のようにシリカゲルを得る。
>
> $$\text{Na}_2\text{SiO}_3 \xrightarrow{水} 水ガラス \xrightarrow{HCl} \text{H}_2\text{SiO}_3 \xrightarrow{加熱・脱水} シリカゲル$$
>
> ③ フッ化水素酸は、ガラスを溶かすのでポリエチレン製の容器で保存する。

次に<u>ケイ酸塩工業</u>(または<u>窯業</u>)を見ていこう。ケイ酸塩工業とは、粘土、ケイ砂などに含まれるケイ酸塩を使い、ガラス、陶磁器、セメントなどの<u>セラミックス</u>(<u>窯業製品</u>)をつくる工業のことをいう。

【2】 ガラス

ガラスは、構成粒子の配列に規則性をもたない固体で<u>非晶質</u>(<u>アモルファス</u>)とよばれ、決まった融点を示さず、ある温度幅で軟化する。用途により金属酸化物を加えて着色したり、原料を使いわけて耐熱性・耐薬品性をもたせたりする。

① ソーダ石灰ガラス

ふつうのガラスであるソーダ石灰ガラス(ソーダガラス)は、ケイ砂 SiO₂ を炭酸ナトリウム(炭酸ソーダ)Na₂CO₃ や石灰石 CaCO₃ とともに高温で融解させた後、冷却してつくられ、窓ガラスやガラスびんなどに使われる。ソーダ石灰ガラスは、Si と O がつくる正四面体が不規則につながった立体網目構造の中に、Na⁺ や Ca²⁺ などが入り込んだ構造をもっている。

② 石英ガラス

二酸化ケイ素 SiO₂ を加熱・融解し、急激に冷やしてできるものを石英ガラスという。石英ガラスは、耐熱ガラスとして実験器具などに利用される。また、不純物を減らし透明度を高めた石英ガラスを長い繊維状にし、屈折率を変化させて光が逃げないように工夫したものを<u>光ファイバー</u>といい、光通信に利用されている。

結晶質	非晶質(アモルファス)	
石英	ソーダ石灰ガラス	石英ガラス

【3】 セメント

石灰石 $CaCO_3$, 粘土（SiO_2, Al_2O_3 など）などの原料を粉砕し混ぜ合わせ, 加熱し焼結（粒子が互いに接着して固まること）させると塊（クリンカー）が生じる。これに, 少量のセッコウ $CaSO_4 \cdot 2H_2O$ を加えて微粉砕した混合物を**ポルトランドセメント**（**セメント**）という。セメントに水を加えて練ると, 発熱しながら水と反応し, しだいに固まる。セッコウはセメントが急激に固まるのを防いでいる。

セメントに砂と砂利を混ぜたものを**コンクリート**という。コンクリートは, 圧縮には強いが, 引っぱる力には弱いので, 逆の性質をもつ鉄をコンクリートと組み合わせると, 互いの弱点を補った鉄筋コンクリートができる。

Point 51
ケイ酸塩工業とは, ガラス, 陶磁器, セメントなどのセラミックスをつくる工業。
- ソーダ石灰ガラス（ふつうのガラス）➡ SiO_2 + Na_2CO_3 + $CaCO_3$
- 石英ガラス ➡ SiO_2 を加熱・融解し, 急冷してできる。

標問 69 の解説

問1, 3～7 Si は地殻中では, O の次に存在率（質量％）の高い元素で, その順は O＞Si＞Al＞Fe＞… になる。Si の単体は天然に存在せず, ダイヤモンドと同様の構造をもつ共有結合結晶である。

高純度の Si はわずかに電気伝導性をもつ半導体の性質をもつ。Si の結晶中に, 15族元素のリン P やヒ素 As を少量加えた半導体を n 型半導体という。n 型の n は, negative（負（マイナス））を表す。·P· や ·As· が ·Si· と共有結合すると 1 個の価電子が余り, 余った電子が自由電子と同じように電気を運ぶ。※1

※1 窒素 N も 15 族元素だが, N と Si の化合物である窒化ケイ素 Si_3N_4 はファインセラミックスとしてタービンなどに使われる。

Si の結晶中に, 13族元素のホウ素 B やアルミニウム Al を少量加えた半導体を p 型半導体という。p 型の p は, positive（正（プラス））を表す。·B· や ·Al· が ·Si· と結合すると 1 個の電子が不足し, ホール（正孔）ができ, これが電気を運ぶ。

高純度の SiO_2 を繊維化し, 光通信に利用されるものは光ファイバーとよばれる。SiO_2 の粉末を Na_2CO_3 と強熱し, 融解するとケイ酸ナトリウム Na_2SiO_3 が生成する。この化学反応式は, 次のように分けて考えるとよい。

CO_3^{2-} を加熱すると, O^{2-} と CO_2 に分解する。

$$CO_3^{2-} \longrightarrow O^{2-} + CO_2 \quad \cdots ①$$

←O=C〈O／O〉 → O=C=O
　　　　　 O → O^{2-}

次に, O^{2-} と SiO_2 が反応する。

$$O^{2-} + SiO_2 \longrightarrow SiO_3^{2-} \quad \cdots ②$$

①式＋②式, 両辺に $2Na^+$ を加えて,

$$SiO_2 + Na_2CO_3 \longrightarrow Na_2SiO_3 + CO_2 \quad ←問3, 下線部(b)$$

第2章　無機化学　183

Na_2SiO_3 の水溶液を長時間加熱すると，水ガラス(粘性の大きな液体)が得られる。水ガラスに塩酸を加えると，ケイ酸 H_2SiO_3 が析出する。

$$Na_2SiO_3 + 2HCl \xrightarrow{\text{弱酸の遊離}} H_2SiO_3 + 2NaCl \quad \leftarrow \text{問3，下線部(c)}$$

ケイ酸を加熱乾燥するとシリカゲルが得られる。シリカゲルは，多孔質で表面積が極めて大きく，その表面に親水性のヒドロキシ基を多くもつので，乾燥剤に使われる。 ←問4

Si の単体は，電気炉中でケイ砂 SiO_2 を融解し，コークス C により還元し，工業的につくる。このとき，C の含有量の違いにより化学反応式が変わる。下線部(e)にある「CO を発生させる」をヒントに化学反応式をつくるとよい。

・コークスの量が少ない場合

$$SiO_2 + 2C \longrightarrow Si + 2CO \quad \leftarrow \text{問5(A)}$$

・コークスの量が多い場合

$$SiO_2 + 3C \longrightarrow \underset{\text{炭化ケイ素}}{SiC} + 2CO \quad \leftarrow \text{問5(B)}$$

炭化ケイ素 SiC はカーボランダムともよばれ，非常に硬く，研磨剤に用いられる。
Si の単体は，ケイ砂 SiO_2 に還元剤として Mg を反応させてつくることもできる。

$$SiO_2 + 2Mg \longrightarrow Si + 2MgO \quad \leftarrow \text{問6，下線部(f)}$$

また，ケイ砂 SiO_2 はフッ化水素やフッ化水素酸と反応し溶ける(それぞれの化学反応式のつくり方は 精講 参照)。 ←問7(C)，(D)

問2　Si の結晶はダイヤモンドと同様の単位格子である。ケイ素原子間の結合距離 x 〔nm〕は，単位格子の一辺の長さを a 〔nm〕とすると，$x = \dfrac{\sqrt{3}}{4}a$ と表すことができる(標問 11 問1の 解説 参照)。$a = 0.54$ 〔nm〕なので，

$$x = \frac{\sqrt{3}}{4} \times 0.54 = \frac{1.7}{4} \times 0.54 \fallingdotseq 0.23 \text{ 〔nm〕} \qquad \text{※2　1 nm} = 10^{-9} \text{ m}$$

また，$a = 0.54$ 〔nm〕$= 5.4 \times 10^{-8}$ 〔cm〕[※2] より，

ケイ素原子1個の質量　単位格子中の個数

$$\text{ケイ素単体の結晶の密度 } y \text{ 〔g/cm}^3\text{〕} = \frac{\overbrace{\dfrac{28}{6.0 \times 10^{23}}} \times \overbrace{8} \text{ 〔g〕}}{(5.4 \times 10^{-8} \text{ 〔cm〕})^3} \fallingdotseq 2.4 \text{ 〔g/cm}^3\text{〕}$$

標問 70 14族（Sn, Pb）

答
問1　ア：+2　　イ：+4　　ウ：還元剤　　エ：酸化剤
問2　$3Sn^{2+} + Cr_2O_7^{2-} + 14H^+ \longrightarrow 3Sn^{4+} + 2Cr^{3+} + 7H_2O$
問3　② $Cr_2O_7^{2-} + 2OH^- \longrightarrow 2CrO_4^{2-} + H_2O$
　　　③ $Pb^{2+} + CrO_4^{2-} \longrightarrow PbCrO_4$
問4　反応によって生じる塩化鉛(II)や硫酸鉛(II)が水に難溶な化合物であり，これらが鉛の表面を覆うから。

精講　混乱しやすい事項の整理

■単体

① Sn，Pbとも典型元素の金属であり，ともに融点が低い。[※1] SnとPbの合金は**はんだ**[※2]とよばれている。

② Snには同素体があり，13.2℃以上では金属的な白色スズ（β-スズ），13.2℃以下では非金属的な灰色スズ（α-スズ）が安定である。

③ Sn，Pbとも両性金属であり，酸や強塩基の水溶液に溶ける。[※3]

$\begin{cases} Sn + 2H^+ \longrightarrow Sn^{2+} + H_2 \\ Pb + 2H^+ \longrightarrow Pb^{2+} + H_2 \end{cases}$

$\begin{cases} Sn + 2H_2O + 2OH^- \longrightarrow [Sn(OH)_4]^{2-} + H_2 \\ Pb + 2H_2O + 2OH^- \longrightarrow [Pb(OH)_4]^{2-} + H_2 \end{cases}$

[※1]
	融点〔℃〕
Sn	232
Pb	328

[※2] 近年は環境への配慮で鉛を使わない無鉛ハンダの普及が進められている。

[※3] ただし，Pbは塩酸や希硫酸には溶けにくい。水に難溶なPbCl₂やPbSO₄が表面を覆うためである。

■イオンや化合物

① Sn^{2+}は還元剤として作用し，Sn^{4+}となる。
　　　$Sn^{2+} \longrightarrow Sn^{4+} + 2e^-$

② Pb^{2+}は多くの陰イオンと沈殿をつくる。[※4]

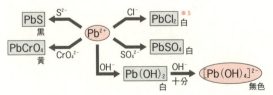

[※4] 　沈殿
　　　水溶液中

[※5] PbCl₂は熱湯には溶ける。

③ PbO₂は鉛蓄電池の正極に用いられる。
　　　$PbO_2 + 4H^+ + 2e^- + SO_4^{2-} \longrightarrow PbSO_4 + 2H_2O$

標問 70 の解説

問1　スズと鉛は化合物中で，代表的な酸化数として $+2$ と $+4$ をとる。一般に，スズは酸化数 $+4$ になりやすく，Sn^{2+} は還元剤となる。※6 一方，鉛は酸化数 $+2$ になりやすく，PbO_2 は酸化剤となる。※7

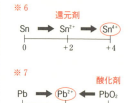

問2　スズと希硫酸が反応すると，スズが溶解する。
$$Sn + 2H^+ \longrightarrow Sn^{2+} + H_2\uparrow$$
硫酸酸性下で二クロム酸カリウムによって，Sn^{2+} は Sn^{4+} となる。

$\begin{cases} 還元剤：Sn^{2+} \longrightarrow Sn^{4+} + 2e^- & \cdots① \\ 酸化剤：Cr_2O_7^{2-} + 14H^+ + 6e^- \longrightarrow 2Cr^{3+} + 7H_2O & \cdots② \end{cases}$

①式×3＋②式より，
$$3Sn^{2+} + Cr_2O_7^{2-} + 14H^+ \longrightarrow 3Sn^{4+} + 2Cr^{3+} + 7H_2O$$

問3　②　水溶液中で二クロム酸イオンとクロム酸イオンは，次のような平衡状態にある。
$$2CrO_4^{2-} + 2H^+ \rightleftharpoons Cr_2O_7^{2-} + H_2O$$
ここに酸を加えると，右へ平衡移動する。
$$2CrO_4^{2-} + 2H^+ \longrightarrow Cr_2O_7^{2-} + H_2O$$
塩基を加えると，H^+ が中和されて左へ平衡移動する。そこで，

$\begin{array}{r} Cr_2O_7^{2-} + H_2O \rightleftharpoons 2CrO_4^{2-} + 2H^+ \\ +)\ 2H^+ + 2OH^- \longrightarrow 2H_2O \\ \hline Cr_2O_7^{2-} + 2OH^- \longrightarrow 2CrO_4^{2-} + H_2O \end{array}$

③　CrO_4^{2-} は，Pb^{2+}, Ba^{2+}, Ag^+ などと沈殿をつくる。
$$Pb^{2+} + CrO_4^{2-} \longrightarrow PbCrO_4\downarrow$$

問4　$PbSO_4$ や $PbCl_2$ は水に難溶であり，表面を覆う。

標問 70 14族（Sn, Pb）

答
問1　ア：+2　イ：+4　ウ：還元剤　エ：酸化剤
問2　$3Sn^{2+} + Cr_2O_7^{2-} + 14H^+ \longrightarrow 3Sn^{4+} + 2Cr^{3+} + 7H_2O$
問3　② $Cr_2O_7^{2-} + 2OH^- \longrightarrow 2CrO_4^{2-} + H_2O$
　　　③ $Pb^{2+} + CrO_4^{2-} \longrightarrow PbCrO_4$
問4　反応によって生じる塩化鉛(Ⅱ)や硫酸鉛(Ⅱ)が水に難溶な化合物であり，これらが鉛の表面を覆うから。

精講　混乱しやすい事項の整理

■ **単体**

① Sn, Pb とも典型元素の金属であり，ともに融点が低い。※1 Sn と Pb の合金は**はんだ**※2 とよばれている。

② Sn には同素体があり，13.2℃ 以上では金属的な白色スズ（β-スズ），13.2℃ 以下では非金属的な灰色スズ（α-スズ）が安定である。

③ Sn, Pb とも両性金属であり，酸や強塩基の水溶液に溶ける。※3

$\begin{cases} Sn + 2H^+ \longrightarrow Sn^{2+} + H_2 \\ Pb + 2H^+ \longrightarrow Pb^{2+} + H_2 \end{cases}$

$\begin{cases} Sn + 2H_2O + 2OH^- \longrightarrow [Sn(OH)_4]^{2-} + H_2 \\ Pb + 2H_2O + 2OH^- \longrightarrow [Pb(OH)_4]^{2-} + H_2 \end{cases}$

※1

	融点〔℃〕
Sn	232
Pb	328

※2　近年は環境への配慮で鉛を使わない無鉛ハンダの普及が進められている。

※3　ただし，Pb は塩酸や希硫酸には溶けにくい。水に難溶な $PbCl_2$ や $PbSO_4$ が表面を覆うためである。

■ **イオンや化合物**

① Sn^{2+} は還元剤として作用し，Sn^{4+} となる。
　　$Sn^{2+} \longrightarrow Sn^{4+} + 2e^-$

② Pb^{2+} は多くの陰イオンと沈殿をつくる。※4

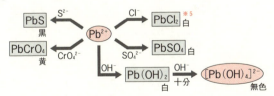

※4　■沈殿　■水溶液中
※5　$PbCl_2$ は熱湯には溶ける。

③ PbO_2 は鉛蓄電池の正極に用いられる。
　　$PbO_2 + 4H^+ + 2e^- + SO_4^{2-} \longrightarrow PbSO_4 + 2H_2O$

第2章　無機化学

標問 70 の解説

問1　スズと鉛は化合物中で，代表的な酸化数として +2 と +4 をとる。一般に，スズは酸化数 +4 になりやすく，Sn^{2+} は還元剤となる。※6 一方，鉛は酸化数 +2 になりやすく，PbO_2 は酸化剤となる。※7

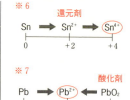

問2　スズと希硫酸が反応すると，スズが溶解する。
$$Sn + 2H^+ \longrightarrow Sn^{2+} + H_2 \uparrow$$
硫酸酸性下で二クロム酸カリウムによって，Sn^{2+} は Sn^{4+} となる。
$$\begin{cases} 還元剤：Sn^{2+} \longrightarrow Sn^{4+} + 2e^- & \cdots ① \\ 酸化剤：Cr_2O_7^{2-} + 14H^+ + 6e^- \longrightarrow 2Cr^{3+} + 7H_2O & \cdots ② \end{cases}$$
①式×3＋②式より，
$$3Sn^{2+} + Cr_2O_7^{2-} + 14H^+ \longrightarrow 3Sn^{4+} + 2Cr^{3+} + 7H_2O$$

問3　②　水溶液中で二クロム酸イオンとクロム酸イオンは，次のような平衡状態にある。
$$2CrO_4^{2-} + 2H^+ \rightleftarrows Cr_2O_7^{2-} + H_2O$$
ここに酸を加えると，右へ平衡移動する。
$$2CrO_4^{2-} + 2H^+ \longrightarrow Cr_2O_7^{2-} + H_2O$$
塩基を加えると，H^+ が中和されて左へ平衡移動する。そこで，
$$\begin{array}{r} Cr_2O_7^{2-} + H_2O \rightleftarrows 2CrO_4^{2-} + 2H^+ \\ +)\ 2H^+ + 2OH^- \longrightarrow 2H_2O \\ \hline Cr_2O_7^{2-} + 2OH^- \longrightarrow 2CrO_4^{2-} + H_2O \end{array}$$

③　CrO_4^{2-} は，Pb^{2+}，Ba^{2+}，Ag^+ などと沈殿をつくる。
$$Pb^{2+} + CrO_4^{2-} \longrightarrow PbCrO_4 \downarrow$$

問4　$PbSO_4$ や $PbCl_2$ は水に難溶であり，表面を覆う。

標問 **71** **15 族 (N)**

答　問1　ア：ハーバー・ボッシュ (またはハーバー)　イ：オストワルト
　　　　　ウ：二酸化炭素 (またはメタン)

　　　問2　(a)　温度を高くすると，吸熱方向つまり与えられた反応を左に移動
　　　　　　　　させるので，アンモニアの生成量が減少してしまうから。
　　　　　(b)　温度を低くすると，反応速度が小さくなり，平衡に達するまで
　　　　　　　　の時間が長くなって生産効率が悪くなるから。

　　　問3　②　$4NH_3 + 5O_2 \longrightarrow 4NO + 6H_2O$
　　　　　③　$3NO_2 + H_2O \longrightarrow 2HNO_3 + NO$

　　　問4　$4NH_3 + 3O_2 \longrightarrow 2N_2 + 6H_2O$

　　　問5　冷水で処理すると硝酸と亜硝酸の混合物になってしまうため。

　　　問6　2.2×10^5 L

　　　問7　(A)　$+3$　　(B)　$+2$

精講　混乱しやすい事項の整理

■単体

【1】　窒素 N_2

　　単体の窒素は，空気中に体積で約 80 % 含まれる無色・無臭の気体。他の物質と反
応しにくい。工業的には，液体空気の分留によりつくられる。実験室での製法は，
標問 **60** 参照。また，液体窒素は冷却剤として使う。
　　　　　　　　→ N_2(液)＝N_2(気)－QkJ より，液体窒素は蒸発時に熱を吸収する

■化合物

【1】　アンモニア NH_3

　　アンモニアは無色・刺激臭の気体。水によく溶け，弱塩基性を示す。
　　　　$NH_3 + H_2O \rightleftharpoons NH_4^+ + OH^-$
　　工業的には，窒素と水素から直接アンモニアをつくる。この工業的製法をハーバ
ー (・ボッシュ) 法という (解説 参照)。実験室での製法は，標問 **60** 参照。
また，塩化アンモニウム (塩安) NH_4Cl や尿素などの窒素肥料の原料になる。
　　　　$CO_2 + 2NH_3 \longrightarrow (NH_2)_2CO + H_2O$　　→肥料の三要素は，N・P・K
　　　　　　　　　　　　　　　　　尿素

【2】　一酸化窒素 NO

　　一酸化窒素は無色・水に溶けにくい気体。火花放電などで空気を高温にすると発
生する。
　　　　$N_2 + O_2 \longrightarrow 2NO$
　　実験室での製法は，標問 **60** 参照。
　　また，空気中の酸素とすみやかに反応し，赤褐色の二酸化窒素になる。

第 2 章　無機化学　　187

$$2NO(無色) + O_2 \longrightarrow 2NO_2(赤褐色)$$

【3】 二酸化窒素 NO_2

二酸化窒素は赤褐色・刺激臭・有毒で，水に溶けやすい気体。実験室での製法は 標問 60 参照。

常温で一部が，無色の四酸化二窒素に変化する。

$$2NO_2(赤褐色) \rightleftharpoons N_2O_4(無色)$$

【4】 硝酸 HNO_3

濃硝酸，希硝酸ともに，次のように電離し強酸性を示す。

$$HNO_3 \longrightarrow H^+ + NO_3^-$$

濃硝酸，希硝酸ともに，**強い酸化剤**なので，水素よりもイオン化傾向の小さな銅や銀などと反応し，それぞれ NO_2，NO を発生する。Fe, Ni, Al, Co, Cr などの金属は，濃硝酸には**不動態**となり溶解しない。

$$Cu + 4HNO_3 \longrightarrow Cu(NO_3)_2 + 2NO_2 + 2H_2O$$

$$3Cu + 8HNO_3 \longrightarrow 3Cu(NO_3)_2 + 2NO + 4H_2O$$

硝酸は光や熱で分解しやすく，<u>褐色びんに入れて冷暗所に保存</u>する。

$$4HNO_3 \xrightarrow{光や熱} 4NO_2 + O_2 + 2H_2O$$

工業的には，アンモニアから硝酸を合成する。この方法を**オストワルト法**という（解説参照）。

> **Point 52** 気体の色，臭い，水への溶解性，毒性の有無などを中心におさえておく。

標問 71 の解説

問2 窒素 N は植物の生育に大きな影響をもつ元素である。窒素分子 N_2 が空気中に体積で約 80 % 含まれてはいるが，ほとんどの植物は安定な N_2 をそのまま利用することができない。そのため，窒素が不足しそうな植物には，化学肥料である窒素肥料を使用する。この窒素肥料の原料として使われるアンモニアを初めて工業的に製造したのが，ドイツのハーバーとボッシュで，この製法を**ハーバー（・ボッシュ）法**といい，$8.0×10^6 \sim 3.0×10^7$ Pa，400～500 ℃ で鉄を主成分とした触媒を使って，窒素と水素から直接アンモニア NH_3 をつくる。 問1 ア

$$N_2(気) + 3H_2(気) = 2NH_3(気) + 92.2 \text{ kJ} \quad \cdots(*)$$

ここで，「アンモニアの生成量を多くする」，つまり「(*) の平衡を正反応の向き（右）に移動させる」にはどうすればよいか，ルシャトリエの原理にもとづいて考えてみよう。(*) の平衡を正反応の向きに移動させるには，

- 「(*) は発熱反応」なので，「温度を低く」する
- 「(*) は気体分子数が減少する反応」なので，「圧力を高く」する

とよいはずである。ただし，「温度を低く」すると反応速度が小さくなり，平衡に達するまでの時間（反応時間）が長くなり生産効率が悪くなる。そこで，温度について

は 400～500℃ とし，さらに触媒を用いて，反応時間を短くする。圧力については，あまりに高くしすぎると，装置の強度や耐久性に問題を生じるので 8.0×10^6～3.0×10^7 Pa の条件のもとでアンモニアを合成している。

問3　ハーバー（・ボッシュ）法で生成されたアンモニアの一部は，**オストワルト法**による硝酸 HNO_3 の工業的製法に使われる。オストワルト法は，次の3つの基本工程からなる。 ←問1 イ

(i)　アンモニアの酸化：アンモニア NH_3 を白金 Pt 触媒のもと，約 800℃ で空気中の酸素 O_2 と反応させて，一酸化窒素 NO と水蒸気 H_2O をつくる。

$$4NH_3 + 5O_2 \longrightarrow 4NO + 6H_2O \quad \cdots ① \quad ←下線部②$$

(ii)　一酸化窒素の酸化：冷却し，NO をさらに余っている酸素 O_2 と反応させて NO_2 とする。

$$2NO + O_2 \longrightarrow 2NO_2 \quad \cdots ②$$

(iii)　二酸化窒素と水の反応：NO_2 を温水に吸収させると硝酸 HNO_3 と一酸化窒素 NO が得られる。

次に x とおく　　Hの数を調整する

$$x NO_2 + 1 H_2O \longrightarrow 2HNO_3 + (x-2)NO$$

最初に1とおき，　最後にNの数に注目すると $x-2$ となる

O の数に注目すると，$2x+1 = 3 \times 2 + (x-2)$ となり，$x=3$

よって，$3NO_2 + H_2O \longrightarrow 2HNO_3 + NO \quad \cdots ③$　　←下線部③

③式の反応で，生成した NO は②式の反応を起こすのに再利用される。

注　$NO_2 + H_2O \qquad\quad \longrightarrow HNO_3 + H^+ + e^- \quad \cdots$(a)
　　　$NO_2 + 2H^+ + 2e^- \longrightarrow NO + H_2O \qquad\qquad \cdots$(b)
　　　(a)×2+(b)から③式をつくることもできる。

オストワルト法全体の化学反応式は，①式＋②式×3＋③式×2 で1つにまとめ，最後に全体を4で割るとできる。

$$NH_3 + 2O_2 \longrightarrow HNO_3 + H_2O$$

問4　工程(i)での反応時に酸素が不足すると窒素 N_2 と水 H_2O になるとあるので，

NとHの数を調整

$$1 NH_3 + \frac{3}{4} O_2 \longrightarrow \frac{1}{2} N_2 + \frac{3}{2} H_2O \quad ←NH_3 は N_2 と H_2O に変化する$$

最初に1とおく　　最後にOの数を調整

とし，全体を4倍すればよい。

問5　NO_2 を冷水と反応させると，硝酸 HNO_3 と亜硝酸 NHO_2 が生成する。

$$NO_2 + H_2O \longrightarrow HNO_3 + H^+ + e^- \quad ←NO_2 の一部は HNO_3 に変化$$
$$+) \quad NO_2 + H^+ + e^- \longrightarrow \qquad\quad HNO_2 \quad ←NO_2 の一部は HNO_2 に変化$$

$$\overline{2NO_2 + H_2O \longrightarrow HNO_3 + HNO_2}$$

N の酸化数　+4　　　冷水　　　+5　　　+3

第2章　無機化学　　189

問6　NH_3 のもつ N 原子は，直接 HNO_3 に変化するものと再利用されてから HNO_3 に変化するものがある。そのため，オストワルト法において NH_3 と HNO_3 の物質量の関係を考えるときは，全体の反応式

$$1NH_3 + 2O_2 \longrightarrow 1HNO_3 + H_2O \quad \rightarrow \begin{array}{l} HNO_3\ 1\ mol\ 合成するには，\\ NH_3\ 1\ mol\ が必要になる \end{array}$$

を利用するとよい。標準状態で必要な NH_3 を V 〔L〕とすると，$HNO_3=63$ より，次の式が成り立つ。

$$\underset{\text{濃硝酸〔kg〕}}{1000} \;\bigg|\; \underset{\text{濃硝酸〔g〕}}{\times 10^3} \;\bigg|\; \underset{HNO_3\text{〔g〕}}{\times \frac{63}{100}} \;\bigg|\; \underset{HNO_3\text{〔mol〕}}{\times \frac{1}{63}} \;\bigg|\; \underset{NH_3\text{〔L〕}}{= V} \;\bigg|\; \underset{NH_3\text{〔mol〕}}{\times \frac{1}{22.4}}$$

よって，$V \fallingdotseq 2.2 \times 10^5$ 〔L〕

問7　脱窒素菌は，菌体内で次のように変化していく。

$$\underset{\substack{\text{硝酸イオン}\\+5}}{NO_3^-} \longrightarrow \underset{\substack{\text{亜硝酸イオン}\\+3}}{NO_2^-} \longrightarrow \underset{\substack{\text{一酸化窒素}\\+2}}{NO} \longrightarrow \underset{\substack{\text{一酸化二窒素}\\+1}}{N_2O} \longrightarrow \underset{\substack{\text{窒素}\\0}}{N_2}$$

N の酸化数

　このときに，菌体内の N_2O の一部が大気中に漏れることがあり，安定な N_2O は，大気圏に蓄積し，二酸化炭素 CO_2（またはメタン CH_4）などと同様に地球温暖化の一因となるおそれがある。
問1ウ　　　　　　問1ウ

補足　**温室効果ガス**

　地表は太陽から吸収したエネルギーを**赤外線**として大気中に放射しており，この赤外線の一部を大気中の CO_2 や CH_4 などが吸収し，地表に再放射する。大気中の CO_2 や CH_4 などが増加すると，大気が熱を逃がさない現象である**温室効果**が強くなり，地球の気温が上昇していく。これを**地球温暖化**といい，CO_2 や CH_4 などは地球温暖化をもたらす**温室効果ガス**とよばれる。

標問 72 　15族（P）

答　問1　a：$Ca_3(PO_4)_2$　b：SiO_2　c：C　d：P_4　問3
　　　ア：黄リン（白リン）　イ：自然発火
　　　ウ：赤リン　エ：十酸化四リン
　問2　(1)　$4P + 5O_2 \longrightarrow P_4O_{10}$
　　　(2)　$P_4O_{10} + 6H_2O \longrightarrow 4H_3PO_4$
　　　(3)　$Ca_3(PO_4)_2 + 4H_3PO_4 \longrightarrow 3Ca(H_2PO_4)_2$

精講　混乱しやすい事項の整理

■単体

リンにはいくつかの同素体が存在する。代表的なものを次表に示す。

単体名と化学式	黄リン（白リン）P_4（分子式）	赤リン P（組成式）
外観	淡黄色〜無色, ろう状固体	暗赤色, 粉末
融点〔℃〕	44	590 ℃（加圧）
発火点〔℃〕	34	260
二硫化炭素 CS_2 への溶解（無極性溶媒）	溶ける	溶けない
毒性	猛毒	毒性は少ない
その他	空気中で自然発火することがあるので水中に保存する	マッチの箱の側薬などに利用する
構造	正四面体形	網目状に結合

※黄リンは, 精製すると白色になるので, 白リンともいう

Point 53
　黄リン　→　淡黄色・有毒の固体
　　　　　空気中で自然発火することがあるので水中に保存
　赤リン　→　暗赤色・毒性の少ない粉末

標問 72 の解説

リンを工業的に製造するには, リン酸カルシウム $Ca_3(PO_4)_2$ を含むリン鉱石にケイ砂 SiO_2 とコークス C とを混合して電気炉内で加熱し蒸気を発生させる。ここで,「発生する蒸気を水中に導いて固化させる」という記述から, ここで得られる物質は水中に保存する黄リン P_4 だとわかる。

この反応は, 次のように分けて考えるとよい。リン酸カルシウム $Ca_3(PO_4)_2$ が加熱され, 塩基性酸化物の CaO と酸性酸化物の P_4O_{10} に分解する。

第2章　無機化学　191

$$2Ca_3(PO_4)_2 \longrightarrow 6CaO + P_4O_{10} \quad \cdots ①$$

次に，塩基性酸化物のCaOと酸性酸化物のSiO₂が反応する。

$$CaO + SiO_2 \longrightarrow CaSiO_3 \quad \cdots ②$$

最後に，①式で生成するP_4O_{10}がCによって還元されて生じたリンの蒸気を水中に導くと黄リンP_4が生じる。

$$P_4O_{10} + 10C \longrightarrow 4P + 10CO \quad \cdots ③$$
$$4P \longrightarrow P_4 \quad \cdots ④$$

①式＋②式×6＋③式＋④式より，

$$2Ca_3(PO_4)_2 + 6SiO_2 + 10C \longrightarrow 6CaSiO_3 + P_4 + 10CO$$

得られた黄リンP_4は，反応性に富んでいるので，空気中に放置すると自然発火する危険性がある。黄リンP_4を約250℃で空気を遮断して長時間加熱すると，同素体の赤リンPが得られる。この黄リンP_4や赤リンPを，空気中で燃焼させると，潮解性のある白色粉末状の十酸化四リン P_4O_{10} が生成する。

$$4P + 5O_2 \longrightarrow P_4O_{10} \quad \leftarrow 問2(1)$$

ここで問3のP_4O_{10}の分子構造を考える。無極性分子とあるので，右図のように，Pを中心にPより電気陰性度の大きなOを正四面体の頂点に配置する（このくり返し単位は，P1個にOが $1+\frac{1}{2}\times 3=2.5$ 個分が結合している）。次に，この$(P_1O_{2.5})$を1分子中に4ヶ所つくり，$(P_1O_{2.5})_4=P_4O_{10}$ にすればよい（結局，4個のPが正四面体の頂点にあり，Oをはさんで結合した構造になる）。

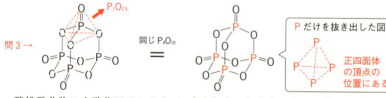

酸性酸化物の十酸化四リン P_4O_{10} に水を加えて加熱するとリン酸H_3PO_4が生成する。

$$P_4O_{10} + 6H_2O \longrightarrow 4H_3PO_4 \quad \leftarrow 問2(2)$$

リン酸は，無色の結晶で，潮解性が強く，水によく溶け，その水溶液は中程度の強さの酸性を示す。このとき，第1電離はあまり大きくなく，第2電離，第3電離になるにつれて電離度はさらに小さくなる。

$$H_3PO_4 \rightleftharpoons H^+ + H_2PO_4^-$$
$$H_2PO_4^- \rightleftharpoons H^+ + HPO_4^{2-}$$
$$HPO_4^{2-} \rightleftharpoons H^+ + PO_4^{3-}$$

〈リン酸の構造式〉

リンは植物の成長に必要な元素であるが，リン鉱石の主成分 $Ca_3(PO_4)_2$ は水に溶け

にくく，このままでは植物が吸収することができない。リン鉱石が水に溶けにくいのは，$Ca_3(PO_4)_2$ の構成イオンは Ca^{2+} と PO_4^{3-} であり，塩を構成しているイオンの価数の組み合わせが大きくクーロン力が強いからである。$CaHPO_4$ もその構成イオンが Ca^{2+} と HPO_4^{2-} であり，同じ理由で水に溶けにくい。ところが，$Ca(H_2PO_4)_2$ になると，その構成イオンは Ca^{2+} と $H_2PO_4^{-}$ となり，水に溶けるようになる。そこで，水に溶け，植物が吸収できるリン酸二水素カルシウム $Ca(H_2PO_4)_2$ をつくるため，$Ca_3(PO_4)_2$ と硫酸 H_2SO_4 を反応させる。すると，リン酸二水素カルシウム $Ca(H_2PO_4)_2$ と硫酸カルシウム $CaSO_4$ の混合物が得られる。この混合物を**過リン酸石灰**という。

$$PO_4^{3-} + H_2SO_4 \longrightarrow H_2PO_4^{-} + SO_4^{2-} \quad (弱酸の遊離)$$

全体を 2 倍して，両辺に $3Ca^{2+}$ を加えると，

$$Ca_3(PO_4)_2 + 2H_2SO_4 \longrightarrow Ca(H_2PO_4)_2 + 2CaSO_4$$

過リン酸石灰には，肥料としての効果をもたない水に難溶性の $CaSO_4$ が含まれているので，H_2SO_4 の代わりに $Ca_3(PO_4)_2$ をリン酸 H_3PO_4 で処理すると，リン酸二水素カルシウム $Ca(H_2PO_4)_2$ のみが生じる。この生成物は，**重過リン酸石灰**とよばれ，リン酸肥料として用いられる。

$$PO_4^{3-} + 2H_3PO_4 \longrightarrow 3H_2PO_4^{-}$$

全体を 2 倍して，両辺に $3Ca^{2+}$ を加えると，

$$Ca_3(PO_4)_2 + 4H_3PO_4 \longrightarrow 3Ca(H_2PO_4)_2 \quad \text{←問2(3)}$$

第2章　無機化学　193

標問 73　16族（S）

答

問1　ア：同素体　イ：SO_2　ウ：SO_3　エ：接触

問2　$FeS + H_2SO_4 \longrightarrow H_2S + FeSO_4$

問3　水に濃硫酸を少しずつ，よくかき混ぜながら加えていく。
　理由：濃硫酸は密度や溶解熱が大きいため，濃硫酸に水を加えると，液面で蒸発した水が飛び散るから。

問4　① 電離度：0.148
　　　　② 電離度：0.414　　pH：1.55

精講　混乱しやすい事項の整理

■単体

硫黄には，いくつかの同素体が存在する。代表的なものを紹介する。

名称	分子式	形状など	色	二硫化炭素（無極性溶媒）に
斜方硫黄 ※室温で最も安定	S_8	斜方晶系に属する塊状結晶	黄	溶ける
単斜硫黄 ※斜方硫黄を95.6℃以上に加熱	S_8	単斜晶系に属する針状結晶	黄	溶ける
ゴム状硫黄 ※250℃以上に加熱	S_x xは数十万以上	無定形高分子 単位格子の形状が異なる	黄（不純物を含むと褐色）	溶けにくい

■接触法（硫酸の工業的製法）

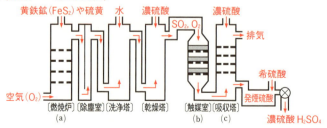

(a)　黄鉄鉱（FeS_2）や硫黄の単体（S）を空気酸化する。
　　　$4FeS_2 + 11O_2 \longrightarrow 8SO_2 + 2Fe_2O_3$
　　　$S + O_2 \longrightarrow SO_2$

(b)　SO_2 を触媒（V_2O_5）下 400～500℃で O_2 と反応させる。

$$2SO_2 + O_2 \longrightarrow 2SO_3$$
(c) SO_3 を水と反応させる。※1
$$SO_3 + H_2O \longrightarrow H_2SO_4$$

※1 (c)の段階では，実際は純水ではなく，濃硫酸に SO_3 を吸収させ発煙硫酸をつくる。純水に吸収させると反応熱により，水が蒸発し吸収させにくくなるからである。発煙硫酸を希硫酸で，98 % 程度の濃硫酸になるよう希釈する。

標問 73 の解説

問1 ア：同じ元素でできた性質や構造の異なる単体を互いに <u>同素体</u> という。
 ア

イ，ウ，エ：硫化物や硫黄の単体を空気によって燃焼すると，二酸化硫黄が生じる。

$$\underset{\text{硫化物}}{S} \xrightarrow[\text{燃焼}]{O_2} \underset{\text{イ}}{SO_2}$$

二酸化硫黄がさらに酸化され三酸化硫黄に変化する反応は，活性化エネルギーの値が大きく反応速度が小さい。そのため，硫酸の工業的製法である <u>接触</u> 法では，触
 エ
媒として酸化バナジウム(V) V_2O_5 をつめ込んだ触媒室（接触塔）内で反応させる。

$$2SO_2 + O_2 \xrightarrow{[V_2O_5]} \underset{\text{ウ}}{2SO_3}$$

問2 $FeS \rightleftarrows Fe^{2+} + S^{2-}$ …①

希塩酸や希硫酸のような酸化力の強くない酸を加えると，以下の弱酸遊離反応が起こる。

$$S^{2-} + 2H^+ \longrightarrow H_2S$$

これにより，①式の平衡が右へ移動し，FeS が溶解する。

$$FeS + 2H^+ \longrightarrow H_2S + Fe^{2+}$$

両辺に SO_4^{2-} を加えて整理すると，化学反応式が得られる。

$$FeS + H_2SO_4 \longrightarrow H_2S + FeSO_4$$

問3 濃硫酸（密度 1.84 g/mL）は水より密度が大きく，また溶解熱が大きいため，水に濃硫酸を少しずつ加える。※2 逆にすると，濃硫酸の液面に浮いた水が溶解熱によって蒸発し，飛び散って危険である。

※2

問4 硫酸の濃度を C〔mol/L〕，第 2 段の電離度を α とする。※3

$$\begin{cases} H_2SO_4 \longrightarrow H^+ + HSO_4^- & \cdots(1) \\ C C C \\ HSO_4^- \rightleftarrows H^+ + SO_4^{2-} & \cdots(2) \\ C(1-\alpha) C\alpha C\alpha \end{cases}$$

平衡状態での各化学種の濃度は，

※3 H_2O の電離による H^+ の増加は，この設問の濃度では無視できる。

$$\begin{cases} [H^+] = C + C\alpha & \text{← 第1電離と第2電離の両方を考慮すること} \\ [HSO_4^-] = C(1-\alpha)^{※4} \\ [SO_4^{2-}] = C\alpha \end{cases}$$

※4 　α の値が大きいので，
　　$1-\alpha \fallingdotseq 1$
の近似はできない。

(2)式の電離定数を K_2 とすると，

$$K_2 = \frac{[H^+][SO_4^{2-}]}{[HSO_4^-]} = \frac{(C+C\alpha)\times C\alpha}{C(1-\alpha)} = \frac{C\alpha(1+\alpha)}{1-\alpha}$$

α について整理すると，

$$C\alpha^2 + (C+K_2)\alpha - K_2 = 0 \quad \cdots(3)$$

① 　$C = 1.00\times10^{-1}\,\text{mol/L}$ のとき

　　$K_2 = 2.00\times10^{-2}\,\text{mol/L}$ を(3)式に代入して，

$$0.1\alpha^2 + (0.1+0.02)\alpha - 0.02 = 0$$

$$\Longleftrightarrow 5\alpha^2 + 6\alpha - 1 = 0 \quad \Longleftrightarrow \alpha = \frac{-3\pm\sqrt{14}}{5}$$

$\alpha > 0$ なので，

$$\alpha = \frac{-3+\sqrt{14}}{5} = \frac{-3+1.414\times2.646}{5} \fallingdotseq 0.148^{※4}$$

② 　$C = 2.00\times10^{-2}\,\text{mol/L}$ のとき

①と同様に(3)式より，

$$0.02\alpha^2 + (0.02+0.02)\alpha - 0.02 = 0$$

$$\Longleftrightarrow \alpha^2 + 2\alpha - 1 = 0 \quad \Longleftrightarrow \alpha = -1\pm\sqrt{2}$$

$\alpha > 0$ なので，

$$\alpha = -1+\sqrt{2} \fallingdotseq 0.414^{※4}$$

$[H^+] = C + C\alpha$ なので，$C = 2.00\times10^{-2}\,\text{mol/L}$，$\alpha = -1+\sqrt{2}$ を代入すると，

$$[H^+] = 0.02 + 0.02(-1+\sqrt{2}) = 2\sqrt{2}\times10^{-2}$$

よって，$\text{pH} = -\log_{10}[H^+]$ 　代入

$$= -\log_{10}(2\times2^{\frac{1}{2}}\times10^{-2}) = 2 - \frac{3}{2}\log_{10}2 = 2 - \frac{3}{2}\times0.301 \fallingdotseq 1.55$$

標問 **74** **17族（ハロゲン）**

答

問1　ア：7　イ：1　　ウ：二（または2）

問2　ⓐ, ⓒ　　問3　ⓑ, ⓒ

問4　$2F_2 + 2H_2O \longrightarrow 4HF + O_2$

問5　$Cl_2 + H_2O \rightleftharpoons HCl + HClO$

問6　HF

問7　$SiO_2 + 6HF \longrightarrow H_2SiF_6 + 2H_2O$

問8　2.6×10^{-7} g

問9　(1)　$2AgBr \longrightarrow 2Ag + Br_2$

　　　(2)　$AgBr + 2Na_2S_2O_3 \longrightarrow NaBr + Na_3[Ag(S_2O_3)_2]$

精講 混乱しやすい事項の整理

■単体

	F_2	Cl_2	Br_2	I_2
存在状態（常温）	気　体	気　体	液　体	固　体
色	淡黄色	黄緑色	赤褐色	黒紫色
酸　化　力	強 ⟵			弱
水との反応	$2F_2 + 2H_2O \longrightarrow 4HF + O_2$	$X_2 + H_2O \rightleftharpoons HX + HXO$		水に溶けにくい 注
水素との反応 $(H_2 + X_2 \longrightarrow 2HX)$	冷暗所でも爆発的に進行	光や熱によって爆発的に進行	高温で進行	高温で進行するが平衡になる

注　I_2 はヨウ化カリウム水溶液にはよく溶ける。

$$I_2 + I^- \rightleftharpoons I_3^-$$

これをヨウ素溶液（ヨウ素ヨウ化カリウム溶液）といい, 三ヨウ化物イオン I_3^- のため褐色を呈する。

■化合物

	ハロゲン化水素		カルシウム塩	銀塩
F	HF※1	弱酸	$CaF_2 \downarrow$（白）	AgF ※2
Cl	HCl	強酸	$CaCl_2$	$AgCl \downarrow$（白）
Br	HBr	強酸	$CaBr_2$	$AgBr \downarrow$（淡黄）
I	HI	強酸	CaI_2	$AgI \downarrow$（黄）

（酸としての強さ）

※1　HF は分子間水素結合により沸点が高く, ガラスと反応する。

※2　◯ は水溶性

Point 54　フッ化物は, 残りのハロゲン化物と性質が異なることが多い。

第2章　無機化学　197

標問 74 の解説

問1　ハロゲンは最外殻電子数 7，すなわち価電子は 7 個である。不対電子が 1 つ，電子対は 3 組あり，1 価の陰イオンになりやすい。単体はすべて二原子分子であり，酸化力は，$F_2 > Cl_2 > Br_2 > I_2$　である。

※3

問2　ⓐ　正しい。
ⓑ　塩素は気体である。
ⓒ　正しい。
ⓓ　臭素は液体である。
ⓔ　ヨウ素は固体である。
ⓕ　ヨウ素は黒紫色である。

問3　酸化力は，$F_2 > Cl_2 > Br_2 > I_2$　であるから，1 価の陰イオンへのなりやすさも $F_2 > Cl_2 > Br_2 > I_2$　である。

ⓐ　$2Cl^- + Br_2 \rightleftarrows 2Br^- + Cl_2$ ※4
ⓑ　$2Br^- + Cl_2 \longrightarrow 2Cl^- + Br_2$
ⓒ　$2I^- + Cl_2 \longrightarrow 2Cl^- + I_2$
ⓓ　$2Cl^- + I_2 \rightleftarrows 2I^- + Cl_2$ ※4
ⓔ　$2F^- + I_2 \not\longrightarrow 2I^- + F_2$

※4　ⓐ，ⓓは，逆反応なら進む。

問4　F_2 は酸化力が非常に強く，H_2O 分子を酸化する。

酸化剤：$(F_2 + 2e^- \longrightarrow 2F^-) \times 2$
還元剤：$2H_2O \longrightarrow O_2 + 4H^+ + 4e^-$
―――――――――――――――――――
$2F_2 + 2H_2O \longrightarrow 4HF + O_2$

問5　Cl_2 は水溶液中で自己酸化還元反応をする。

$Cl_2 \rightleftarrows Cl^+ + Cl^-$
$Cl^+ + H_2O \rightleftarrows Cl-O-H + H^+$ （HClO と書く）
―――――――――――――――――――
$Cl_2 + H_2O \rightleftarrows HClO + HCl$
　　　　　　　　　（次亜塩素酸）

問6　ハロゲン化水素酸（ハロゲン化水素の水溶液）の酸としての強さは，次のようになる。

$HI > HBr > HCl \gg HF$
　（強酸）　　　（弱酸）

問7　p.181 参照。

問8　$AgCl \rightleftarrows Ag^+ + Cl^-$　では，塩化物イオン濃度 $[Cl^-]$ を大きくすると平衡が

198

左へ移動し，AgCl の溶解度が減少する。これを**共通イオン効果**という。

1.0×10^{-2} mol/L の HClaq に溶解する AgCl が 1.0 L あたり x 〔mol〕とする。平衡状態では，

$$\begin{cases} [Ag^+] = x \,〔\text{mol/L}〕 & \cdots① \\ [Cl^-] = 1.0 \times 10^{-2} + x \,〔\text{mol/L}〕 & \cdots② \end{cases}$$
HCl の電離による

共通イオン効果により x は非常に小さく，$x \ll 1.0 \times 10^{-2}$ 〔mol〕 としてよいので，

$$[Cl^-] = 1.0 \times 10^{-2} + x ≒ 1.0 \times 10^{-2} \,〔\text{mol/L}〕 \quad \cdots②'$$
無視

と近似できる。

$K_{sp} = [Ag^+][Cl^-] = 1.8 \times 10^{-10}$ 〔$(\text{mol/L})^2$〕に①式と②′式を代入すると，

$$x \cdot (1.0 \times 10^{-2}) = 1.8 \times 10^{-10}$$

よって，　$x = 1.8 \times 10^{-8}$ 〔mol〕

AgCl の式量は，$107.9 + 35.5 = 143.4$ なので，溶液 100 mL に溶解した AgCl の質量は，

$$1.8 \times 10^{-8} \,〔\text{mol/L}〕 \times \frac{100}{1000} \,〔L〕 \times 143.4 \,〔\text{g/mol}〕 ≒ 2.6 \times 10^{-7} \,〔g〕$$

問9　(1)　ハロゲン化銀 AgX に光を照射すると Ag と X_2 に分解し，生じた Ag により黒変する。

$$2AgX \xrightarrow{\text{光}} 2Ag + X_2$$

(2)[※5] Ag^+ はチオ硫酸イオン $S_2O_3{}^{2-}$ と配位数 2 の錯イオンをつくる。

　　※5　(2)の操作は，定着とよばれている。

$$\begin{array}{l} AgBr \rightleftharpoons Ag^+ + Br^- \\ \underline{+)\ \ Ag^+ + 2S_2O_3{}^{2-} \longrightarrow [Ag(S_2O_3)_2]^{3-}} \\ AgBr + 2S_2O_3{}^{2-} \longrightarrow [Ag(S_2O_3)_2]^{3-} + Br^- \end{array}$$

両辺に $4Na^+$ を加えて整理すると，化学反応式が得られる。

第2章　無機化学　　199

標問 75 **18族（貴(希)ガス）**

答 (1) 求める値を x〔%〕とすると，

$$1.2572 = 1.2505 \times \frac{100-x}{100} + \frac{x}{100} \times \frac{1}{22.4} \times 39.95$$

(2) 最外殻電子数が8で安定な電子配置であり，他原子と結合しにくいから。(33字)

(3) ヘリウム，ネオン，クリプトン，キセノン　から3つ書く。

精講 混乱しやすい事項の整理

18族の元素は**貴(希)ガス**とよばれる。価電子の数は0個で，安定な電子配置をもち化学結合をつくりにくい。単体は単原子分子であり，常温常圧ですべて気体である。

名　称	元素記号	電子配置				
ヘリウム	$_2$He	K (2)				
ネオン	$_{10}$Ne	K (2)	L (8)			
アルゴン	$_{18}$Ar	K (2)	L (8)	M (8)		
クリプトン	$_{36}$Kr	K (2)	L (8)	M (18)	N (8)	
キセノン	$_{54}$Xe	K (2)	L (8)	M (18)	N (18)	O (8)
ラドン	$_{86}$Rn	K (2)	L (8)	M (18)	N (32)	O (18)	P (8)

最外殻電子の数は，
He 2個，ほかは8個

Point 55 貴(希)ガスの電子配置は安定で，単原子分子として存在する。

標問 75 の解説

(1) レーリーが空気から得た窒素 N_2 に成分気体の体積比で x〔%〕のアルゴン Ar を含んでいるとすると，この気体 1.0000 L は標準状態で，Ar が $\frac{x}{100}$〔L〕，N_2 が $\frac{100-x}{100}$〔L〕となる。純粋な窒素 N_2 は標準状態で 1.2505 g/L なので，

全質量　　　　　　　　N_2 の質量　　　　　　　　　Ar の質量

$$1.2572 \,〔g〕 = 1.2505 \,〔g/L〕 \times \frac{100-x}{100} \,〔L〕 + \frac{\frac{x}{100}〔L〕}{22.4〔L/mol〕} \times 39.95 \,〔g/mol〕$$

mol (Ar)

(2) 最外殻電子数が8のときは安定であるということは自明であるとしてよい。

(3) 空気中の貴ガスの体積パーセントは次のようになる。

He	5.24×10^{-4} %	Kr	1.14×10^{-4} %	Ne	1.82×10^{-3} %
Xe	8.7×10^{-6} %	Ar	9.34×10^{-1} %		

ラドン Rn は放射性元素であり，空気中にはほとんど含まれていない。

200

第3章 有機化学

標問 76 元素分析

答
問1　A：H₂O　　B：CO₂
問2　ソーダ石灰は二酸化炭素だけでなく水も吸収するため，逆にすると二酸化炭素と水の質量を別々に測定できないから。
問3　C₄H₁₀O　　問4　C₄H₁₀O

精講　まずは問題テーマをとらえる

■元素分析

有機化合物は，$CaCO_3$ のような炭酸塩や CO, CO_2, KCN のようなシアン化物などを除く炭素 C の化合物である。C, H, O からなる化合物は，本間のように O_2 によって燃焼し，CO_2 や H_2O の質量から組成式を決定することができる。

$$C_xH_yO_z + \left(x+\frac{y}{4}-\frac{z}{2}\right)O_2 \longrightarrow \frac{y}{2}H_2O + xCO_2$$

先に，塩化カルシウムに吸収　　次に，ソーダ石灰に吸収

■分子式の決定

組成式は物質を構成する元素の最も簡単な個数比であり，分子量がわかれば分子式が求められる。

$$（組成式）_n = 分子式$$
（式量）×n＝分子量　（nは整数）

Point 56

(C, H, O) → 組成式 → 分子式
　　　↑元素分析　　↑分子量

標問 76 の解説

問1　白金ボート上の試料を燃焼し，CO_2 や H_2O が生じる。不完全燃焼によって CO が生じた場合は，横にある CuO によって CO_2 へと酸化される。

$$CO + CuO \longrightarrow CO_2 + Cu$$

[このとき生じた Cu は O_2 によって再び CuO となる。
　$2Cu + O_2 \longrightarrow 2CuO$]

A の塩化カルシウム（無水物）は H_2O を吸収し，その分，質量が増加する。
$$CaCl_2 + nH_2O \longrightarrow CaCl_2 \cdot nH_2O$$

B のソーダ石灰（CaO に NaOH 水溶液を吸収させ焼き固めたもの）は CO_2 を吸収し，その分，質量が増加する。

$$\begin{cases} CaO + CO_2 \longrightarrow CaCO_3 \\ 2NaOH + CO_2 \longrightarrow Na_2CO_3 \cdot H_2O \end{cases}$$

第3章　有機化学　201

問2　塩基性の乾燥剤であるソーダ石灰は H_2O も吸収するため，A をソーダ石灰管にすると，酸性酸化物の CO_2 と H_2O の両方を吸収し，CO_2 と H_2O の質量が別々に測定できない。

問3　CO_2 の分子量 44 のうち，12 が炭素原子の相対質量に相当するから，

$$\text{試料中の炭素原子の質量 〔mg〕} = \underline{17.6 \text{〔mg〕}} \times \frac{12}{44} \begin{smallmatrix}\leftarrow C \\ \leftarrow CO_2\end{smallmatrix} = 4.8 \text{〔mg〕}$$

生じた CO_2 の質量

H_2O の分子量 18 のうち，$1.0 \times 2 = 2.0$ が水素原子の相対質量に相当するから，

H_2O には H が 2 つ

$$\text{試料中の水素原子の質量 〔mg〕} = \underline{9.0 \text{〔mg〕}} \times \frac{2.0}{18} \begin{smallmatrix}\leftarrow H \text{ 2 つ分} \\ \leftarrow H_2O\end{smallmatrix} = 1.0 \text{〔mg〕}$$

生じた H_2O の質量

$$\text{試料中の酸素原子の質量は，} \underset{\text{試料}}{7.4} - (\underset{C}{4.8} + \underset{H}{1.0}) = 1.6 \text{〔mg〕}$$

と求められる。組成式は最も簡単な元素の数の比なので，

$$\underset{\substack{\text{試料中の各原子}\\ \text{の物質量の比}}}{\underline{C : H : O}} = \frac{4.8 \text{〔mg〕}}{12 \text{〔g/mol〕}} : \frac{1.0 \text{〔mg〕}}{1.0 \text{〔g/mol〕}} : \frac{1.6 \text{〔mg〕}}{16 \text{〔g/mol〕}} \leftarrow \begin{array}{|l|}\hline \text{単位は} \\ \underset{ミリ}{m} \text{ mol} \\ \hline \end{array}$$

$$= 4 : 10 : 1$$

から，$C_4H_{10}O$ と求まる。

問4　式量は，$12 \times 4 + 1.0 \times 10 + 16 = 74$ なので，分子量と一致する。よって，分子式は組成式と一致し，$C_4H_{10}O$ である。（分子式が $C_4H_{10}O$ で表される異性体については 標問 83 を参照。）

別解 問3，4　**分子量が既知**のときは，次のように解くと容易に分子式が求められる。

この有機化合物は C，H，O からなるので分子式を $C_xH_yO_z$ とすると，完全燃焼の式

$$1C_xH_yO_z \xrightarrow{O_2} xCO_2 + \frac{y}{2}H_2O$$

7.4 mg（分子量 74）　17.6 mg（分子量 44）　9.0 mg（分子量 18）

問4より既知

より，$C_xH_yO_z$ 1 mol から $CO_2 x$ 〔mol〕と $H_2O \dfrac{y}{2}$ 〔mol〕が生じる。つまり，

$$\underset{C_xH_yO_z \text{〔mol〕}}{\frac{7.4 \times 10^{-3}}{74}} \times \underset{CO_2 \text{〔mol〕}}{x} = \underset{CO_2 \text{〔mol〕}}{\frac{17.6 \times 10^{-3}}{44}} \quad \text{より，} x = 4$$

x，y は自然数であることがわかっているので，比較的計算が楽になる

$$\underset{C_xH_yO_z \text{〔mol〕}}{\frac{7.4 \times 10^{-3}}{74}} \times \underset{H_2O \text{〔mol〕}}{\frac{y}{2}} = \underset{H_2O \text{〔mol〕}}{\frac{9.0 \times 10^{-3}}{18}} \quad \text{より，} y = 10$$

となり，分子式は $C_4H_{10}O_z$ になる。分子量が 74 なので，

$$12 \times 4 + 1.0 \times 10 + 16z = 74 \quad \text{が成り立ち，} z = 1$$

よって，分子式が $C_4H_{10}O$ と先にわかり，組成式も $C_4H_{10}O$ になる。

| 標問 **77** | **不飽和度** |

答 問1 ⑥ 問2 ②

精講 まずは問題テーマをとらえる

■不飽和度の求め方

分子式から異性体を数える際に，まず分子式から不飽和度を求めると可能な構造を推定しやすくなる。二重結合や環状構造が1つ生じると，鎖状飽和のときに比べ水素原子が2個失われる。そのため，失われた水素原子の数を2で割ると，含まれている二重結合や環状構造の数がわかる。これを**不飽和度**といい，次式のようになる。

$$不飽和度 = \frac{(炭素数) \times 2 + 2 - 水素数}{2} = 炭素数 - \frac{水素数}{2} + 1$$

（分子の$\overset{失われたHの数}{}$，分母の$\underset{最大に結合できる（鎖状飽和のときの）Hの数}{}$）

注 分子内に炭素-炭素三重結合が1つ生じると，鎖状飽和のときに比べ水素原子が4個失われるので不飽和度は2になる。

■炭素，水素以外の原子を含む化合物の不飽和度の求め方

(1) **ハロゲン原子 (F, Cl, Br, I) を含む化合物**

ハロゲン原子は分子式中の水素原子を置き換えたことに相当する。よって，不飽和度はハロゲン原子を水素原子とみなして求める。

例 C_3H_7Cl の場合 ➡ C_3H_7Cl を C_3H_8 とみなして不飽和度を求める。

$$不飽和度 = \frac{3 \times 2 + 2 - 8}{2} = 0 \quad ← 鎖状飽和（二重結合や環状構造を生じない）$$

(2) **酸素原子を含む化合物**

酸素原子を含んでも水素原子の数や炭素原子の数に変化はない。よって，不飽和度は酸素原子を無視して求める。

例 C_3H_6O の場合

$$不飽和度 = \frac{3 \times 2 + 2 - 6}{2} = 1 \quad \left< \begin{array}{l} 二重結合（C=C や C=O）が1つ生じる \\ \text{または} \\ 環状構造（Cのみの環やCとOの環）が1つ生じる \end{array} \right.$$

Point 57

C_xH_y, $C_xH_yO_z$ の不飽和度は，$\dfrac{2x+2-y}{2}$ ← Oを無視して求める

注 ハロゲン原子を含む場合
ハロゲン原子は水素原子とみなして不飽和度を求める。

■異性体の数え方

分子式から異性体を数える場合，次の Step に従って数えるとよい。

第3章 有機化学 203

Step 1　不飽和度を求める。

不飽和度	対応する構造
0	すべて単結合からなる
1	二重結合1つ ／ 環状構造1つ
2	三重結合1つ ／ 二重結合2つ ／ 環状構造2つ ／ 二重結合1つ＋環状構造1つ
4	ベンゼン環1つ ／ 不飽和度4になるように三重結合，二重結合，環状構造を組み合わせたもの

Step 2　炭素骨格で分類する。
Step 3　官能基を炭素骨格に導入することや環状構造を検討する。
Step 4　立体異性体（シス-トランス異性体，鏡像異性体）が存在しないか探す。

標問 77 の解説

問1　求める炭素数4の炭化水素を C_4H_y とすると，不飽和度を求める式から，
　　　不飽和度 $= 4 - y \div 2 + 1 = 1$　　よって，$y = 8$
となり，この炭化水素の分子式は C_4H_8 となる。

Step 1　不飽和度が1なので，この炭化水素は二重結合または環状構造が1つ生じることがわかる。

Step 2　炭素骨格で分類すると，C_4 なので次の2通りが考えられる。

```
          C
C-C-C-C   C-C-C
```

Step 3　(1) 鎖状骨格に C=C が1つ生じる場合，C=C結合は次の㋐～㋒に入ることができる。

㋐ $CH_2=CH-CH_2-CH_3$　　㋑ $CH_3-CH=CH-CH_3$　　㋒ $CH_2=C(CH_3)-CH_3$

(2) 環状構造が1つ生じる場合，次の㋓，㋔が考えられる。

㋓ 4員環 CH_2-CH_2 / CH_2-CH_2　　㋔ 3員環 $CH_2-CH_2-CH_3$ の環

よって，構造異性体は㋐～㋔の5種類が考えられる。ただし本問では<u>不飽和度1の化合物</u>を求めるので，立体異性体も含めて考える必要がある。

Step 4　㋑には，次のシス-トランス異性体（幾何異性体）が存在する。

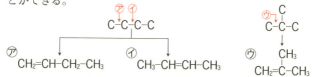

そのため，求める化合物は㋐，㋑₁，㋑₂，㋒，㋓，㋔の6個になる。

問2　酸素原子は不飽和度には無関係。（**精講**参照）

標問 78 異性体(1)

答 ア:③ イ:① ウ:② 1:⓪ 2:① a:2 b:1 c:3

精講 混乱しやすい事項の整理

■ **シス-トランス異性体(幾何異性体)**

炭素-炭素二重結合(C=C)や環状構造をもっている化合物が,二重結合や環を軸にして自由に回転できないためにできる異性体を**シス-トランス異性体(幾何異性体)**という。シス-トランス異性体には,置換基が自由回転困難な軸に対して同じ側に結合している**シス形**と,互いに反対側に結合している**トランス形**が存在する。

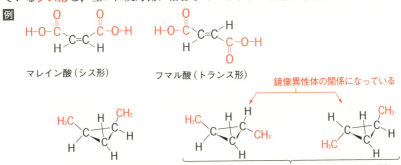

マレイン酸(シス形)　フマル酸(トランス形)

シス-1,2-ジメチルシクロプロパン(シス形)　トランス-1,2-ジメチルシクロプロパン(トランス形)
鏡像異性体の関係になっている

■ **鏡像異性体(光学異性体)**

4つの異なる原子または原子団が結合している炭素を**不斉炭素原子**(*をつけて区別することがある)といい,不斉炭素原子をもつ分子には互いに重ね合わせることのできない分子が存在し,この1対の分子を互いに**鏡像異性体**または**光学異性体**という。これらは,化学的性質や沸点,融点などの物理的性質はほぼ等しいが,平面偏光の偏光面を回転させる性質である**旋光性が異なり**,味やにおいなどの生理作用が異なる場合が多い。

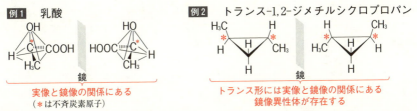

例1 乳酸
実像と鏡像の関係にある
(*は不斉炭素原子)

例2 トランス-1,2-ジメチルシクロプロパン
トランス形には実像と鏡像の関係にある鏡像異性体が存在する

注1 シス-1,2-ジメチルシクロプロパンは,不斉炭素原子をもつが鏡像異性体をもたない(次ページ図1)。分子に鏡像異性体が存在するかどうかを判断するには,分子を2つに分割するように真ん中に線を引いてみるとよい。分子内に鏡面が存在すれば,鏡像異性体は存在しない(次ページ図2)。

第3章 有機化学　205

H3C
CH3
H
H
H
H
鏡

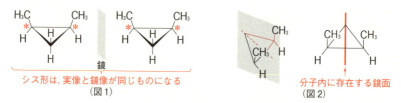

シス形は，実像と鏡像が同じものになる
（図 1）

CH3
CH3
H
H
CH3
CH3
H
H

分子内に存在する鏡面
（図 2）

シス-1,2-ジメチルシクロプロパンは，分子内に鏡面が存在するので旋光性が打ち消し合って光学不活性（旋光性を示さない）になる。このような化合物を**メソ体**という。よって，1,2-ジメチルシクロプロパンには，立体異性体がシス形 1 種とトランス形 2 種の合計 3 種存在することになる。

注 2　実像と鏡像の関係にある 1 組の鏡像異性体の等量混合物（**ラセミ体**とよぶ）は，旋光性が逆になるものを等量混合するので旋光性が打ち消し合い光学不活性になる。

注 3　不斉炭素原子をもたない鏡像異性体も存在する。

例

HOOC
COOH
CH3
CH3
COOH
HOOC
CH3
H3C
HOOC
COOH
CH3
CH3

(ア)　(イ)

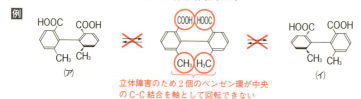

立体障害のため 2 個のベンゼン環が中央の C-C 結合を軸として回転できない

(ア)と(イ)は鏡像異性体の関係にある。

標問 78 の解説

C_5H_{10} について異性体を調べる（標問 77 参照）。

Step 1　C_5H_{10} の不飽和度を求める。

$$不飽和度=\frac{5\times2+2-10}{2}=1$$

不飽和度が 1 なので，この炭化水素は二重結合（C=C）または環状構造（C のみの環）が 1 つ生じる。

Step 2　炭素骨格で分類すると C_5 なので次の 3 通りが考えられる。

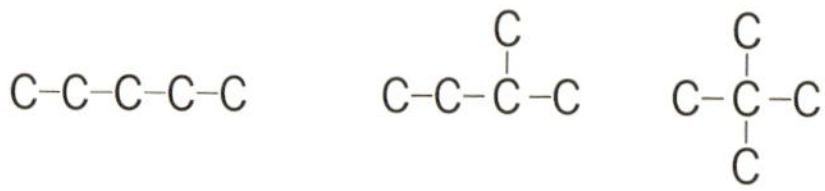

C-C-C-C-C
C
C-C-C-C
C
C-C-C
C

Step 3　(1)　鎖状骨格に C=C が 1 つ生じる場合，C=C 結合は次の㋐～㋔に入ることができる。

C-C-C-C-C
㋐ CH2=CH-CH2-CH2-CH3
㋑ CH3-CH=CH-CH2-CH3
C
C-C-C-C
㋒ CH2=CH-CH-CH3
CH3
㋓ CH3-CH=C-CH3
CH3
㋔ CH3-CH2-C=CH2
CH3

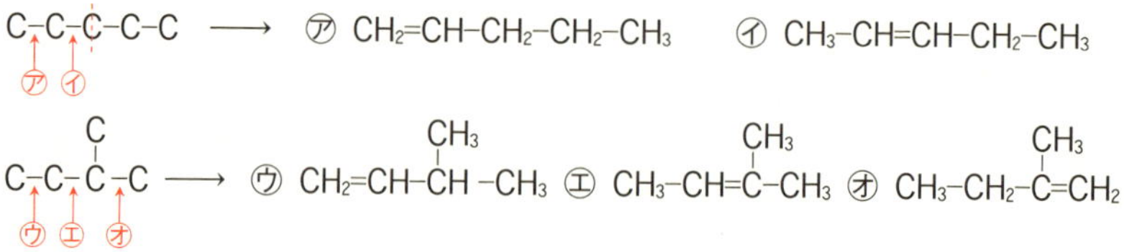

注 C-C-C に C=C を導入するのは，C-C=C となり，真ん中の C が 5 本の共有結合を
つくってしまうので不可。

(2) 環状構造が 1 つ生じる場合，次の㋕〜㋙が考えられる。

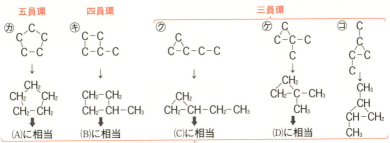

Step 4 ㋖には，次のシス-トランス異性体が 2 種存在する。

㋙には，立体異性体が 3 種（トランス形 2 種，シス形 1 種）存在する。

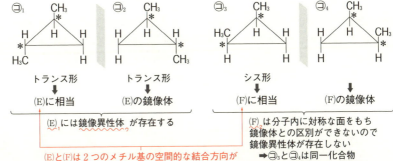

(E)，(F)の両化合物は不斉炭素原子（*をつけて区別）を 2 個もっている。
したがって，鏡像異性体を含めた C_5H_{10} の異性体の総数は，

鎖状化合物 ㋐，㋑₁，㋑₂，㋒，㋓，㋔ の 6 個 と
環状化合物 ㋕，㋖，㋗，㋘，㋙₁，㋙₂，㋙₃，㋙₄ の 7 個

を合わせて 13 個となる。

| 標問 | 79 | 異性体(2) |

答 問1 2 問2 1, 3 問3 5, 7

標問 79 の解説

問1 問題文中で互いに鏡像の関係(実像と鏡像の関係)にある異性体を鏡像異性体としている。まず、L-トレオニンを鏡にうつした鏡像異性体は右のようになる。

次に [構造式] を探すことになるが、-NH₂ に注目すると図1の1～3のいずれも -NH₂ は紙面の右側に書いてあるので、 を裏返して -NH₂ を紙面の右側にくるように書くと、[構造式] となり、これと同じものは2となる。よって、L-トレオニンの鏡像異性体は2。

問2 問題文中で互いに鏡像の関係にはない立体異性体をジアステレオ異性体とよんでいる。図1の1～3はL-トレオニンの立体異性体なので、L-トレオニンと鏡像関係にある2を除いた1と3がジアステレオ異性体の関係にあるものになる。

問3 2個の -OH に注目すると、図2の5と7は2個の -OH が2個とも手前に向かっている(図2の5)ことと2個とも裏側へ向かっている(図2の7)ことに気づく。まず、5と7の関係について調べる。

[構造式 5] 分子内に存在する鏡面

の手前に向かっている2個の -OH が裏側に向かうように の [　] を裏返すと、[構造式] となり、7と同一化合物になる。 メソ体になる

次に、2個の -OH のうち片方が手前側へ向かい、もう片方が裏側へ向かっている4と6について調べる。4と6は、互いに鏡像の関係つまり鏡像異性体の関係にあり、同一化合物にはならないことがわかる。

4 D-酒石酸 鏡 6 D-酒石酸の鏡像異性体
4と6はいずれも分子内に鏡面が存在しない

標問 80 炭化水素の反応(1)

答
(1) ア：付加　イ：置換　ウ：シス-トランス（幾何）
(2) $CH_3COONa + NaOH \longrightarrow CH_4 + Na_2CO_3$
(3) A：6種類　B：4種類
(4) C:
$$\underset{\text{トランス形}}{\begin{array}{c}CH_3\\H\end{array}\!C=C\!\begin{array}{c}H\\CH_2\text{-}CH_3\end{array}}$$
D:
$$\underset{\text{シス形}}{\begin{array}{c}CH_3\\H\end{array}\!C=C\!\begin{array}{c}CH_2\text{-}CH_3\\H\end{array}}$$
（C，Dは順不同）

精講　混乱しやすい事項の整理

■アルカン（C_nH_{2n+2}）

炭化水素の中で，炭素原子間がすべて単結合からできていて鎖状のものを**アルカン**（C_nH_{2n+2}）といい，環状のものを**シクロアルカン**（C_nH_{2n}）という。

最も簡単なアルカンであるメタン CH_4 の場合，実験室では酢酸ナトリウムの固体と水酸化ナトリウムの固体を混ぜて加熱してつくる（右図）。

$$CH_3\boxed{COONa + NaO}H \longrightarrow CH_4 + Na_2CO_3$$
（とる）

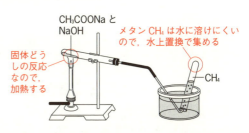

■アルカンの反応

アルカンは，C–C や C–H が共有結合で強く結びついているため化学的に安定で反応しにくい。そのため，① O_2 を混ぜて点火したり，② Cl_2 と混ぜて光（紫外線）をあてるなどの過激な条件で反応する。

① **O_2 との反応（燃焼反応）**

$$C_nH_{2n+2} + \frac{3n+1}{2}O_2 \longrightarrow nCO_2 + (n+1)H_2O$$

② **Cl_2 との反応（置換反応）**

$$CH_4 \xrightarrow[\text{光}]{Cl_2} CH_3Cl \xrightarrow[\text{光}]{Cl_2} CH_2Cl_2 \xrightarrow[\text{光}]{Cl_2} CHCl_3 \xrightarrow[\text{光}]{Cl_2} CCl_4$$

メタン　　クロロメタン　　ジクロロメタン　　トリクロロメタン　　テトラクロロメタン
　　　　（塩化メチル）　　（塩化メチレン）　　（クロロホルム）　　（四塩化炭素）

■アルケン（C_nH_{2n}）

炭化水素の中で，炭素-炭素二重結合（C=C）を1つもち鎖状のものを**アルケン**（C_nH_{2n}）という。

エチレン C_2H_4 の場合，実験室ではエタノールに濃硫酸を加えて，約160～170℃に加熱してつくる（次ページの図）。

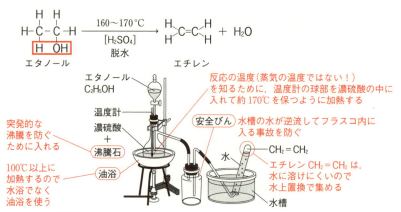

■アルケンの反応

アルケンのC=C結合のうち1本の結合は反応しやすいので、いろいろな分子(酸HX, ハロゲンX_2, 水素H_2など)を付加する。

① **酸HXの付加**

$$CH_2=CH-CH_3 \xrightarrow{H-Cl} CH_3-CH-CH_3 \quad CH_2-CH_2-CH_3$$
$$\qquad\qquad\qquad\qquad\quad |\qquad\qquad\quad |$$
$$\qquad\qquad\qquad\qquad\quad Cl\qquad\qquad\quad Cl$$

Hが2個　Hが1個　　　多く得られる→主生成物　　副生成物←少量しか得られない

主生成物は、次の マルコフニコフ則 で判断することができる。

マルコフニコフ則
C=CにHXを付加させるとき、より多くのH原子をもつ炭素にHが結合した生成物が主に生じる。

② **ハロゲン(Br_2など)の付加**

$$CH_2=CH_2 \xrightarrow{Br-Br} CH_2-CH_2 \quad (Br_2の赤褐色が消える)$$
$$\qquad\qquad\qquad\qquad\quad |\quad\;\; |$$
$$\qquad\qquad\qquad\qquad\; Br\; Br$$
　　　　　　　　　　　　1,2-ジブロモエタン　　←C=Cの検出反応に利用できる

③ **水素H_2の付加**

$$CH_2=CH-CH_3 \xrightarrow[\text{[Pt]}]{H-H} CH_2-CH-CH_3$$
$$\qquad\qquad\qquad\qquad\qquad |\quad\;\; |$$
$$\qquad\qquad\qquad\qquad\quad H\;\; H$$

Pt, Ni, Pdなどの触媒が必要である

注 付加や置換などの有機化合物の反応では、炭素原子数や炭素骨格が保存することが多い。

例 アルケンの水素付加

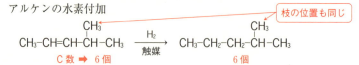

C数 → 6個　　　　　　　　　　　6個

Point 58 構造式の決定問題では、炭素原子数や炭素骨格に注意せよ。

標問 80 の解説

アルケンに水素を付加するとアルカンが生じる。

$$C_nH_{2n} + H_2 \longrightarrow C_nH_{2n+2}$$

酢酸ナトリウムに水酸化ナトリウムを加えて加熱するとメタンが生じる。

$$CH_3COONa + NaOH \longrightarrow CH_4 + Na_2CO_3$$

この反応は脱炭酸反応といわれている。酢酸カルシウムの乾留によってアセトンが得られるのも同様の反応である。

空気を断って加熱分解すること

$$(CH_3COO)_2Ca \longrightarrow CH_3-\underset{O}{\overset{\|}{C}}-CH_3 + CaCO_3$$
　　　　　　　　　　　　　　アセトン

分子式 C_5H_{12} は，不飽和度 $=\dfrac{2\times5+2-12}{2}=0$ であり鎖状飽和の炭化水素，すなわちアルカンである。構造異性体は次の3つである。

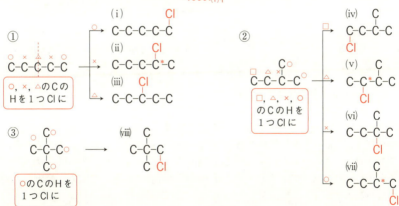

次に，HClを脱離させてアルケンを合成する。(viii)では，隣接する炭素原子にH原子がないため，アルケンは生じない。

第3章　有機化学

そこで，AとBは①，②のいずれかである。※3

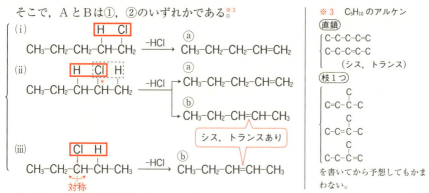

ⓐ，ⓑ 2つの構造異性体が得られ，ⓑにはシス-トランス異性体(幾何異性体)が存在する。

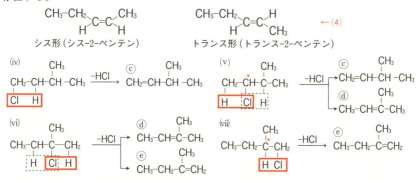

ⓒ，ⓓ，ⓔ 3つの構造異性体が得られる。

シス-トランス異性体(幾何異性体)が存在するのはⓑのみなので，これがCとDに相当し，Bは①である。Bからは(i)(ii)(iii)の一塩素置換体が得られ，(ii)に不斉炭素原子が1つ存在し，1組の鏡像異性体があるので，全部で4種類 の異性体が得られる。

そこでAは②であり，(iv)(v)(vi)(vii)の一塩素置換体が得られ，(v)と(vii)にそれぞれ不斉炭素原子が1つ存在するので，それぞれ1組の鏡像異性体があり，全部で6種類 の異性体が得られる。

注　本文中ではC_5H_{12}の2つの異性体を沸点の差を利用し，化合物A②と化合物B①に分離している。これは，分子式(分子量)が同じC_5H_{12}で表されるアルカンは，分子の形が直線状になるほどにファンデルワールス力が強くなるので沸点が高くなることを利用している。

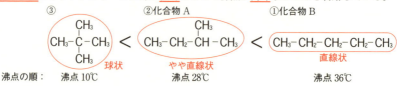

標問 81 炭化水素の反応(2)

答

問1　5個　$CH_2=CH-CH_2-CH_3$　　　$CH_3-CH=CH-CH_3$

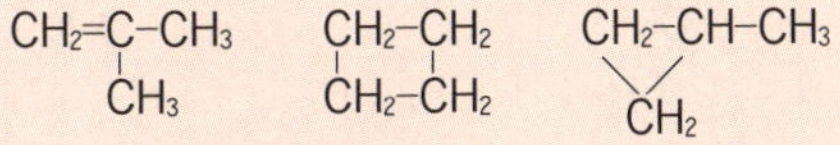

$CH_2=C-CH_3$　　　$CH_2=C-CH_3$　　　$CH_3-CH-CH_3$
$\quad\quad |$　　　　　　$\quad\quad |$　　　　　　　$\quad\quad |$
$\quad\quad CH_3$　　　　　　$\quad\quad CH_2-CH_2$　　　　$\quad\quad CH_2$

問2　シス-2-ブテンの場合　　　　　　　　　トランス-2-ブテンの場合

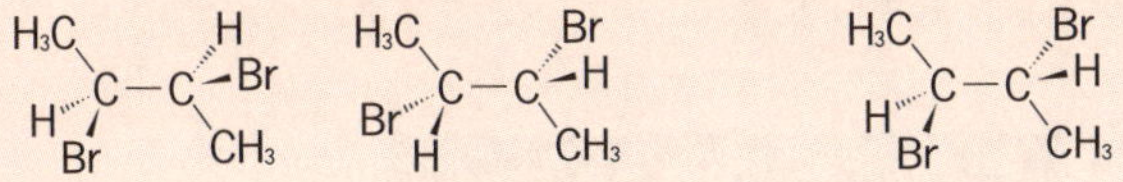

標問 81 の解説

問1　標問 **77** 参照。構造異性体を探すことに注意(立体異性体は考えない)。

問2　アルケンに Br_2 が付加するときは、炭素-炭素二重結合の面の上下から付加する。

〈シス-2-ブテンの場合〉　(＊は不斉炭素原子)

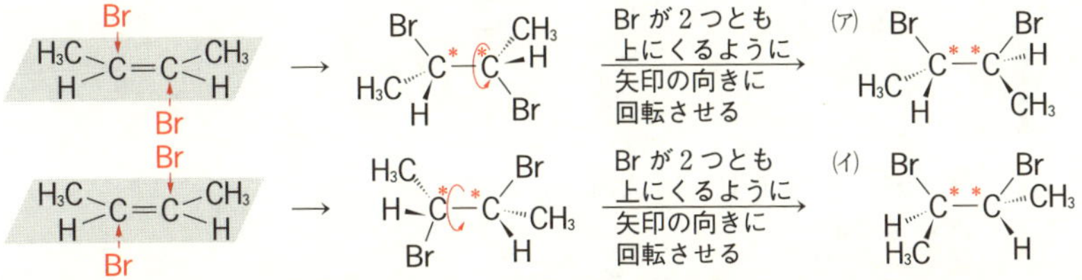

(ア)と(イ)は、互いに鏡像の関係つまり鏡像異性体の関係にあり、同一化合物にはならない。

〈トランス-2-ブテンの場合〉

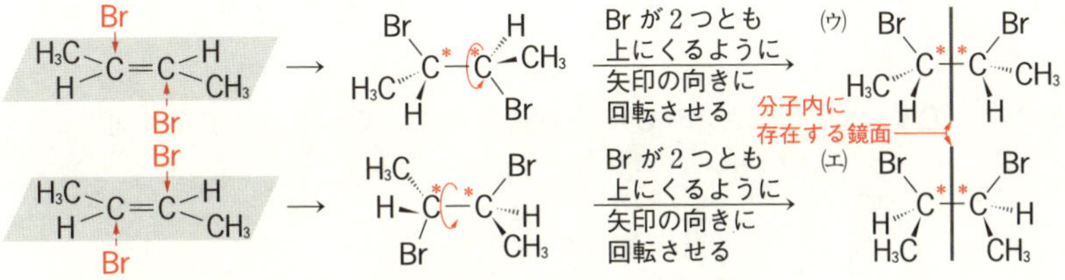

(ウ)は　　この面を裏返すと　となり、(エ)と同じ化合物であることがわかる。

よって、シス形からは2種、トランス形からは1種の付加生成物が得られる。

第3章　有機化学　　213

標問 82 炭化水素の反応(3)

答
〔I〕問1　C：CH₃-CH-CH₂-CH₂-CH₂-CH₃　D：CH₂-CH₂-CH₂-CH₂-CH₂-CH₃
　　　　　　　　　　|　　　　　　　　　　　　　　|
　　　　　　　　　OH　　　　　　　　　　　　　OH
問2　A：H-C≡C-CH₂-CH₂-CH₂-CH₃
〔II〕問1　A：CH₃-CH₂-CH₃　B：CH₂=CH-C≡C-H
問2　銀アセチリド

精講　混乱しやすい事項の整理

■アルキン（C_nH_{2n-2}）

炭化水素の中で，炭素-炭素三重結合 C≡C を1つもち鎖状のものを**アルキン**（C_nH_{2n-2}）という。

アセチレン C_2H_2 の場合，実験室では炭化カルシウム（カーバイド）に水を加えてつくる（次図）。

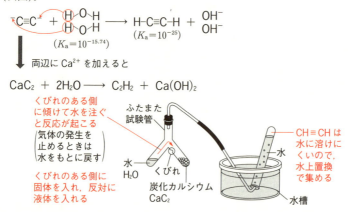

$CaC_2 + 2H_2O \longrightarrow C_2H_2 + Ca(OH)_2$

■アルキンの反応

アルキンの C≡C は，アルケンの C=C と同じようにいろいろな分子を付加する。

H-C≡C-H →(HCl, 触媒)→ H-C=C-H　塩化ビニル
　　　　　　　　　　　　　　　|　|
　　　　　　　　　　　　　　　H　Cl

H-C≡C-H →(Br₂/Br₂)→ H-C=C-H　（Br₂の赤褐色が消える）
　　　　　　　　　　　　　|　|　　→C≡Cの検出反応に利用できる
　　　　　　　　　　　　Br　Br

H-C≡C-H →(H/H, 触媒)→ H-C=C-H　エチレン
　　　　　　　　　　　　　|　|
　　　　　　　　　　　　　H　H

アルキンに H_2O を付加させるときには，注意が必要になる。アセチレンに硫酸水銀(II) $HgSO_4$ などを触媒として H_2O を付加させると生じるエノール形のビニルアルコー

ルは不安定であり，すぐにケト形のアセトアルデヒドに変化する。

H-C≡C-H $\xrightarrow[\text{触媒}]{\text{H}_2\text{O}}$ ビニルアルコール（不安定）エノール形 $\xrightarrow{\text{分子内転位}}$ アセトアルデヒド ケト形

補足　アセチレンの重合
（i）2分子重合（二量化）

$2\text{H-C}\equiv\text{C-H} \xrightarrow{\text{触媒：Cu}^+\text{塩}}$ ビニルアセチレン

（ii）3分子重合（三量化）

$3\text{H-C}\equiv\text{C-H} \xrightarrow{\text{触媒：Fe}}$ ベンゼン

（iii）重合

$n\text{H-C}\equiv\text{C-H} \xrightarrow[\text{(C}_2\text{H}_5)_3\text{Al-TiCl}_4]{\text{チーグラー・ナッタ触媒}} \text{-[CH=CH]}_n$ ポリアセチレン

■アルキンの検出反応

$-\text{C}\equiv\text{C-H}$ は，$\underset{K_a=10^{-25}}{-\text{C}-\text{C}-\text{H}}$ や $\underset{K_a=10^{-44}}{\text{C}=\text{C}}\overset{}{\text{H}}$ よりも電離定数 K_a の値が大きくブレンステ

ッド酸として強いことが知られており，H^+ が解離しやすい。
特に，塩基性溶液中では H^+ が引きぬかれて $-\text{C}\equiv\text{C}^-$ が生じやすく，Ag^+ や Cu^+ と沈殿
をつくる。

H-C≡C-H アセチレン

$\xrightarrow[\text{アンモニア性硝酸銀溶液}]{[\text{Ag(NH}_3)_2]^+}$ $\text{AgC}\equiv\text{CAg}\downarrow$（白）銀アセチリド

$\xrightarrow[\text{アンモニア性塩化銅（I）溶液}]{[\text{Cu(NH}_3)_2]^+}$ $\text{CuC}\equiv\text{CCu}\downarrow$（赤）銅（I）アセチリド

加熱や衝撃により爆発しやすい

標問 82 の解説

〔I〕　問1，2　炭化水素A（分子式 C_6H_{10}）の構造を決定する（標問 77 参照）。

Step 1　C_6H_{10} の不飽和度を求める。

$$\text{不飽和度}=\frac{6\times2+2-10}{2}=2$$

　　ここで，Aに H_2 1 mol 反応させBを得た後，Bに H_2O を付加するとアルコールCが生じることと，Aに水銀塩触媒を用いて水を付加して生成物を還元するとCが得られたことから，Aは $C\equiv C$ 結合を1つもっていると考えられる。

第3章　有機化学　　215

Step 2 炭素骨格で分類する。

Aは枝分かれした構造をもたないので，直鎖とわかる。

C-C-C-C-C-C

Step 3 Aは直鎖でC≡C結合を1つもっているので，C≡C結合は次の㋐～㋒に入ることができる。

C-C-C-C-C-C
㋐ ㋑ ㋒

㋐ $H-C≡C-CH_2-CH_2-CH_2-CH_3$
㋑ $CH_3-C≡C-CH_2-CH_2-CH_3$
㋒ $CH_3-CH_2-C≡C-CH_2-CH_3$

ここで，㋑と㋒にそれぞれH_2 1 molを反応させると，シス-トランス異性体が存在するアルケンが得られる。

㋑ $CH_3-C≡C-CH_2-CH_2-CH_3 \xrightarrow[\text{[Pt]}]{H-H} CH_3-CH=CH-CH_2-CH_2-CH_3$ ┐ シス-トランス異性体が存在する

㋒ $CH_3-CH_2-C≡C-CH_2-CH_3 \xrightarrow[\text{[Pt]}]{H-H} CH_3-CH_2-CH=CH-CH_2-CH_3$ ┘

> **注** シス-トランス異性体は，次の条件のときに生じる。
>
> $\begin{matrix} X \\ Y \end{matrix} C=C \begin{matrix} Z \\ W \end{matrix}$ で X≠Y かつ Z≠W

よって，AにH_2を反応させるとシス-トランス異性体が存在しないBが得られるので，㋐がAとなる。

㋐ $H-C≡C-CH_2-CH_2-CH_2-CH_3 \xrightarrow[\text{[Pt]}]{H-H} H-C=C-CH_2-CH_2-CH_2-CH_3$ ←B
Aとなる
$\overset{|}{H}\ \overset{|}{H}$
シス-トランス異性体が存在しない

次にBに対して酸性条件下，H_2Oを付加させると第二級アルコールであるCが選択的に得られる。

B $CH_2=CH-CH_2-CH_2-CH_2-CH_3$ ⟶

H-OH（①）
HO-H（②）

Cとなる
① $CH_3-\underset{OH}{\overset{|}{CH}}-CH_2-CH_2-CH_2-CH_3$
第二級アルコール

異性体の関係

② $CH_2-CH_2-CH_2-CH_2-CH_2-CH_3$
$\overset{|}{OH}$
第一級アルコール

①がCなので②がDとなる

注 「第二級アルコールであるC」という記述から決定できるが，マルコフニコフ則が成立していることにも注目する。

また，Aに水銀塩触媒を用いてH_2Oを付加させた後，得られた化合物を還元してもCが得られる。

マルコフニコフ則で考える

$$H-C\equiv C-CH_2-CH_2-CH_2-CH_3 \longrightarrow \left(H-C\equiv C-CH_2-CH_2-CH_2-CH_3\right)$$
$$H \quad O-H \qquad\qquad\qquad H \quad OH$$
エノール形

分子内転位

$$CH_3-CH-CH_2-CH_2-CH_2-CH_3 \xleftarrow{\text{還元}} CH_3-C-CH_2-CH_2-CH_2-CH_3$$
$$OH \qquad\qquad\qquad\qquad O$$
第二級アルコール   ケトン

〔Ⅱ〕 問1　AとBの混合気体の全物質量を n〔mol〕とすると，理想気体の状態方程式より，

$$n=\frac{PV}{RT}=\frac{4.15\times10^4\times7.0}{8.3\times10^3\times(77+273)}=0.10\,(\text{mol})$$

分子式 C_xH_y の炭化水素の燃焼反応は次のように表せる。

$$C_xH_y+\left(x+\frac{y}{4}\right)O_2 \longrightarrow xCO_2+\frac{y}{2}H_2O \quad\cdots①$$

なお，不飽和度の値に関係なく y は必ず偶数であり次式が成立する。←標問 **77** 参照

$$y\leqq2x+2 \quad\cdots②$$

A，Bともに燃焼に同じ量の酸素が必要で，0.10 mol の混合気体の燃焼に 0.50 mol の酸素だから，

$$①の化学反応式の O_2 の係数 =x+\frac{y}{4}=\frac{0.50\,(\text{mol})}{0.10\,(\text{mol})}=5 \quad\cdots③$$

②式，③式を満たす自然数 x と y の組み合わせは

$$(x,\ y)=(3,\ 8),\ (4,\ 4)\quad\text{のみである。}$$

Aは臭素水を脱色しないことから分子式 C_3H_8 のプロパンと決まる。

Bは分子式 C_4H_4（不飽和度3）であり，炭化水素Cの二量化で得られたことから，Cは分子式 C_2H_2 のアセチレンであり，Bはビニルアセチレンと決まる。

$$2H-C\equiv C-H \xrightarrow{Cu^+ 塩} \begin{matrix} H \\ H \end{matrix}C=C\begin{matrix} H \\ C\equiv C-H \end{matrix}$$
アセチレン   ビニルアセチレン

問2　アンモニア性硝酸銀水溶液にアセチレンを通じると，銀アセチリドの白色沈殿が生じる。

$$H-C\equiv C-H + 2[Ag(NH_3)_2]^+ \longrightarrow AgC\equiv CAg\downarrow(白) + 2NH_3 + 2NH_4^+$$

第3章　有機化学　　217

標問 83 アルコールとその誘導体の性質

答
問1　水素結合
問2　4種類　(い)
問3　H－C(H)(OH)－C(H)(H)－C(H)(H)－C(H)(H)－H
問4　H－C(H)=C(H)－C(OH)(H)－C(H)(H)－H　など
問5　$T_C > T_A > T_B$
問6　13種類

精講　混乱しやすい事項の整理

■アルコールの沸点

アルコールは －OH 間で水素結合を形成するので，構造異性体のエーテルや同じくらいの分子量の炭化水素に比べると沸点がはるかに高くなる。

分子間での水素結合の形成のしやすさが沸点に影響する。つまり，－OH が結合している炭素原子に多くのアルキル基 $C_nH_{2n+1}-$ が結合していると立体障害が大きくなり，分子間で水素結合を形成しにくくなる。よって，第三級アルコールの沸点は低くなり，立体障害が小さくなる第二級，第一級の順に沸点が高くなっていく。また，同じ級数のアルコールでは直鎖に近い方が分子どうしが接近しやすくなり，沸点が高くなる。

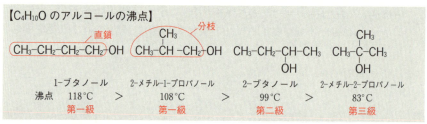

【$C_4H_{10}O$ のアルコールの沸点】

■アルデヒドの検出反応

アルデヒド R-CHO は塩基性条件下で特に酸化されやすく，Cu^{2+} や Ag^+ によって酸化されてカルボン酸の陰イオン $R-COO^-$ に変化する。

(1) フェーリング液の還元

Cu^{2+} を含むフェーリング液にアルデヒドを加えて加熱すると，Cu_2O の赤色沈殿が生じる。

$R-CHO + 2Cu^{2+} + 5OH^- \longrightarrow R-COO^- + Cu_2O \downarrow (赤) + 3H_2O$

(2) 銀鏡反応

アンモニア性硝酸銀水溶液にアルデヒドを加えて温めると，Ag が析出する。

$R-CHO + 2[Ag(NH_3)_2]^+ + 3OH^- \longrightarrow R-COO^- + 2Ag + 4NH_3 + 2H_2O$

■ヨードホルム反応

右の構造をもっているアルコール,アルデヒドやケトンは,I₂ と NaOH 水溶液を加えて加熱すると特有の臭いをもつヨードホルム CHI₃ の黄色沈殿が生じる。

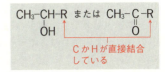

標問 83 の解説

C₄H₁₀O について調べる（標問 77 参照）。

Step 1　C₄H₁₀O の不飽和度は，$\frac{4\times2+2-10}{2}=0$ となり，鎖状飽和になる。

Step 2　炭素骨格で分類すると C₄ なので次の 2 通りが考えられる。

$$\text{C-C-C-C} \quad \text{C-C-C (with C branch)}$$

Step 3　(1) C-C 間に O を入れてエーテル結合 C-O-C をつくる場合，O は次の㋐～㋒に入れることができる。

C-C-C-C ➡ ㋐ CH₃-O-CH₂-CH₂-CH₃　㋑ CH₃-CH₂-O-CH₂-CH₃

C-C-C (分岐) ➡ ㋒ CH₃-O-CH(CH₃)-CH₃

㋐～㋒はエーテル

(2) C-H 間に O を入れてヒドロキシ基 -OH をつくる場合，O は次の㋓～㋖に入れることができる。

-C-C-C-C- ➡ ㋓ CH₂-CH₂-CH₂-CH₃　㋔ CH₃-CH-CH₂-CH₃
　　　　　　　　　　OH　　　　　　　　　　　　OH
　　　　　　　　　第一級アルコール　　　　　　第二級アルコール

-C-C-C(-C)- ➡ ㋕ CH₂-CH(CH₃)-CH₃　㋖ (CH₃)₃C-OH
　　　　　　　　　OH
　　　　　　　　第一級アルコール　　　　　　第三級アルコール

㋓～㋖はアルコール

Step 4　Step 3 までで構造異性体が㋐～㋖の 7 種あるが，すべての異性体 8 種類を用意していることから，立体異性体を考える必要が出てくる。

㋔には，不斉炭素原子が存在するので，鏡像異性体㋔₁ と㋔₂ が存在する。

㋔ CH₃-*CH-CH₂-CH₃
　　　　OH

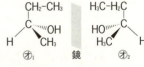

A₃ と A₄ の沸点が完全に同一という記述から，鏡像異性体の関係にある㋔₁,㋔₂ が A₃, A₄, または A₄, A₃ になることがわかる。　←鏡像異性体の物理的性質(沸点・融点)は同じ

第3章　有機化学　219

アルコールはエーテルと異なり分子間で水素結合 を形成するために，エーテルよりも沸点が高くなる。よって，A_6〜A_8 よりもかなり沸点の高い A_1〜A_5 の5種はアルコール①〜⑥となり，沸点の低い A_6〜A_8 はエーテル⑦〜⑨になる。

アルコールの沸点は，第一級＞第二級＞第三級，直鎖＞分枝の順なので（**精講** 参照），A_1〜A_5 は次のように決定する。

$$⑤ \quad CH_2-CH_2-CH_2-CH_3$$
$$\quad | $$
$$\quad OH \quad \text{第一級・直鎖}$$
$$⫸$$
$$⑥ \quad CH_3$$
$$\quad | $$
$$CH_2-CH-CH_3$$
$$|$$
$$OH \quad \text{第一級・分枝}$$
$$⫸$$
$$⑤_1, ⑤_2$$
$$\quad \overset{*}{} $$
$$CH_3-CH-CH_2-CH_3$$
$$\quad |$$
$$\quad OH \quad \text{第二級}$$
$$⫸$$
$$⑥ \quad CH_3$$
$$\quad |$$
$$CH_3-C-CH_3$$
$$\quad |$$
$$\quad OH \quad \text{第三級}$$

$$\downarrow \qquad\qquad \downarrow \qquad\qquad \downarrow \qquad\qquad \downarrow$$

$$A_1 (118\,°C) \qquad A_2 (108\,°C) \qquad A_3,\ A_4 (99\,°C) \qquad A_5 (83\,°C)$$

〔実験1〕 酸化剤である二クロム酸カリウムを作用させると第一級アルコールの A_1，A_2 と第二級アルコールの A_3，A_4 だけが酸化を受けてアルデヒド B_1，B_2 とケトン B_3，B_4 に変化する。[※1]

$$A_1 \quad CH_2-CH_2-CH_2-CH_3 \xrightarrow{\text{酸化}} B_1 \quad H-C-CH_2-CH_2-CH_3$$
$$\qquad |\qquad\qquad\qquad\qquad\qquad\qquad\qquad\qquad\quad \|$$
$$\qquad OH \quad \text{第一級アルコール} \qquad\qquad\qquad O \quad \text{アルデヒド}$$

$$A_2 \quad \overset{CH_3}{\overset{|}{CH_2}}-CH-CH_3 \xrightarrow{\text{酸化}} B_2 \quad H-\overset{CH_3}{\overset{|}{C}}-CH-CH_3$$
$$\qquad |\qquad\qquad\qquad\qquad\qquad\qquad\qquad \|$$
$$\qquad OH \quad \text{第一級アルコール} \qquad\qquad\qquad O \quad \text{アルデヒド}$$

$$A_3,\ A_4 \quad CH_3-\overset{*}{C}H-CH_2-CH_3 \xrightarrow{\text{酸化}} B_3 = B_4 \quad CH_3-C-CH_2-CH_3$$
$$\qquad\qquad\qquad |\qquad\qquad\qquad\qquad\qquad\qquad\qquad\qquad \|$$
$$\qquad\qquad\quad OH \quad \text{第二級アルコール} \qquad\qquad\qquad\qquad O \quad \text{ケトン}$$

※1 B_1，B_2，B_3＝B_4 のアルデヒドやケトンは –OH を失うために分子間で水素結合を形成することができなくなり，酸化前のアルコールに比べて沸点が低くなる。

〔実験2〕 アンモニア性硝酸銀水溶液を作用させると，ホルミル（アルデヒド）基をもつ B_1，B_2 だけが酸化されてカルボン酸イオンに変化し Ag が析出する。その後，酸性にするとカルボン酸 C_1，C_2 を得ることができる。[※2]

$$B_1 \quad H-C-CH_2-CH_2-CH_3 \xrightarrow{[Ag(NH_3)_2]^+} {}^-O-C-CH_2-CH_2-CH_3$$
$$\qquad \|\qquad\qquad\qquad\qquad\qquad\qquad\qquad\qquad\qquad \|$$
$$\qquad O \quad \text{アルデヒド} \qquad\qquad\qquad\qquad\qquad\qquad O$$

$$\xrightarrow{H^+} C_1 \quad H-O-C-CH_2-CH_2-CH_3$$
$$\qquad\qquad\qquad\qquad\quad \|$$
$$\qquad\qquad\qquad\qquad\quad O \quad \text{カルボン酸}$$

$$B_2 \quad H-\overset{CH_3}{\overset{|}{C}}-CH-CH_3 \xrightarrow{[Ag(NH_3)_2]^+} {}^-O-\overset{CH_3}{\overset{|}{C}}-CH-CH_3$$
$$\qquad \|\qquad\qquad\qquad\qquad\qquad\qquad\qquad\qquad \|$$
$$\qquad O \quad \text{アルデヒド} \qquad\qquad\qquad\qquad\qquad O$$

$$\xrightarrow{H^+} C_2 \quad H-O-\overset{CH_3}{\overset{|}{C}}-CH-CH_3$$
$$\qquad\qquad\qquad\qquad\quad \|$$
$$\qquad\qquad\qquad\qquad\quad O \quad \text{カルボン酸}$$

※2 C_1，C_2 のカルボン酸は，酸化前の第一級アルコール A_1，A_2 に比べて分子量が大きくなり，次のように分子間で水素結合を形成するために沸点が高くなる。

$$R-C\overset{O\cdots\cdots H-O}{\underset{O-H\cdots\cdots O}{}}C-R$$

さらに，C_1 は直鎖，C_2 は分枝なので C_1 の沸点は C_2 よりも高くなる。

A_5〜A_8 は，〔実験1〕，〔実験2〕では変化を受けないので $A_5＝B_5＝C_5$，$A_6＝B_6＝C_6$，$A_7＝B_7＝C_7$，$A_8＝B_8＝C_8$ となり，$B_3＝B_4$ は〔実験2〕では変化を受けないので $B_3＝B_4＝C_3＝C_4$ となる。

220

問2　〔実験1〕で酸化されるのは A_1，A_2，A_3，A_4 の4種類で，アルコールからアルデヒドやケトンに変化すると分子間で水素結合を形成することができなくなり，すべて沸点が低くなる。したがって，(い)。

問4　B_1 $H-\underset{\underset{O}{\|}}{C}-CH_2-CH_2-CH_3$（不飽和度1）の構造異性体の中で不斉炭素原子を有する化合物には，

$$CH_2=CH-\underset{OH}{\overset{*}{C}}H-CH_3 \qquad CH_2-\underset{\underset{H}{|}}{\overset{O}{\overset{|}{C}}}{}^{*}-CH_2-CH_3 \qquad \overset{CH_2}{\underset{CH_3}{\overset{|}{C}}}{}^{*}H-\overset{*}{C}H{-}\underset{OH}{} \qquad \overset{O}{\underset{CH_3}{\overset{*}{C}H}-\overset{*}{C}H}{-}\underset{CH_3}{}$$

などがある。

問5　最も沸点の高いものは，試料群Aでは A_1，試料群Bでは $B_5=A_5=C_5$，試料群Cでは C_1 となる。よって，沸点の大小関係は，

$$\underset{T_C}{\overset{C_1}{H-O-\underset{\underset{O}{\|}}{C}-CH_2-CH_2-CH_3}} \; > \; \underset{T_A}{\overset{A_1}{CH_2-CH_2-CH_2-CH_3}} \; > \; \underset{T_B}{\overset{B_5=A_5=C_5}{CH_3-\underset{OH}{\overset{CH_3}{\overset{|}{C}}}-CH_3}}$$

問6　A_1，B_1，C_1，A_2，B_2，C_2，A_3，A_4，$B_3=B_4=C_3=C_4$，$A_5=B_5=C_5$，$A_6=B_6=C_6$，$A_7=B_7=C_7$，$A_8=B_8=C_8$ の13種類の化合物が存在する。

第3章　有機化学　221

標問 84　カルボン酸とエステル

答　〔Ⅰ〕問1

$$H-O-C-\overset{*}{C}-C-C-O-H$$

（OH HO 構造式、OH H を含む）

問2　A：

マレイン酸

B：

フマル酸

問3

$$H-O-C-CH_2-CH_2-C-O-H$$

問4　シス-トランス（または幾何）

〔Ⅱ〕

$$HO-C-CH-C-O-CH_2-CH_3$$
（O CH₃ O を含む）

精講　混乱しやすい事項の整理

■カルボン酸とその酸性の強さ

カルボキシ基 –COOH をもつ化合物を**カルボン酸**という。カルボン酸は弱酸だが，炭酸（CO_2+H_2O）よりは強い酸なので，次の反応が起こる。

$$R-COOH + HCO_3^- \overset{H^+}{\longrightarrow} R-COO^- + H_2CO_3$$

より強い酸　　より弱い酸のイオン　　　　　　　H_2O と CO_2 に分解

←弱酸遊離反応が起こる

一方，カルボン酸は HCl より弱い酸なので，次の反応は起こらない。

$$Cl^- + R-COOH \overset{H^+}{\not\longrightarrow} HCl + R-COO^-$$

より強い酸の　　より弱い酸
イオン

←起こらない

Point 59　酸の強さ

$$H_2SO_4, HCl > RCOOH > CO_2+H_2O\,(H_2CO_3) > \text{〔ベンゼン環〕}-OH$$

希硫酸　塩酸　　カルボン酸　　　　炭酸　　　　　　　フェノール

■酸無水物

カルボン酸の2個のカルボキシ基から水1分子がとれてできた化合物を**酸無水物**といい，次のようにつくることができる。

① **分子間から水1分子がとれる場合**

酢酸に十酸化四リンのような脱水剤を加えて加熱すると，無水酢酸が生じる。

$$2CH_3COOH \xrightarrow[[P_4O_{10}]]{} (CH_3CO)_2O + H_2O$$

無水酢酸　　　←$CH_3CO\boxed{OH}$ $CH_3COO\boxed{H}$

② **分子内から水1分子がとれる場合**

2つのカルボキシ基が近くにあり，生じる酸無水物が五員環や六員環のような安定な環構造になる場合，加熱するだけで分子内脱水により酸無水物が生じる。

222

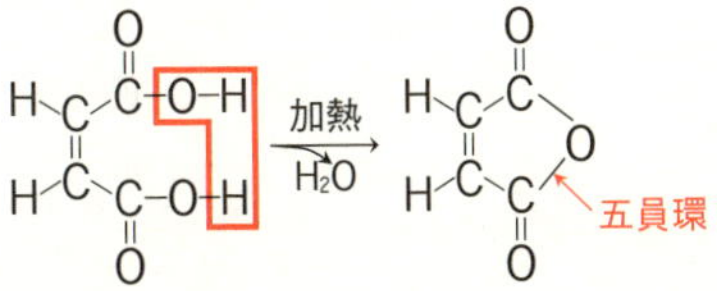

マレイン酸 → 加熱 H_2O → 無水マレイン酸（五員環）　　フタル酸 → 加熱 H_2O → 無水フタル酸（五員環）

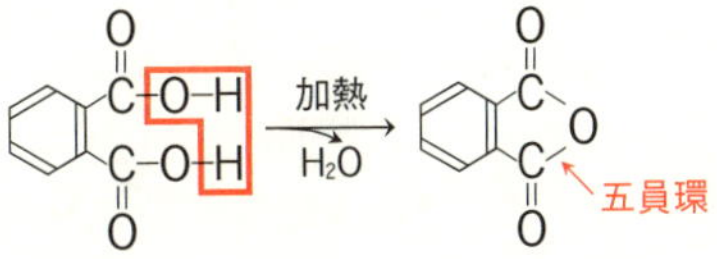

標問 84 の解説

〔I〕 問1〜4　$C_4H_6O_5$ の不飽和度は $\dfrac{1}{2}\bigl(4\times2+2-6\bigr)=2$ となるので，リンゴ酸は不

飽和度1のC=Oを含むカルボキシ基 $-\overset{O}{\overset{\|}{C}}-O-H$ を2つもつ以外は単結合からなることがわかる。また，問題文からヒドロキシ基 $-OH$ が1つあることもわかる。$-COOH$ を2つもつので，残ったC原子は2個となり，そのC骨格はC-Cしかない。

① C-Cの2つのC原子に1つずつ $-COOH$ を導入すると，

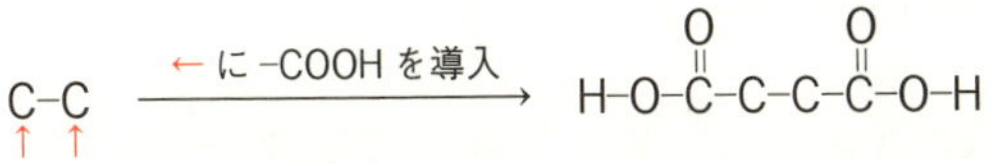

C-C　→（←に $-COOH$ を導入）→ $H-O-C-C-C-C-O-H$

となり，さらに $-OH$ を1つ導入すると，

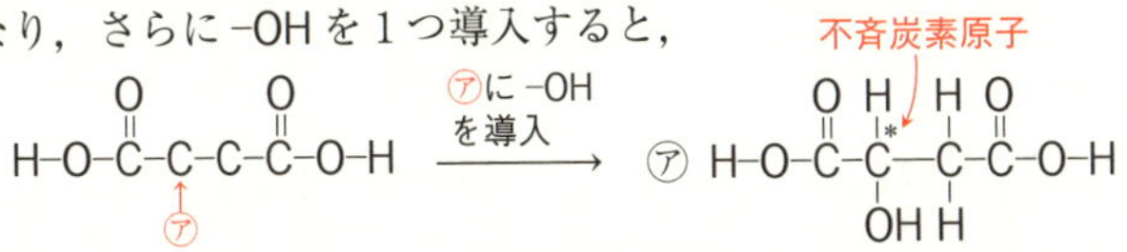

$H-O-C-C-C-C-O-H$ →（⑦に $-OH$ を導入）→ ⑦ 不斉炭素原子 となる。

② C-Cの1つのC原子に2つ $-COOH$ を導入すると，

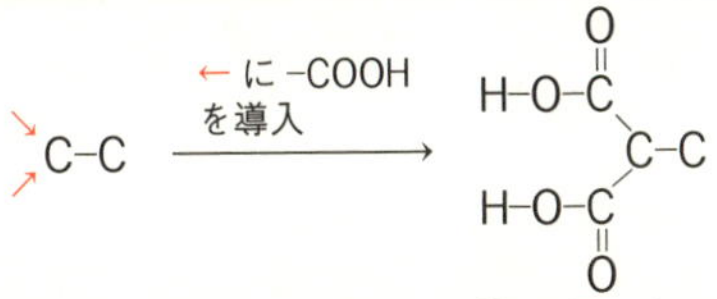

C-C →（←に $-COOH$ を導入）→

となり，さらに $-OH$ を1つ導入すると，

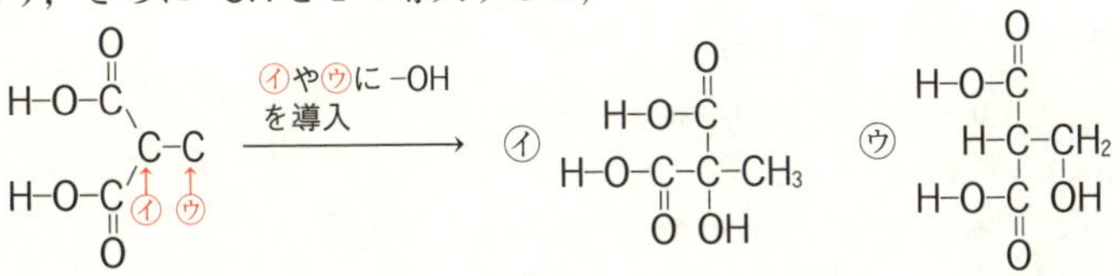

 →（⑦や⑦に $-OH$ を導入）→ ⑦　　⑦ となる。

よって，⑦〜⑦のいずれかがリンゴ酸となる。⑦〜⑦の中で，加熱することで H_2 を付加することのできる $C_4H_4O_4$ の分子式をもつ化合物AとBの混合物が得られるのは⑦だけである。よって，⑦がリンゴ酸と決定する。

第3章　有機化学　223

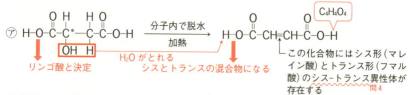

化合物Aは加熱すると脱水し化合物Dとなるが，化合物Bは脱水されないので，シス形のマレイン酸が化合物A，トランス形のフマル酸が化合物Bと決定する。

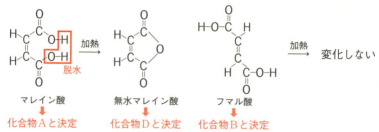

また，化合物AやBにH₂を付加させたものが，化合物Cとなる。

マレイン酸 と フマル酸 →(H₂付加) H-O-C-CH₂-CH₂-C-O-H
化合物A　　化合物B　　　　　　　　　　化合物C
　　　　　　　　　　　　　　　　　AからもBからもCになる

補足　マレイン酸やフマル酸を決定してから，リンゴ酸を決定してもよい。

〔Ⅱ〕 ㋐から，Aの組成式が次のような手順で決まる。

$$\begin{cases} Cの質量：39.6 \times \dfrac{12}{44} = 10.8 \text{ (mg)} \\ Hの質量：13.5 \times \dfrac{2.0}{18} = 1.5 \text{ (mg)} \\ Oの質量：21.9 - (10.8 + 1.5) = 9.6 \text{ (mg)} \end{cases}$$

$$C : H : O = \dfrac{10.8}{12} : \dfrac{1.5}{1.0} : \dfrac{9.6}{16} \quad ←物質量(mmol)の比$$
$$= 0.90 : 1.5 : 0.60 = 3 : 5 : 2$$

Aの組成式は$C_3H_5O_2$となる。

炭素，水素，酸素のみからなる有機化合物の水素原子数は必ず偶数[※1]であり，分子量が150以下であることから，Aの分子式は$C_6H_{10}O_4$（分子量146）となる。Aの不飽和度は，$\dfrac{2 \times 6 + 2 - 10}{2} = 2$ であり，エステル結合以外にもう1つ二重結合あるいは環をもつ。㋒から考えて，Aはカルボキシ基を1つもつモノエステルである。A，B，Cに関する情報を整理すると次のようになる。

※1　$C n$〔個〕，$O m$〔個〕からなる不飽和度xの有機化合物のH原子数は，
$2n + 2 - 2x$ である。

※2　$CH_3-\overset{O}{\overset{\|}{C}}-Ⓧ$ あるいは $CH_3-\overset{OH}{\overset{|}{CH}}-Ⓧ$ の構造をもつ化合物がヨードホルム反応を示す。（Ⓧ=炭素 あるいは 水素）

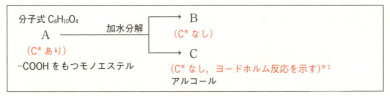

 BはジカルボンCカルボン酸, Cは CH₃-CH(OH)- の構造をもつアルコールとわかる。

 炭素原子数はBとC合わせて6であり，ともに不斉炭素原子をもたないが，縮合すると不斉炭素原子を1つもつモノエステルAになることから，それぞれの構造が決まる。※3

※3 Cの炭素原子数が3以上だと，Bの炭素原子数が3以下となり，A, B, Cの不斉炭素原子の有無の条件に合わない。

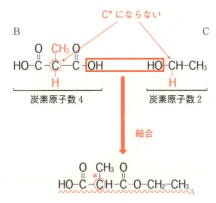

第3章 有機化学

標問 85 エステルの合成

答
(1) CH₃COOH + CH₃CH₂OH
    ⟶ CH₃COOCH₂CH₃ + H₂O
(2) 触媒として働く。(8字)
(3)
(4) 理由：有機層に含まれる酢酸と反応して水溶性の大きな酢酸ナトリウムとし，水層に移すため。
    反応式：CH₃COOH + NaHCO₃
        ⟶ CH₃COONa + CO₂ + H₂O
(5) 2CH₃CH₂OH ⟶ (CH₃CH₂)₂O + H₂O
(6) 40.9 %

精講 混乱しやすい事項の整理

■エステルの合成
① **酸触媒を用いる**

R-O[H] + R'-C(=O)-[OH] ⇌(酸触媒，加熱，可逆反応) R-O-C(=O)-R' + H₂O
アルコール　カルボン酸　　　　　　　　　　　エステル

② **カルボン酸無水物を用いる**

R-O[H] + [R'-C(=O)]₂O ⟶ R-O-C(=O)-R' + R'-C(=O)-OH
アルコール　酸無水物　　　　エステル　　　カルボン酸

■エステルの加水分解
① **酸触媒を用いる**

R-O-C(=O)-R' + H₂O ⇌(酸触媒，加熱) R-OH + R'-C(=O)-OH
エステル　　　　　　　　　　　　アルコール　カルボン酸

② **水酸化ナトリウム水溶液とともに加熱する（けん化）**

R-O-C(=O)-R' + NaOH →(加熱) R-OH + R'-C(=O)-ONa
エステル　　　　　　　　　　アルコール　カルボン酸のナトリウム塩

Point 60 酸触媒を用いる場合は可逆反応である。

標問 85 の解説

(A) 酢酸とエタノールを原料に濃硫酸を触媒にして酢酸エチルを合成する反応は可逆反応である。還流冷却器は反応中に生じる蒸気を凝縮し、丸底フラスコに戻すためにとりつける。

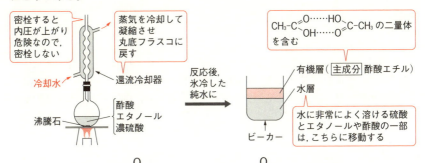

(1) $CH_3-CH_2-O\boxed{H} + \boxed{HO}-\overset{O}{C}-CH_3 \rightleftharpoons CH_3-CH_2-O-\overset{O}{C}-CH_3 + \boxed{H_2O}$ …①

濃硫酸は触媒なので反応式に書く必要はない。可逆反応であるが問題には「酢酸エチルが生成する反応式を書け」とあるので、右向きの ⟶ だけで表してよい。

(2) 濃硫酸の出す H^+ が触媒となる。また、濃硫酸は

$H_2SO_4 + H_2O \longrightarrow HSO_4^- + H_3O^+$ という反応によって、エステル化で生じた水を除去し、①式の平衡が右へ移動し、酢酸エチルの収率が上がる。

(B) 反応後の液を分液ろうと(次図)に移し、炭酸水素ナトリウム水溶液を加えると、炭酸より強い酸である酢酸(未反応分)が HCO_3^- に H^+ を与え、二酸化炭素 CO_2 が生じる。

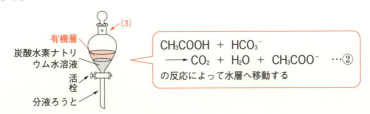

②式の両辺に Na^+ を加えて整理すると、

$CH_3COOH + NaHCO_3 \longrightarrow CO_2 + H_2O + CH_3COONa$ ←(4)

これにより、酢酸エチル層に混入している酢酸を水層に移動させ、とり除くことができる。

(C) エタノールに濃硫酸を加えて加熱すると、130〜140℃ でジエチルエーテル、160〜170℃ でエチレンが生じる。

〔分子間脱水〕

$$2CH_3CH_2OH \xrightarrow[130\sim140\,°C]{H_2SO_4} \underset{\text{ジエチルエーテル}}{CH_3CH_2OCH_2CH_3} + H_2O \quad \cdots ③$$

〔分子内脱水〕

$$CH_3CH_2OH \xrightarrow[160\sim170\,°C]{H_2SO_4} \underset{\text{エチレン}}{CH_2=CH_2} + H_2O$$

本問では，反応液の温度が書いていないが，エチレン $CH_2=CH_2$ が常温・常圧で気体であり，還流冷却器を用いても凝縮して液体となり丸底フラスコに戻ることがないことを考えれば，X はジエチルエーテルと考えられ，副反応として③式の分子間脱水が起こったと予想される。

$$2CH_3CH_2OH \longrightarrow (CH_3CH_2)_2O + H_2O \quad ←(5)$$

(6) 酢酸の分子量は 60.0 なので，用意した酢酸の物質量は，

$$\frac{30.0\,〔g〕}{60.0\,〔g/mol〕} = 0.500\,〔mol〕$$

であり，エタノールより少ない。そこで，酢酸がすべて酢酸エチルに変化するならば 0.500 mol 生じる。

$$収率〔\%〕 = \frac{実際に得られた量}{理論上得られる最大量} \times 100$$

$$= \frac{\dfrac{18.0\,〔g〕}{88.0\,〔g/mol〕}}{0.500\,〔mol〕} \times 100 \quad \text{酢酸エチルの分子量}$$

$$= 40.9\,〔\%〕$$

標問 **86** **芳香族化合物⑴**

答

問1 $(CH)_6$ 問2 B：2 D：3

問3

(構造式図)

問4

(ベンゼンの水素付加の反応式図) ⎔ ＋ 3H–H ⟶ (シクロヘキサンの図)

問5 (環状構造式図)

精講 まずは問題テーマをとらえる

■ベンゼン

ベンゼン C_6H_6 については，次の①〜⑤の特徴を確認しておきたい。

① 常温・常圧で水に溶けにくく，水よりも軽い，無色の液体。炭素の含有率が大きく，空気中ですすを出して燃える。

② すべての炭素原子，水素原子が同一平面上にある。

③ 炭素原子間の結合は単結合と二重結合の中間の状態で，その形は正六角形である。

構造式を略記したもの (六角形の図 A, B) （分子の模型）

~~炭素原子間の距離はすべて等しい~~

(分子模型図) 120°

● 炭素原子
・ 水素原子

正六角形

注 （構造式A）では，単結合と二重結合を交互にもっているが，実際のベンゼンの炭素−炭素二重結合は決まった炭素原子の間に固定されておらず，厳密には（構造式A）は正しい構造とはいえない。ただし，（構造式A）は便利なので，実際の構造を正しく示していないことを認めたうえで，ベンゼンの構造式として（構造式B）とともに用いる。

④ 炭素−炭素間結合の長さは，単結合より短く，二重結合より長くなる。

結合距離： (H–C–C–H 構造図) ＞ (六角形図) ＞ (C=C 図) ＞ H–C≡C–H

0.15 nm 0.14 nm 0.13 nm 0.12 nm

⑤ ベンゼン環は非常に安定で壊れにくい。

第3章 有機化学 **229**

標問 86 の解説

問1　A〜Dに共通するのは，水素原子1個と結合している炭素原子が6か所ある点なので，その一般的な化学式は $(CH)_6$ となる。

問2　ベンゼンは，分子内に存在するすべての水素原子が同じ環境にあるため，水素原子1個を他の置換基（Xとする）に変えた一置換ベンゼンは置換位置の異なる異性体が存在しない。

　　Bの分子内に存在する水素原子には，異なる環境にある H_a と H_b がある。よって，一置換ベンゼンには<u>2種類の置換位置の異なる異性体が存在する</u>。

<u>Ha を置換基Xへ…</u>　　<u>Hb を置換基Xへ…</u>

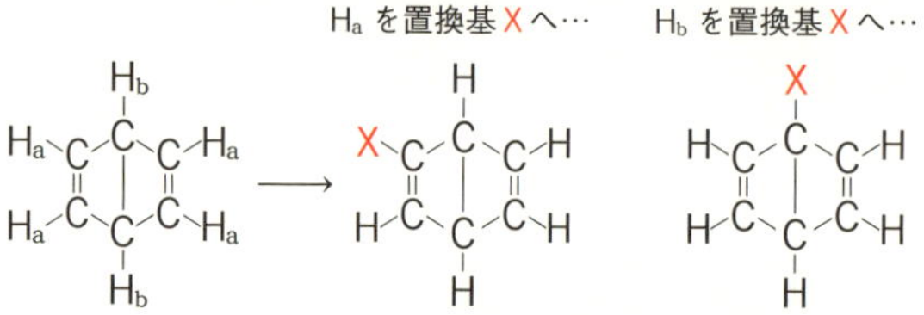

　　また，Dには異なる環境にある H_a, H_b, H_c があるので<u>3種類の置換位置の異なる</u>
<u>異性体が存在する</u>。

Ha を置換基Xへ…　　Hb を置換基Xへ…　　Hc を置換基Xへ…

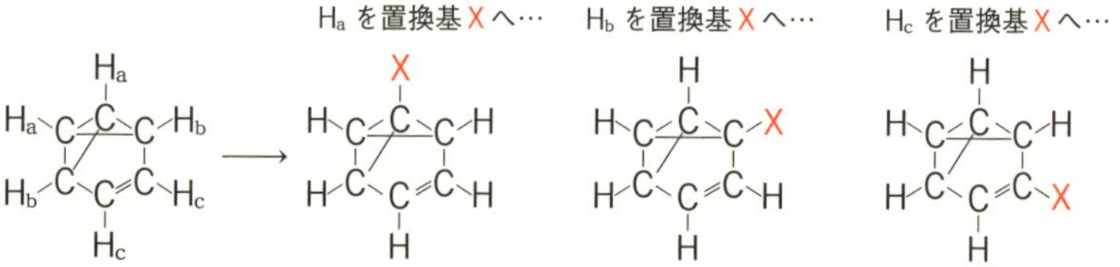

注　Dの角度を少し変えると，異なる環境の H_a, H_b, H_c を見つけやすくなる。

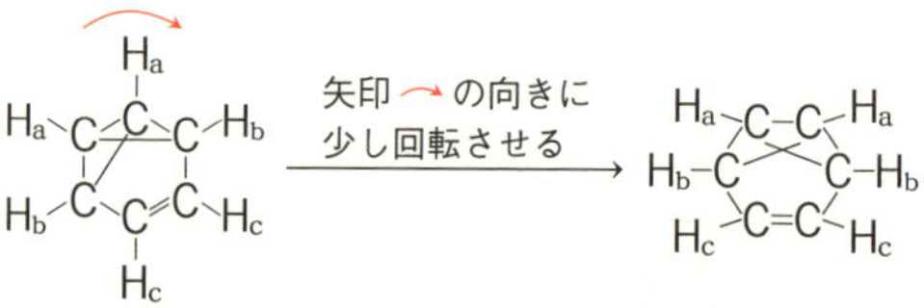

矢印 ↷ の向きに少し回転させる

問3　ケクレの構造式Aで，下線部③の性質を考慮しないと炭素原子間の結合距離が
$C=C < C-C$ なのでベンゼンは次のようないびつな形になる。

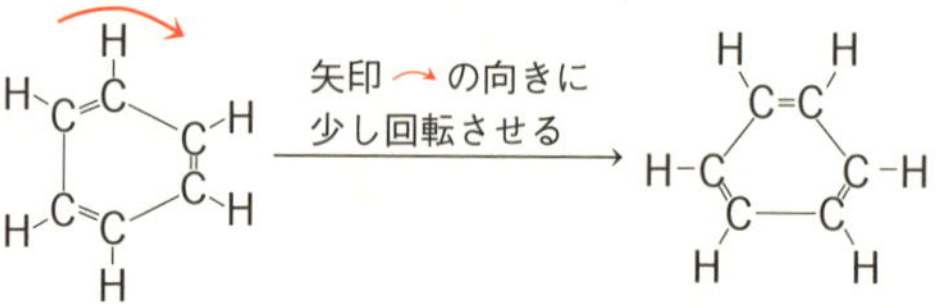

矢印 ↷ の向きに少し回転させる

よって，2つの同じ置換基（メチル基）をもつ<u>二置換ベンゼンは，</u>

キシレンに相当

230

の4種類が予想される。

注 結局, o-キシレンに相当するものが (「近い」・「遠い」の) 2種類, m-キシレンに相当するものが1種類, p-キシレンに相当するものが1種類の合計4種類になる。

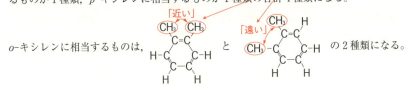

問4 ベンゼンは, Niなどの触媒を用いて水素付加するとシクロヘキサンを生成する。

問5 シクロプロパンの開環水素付加は次のようになる。

炭素原子間の結合は, ひずみが大きく不安定なので, 容易に開環する

つまり, 正三角形の1辺が H_2 の攻撃を受けていることがわかる。

を と表現すると H_2 の反応のしかたは次の3通りが考えられる。
(△ ・は H_2 の攻撃を受けている所を表す。)

第3章 有機化学

標問 87 芳香族化合物(2)

答
問1　ア：③　イ：②　ウ：④　エ：⑤
問2　a：①　b：②　c：⑤
問3　(構造式：クメンヒドロペルオキシド)　問4　(構造式：p-ヒドロキシアゾベンゼン)　問5　(L)

精講　混乱しやすい事項の整理

標問87の解説

■ベンゼンからの反応　ベンゼンからの反応をまとめると次のようになる。

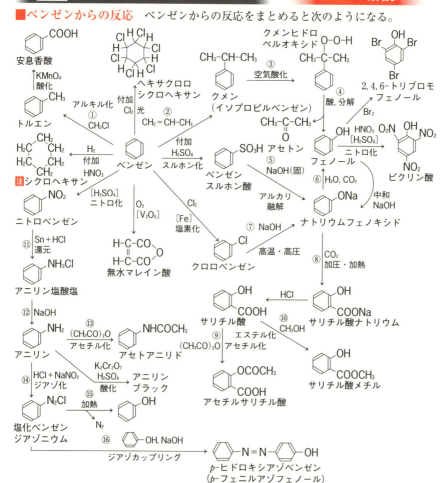

それぞれの反応のポイントを次に示す。

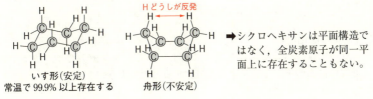

注 正六角形で表すことが多いシクロヘキサンには、いす形や舟形とよばれる立体構造があり、いす形のほうが安定になる。

➡ シクロヘキサンは平面構造ではなく、全炭素原子が同一平面上に存在することもない。

標問	**88**	**芳香族化合物(3)**

答

問1 Cu_2O　**問2** $HO-\underset{O}{\overset{O}{C}}-\bigcirc-\underset{O}{\overset{O}{C}}-OH$　**問3** $CH_3-\bigcirc-\underset{H}{\overset{O}{C}}$

問4 CHI_3　**問5** $CH_3-\underset{O}{\overset{}{C}}-CH_2-\underset{O}{\overset{}{C}}\overset{}{\underset{}{H}}$　**問6** 4種

問7 $CH_3-\bigcirc-CH_2-\underset{\underset{CH_3}{|}}{CH}-CH_2-CH_2-CH_2-\bigcirc-CH_3$　**問8** B

精講　まずは問題テーマをとらえる

■C=C の酸化

C=C 結合は酸化されやすく，O_3 や $KMnO_4$ を使って酸化的に切断することができる。

① **O_3 酸化**

C=C 結合に O_3 を作用させ処理すると，C=C が切断されケトンまたはアルデヒドが得られる。

$$\overset{}{\underset{}{>}}C=C\overset{}{\underset{H}{<}} \xrightarrow{O_3} \overset{}{\underset{}{>}}C=O + O=C\overset{}{\underset{H}{<}}$$

② **$KMnO_4$ 酸化**

硫酸酸性の $KMnO_4$ 溶液で酸化すると C=C が切断されケトンやアルデヒドになり，アルデヒドはさらに酸化されてカルボン酸になる。

$$\overset{}{\underset{}{>}}C=C\overset{}{\underset{H}{<}} \xrightarrow{KMnO_4} \overset{}{\underset{}{>}}C=O + \underset{\text{アルデヒド}}{O=C\overset{}{\underset{H}{<}}} \qquad \underset{\text{カルボン酸}}{O=C\overset{}{\underset{O-H}{<}}}$$

さらに酸化される

■芳香族化合物の酸化反応

① **ベンゼン環に直接ついている炭化水素基の酸化**

ベンゼン環は壊れにくいため，次のような化合物を過マンガン酸カリウムなどの酸化剤と反応させると，ベンゼン環に直接ついている炭素原子が酸化を受ける。

$$\underset{\text{トルエン}}{\bigcirc-CH_3} \xrightarrow[OH^-]{KMnO_4} \bigcirc-COO^- \xrightarrow{H^+} \underset{\text{安息香酸}}{\bigcirc-COOH}$$

$$\underset{\text{エチルベンゼン}}{\bigcirc-CH_2-CH_3} \xrightarrow[OH^-]{KMnO_4} \bigcirc-COO^- \xrightarrow{H^+} \bigcirc-COOH$$

ベンゼン環の横の C だけが -COOH として残る

② **ベンゼン環の酸化**

条件しだいでは，ベンゼン環を壊すこともできる。ベンゼンやナフタレンに，V_2O_5 を触媒に高温の下，空気によって酸化すると次のようになる。

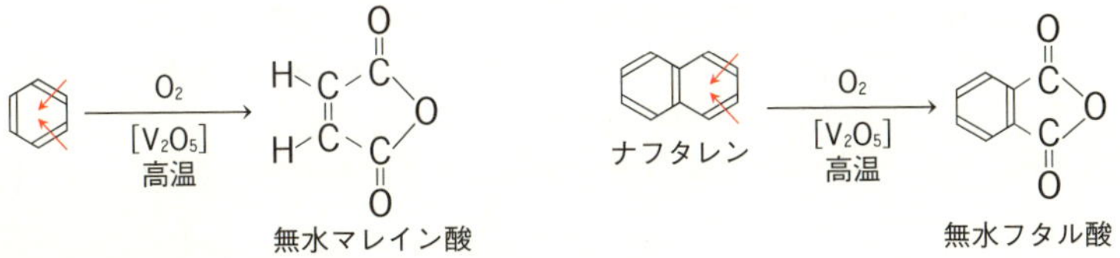

無水マレイン酸 / ナフタレン / 無水フタル酸

標問 88 の解説

　実験1よりA1分子にはH_2が2分子付加し，実験2でAはオゾン分解を受けているので，Aは分子内にC=Cを2個もっていることがわかる。また，実験2からAをオゾン分解して得られるCとDはアルデヒドかケトンであることがわかる（精講 参照）。

〈Eの決定（問2）〉

　実験4より，Eはp-キシレンから合成でき，エチレングリコールと縮合重合させるとポリエステルになるのでテレフタル酸と決定できる。

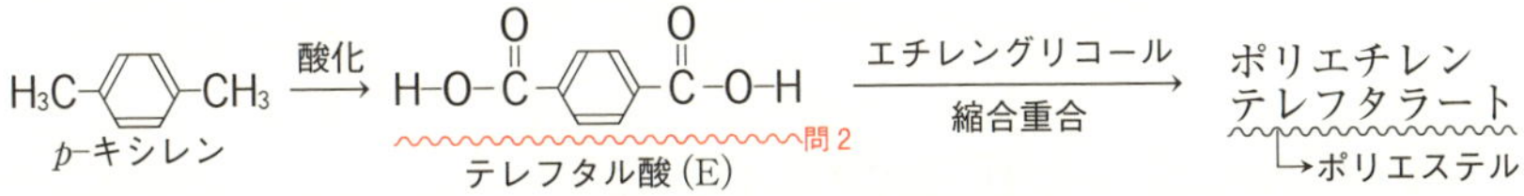

p-キシレン → テレフタル酸（E）問2 → ポリエチレンテレフタラート →ポリエステル

〈Cの決定（問3）〉

① 　実験2より，分子式がC_8H_8Oなので，その不飽和度は $\dfrac{8\times2+2-8}{2}=5$ となる。

② 　実験3より，フェーリング液の還元が起こるのでCはホルミル基$-CHO$をもち，分子式がOが1個のC_8H_8Oなのでその個数は1個になる。フェーリング液の還元では，Cu_2O（赤色）が沈殿する。問1

③ 　実験4より，$KMnO_4$でCを酸化するとEのテレフタル酸になるため，Cの部分構造は次のようになる。

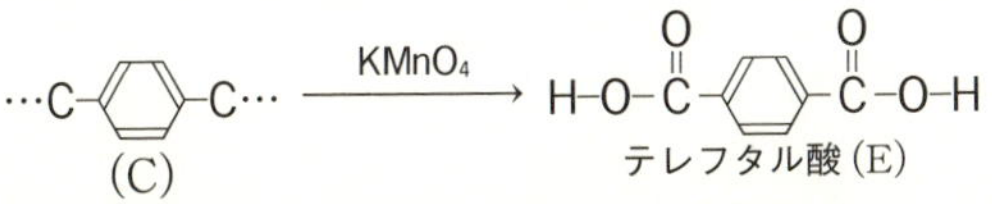

（C） → テレフタル酸（E）

　Cの部分構造は，②，③を考慮すると，右のようになる。

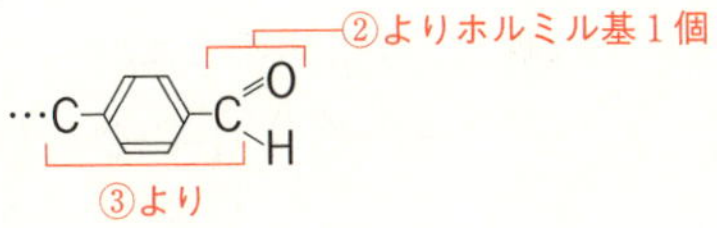

②よりホルミル基1個 / ③より

　①よりCの構造は右のように決定する。

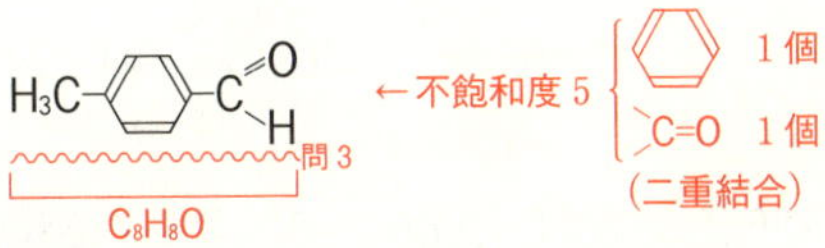

問3 / C_8H_8O / ←不飽和度5

〈Dの決定（問5）〉

① 　実験2より，分子式が$C_4H_6O_2$なので不飽和度は $\dfrac{4\times2+2-6}{2}=2$ となる。

第3章　有機化学　235

② 実験5より，銀鏡反応が陽性なので，ホルミル基 –CHO をもつ。
③ 実験6より，ヨードホルム反応が陽性なので，CH₃–CH–R または CH₃–C–R の構
　　　　　　　　　　　　　　　　　　　　　　　　　　　　|　　　　　　　　　||
　　　　　　　　　　　　　　　　　　　　　　　　　　　　OH　　　　　　　　　O
造をもつ可能性があるが，Dはアルデヒドかケトンなので CH₃–CO–R の構造をもつ。

よって，Dの構造は，①〜③より右のよう
に決定する。

ヨードホルム反応では，CHI₃（黄）が沈
殿する。

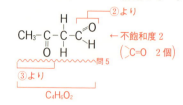

〈A，Bの決定（問7）〉

A（C₂₀H₂₂）に対してオゾン分解を行ってCとDが得られたので，Aの部分構造は

　　　H₃C–⟨○⟩–C=O　O=C–CH₂–C=O　O=C–⋯
　　　　　　　|　　Hとってつなぐ　|
　　　　　　　H　　　　　　　　　CH₃
　　　　　　　C　　　　　　　　　D(表)　　→炭素数 8+4＝12個

または　H₃C–⟨○⟩–C=O　O=C–CH₂–C=O　O=C–⋯
　　　　　　　　|　　　　　　　　|
　　　　　　　　H　　　　　　　　H
　　　　　　　　C　　　　　　　　D(裏)　　→炭素数 8+4＝12個

となり，AはC＝Cを2個もち，炭素数が20個なので，炭素数8個のC 2分子と炭素
数4個のD 1分子からなる。よって，Aは，

　　　H₃C–⟨○⟩–C=O　O=C–CH₂–C=O　O=C–⟨○⟩–CH₃
　　　　　　　|　　　　|　　　　|　　　　|
　　　　　　　H　　　　CH₃　　　H　　　　H
　　　　　　　C　　　　D(表)　　　　　　　C

または　H₃C–⟨○⟩–C=O　O=C–CH₂–C=O　O=C–⟨○⟩–CH₃
　　　　　　　　|　　　　|　　　　|　　　　|
　　　　　　　　H　　　　H　　　　CH₃　　　H
　　　　　　　　C　　　　D(裏)　　　　　　　C

が考えられそうだが，この2つの構造は180°表・裏に回転すると同じ炭化水素にな
るので結局，炭化水素Aは次のようになる。

　　　H₃C–⟨○⟩–C=C–CH₂–C=C–⟨○⟩–CH₃　　←A
　　　　　　　|　|　　　|　|
　　　　　　　H　CH₃　　H　H

AにH₂を付加させたものがBなので，Bは，

　　　H₃C–⟨○⟩–CH₂–*CH–CH₂–CH₂–⟨○⟩–CH₃　　←B（＊は不斉炭素原子）
　　　　　　　　　|
　　　　　　　　　CH₃
　　　　　　　　　　　　　　　　　　　　問7

問6　Aには2か所のC＝Cに対してそれぞれシス-トランス異性体が考えられるので
　　 2×2＝4 通りが可能になる。

問8　A〜Eのうち，不斉炭素原子をもつのはBだけである。

標問 89 芳香族化合物(4)

答
問1 C_8H_10 問2 4
問3 ① ⓒ ② ⓐ ③ ⓓ ④ ⓔ
問4 ア: ⌬-NH_3Cl　イ: ⌬-NO_2　ウ: ⌬-CH_2CH_3
　　エ: ⌬-C(=O)-ONa　オ: ⌬-OH

精講　まずは問題テーマをとらえる

■抽出

芳香族化合物は一般に水に溶けにくく，ジエチルエーテルや四塩化炭素 CCl_4 のような有機溶媒によく溶ける。ただし，酸性または塩基性の官能基をもつものは，水溶性の塩にすることで水によく溶けるようになる。この性質を利用し，分液ろうとを用いて分離することができる。

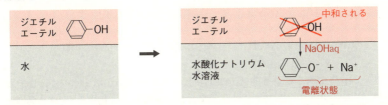

Point 61　水に溶けにくい有機化合物も，塩にすることで水溶性に！

標問 89 の解説

問1　芳香族化合物はベンゼン環をもち，炭素原子数は6以上である。分子式を $C_{6+x}H_y$ とおくと，
$$\text{分子量}=12(6+x)+1\times y=12x+y+72$$
$$=106$$
よって，$12x+y=34$

x と y は整数なので，$(x, y)=(2, 10), (1, 22), (0, 34)$ が条件を満たすが，不飽和度から考えて $(x, y)=(2, 10)$ すなわち C_8H_{10} のみ可である。

問2　$C_8H_{10}=C_6H_6\cdot C_2H_4=$ ⌬ $+\;(CH_2)+(CH_2)$

と分解し，

第3章　有機化学　237

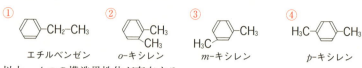
に $\pmb{+}(CH_2)\pmb{-}$ を↓に差し込んで数えるとよい。

① エチルベンゼン　② o-キシレン　③ m-キシレン　④ p-キシレン

以上，4つの構造異性体が存在する。

問3, 4 アニリンが塩基性，安息香酸とフェノールが酸性の官能基をもつことに注意する。ニトロベンゼンや芳香族炭化水素(ウ)は酸や塩基とは反応しない。

まずアニリンは塩酸①と反応し，アニリン塩酸塩となり水溶性となる。

$$C_6H_5\text{-}NH_2 + HCl \longrightarrow C_6H_5\text{-}NH_3Cl \quad (中和)$$
エーテル層　　　　　　　　　水層(i)

安息香酸とフェノールは水酸化ナトリウム②と反応し，水溶性のナトリウム塩となる。

$$C_6H_5\text{-}COOH + NaOH \longrightarrow C_6H_5\text{-}COONa + H_2O \quad (中和)$$

$$C_6H_5\text{-}OH + NaOH \longrightarrow C_6H_5\text{-}ONa + H_2O \quad (中和)$$
エーテル層　　　　　　　　　　　水層

カルボン酸である安息香酸は炭酸より強い酸であるが，フェノールは炭酸より弱い酸なので，ナトリウムフェノキシドを含む水溶液に二酸化炭素③を吹き込むと，フェノールが遊離する。

$$C_6H_5\text{-}ONa + CO_2 + H_2O \longrightarrow C_6H_5\text{-}OH + NaHCO_3 \quad (弱酸の遊離)$$
水層　　　　H₂CO₃　　　　　　エーテル層(v)
　　　　　↑H⁺

よって，(iv)は安息香酸ナトリウムである。

④の反応で安息香酸ナトリウムに変化することから，ウは一置換体であり，④はⓔである。そこで，ウはエチルベンゼンであり，残りより，イはニトロベンゼンである。

$$C_6H_5\text{-}CH_2\text{-}CH_3 \xrightarrow[酸化]{KMnO_4} C_6H_5\text{-}COOH \xrightarrow{NaHCO_3} C_6H_5\text{-}COONa$$
(iii)　エチルベンゼン　　　　安息香酸　　　　　安息香酸ナトリウム
ベンゼン環の横の炭素が酸化される

$$C_6H_5\text{-}COOH + NaHCO_3$$
$$\longrightarrow C_6H_5\text{-}COONa + CO_2 + H_2O \quad (弱酸の遊離)$$

| 標問 | **90** | **芳香族化合物(5)** |

答

問1 $C_{17}H_{16}O_2$　　問2 (i) 抽出　　(ii) 分液ろうと　　(iii) 上層

問3 (i) $CH_3-CH-\langle\bigcirc\rangle$　　(ii) 鏡像異性体　　問4 $CH_3-C-\langle\bigcirc\rangle$
　　　　　　$\quad\quad\;\,|$　　　　　　　　　　（光学異性体）　　　　　　　　$\quad\;\;\|$
　　　　　　$\quad\quad\;\,OH$　　　　　　　　　　　　　　　　　　　　　　　$\quad\;\;O$

問5 (i) $\langle\bigcirc\rangle-CH=CH-C\overset{\textstyle OH}{\underset{\textstyle O}{\big\langle}}$　　(ii) シス-トランス異性体（幾何異性体）

問6 $\langle\bigcirc\rangle-CH=CH-\overset{}{\underset{\|}{C}}-O-\overset{\textstyle CH_3}{\underset{}{CH}}-\langle\bigcirc\rangle$　　問7　4
　　　　　　　　　　　　O

精講　混乱しやすい事項の整理

■エステルとアミド

　カルボン酸から OH，アルコールから H がとれた構造をもつ化合物を**エステル**，カルボン酸から OH，アミンから H がとれた構造をもつ化合物を**アミド**という。

$$\underset{\text{カルボン酸}}{R-\overset{O}{\overset{\|}{C}}-\boxed{O-H}}\;\;\underset{\text{アルコール}}{\boxed{H}-O-R'} \longrightarrow \underset{\text{エステル}}{R-\overset{O}{\overset{\|}{C}}-O-R'}\quad\to\text{エステル結合}$$

$$\underset{\text{カルボン酸}}{R-\overset{O}{\overset{\|}{C}}-\boxed{O-H}}\;\;\underset{\text{アミン}}{\boxed{H}-\overset{H}{\underset{}{N}}-R'} \longrightarrow \underset{\text{アミド}}{R-\overset{O}{\overset{\|}{C}}-\overset{H}{\underset{}{N}}-R'}\quad\to\text{アミド結合}$$

■加水分解

　塩酸や水酸化ナトリウム水溶液を加えて<u>加熱</u>しているときは，エステルやアミドの加水分解である可能性が高い。

① **酸を使った場合**

$$R-\overset{O}{\overset{\|}{C}}\!\mid\!O-R' + H_2O \rightleftharpoons R-\overset{O}{\overset{\|}{C}}-O-H + R'-O-H$$

$$R-\overset{O}{\overset{\|}{C}}\!\mid\!\overset{H}{\underset{}{N}}-R' + H_2O + H^+ \longrightarrow R-\overset{O}{\overset{\|}{C}}-O-H + R'-NH_3^+$$

② **塩基を使った場合**

$$R-\overset{O}{\overset{\|}{C}}\!\mid\!O-R' + OH^- \longrightarrow R-\overset{O}{\overset{\|}{C}}-O^- + R'-O-H$$

$$R-\overset{O}{\overset{\|}{C}}\!\mid\!\overset{H}{\underset{}{N}}-R' + OH^- \longrightarrow R-\overset{O}{\overset{\|}{C}}-O^- + R'-NH_2$$

第3章　有機化学　　239

標問 90 の解説

問1, 2 元素分析値より, この化合物Aの原子数比は次のようになる。

$$C : H : O = \frac{81.0}{12.0} : \frac{6.3}{1.0} : \frac{100-(81.0+6.3)}{16.0}$$
$$\fallingdotseq 8.5 : 8 : 1 = 17 : 16 : 2$$

よって, Aの組成式は $C_{17}H_{16}O_2$ でその式量は252であり, 分子量は252なのでAの分子式は $\underline{C_{17}H_{16}O_2}$ となる。 問1

AはC, H, Oからなり, KOH aq で加水分解を受けるためエステル結合をもつことがわかる。加水分解（けん化）後, ジエチルエーテルを加えてエーテル層と水層に分け（抽出）問2(i), 水層に希塩酸を加えると次のようになりアルコールBとカルボン酸Cが得られる。

$$\underset{\text{エステル(A)}}{R-\overset{O}{\underset{\|}{C}}-O-R'} \xrightarrow[\text{加水分解}]{\text{KOH aq}} \text{エーテル} \Rightarrow \begin{cases} [\text{エーテル層}^{\text{注}}] \\ R'-OH \xrightarrow{\text{濃縮}} R'-OH\,(B : C_8H_{10}O) \\ [\text{水層}] \\ R-COO^- \xrightarrow{\text{HCl}} R-COOH\,(C) \end{cases}$$

注 水よりも密度が小さいためエーテル層が上層 問2(iii) となる。

〈BとDの決定（問3, 4）〉

① Bは, 分子式が $C_8H_{10}O$ なので不飽和度は $\dfrac{8\times2+2-10}{2}=4$ となり, 芳香族化合物であることからベンゼン環（不飽和度4）をもち, 他は単結合からなることがわかる。

② Bは, アルコールなので -OH をもっている。 ← Bは R'-OH

③ Bは, ヨードホルム反応が陽性なので, $CH_3-\underset{OH}{\underset{|}{CH}}-R$ または $CH_3-\underset{O}{\underset{\|}{C}}-R$ の構造をもつ可能性があるが, ①より $\rangle C=O$（不飽和度1）をもたない $CH_3-\underset{OH}{\underset{|}{CH}}-R$ の構造をもつ。

（②よりアルコールで O が1個しかないことから決めてもよい。）

①～③より, Bの構造は次のように決定する。

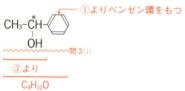

Bは不斉炭素原子を1個もつので鏡像異性体 問3(ii) が存在する。
DはBを二クロム酸カリウムで酸化すると得られるので次のように決定する。

$$CH_3-\overset{*}{\underset{\underset{\text{B}}{\underset{\text{OH} \quad \text{第二級}}{|}}}{CH}}-\underset{\text{アルコール}}{\bigcirc} \quad \xrightarrow{\text{酸化}} \quad CH_3-\underset{\underset{\text{D}}{\underset{\text{O}}{\|}}}{C}-\bigcirc \quad \underset{\text{問4}}{\text{ケトン}}$$

〈Cの決定（問5）〉

① AからBとCが得られる反応は，次のように表すことができるので，

$$C_{17}H_{16}O_2(A) + H_2O \longrightarrow C_8H_{10}O(B) + C$$

Cの分子式は $C_9H_8O_2$ となる。不飽和度は $\dfrac{9\times2+2-8}{2}=6$ となり，芳香族化合物

なのでベンゼン環（不飽和度4）をもち，他の部分で不飽和度2となる。

② カルボン酸なので –COOH をもっている。←CはR–COOH

③ C=C をもっている。

④ $KMnO_4$ で酸化すると開裂し，安息香酸が得られる。

$$C \xrightarrow{KMnO_4} {>}C=O \quad O=\underset{\underset{\text{安息香酸}}{}}{\overset{}{C}}{\overset{}{\underset{O-H}{}}}\bigcirc$$

よって，C は ${>}C=\underset{H}{\overset{}{C}}-\bigcirc$ の部分構造をもつことがわかる。

①〜④より，Cはシス-トランス異性体 の関係にある次のどちらかに決定する。
問5(ⅱ)

$$H-O-\underset{\underset{O}{\|}}{C}-C=\underset{\underset{H}{\overset{H}{}}}{C}\bigcirc \qquad \text{または} \qquad H-O-\underset{\underset{H}{\overset{O}{\|}}}{C}-C=\underset{\underset{H}{}}{C}\bigcirc$$

②より
$C_9H_8O_2$
問5(ⅰ)

答えはシス-トランス異性体の区別をしなくてよい

〈Aの決定（問6，7）〉

エステルAはカルボン酸CとアルコールBから脱水した次の形になる。

$$\bigcirc-CH=CH-\underset{\underset{C}{}}{\overset{\underset{O}{\|}}{C}}-\underset{\underset{\text{とってつなぐ}}{}}{O{-}H \quad H{-}O}-\underset{\underset{B}{}}{\overset{\overset{CH_3}{|}}{\underset{|}{\overset{*}{C}}}}H\bigcirc \longrightarrow \bigcirc-CH=CH-\underset{\underset{A}{}}{\overset{\overset{O}{\|}}{C}}-O-\underset{}{\overset{\overset{CH_3}{|}}{\underset{|}{\overset{*}{C}}}}H\bigcirc$$

問6

不斉炭素原子を1個もち，シス-トランス異性体が存在するC=Cの部分を1か所もっているので最大 $2\times2=4$ 通りの立体異性体が存在する。
へ問7

第3章 有機化学　241

標問 91 芳香族化合物(6)

答

問1 E:窒素　H:アセトアニリド　I:アニリン

問2 A: H₂N-SO₂-⟨⟩-NH-C(=O)-CH₃　C: H₂N-SO₂-⟨⟩(Br)(Br)-NH₂

F: H₂N-SO₂-⟨⟩-OH

G: H₂N-SO₂-⟨⟩-N=N-⟨⟩-N(CH₃)₂

問3 サルファ剤

精講　混乱しやすい事項の整理

■配向性

(1) オルト・パラ配向性の置換基[※1]

―Ö-H　―Ö⁻　―NH₂　―C-H　など
（非共有電子対）
　　　　　　　　　H

※1 オルト・パラ配向性の置換基は，ベンゼン環に電子を供与し，次の置換反応を起こりやすくするものが多い。

一般に，これらが先住置換基として導入されているとベンゼンより置換反応が起こりやすい。主にオルト体とパラ体が生じる。

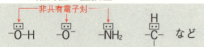

トルエン　―濃硝酸＋濃硫酸，加熱→　(o-ニトロトルエン, p-ニトロトルエン)　―さらに高温→　2,4,6-トリニトロトルエン (TNT)

フェノール　―濃硝酸＋濃硫酸，高温→　ピクリン酸

(2) メタ配向性の置換基[※2]

―NO₂　―C(=O)-H　―C(=O)-OH　など

※2 メタ配向性の置換基は，ベンゼン環の電子を吸引し，次の置換反応を起こりにくくするものが多い。

一般に，これらが先住置換基として導入されていると，ベンゼンより置換反応が起こりにくい。オルト体とパラ体が生じにくく，相対的にメタ体が多く生じる。

ベンゼン →(濃硝酸＋濃硫酸, 50℃〜60℃)→ ニトロベンゼン →(濃硝酸＋濃硫酸, 95℃以上)→ m-ジニトロベンゼン

■ アゾ染料

アゾ基 –N=N– をもつ芳香族化合物は黄色，橙色，赤色の化合物であり，染料として用いられる。

化合物	色	構造
p-ヒドロキシアゾベンゼン（p-フェニルアゾフェノール）	橙赤	⌬-N=N-⌬-OH
p-アミノアゾベンゼン（p-フェニルアゾアニリン）	黄	⌬-N=N-⌬-NH₂
1-フェニルアゾ-2-ナフトール	橙赤	⌬-N=N-ナフチル-OH

中和滴定の指示薬として有名なメチルオレンジもアゾ染料の一種である。

例　メチルオレンジ

NaO₃S-⌬-N=N-⌬-N(CH₃)₂ （黄色） ⇌(H⁺/OH⁻) NaO₃S-⌬-NH-N=⌬=N⁺(CH₃)₂ （赤色）

■ 医薬品

(1) **化学療法薬**

① **サルファ剤**[※3]

細菌の葉酸合成酵素の作用を阻害する。

例　スルファニルアミド　H₂N-⌬-SO₂NH₂

② **抗生物質**

微生物によってつくられる化学物質で，他の細菌の発育を阻害する。

例　ペニシリン[※4]

(2) **対症療法薬**

① **解熱鎮痛剤**

例

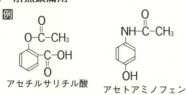

アセチルサリチル酸　　アセトアミノフェン

※3　サルファ剤は，スルファニルアミドと同じ部分構造をもつ抗菌物質の一般名である。

※4　ペニシリンは，イギリスのフレミングによって，1928年にアオカビから発見された。

② 消炎剤　　　　　　　③ その他

例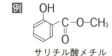
サリチル酸メチル

例 CH₂-O-NO₂
　　|
　　CH-O-NO₂
　　|
　　CH₂-O-NO₂
ニトログリセリン ← 狭心症の発作を抑える

■フェノール類とアニリンの検出反応

フェノール類	塩化鉄(Ⅲ)水溶液を加えると，青や紫など特有の呈色反応を示す ↑ Fe^{3+} がフェノール性ヒドロキシ基と錯イオンを形成
アニリン	さらし粉を加えると赤紫色を呈し，二クロム酸カリウム硫酸酸性溶液を加えるとアニリンブラックとよばれる黒色物質が生じる 　　　↑ アニリンは酸化されやすい

標問 91 の解説

問題文の流れを図にすると次のようになる。

```
A ─HCl→ ─NaHCO₃→ B ─Br₂→ C
                   │冷　　　 ジメチルアニリン
                   │　　→ D ──────────→ G(↓)
                   NaNO₂     CH₃COONa    (橙)
                   HCl (薄黄)
                   │熱         FeCl₃
                   │　　→ F ──────→ 紫色
p位に                E(↑)
-SO₂-NH₂を
導入        無水酢酸      さらし粉
       H ──────→ I ──────→ 赤紫色
```

問1, 2　I の組成式は，問題文の数値から次のように決定できる。

$$C : H : N = \frac{77.5}{12} : \frac{7.5}{1} : \frac{15.0}{14} = 6.45\cdots : 7.5 : 1.07\cdots ≒ \frac{6.45}{1.07} : \frac{7.5}{1.07} : \frac{1.07}{1.07}$$

$$≒ 6 : 7 : 1$$

よって，I の組成式は C_6H_7N である。

H や I はベンゼンの一置換体と考えられ，さらし粉を加えると赤紫色を呈することと組成式から I はアニリンであり，H がアセトアニリドとなる。

〔構造式：アニリン 無水酢酸／アセチル化 → アセトアニリド〕
アニリン I（分子式 C_6H_7N）　　アセトアニリド H

そこで，H のパラ位の水素原子をアミノスルホ基で置換したものが A となる。

〔構造式：$H_2N-S(=O)(=O)$-C₆H₄-NH-CO-CH₃〕A

A に塩酸を加えた後，炭酸水素ナトリウムを加えると生じる B が分子量172であ

ることから，Aのアミド結合を塩酸で加水分解し弱塩基遊離反応によって生じた芳香族アミンがBであると考えられる。

$$H_2N-\underset{\underset{O}{\overset{O}{\parallel}}}{\overset{O}{\underset{\parallel}{S}}}-\text{NH}\vdots\overset{O}{\underset{\parallel}{C}}-CH_3 \xrightarrow{\text{加水分解}} H_2N-\underset{\underset{O}{\overset{O}{\parallel}}}{\overset{O}{\underset{\parallel}{S}}}-NH_2$$

A　　　　　　　　　　　　　　　　　　B（分子量172）

Bのもつアミノ基はオルト・パラ配向性であり，次の置換反応がオルト位やパラ位で起こりやすいため，臭素を作用すると触媒がなくとも次のような置換反応が起こり，化合物が得られたと考えられ，この化合物は問題に与えられたCの分子式と一致する。

$$H_2N-\underset{\underset{O}{\overset{O}{\parallel}}}{\overset{O}{\underset{\parallel}{S}}}-NH_2 \xrightarrow{Br_2} H_2N-\underset{\underset{O}{\overset{O}{\parallel}}}{\overset{O}{\underset{\parallel}{S}}}-\overset{Br}{\underset{Br}{\bigcirc}}-NH_2$$

B　オルト・パラ配向性　　　　C（分子式 $C_6H_6Br_2N_2O_2S$）

芳香族アミンであるBを氷冷下でジアゾ化したものがDである。これをジメチルアニリンと反応させるとジアゾカップリングによってアゾ染料Gが得られる。

$$H_2N-\underset{\underset{O}{\overset{O}{\parallel}}}{\overset{O}{\underset{\parallel}{S}}}-NH_2 \xrightarrow[\text{氷冷}]{\text{ジアゾ化}} \left[H_2N-\underset{\underset{O}{\overset{O}{\parallel}}}{\overset{O}{\underset{\parallel}{S}}}-\overset{+}{N}\equiv N\right]Cl^-$$

B　　　　　　　　　　　　　　　　D

$$\xrightarrow{\text{カップリング}} H_2N-\underset{\underset{O}{\overset{O}{\parallel}}}{\overset{O}{\underset{\parallel}{S}}}-N=N-\underset{}{\bigcirc}-N\overset{CH_3}{\underset{CH_3}{}}$$

G

Dを含む水溶液を氷冷せず加熱すると，次のような加水分解反応が起こり，窒素が発生する。Fはフェノール性ヒドロキシ基をもつため塩化鉄(Ⅲ)水溶液中で錯イオンを形成し紫色を呈する。

$$H_2N-\underset{\underset{O}{\overset{O}{\parallel}}}{\overset{O}{\underset{\parallel}{S}}}-\overset{+}{N}\equiv N \ + \ H_2O$$

$$\xrightarrow{\text{加熱}} H_2N-\underset{\underset{O}{\overset{O}{\parallel}}}{\overset{O}{\underset{\parallel}{S}}}-OH \ + \ N\equiv N\uparrow \ + \ H^+$$

F　　　　　　　　　窒素 E

問3　スルファニルアミドBおよびその誘導体は，細菌が葉酸を合成するのを阻害することによって作用する医薬品の一種であり，一般にサルファ剤とよばれている。

第3章　有機化学　　245

標問 92 核磁気共鳴法（NMR）

答 問1 サリチル酸：4種類　　アセトアミノフェン：2種類
　　 問2 異性体：4つ　　構造式：

精講　まずは問題テーマをとらえる

現在では，有機化合物の構造は，質量分析法（Mass Spectrometry, 略称 MS）で分子量と分子式を決定し，核磁気共鳴法（Nuclear Magnetic Resonance, 略称 NMR）や赤外分光法（略称 IR）などの進んだ技術で炭素-水素の構成や存在する官能基を決定することが多い。特に，NMR については，説明を入れて出題されることがあり注意したい。

核磁気共鳴分光装置により，有機化合物の測定を行うと，分子中に性質の異なるH原子（またはC原子）が何種類存在するかを調べることができる。性質の異なるH原子の種類・個数を調べる方法を ^{1}H-NMR（C原子のときは，^{13}C-NMR）といい，本問は ^{1}H-NMR に関する問題である。

ベンゼンを測定すると，

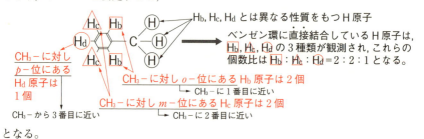

となる。

標問 92 の解説

問1　ベンゼン環に直接結合している性質の異なるH原子は，サリチル酸では H_a〜H_d の4種類になり，アセトアミノフェンでは H_a，H_b の2種類になる。

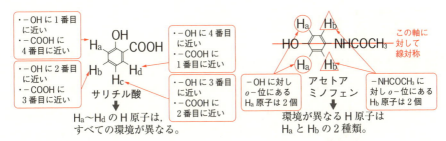

問2　フェノールのもつベンゼン環の2つの -H を -NO₂ 2つで置換したジニトロフェノールは「ジニトロベンゼンの o-体, m-体, p-体に残り1つの -OH を導入する」と異性体をはやく探すことができる。つまり, ジニトロフェノールの異性体は次の㋐〜㋕の6種類が考えられる。

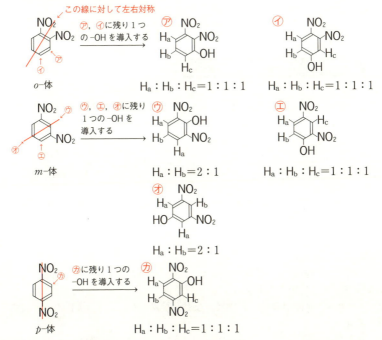

㋐〜㋕の中で性質の異なる H 原子が3種類(H_a, H_b, H_c) 観測され, その数の比が 1:1:1 になるのは㋐, ㋑, ㋓, ㋕の4つある。

また, $-\underset{\cdot\cdot}{\overset{\cdot\cdot}{O}}-H$ はオルト・パラ配向性の置換基なので, これら4つの異性体のうち最も収率が高いと考えられるジニトロフェノールは, フェノールの o-位と p-位がニトロ化された㋓になる。

標問 93 化学発光

答
問1 $C_8H_7NO_2$　問2 N_2　問3 酸化剤
問4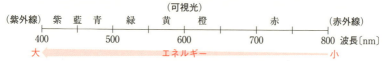
問5 O=C-O
　　O=C-O
問6 ウ　理由：温度が高くなり，シュウ酸ジフェニルと過酸化水素の反応の速度が上がると，単位時間あたりに生成する中間体が増加し，励起状態の蛍光物質が増加するから。
問7 蛍光物質はベンゼン環が少ないほど，放出される光の波長が短くなるので，ナフタレンでは可視光より短波長領域の紫外線が放出されるから。

精講　まずは問題テーマをとらえる

■光とは
光とは，波長がおよそ 200 nm から 800 nm の領域にある電磁波をさす。ヒトが見ることのできる，およそ 400 nm から 800 nm の波長領域の光を**可視光**という。

(紫外線)	紫	藍	青	緑	黄	橙	赤	(赤外線)
400		500		600		700		800　波長〔nm〕

大 ←──────── エネルギー ────────→ 小

光は粒子としての性質をもち，これを**光子**とよぶ。光子のもつエネルギーは波長に反比例する。すなわち，波長が短いほど，光子のもつエネルギーは大きい。

■化学発光
反応によって化学エネルギーが減少すると，その差分（あるいはその一部）が光エネルギーに変換されて，発光する現象。

例1　ルミノールは，血液中のヘモグロビンなどが触媒となって，過酸化水素と反応して，青く発光する。
例2　ケミカルライトは，チューブの中でシュウ酸ジフェニルが過酸化水素と反応するときに放出される化学エネルギーを蛍光物質に与えることで発光する。

標問 93 の解説

問1 炭素数 8，水素数 7，窒素数 3，酸素数 2 である。ベンゼン環に結合している水素を数え忘れないように。

問2 ルミノール $\underset{}{\text{（構造式）}}$ の ● 部分が酸化分解されて，生じた窒素を含む気体が A である。捜査現場の血痕分析で使う反応なので，有害な気体ではないと考えられるから，N_2 と予想できる。

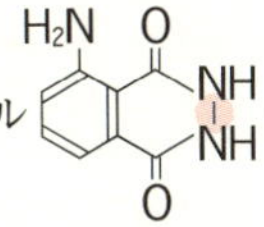

なお，この反応は，次のような過酸化物を経由して反応していると推定されている。

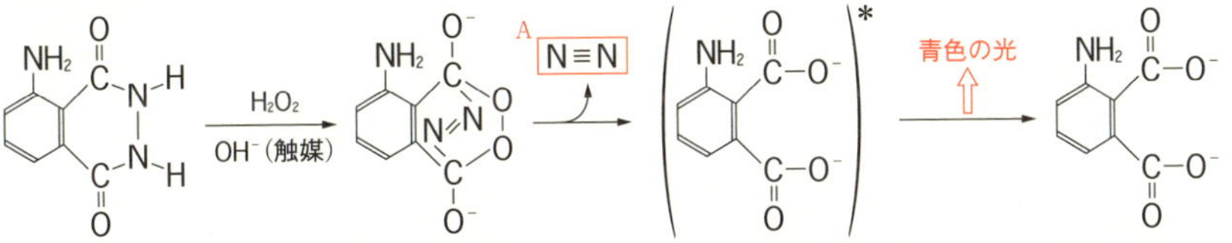

ルミノール　　　　過酸化物　　　　励起状態　　　　基底状態

問3 より電気陰性度の大きな元素と結合するように反応が進んでいるので，ルミノールは酸化されており，過酸化水素はルミノールに対して酸化剤として働いている。
（酸化剤）　$H_2O_2 + 2e^- + 2H^+ \longrightarrow 2H_2O$

問4，5 シュウ酸ジフェニルという名称から，シュウ酸とフェノールのジエステルだと予想できる。与えられた組成式を 2 倍すると，$C_{14}H_{10}O_4$ となり，分子式に一致する。

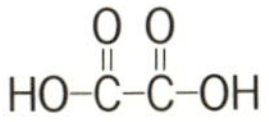

シュウ酸（分子式 $H_2C_2O_4$） 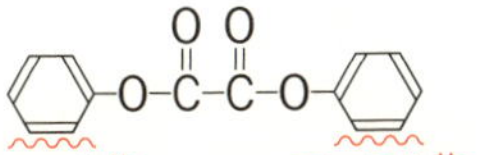　　　シュウ酸ジフェニル（分子式 $C_{14}H_{10}O_4$）

ペルオキシシュウ酸無水物の"ペルオキシ"は，クメン法の中間体として有名なクメンヒドロペルオキシドと同様に，$-O-O-$結合をもつ過酸化物を表している。

問題文の（注1）に与えられた IUPAC 名"1,2-ジオキセタンジオン"は二酸化炭素が 2 つぶんの分子式であることから，ペルオキシシュウ酸無水物は次のような構造式と予想できる。

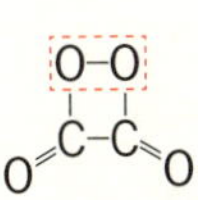

ペルオキシシュウ酸無水物　　　クメンヒドロペルオキシド
（1,2-ジオキセタンジオン）

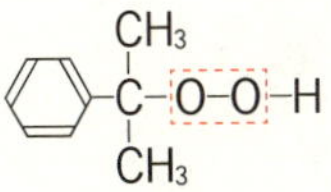

第3章　有機化学　　249

シュウ酸ジフェニルと過酸化水素の反応は、形式的には次のようにエステルが分解して、最終的に二酸化炭素とフェノールが生じると考えられる。ペルオキシシュウ酸無水物が分解して二酸化炭素が生じるときに放出されるエネルギーを蛍光物質が受け取って、高いエネルギー状態(励起状態)となり、再び低いエネルギー状態(基底状態)に戻るときに光エネルギーを放出する。これを利用したものが、ケミカルライトであり、用いる蛍光物質の種類によって、発する光の色が異なる。

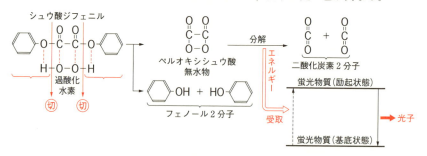

問6 一般に温度が上がると、反応速度は大きくなる。同じ反応では、反応経路でのエネルギーのやりとりが同じなので、一つの反応から、同じ波長(すなわち同じ色)の光子が放出される。ただし、反応速度が大きくなり、単位時間あたりに多くの反応が起こると、同じ波長の光子が多く放出され、色はそのままで、明るく感じる。そこで、熱水では発光が強くなると予想できる。

問7 下線部(2)の記述に注目する。テトラセンからルブレンとベンゼン環が増加すると色が青緑色から橙色、すなわち光の波長の長いほうへ変化している。この傾向から、ナフタレンはテトラセンよりベンゼン環が少ないので、青緑色より波長の短い光を放出すると予想できる。ただし紫色より波長の短い紫外線領域になってしまうと肉眼では見えなくなる。

	ナフタレン	テトラセン	ルブレン
ベンゼン環の数	少 →		多
色	観測できない!? 短	青緑色 波長	橙色 長

標問 **94** 糖類

答

問1　$C_{17}H_{30}O_{12}$　　問2　$CH_3-CH_2-\overset{\overset{\displaystyle CH_3O}{|}}{C}-OH$

問3　スクロース中のグルコースおよびフルクトース単位は，水溶液中で鎖状構造をとれないので還元性を示さない。(50字)

問4

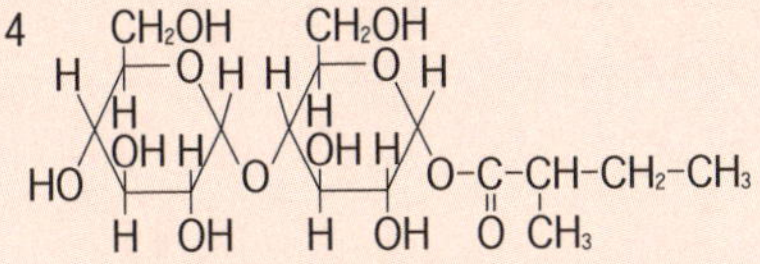

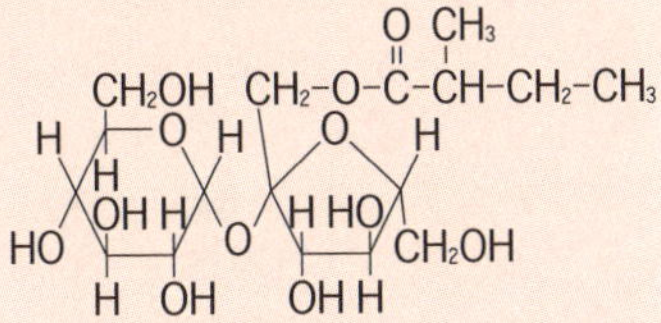

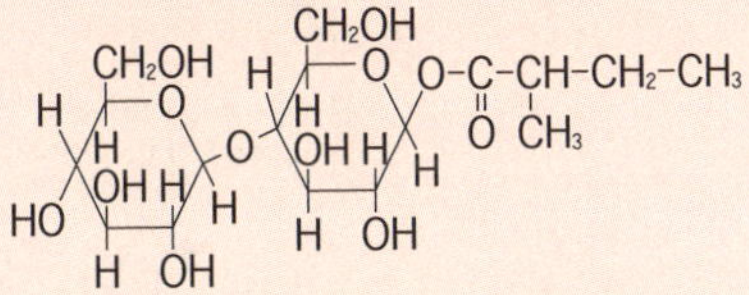

問5　A：う　　B：お

精講 混乱しやすい事項の整理

■単糖類

　単糖類には，炭素原子が6個の**ヘキソース**（六炭糖）と炭素原子が5個の**ペントース**（五炭糖）がある。ヘキソースには，グルコース・フルクトース・ガラクトースなどがあり，いずれも分子式が$C_6H_{12}O_6$（分子量180）で表され互いに異性体の関係にある。ペントースには，RNA（リボ核酸）の構成成分であるリボース $C_5H_{10}O_5$ などがある。

(1)　**グルコース $C_6H_{12}O_6$**

　　グルコースは**ブドウ糖**ともいう。デンプンやセルロースを希酸で加水分解すると得られ，水溶液中では次の3種類の異性体が平衡状態となり存在する。グルコースは，すべての構造式を書けるようにすること。

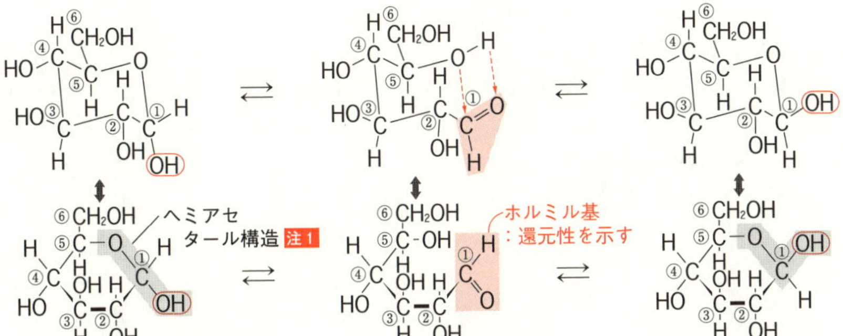

α-グルコース 37%（環状構造）　　グルコース 微量（鎖状構造）　　β-グルコース 63%（環状構造）

ヘミアセタール構造 注1

ホルミル基：還元性を示す

第3章　有機化学　　251

注1 ヘミアセタール構造は，C-O-C-OH（エーテル結合に OH）と覚えるとよい。環状構造の糖がヘミアセタール構造をもつと，その糖の水溶液は還元性を示す。
注2 25℃の水溶液中の存在パーセント〔%〕

α-グルコースと β-グルコースは互いに立体異性体の関係にあり，グルコースの鎖状構造にはホルミル基 -CHO があるので，グルコースの水溶液は還元性を示す。よって，銀鏡反応を示し，フェーリング液を還元する。

グルコースに酵母中に含まれる**チマーゼ**を作用させると，エタノールと二酸化炭素を生じる。この反応を**アルコール発酵**という。

$$C_6H_{12}O_6 \longrightarrow 2C_2H_5OH + 2CO_2$$

(2) **フルクトース** $C_6H_{12}O_6$

フルクトースは**果糖**ともいう。結晶中では β 形六員環構造をしており，水溶液中では次のような 5 種類の異性体が平衡状態になり存在する。

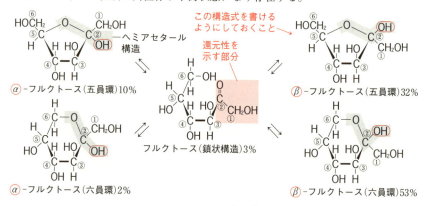

フルクトースの水溶液は，鎖状構造中の $-CO-CH_2OH$ の部分が，アンモニア性硝酸銀水溶液やフェーリング液などの塩基性条件下では $-CH-C\overset{O}{\underset{H}{\diagup}}$ に変化するため，銀鏡反応を示し，フェーリング液を還元する。
（$\overset{OH}{}$）

(3) **ガラクトース** $C_6H_{12}O_6$

ガラクトースは，グルコースの立体異性体で，グルコースと 4 位の -H と -OH の配置が異なる。

グルコースのようにホルミル基 -CHO をもつ単糖類を**アルドース**，フルクトースのようにカルボニル基（ケトン基） $\diagup$C=O をもつ単糖類を**ケトース**という。

■二糖類 $C_{12}H_{22}O_{11}$

二糖類は, 2分子の単糖類が脱水縮合した化合物であり, $C_6H_{12}O_6 + C_6H_{12}O_6 - H_2O = C_{12}H_{22}O_{11}$ の分子式をもつ。二糖類の還元性の有無と加水分解する酵素は **Point 62** にまとめてあるので押さえておこう。

(1) **マルトース $C_{12}H_{22}O_{11}$**

マルトースは**麦芽糖**ともいう。マルトースは, デンプンを酵素アミラーゼによって加水分解すると得られる。

$$2(C_6H_{10}O_5)_n + nH_2O \longrightarrow nC_{12}H_{22}O_{11}$$

マルトースは, α-グルコース2分子が, 互いに1位と4位の-OHの間で脱水縮合した構造をもつ。

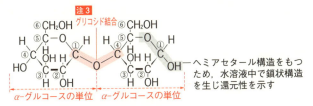

注3 単糖の $\overset{①}{C}$ に結合した-OHと他の分子との間でつくられるエーテル結合 $\overset{①}{C}$-O-C を特にグリコシド結合という。

(2) **スクロース $C_{12}H_{22}O_{11}$**

スクロースは**ショ糖**ともいう。スクロースは, α-グルコースの1位の-OHとβ-フルクトース(五員環構造)の2位の-OHとの間で脱水縮合した構造をもつ。

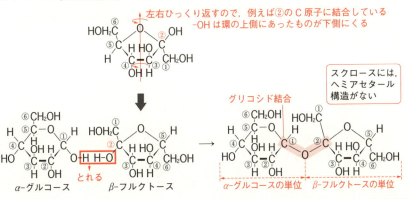

スクロースは, 希酸や酵素インベルターゼ(またはスクラーゼ)によって加水分解されるとグルコースとフルクトースの等量混合物(**転化糖**)になる。

$$\underset{スクロース}{C_{12}H_{22}O_{11}} + H_2O \underset{転化}{\longrightarrow} \underset{グルコース}{C_6H_{12}O_6} + \underset{フルクトース}{C_6H_{12}O_6}$$

スクロースの水溶液は, スクロース中のグルコースおよびフルクトース単位が鎖状構造をとって-CHO基や-CO-CH₂OH基にならない

第3章 有機化学 253

ので還元性を示さない。しかし，加水分解されて転化糖になると，グルコースもフルクトースも還元性を示すので，転化糖は還元性を示すようになる。

(3) セロビオース $C_{12}H_{22}O_{11}$

セロビオースは，β-グルコース2分子が，互いに1位と4位の -OH の間で脱水縮合した構造をもつ。

(4) ラクトース $C_{12}H_{22}O_{11}$

ラクトースは**乳糖**ともいい，β-ガラクトースの1位の -OH と β-グルコースの4位の -OH との間で脱水縮合した構造をもつ。

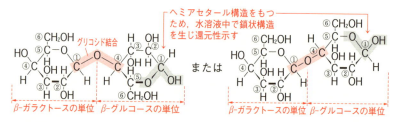

Point 62

名称	構成単糖	加水分解する酵素	水溶液の還元性
マルトース（麦芽糖）	α-グルコース（1位のOH）+(α)グルコース（4位のOH）	マルターゼ	あり
セロビオース	β-グルコース（1位のOH）+(β)グルコース（4位のOH）	セロビアーゼ	あり
ラクトース（乳糖）	β-ガラクトース（1位のOH）+(β)グルコース（4位のOH）	ラクターゼ	あり
スクロース（ショ糖）	α-グルコース（1位のOH）+β-フルクトース（2位のOH）	インベルターゼ（スクラーゼ）	なし

標問 94 の解説

問1 エステル 42.6 mg を完全燃焼させると，CO_2（分子量 44.0）が 74.8 mg，H_2O（分子量 18.0）が 27.0 mg 得られたので，このエステル 42.6 mg 中の炭素，水素，酸素の質量は，それぞれ

$$C : 74.8 \times \frac{12.0}{44.0} = 20.4 \text{ (mg)} \qquad H : 27.0 \times \frac{2.0}{18.0} = 3.0 \text{ (mg)}$$

$$O : 42.6 - (20.4 + 3.0) = 19.2 \text{ (mg)}$$

となり,

$$C : H : O = \frac{20.4}{12.0} : \frac{3.0}{1.0} : \frac{19.2}{16.0} = 1.7 : 3 : 1.2 = 17 : 30 : 12$$

よって,組成式は $C_{17}H_{30}O_{12}$ となる。

　組成式の式量は $12.0 \times 17 + 1.0 \times 30 + 16.0 \times 12 = 426.0$ であり,このエステルの分子量は 500 以下なので,分子式は組成式と同じ $C_{17}H_{30}O_{12}$ となる。

問2　このエステル $C_{17}H_{30}O_{12}$ は,二糖類 $C_{12}H_{22}O_{11}$ よりも酸素 O 原子が 1 個だけ増加していることから,二糖類 $C_{12}H_{22}O_{11}$ が 1 価のカルボン酸との間で 1 ヶ所だけエステル結合をつくっていたことがわかる。

$$C_{12}H_{21}O_{10}(OH) + R-C\begin{smallmatrix}O\\O-H\end{smallmatrix} \rightleftharpoons C_{12}H_{21}O_{10}(OCOR) + H_2O$$

二糖類（アルコール）　　1価のカルボン酸　　　エステル $C_{17}H_{30}O_{12}$
$C_{12}H_{22}O_{11}$
　　　　　　　　O 原子が 1 個増加

よって,1 価のカルボン酸の分子式は,次のように求めることができる。

$$\underline{C_{17}H_{30}O_{12}} + H_2O - \underline{C_{12}H_{22}O_{11}} = \underline{C_5H_{10}O_2}$$
　エステルの分子式　　　　二糖類の分子式　　1価のカルボン酸の分子式

この 1 価のカルボン酸は,分子式が $C_5H_{10}O_2$（不飽和度 1 ）であるため,次の㋐〜㋓の 4 個の構造異性体が考えられる。

㋐ CH₃-CH₂-CH₂-CH₂-C(=O)-OH　㋑ CH₃-CH(CH₃)-CH₂-C(=O)-OH　㋓ (CH₃)₂CH-C(=O)-OH

㋒ CH₃-CH₂-CH(CH₃)-C(=O)-OH

㋐〜㋓の中で,不斉炭素原子が含まれているのは㋒だけなので,㋒がこのエステルを加水分解して生成するカルボン酸と決定する。

CH₃-CH₂-C*H(CH₃)-C(=O)-OH　　＊は不斉炭素原子

問4　マルトースの場合,グリコシド結合のみを選択的に切断するとグルコースが得られる。

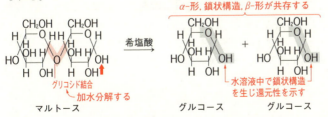

得られた化合物の中で還元性を示さないものが存在するには,矢印（⬅）の部分がカルボン酸とエステル結合を形成していれば,右側から得られるグルコースは還

元性を示せない。よって，条件を満たすマルトースのエステルは次のようになる。

マルトース　カルボン酸

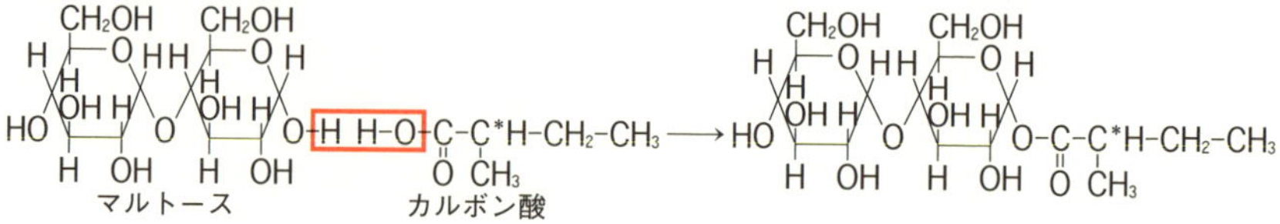

セロビオースの場合，マルトースと同じ要領で考えることができるので，矢印（⬅）の部分がカルボン酸とエステル結合を形成していればよい。よって，条件を満たすセロビオースのエステルは次のようになる。

セロビオース

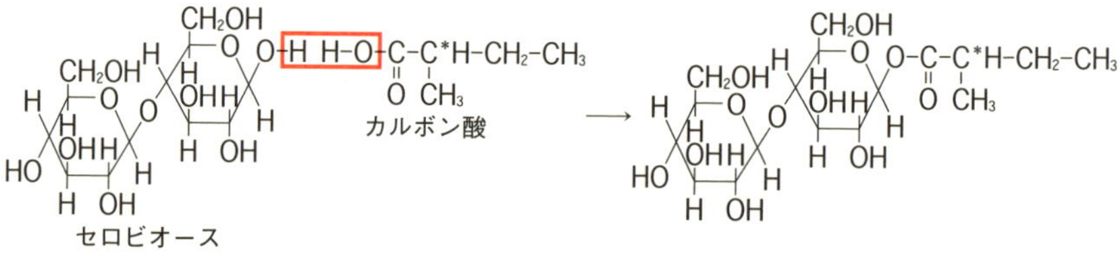

セロビオース　カルボン酸

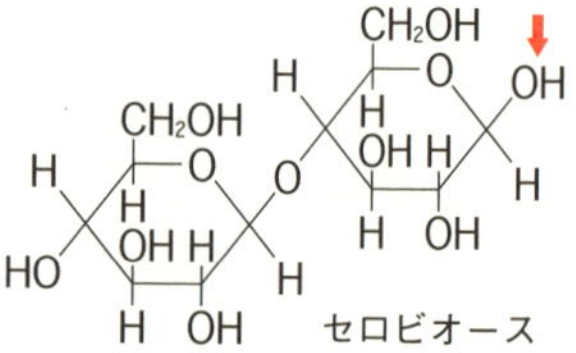

スクロースの場合，グリコシド結合のみを選択的に切断するとグルコースとフルクトースの混合物が得られる。

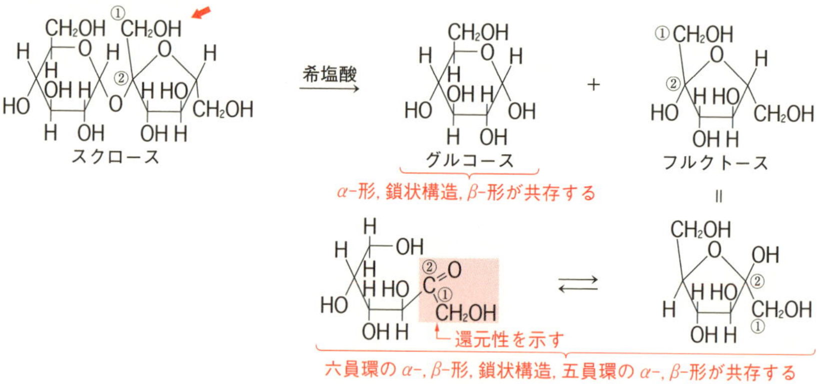

スクロース　希塩酸　グルコース　＋　フルクトース

α-形, 鎖状構造, β-形が共存する

還元性を示す

六員環の α-, β-形, 鎖状構造, 五員環の α-, β-形が共存する

　得られた化合物の中で還元性を示さないものが存在するためには，矢印（⬅）の部分がカルボン酸とエステル結合を形成していれば，右側から得られるフルクトースは還元性を示せない。よって，条件を満たすスクロースのエステルは次のようになる。

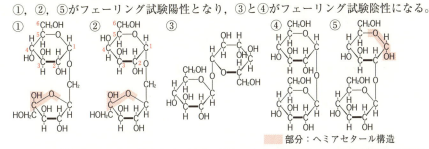

問5 環状構造の糖がヘミアセタール構造をもつと，その糖の水溶液は還元性を示す。ヘミアセタール構造は，C–O–C–OH（エーテル結合にOH）と覚えるとよい。よって，①，②，⑤がフェーリング試験陽性となり，③と④がフェーリング試験陰性になる。

また，①と②は，C4に結合した –H と –OH の向きが異なるので立体異性体の関係になる。④と⑤は，分子式が同じで分子の構造式が異なる構造異性体の関係になり，立体異性体の関係にはならない。

標問 95 糖の還元性

答
問1 ア：セルロース　イ：ビスコースレーヨン
　　ウ：銅アンモニアレーヨン（キュプラ）　エ：ヨウ素デンプン
問2 オ：ⓔ　カ：ⓓ　キ：ⓜ
問3 (1) β-グルコース
　　(2) （構造式）
問4 (1) ホルミル基
　　(2) Cu_2O
　　(3) ⓑ
問5 8.0×10^2

精講　混乱しやすい事項の整理

■デンプン $(C_6H_{10}O_5)_n$

デンプンは，多数の α-グルコースが脱水縮合し，分子内の水素結合によりらせん状の構造をもつ。還元性を示さない多糖類であり，「熱水に溶ける直鎖状の**アミロース**」と「熱水に溶けない枝分かれを多くもつ**アミロペクチン**」とからできている。

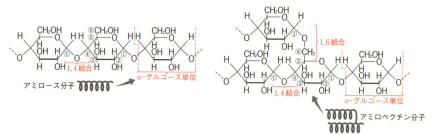

【ヨウ素デンプン反応】 デンプン水溶液にヨウ素溶液（ヨウ素 I_2 ヨウ化カリウム KI 水溶液）を加えると，青紫色〜赤褐色を示す。デンプン分子のらせんの長さにより色が変わり，アミロースの場合は青色，アミロペクチンの場合は赤紫色になる。ヨウ素デンプン反応は，加熱するとその色が消え，冷却すると再び呈色する。

■セルロース $[C_6H_7O_2(OH)_3]_n$

セルロースは植物細胞壁の主成分で，木綿，麻，木材などに多く含まれている。セルロースは，多数の β-グルコースが脱水縮合して結びついてできた高分子であり，β-グルコースが長くつながった構造をしている。また，分子間で水素結合を形成し集まっているので水に不溶で，還元性やヨウ素デンプン反応を示さない。

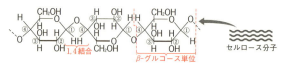

■ グリコーゲン $(C_6H_{10}O_5)_n$

動物が摂取した糖の一部は,肝臓にグリコーゲンとして蓄えられる。グリコーゲンは動物デンプンともよばれ,α-グルコースからなり,分子の構造はアミロペクチンと似ているが枝分かれがアミロペクチンより多く,ヨウ素デンプン反応は赤褐色になる。

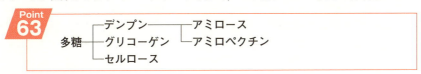

標問 95 の解説

問 1　植物細胞壁の主成分として天然に多量に存在するセルロース $[C_6H_7O_2(OH)_3]_n$ を,化学的に処理して溶液とし,これを再び繊維状にしたものを再生繊維(レーヨン)という。
　　セルロースを水酸化ナトリウム水溶液でアルカリ処理したのち,二硫化炭素 CS_2 と反応させるとビスコースが得られ,ビスコースを細孔から希硫酸中に押し出して繊維状にしたものがビスコースレーヨンである。
　　セルロースを水酸化銅(Ⅱ) $Cu(OH)_2$ を濃アンモニア水に溶かしたシュワイツァー試薬に溶かし,細孔から希硫酸中に引き出して繊維状にしたものが銅アンモニアレーヨン(キュプラ)である。
　　デンプンは,ヨウ素デンプン反応により青紫色～赤褐色に呈色する。

問 2, 3　デンプンを完全に加水分解するとグルコースが得られる。
　　グルコースの水溶液は,次の平衡混合物になっている。
　　　　　α-グルコース ⇌ 鎖状構造 ⇌ β-グルコース
　　この 3 つの状態のうち,「構造Cの分子がフェーリング液によって酸化される」という記述から,構造Cは鎖状構造であるとわかる。よって,構造Aの分子からなる結晶Ⅰ,構造Bの分子からなる結晶Ⅱは,どちらかが α-グルコースでもう一方が β-グルコースとなる。ここで,「構造Aの分子はデンプンの構成単位である」という問 3 の記述から構造Aが α-グルコースになるので,構造Bは β-グルコースになる。これら 2 種類の結晶は還元性を示さないが,水溶液にすると生じる鎖状構造のグルコース(構造C)にホルミル基があるため,還元性を示すようになる。
　　フェーリング液を加えて温めると,溶液中の Cu^{2+} が還元されて(構造Cのホルミル基が酸化されて),青色が消え,赤色の酸化銅(Ⅰ) Cu_2O の生成が観察できる。

問 4　(3) 構造 A (α-グルコース)の分子からなる結晶Ⅰを水に溶かすと,水溶液中では次のような平衡状態になる。
　　　　(構造A)　　　　(構造C)　　　　　　　(構造B)
　　　　α-グルコース ⇌ 鎖状構造(極めて少量) ⇌ β-グルコース
　　この溶液に,フェーリング液を加えて温めると構造C(鎖状構造)が反応して減少するので,構造Cが生成する方向に平衡が移動して構造A(α 形)および構造B(β 形)が構造C(鎖状構造)に変化し,さらにフェーリング液と反応していく。

第 3 章　有機化学　259

完全に反応させ沈殿を生成させた後,「フェーリング液の色が消えなかった」つまり Cu^{2+} が残っていたとの記述から,過剰のフェーリング液が使われたことがわかり,構造A(α形) および構造B(β形) が構造C(鎖状構造) を通してすべて反応し,Cu_2O が沈殿したことがわかる。

よって,「構造C 1 mol から Cu_2O 1 mol が生成する」という記述から,フェーリング液を加える前の水溶液中に存在する構造A(α形),構造B(β形),構造C(鎖状構造) の物質量の和に相当する Cu_2O が生成することになる。ただし,構造C(鎖状構造) は極めて少量(全体の0.02%)なので,その量は無視できる。よって,

生成する Cu_2O の物質量〔mol〕=構造Aの物質量+構造Bの物質量+構造Cの物質量
≒構造Aの物質量+構造Bの物質量　極めて少量

問5　アミロース $(C_6H_{10}O_5)_n$ は,水溶液中で右末端1位の炭素の部分がグルコースと同じようにホルミル基を生じるので,フェーリング試験が陽性になるはずである。ただ,アミロース1分子中に1個だけしかホルミル基を生じることができる糖が存在しないため,n が大きくなってくると沈殿する Cu_2O の物質量が極めて少なくなり,沈殿が確認できなくなる。ここでは,n がいくつ以上になると沈殿が確認できなくなるかを調べている。

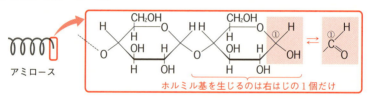

構造Aの分子(α-グルコース) からなる結晶Ⅰ 1.8 g の水溶液 50 mL のモル濃度は,

$$\frac{1.8}{180} \text{〔mol〕} \div \frac{50}{1000} \text{〔L〕} \text{〔mol/L〕} \quad \leftarrow C_6H_{12}O_6=180 \text{ より}$$

となる。結晶Ⅰの代わりに,重合度 n のアミロース H−$(C_6H_{10}O_5)_n$−OH 1.8 g を水に溶かして 50 mL にした試料溶液を用いると,結晶Ⅰのモル濃度の 720 分の1になるまでは沈殿を確認できたので,720 分の1よりも濃度が小さくなると沈殿を確認することができなくなる。[※1]

したがって,このアミロースの水溶液について沈殿を確認できない条件は,

$$\underbrace{\frac{\frac{1.8}{162n+18}}{\frac{50}{1000}}}_{\text{アミロース〔mol/L〕}} < \underbrace{\frac{\frac{1.8}{180}}{\frac{50}{1000}}}_{\text{結晶Ⅰ〔mol/L〕}} \times \underbrace{\frac{1}{720}}_{\text{720 分の1より小さいと確認できないので}}$$

※1　ここでは,アミロースについて n の最小値を調べようとしているので,両はじを無視する $(C_6H_{10}O_5)_n$(分子量 $162n$) ではなく,両はじを無視しない H−$(C_6H_{10}O_5)_n$−OH (分子量 $162n+18$) で考えた。

よって,$n > 799.8…$ 　 n が 8.0×10^2 以上になると沈殿が確認できなくなる。

注　正誤問題などで答えるときは,n が非常に大きなアミロースを考えるので,アミロース(デンプン) は還元性を示さないとする。

標問 96 多糖

答 イ：2500　ロ：3　ハ：2　ニ：4　ホ：23　ヘ：25　ト：100

標問 96 の解説

イ：デンプンの分子式を $(C_6H_{10}O_5)_n$ とすると，$C_6H_{10}O_5=162$ より，

$$n=\frac{4.05\times 10^5}{162}=2500$$

このデンプンは，2500 個のグルコースが縮合したものである。

ロ〜ニ：デンプンの −OH をすべて −OCH₃ にした後，希硫酸で加水分解すると，グリコシド結合の部分だけが，色矢印（↓）のように加水分解を受けて −OH のように −OH となる。

2500 個のグルコースからなるデンプンを書いて考えるのは難しいので，次のような 10 個のグルコースからなるデンプンを使って考えてみる。

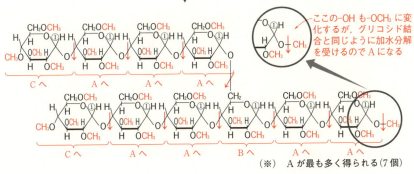

（※）A が最も多く得られる(7個)

グリコシド結合に使われていなかった –OH が –OCH₃ に変化したグルコース A～C が得られる。

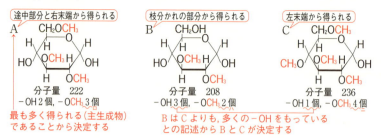

ホ：このデンプン 2.431 g を用いたとき，A(分子量 222) は 3.064 g，B(分子量 208) は 0.125 g，C(分子量 236) は 0.142 g 生じたことから，その物質量〔mol〕比は，

$$A : B : C = \frac{3.064}{222} : \frac{0.125}{208} : \frac{0.142}{236} \fallingdotseq 23 : 1 : 1$$

で，物質量〔mol〕比＝分子数比（個数比）　となる。

ヘ：枝分かれをしている部分の –OH を –OCH₃ にした後，加水分解すると B が得られるので，このデンプンでは，グルコース (23+1+1) mol あたり 1 mol の枝分かれがあることがわかり，物質量〔mol〕比＝個数比　なので，23+1+1 個あたり 1 個の枝分かれがある。

ト：　イ　より，このデンプン 1 分子あたり 2500 個のグルコースが縮合したものであるので，

$$2500 \times \frac{1}{23+1+1} = 100 \text{〔個〕}$$

　ヘ　より

の枝分かれがある。

標問 97 油脂

答
問1 指示薬：デンプン水溶液
　　滴定の終点：溶液が青色から無色へ変化することで判断できる。
問2　79.9　　問3　879
問4　空気中の酸素によって油脂中の炭素原子間二重結合の周辺が架橋されるため。

精講　混乱しやすい事項の整理

■油脂

脂質(リピド)は，糖類やタンパク質とともに栄養源として必要なもので，**単純脂質**(油脂やろうなど)と**複合脂質**(リン脂質や糖脂質など)に分けることができる。

油脂は，3価のアルコールであるグリセリン $C_3H_5(OH)_3$ 1分子と1価のカルボン酸である脂肪酸3分子とからできたエステルで，動物の体内や植物の種子に存在している。

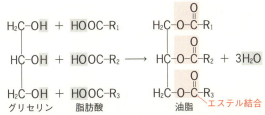

天然の油脂を構成している脂肪酸は，炭素原子数が16と18の高級脂肪酸が多い。

炭素数	分子式	名称	C=Cの数	分子量	融点[注]	
16	$C_{15}H_{31}COOH$	パルミチン酸	0	256	63℃	飽和脂肪酸
18	$C_{17}H_{35}COOH$	ステアリン酸	0	284	71℃	
	$C_{17}H_{33}COOH$	オレイン酸	1	282	13℃	不飽和脂肪酸
	$C_{17}H_{31}COOH$	リノール酸	2	280	−5℃	
	$C_{17}H_{29}COOH$	リノレン酸	3	278	−11℃	

　　　　　　　　　　　　　　　　　　↑　　　　　↑
　　　　　　　　　　　　C=C数が増すと融点は低くなる

注　天然の不飽和脂肪酸は，ふつうシス形なので，C=C結合が増えるほど分子が折れ曲がることで密な配列がとりにくくなり，融点が低くなる。

油脂を構成している脂肪酸の種類は，油脂の性質に関係する。つまり，パルミチン酸などの高級飽和脂肪酸を多く含む油脂は，常温で固体の**脂肪**(牛脂や豚脂など)，リノール酸などの高級不飽和脂肪酸を多く含む油脂は，常温で液体の**脂肪油**(ひまわり油，ごま油など)になる。

標問 97 の解説

問1 デンプンの水溶液にヨウ素ヨウ化カリウム水溶液（ヨウ素溶液）を加えると，青〜青紫色になる。この呈色反応をヨウ素デンプン反応といい，きわめて鋭敏なので，微量のデンプンやヨウ素の検出に用いられる。

問2 滴定に使用した一定量の ICl を a〔mol〕とする。

〈油脂 A を加えた場合〉

油脂A 300 mg，CCl_4 10 mL →溶解 →（一定量 ICl a〔mol〕）→1時間放置→（蒸留水 KI aq）→I_2 生成 ←（デンプン aq）← 0.100 mol/L $Na_2S_2O_3$ x〔mL〕

　滴定に使用した 0.100 mol/L の $Na_2S_2O_3$ を x〔mL〕とする。ここで，油脂 A 1 mol 中に $-CH=CH-$ が n〔mol〕含まれているとすると，油脂 A の $-CH=CH-$ はまとめて，$-(CH=CH)_n$ と表すことができる。油脂 A の $-(CH=CH)_n$ と ICl は，次のように反応する。

$$1-(CH=CH)_n \ + \ nICl \ \longrightarrow \ \left[\begin{matrix} CH-CH \\ I \quad\ \ Cl \end{matrix}\right]_n \quad \cdots ①'$$

　①'式から，油脂 A 1 mol に付加する ICl が n〔mol〕なので，油脂Aの平均分子量を $\overline{M_A}$ とすると，油脂 A 300 mg に付加する ICl の物質量は，

$$\underbrace{\frac{300\times10^{-3}}{\overline{M_A}}}_{油脂 A 〔mol〕} \times \underbrace{n}_{付加する ICl 〔mol〕} \quad 〔mol〕$$

となり，付加せずに余った ICl の物質量は，

$$\left(a-\frac{300\times10^{-3}}{\overline{M_A}}\times n\right)〔mol〕$$

と求められる。②式から，付加せずに余った ICl 1 mol から I_2 1 mol が生成し，③式から I_2 1 mol に対して $Na_2S_2O_3$ 2 mol が滴定に必要になることがわかる。よって，今回の滴定に使用した $Na_2S_2O_3$ が x〔mL〕であることから次式が成立する。

$$\underbrace{\left(a-\frac{300\times10^{-3}}{\overline{M_A}}\times n\right)}_{\substack{付加せず余っ \\ た ICl 〔mol〕}} \times \underbrace{1}_{\substack{生成する \\ I_2 〔mol〕}} \times \underbrace{2}_{\substack{滴定に必要な \\ Na_2S_2O_3 〔mol〕}} = \underbrace{0.100\times\frac{x}{1000}}_{\substack{滴定に使用した \\ Na_2S_2O_3 〔mol〕}} \quad \cdots(1)$$

〈油脂 A を加えない場合（ブランク試験）〉

CCl_4 10 mL →（一定量 ICl a〔mol〕）→1時間放置→（蒸留水 KI aq）→I_2 生成 ←（デンプン aq）← 0.100 mol/L $Na_2S_2O_3$ $x+18.9$〔mL〕

　油脂Aを加えない場合，①'式の付加が起こらないので加えた ICl a〔mol〕すべてが残り，②式で生成する I_2 が油脂Aを加えた場合に比べて増加する。そのため，滴定に必要な $Na_2S_2O_3$ が 18.9 mL 増えて $(x+18.9)$ mL となる。よって，ブランク試験に使用した $Na_2S_2O_3$ が $(x+18.9)$ mL であることから次式が成立する。

264

$$a \quad \times \quad 1 \quad \times \quad 2 \quad = 0.100 \times \frac{x+18.9}{1000} \quad \cdots(2)$$

余った ICl 〔mol〕　生成する I_2〔mol〕　滴定に必要な $Na_2S_2O_3$〔mol〕　滴定に使用した $Na_2S_2O_3$〔mol〕

(2)式－(1)式より，

$$\frac{300 \times 10^{-3} \times n}{\overline{M}_A} \times 2 = 0.100 \times \frac{18.9}{1000} \qquad \text{よって，} \quad \frac{n}{\overline{M}_A} = 3.15 \times 10^{-3} \quad \cdots(*)$$

ここで，油脂に付加するハロゲンの物質量をヨウ素の物質量に換算すると，①′式より油脂 A 1 mol に付加する ICl は n〔mol〕なので，I_2 n〔mol〕と換算できる。また，ヨウ素価は油脂 100 g に対する I_2 の g 数で表した値なので，I_2＝253.8 と (*) 式よりヨウ素価は，

$$\frac{100}{\overline{M}_A} \quad \times \quad n \quad \times \quad 253.8 \quad = \frac{n}{\overline{M}_A} \times 100 \times 253.8 = 3.15 \times 10^{-3} \times 100 \times 253.8$$

油脂 A 100 g の〔mol〕　付加する ICl〔mol〕　I_2〔g〕　　(*) 式より $\frac{n}{\overline{M}_A} = 3.15 \times 10^{-3}$

↓換算 I_2〔mol〕　↓ヨウ素価

$$= 79.94 \cdots \fallingdotseq 79.9$$

問3　パルミチン酸 $C_{15}H_{31}COOH$ の分子内には，$-CH=CH-$ は存在しない。また，オレイン酸 $C_{17}H_{33}COOH$ の分子内には，$-CH=CH-$ が 1 個存在する。油脂 A から検出された脂肪酸は，パルミチン酸とオレイン酸のみなので，油脂Aは，

$$C_3H_5(OCOC_{17}H_{33})_x(OCOC_{15}H_{31})_{3-x}$$

と表すことができる。油脂 A と ICl は，$C_{17}H_{33}-$ 中に $-CH=CH-$ が 1 個存在することに注意すると次のように反応する。

$$C_3H_5(OCOC_{17}H_{33})_x(OCOC_{15}H_{31})_{3-x} + x \, ICl \longrightarrow \cdots\cdots$$

ここで，油脂Aの平均分子量 $\overline{M}_A$ は，$C_3H_5=41.07$，$C_{17}H_{33}COO=281.4$，$C_{15}H_{31}COO=255.4$ より，

$$\overline{M}_A = 41.07 + 281.4x + 255.4(3-x) \quad \cdots(\mathrm{i})$$

問2より油脂Aのヨウ素価が 79.94 であることから，

$$\frac{100}{\overline{M}_A} \quad \times \quad x \quad \times \quad 253.8 \quad = 79.94 \quad \cdots(\mathrm{ii})$$

油脂 A 100 g の〔mol〕　付加する ICl〔mol〕　I_2〔g〕　ヨウ素価

↓換算 I_2〔mol〕　↓ヨウ素価

となる。(i)式，(ii)式より，

$$x \fallingdotseq 2.77, \quad \overline{M}_A \fallingdotseq 879$$

問4　アマニ油や桐油のようにヨウ素価の高い油脂には，多くの二重結合 $-CH=CH-$ が含まれている。このヨウ素価の高い油脂を空気中で物体の表面に塗って放置しておくと，二重結合の周辺部分が空気中の酸素によって酸化され，分子どうしが酸素原子で架橋されて固まってくる。

第3章　有機化学　　265

標問 98 アミノ酸

答 問1 COO⁻ の構造
$$\text{H-C-R}$$
上に NH_3^+、COO⁻ となる双性イオン構造

問2 6.0
問3 ア：2.0×10
　　イ：2.0×10^{-9}

精講　混乱しやすい事項の整理

■ アミノ酸

タンパク質を加水分解すると，多数のアミノ酸を得ることができる。**アミノ酸**とは，アミノ基 –NH₂ とカルボキシ基 –COOH とをもつ化合物をいい，これら2種類の官能基が同一炭素原子に結合しているものを **α-アミノ酸** という。α-アミノ酸のことを単にアミノ酸とよぶことが多い。

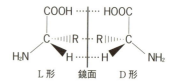

側鎖 (R–) が H であるグリシンを除く α-アミノ酸には不斉炭素原子があるので，右のような一対の鏡像異性体が存在する。天然のタンパク質から得られるアミノ酸は，ほとんどが鏡像異性体の一方 (L形) になる。

■ 各種のアミノ酸

側鎖にカルボキシ基をもつものを **酸性アミノ酸**，側鎖にアミノ基をもつものを **塩基性アミノ酸** といい，両方もたないものを **中性アミノ酸** という。

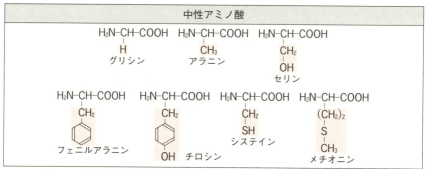

Point 64 前ページの表のアミノ酸は，すべて書けるようにしておくこと。

■性質と反応

アミノ酸の無色の結晶は，酸性を示すカルボキシ基から塩基性を示すアミノ基に水素イオンが移動した，正，負の両電荷を分子内にもつ**双性イオン（両性イオン）** $RCH(NH_3^+)COO^-$ の構造をとっている。正と負の両電荷をもつ構造のため，アミノ酸は多くの有機化合物と比べて融点が比較的高く，水に溶けやすいが有機溶媒には溶けにくい。また，アミノ酸はカルボキシ基とアミノ基をもつため，水溶液中で塩基，酸のいずれとも反応して塩をつくる両性化合物である。

アミノ酸のカルボキシ基はアルコールと反応させるとエステル化され，酸としての性質がなくなったり，アミノ基は無水酢酸と反応させるとアセチル化され，塩基としての性質がなくなったりする。

水溶液中では，水素イオン濃度によってアミノ酸は次のような状態になる。

アミノ酸水溶液に電気泳動を行ったとき，酸性水溶液中では陽イオンの比率が大きくなるためにアミノ酸は陰極側に移動し，塩基性水溶液中では陰イオンの比率が大きくなるためにアミノ酸は陽極側に移動する。そして，どちらの極へも移動しないときには水溶液中で平衡混合物の正，負の両電荷がつり合い，全体として電荷が0になっている。このときのpHの値をアミノ酸の**等電点**といい，それぞれのアミノ酸は固有の等電点をもっている。

Point 65 等電点とは，平衡混合物の正，負の両電荷がつり合い，全体として電荷が0になっているときのpHの値をいう。

標問 98 の解説

問1 **精講** 参照。Xは双性イオンになる。

問2 実際には次のような2つの平衡が成り立っている。

$$R-CH(NH_3^+)-COOH \underset{}{\overset{K_1}{\rightleftharpoons}} R-CH(NH_3^+)-COO^- + H^+$$

$$R-CH(NH_3^+)-COO^- \underset{}{\overset{K_2}{\rightleftharpoons}} R-CH(NH_2)-COO^- + H^+$$

簡単に考えるため，$R-CH(NH_3^+)-COOH$（陽イオン）を A^+，$R-CH(NH_3^+)-COO^-$（双性イオン，X）を A^0，$R-CH(NH_2)-COO^-$（陰イオン）を A^- と書くと，その電離定数 K_1，K_2 は次のように表せる。

$$K_1 = \frac{[A^0][H^+]}{[A^+]} \quad , \quad K_2 = \frac{[A^-][H^+]}{[A^0]}$$

$[A^+]=[A^-]$ となるとき，平衡混合物の電荷が全体として 0 になっており，この陽イオンのモル濃度と陰イオンのモル濃度が等しいときの pH の値は等電点になる。等電点では $[A^+]=[A^-]$ であり，このとき $K_1 \times K_2$ を求めると，

$$K_1 \times K_2 = \frac{[A^0][H^+]}{[A^+]} \times \frac{[A^-][H^+]}{[A^0]} = [H^+]^2$$

等電点では $[A^+]=[A^-]$ なので消去できる

となり，$K_1 \times K_2 = [H^+]^2$ から $[H^+]=\sqrt{K_1 K_2}$ (>0) になる。

$$pH = -\log_{10}[H^+] = -\log_{10}\sqrt{K_1 K_2} = -\frac{1}{2}(\log_{10}K_1 + \log_{10}K_2)$$

等電点

$$= -\frac{1}{2}(-2.30 - 9.70) = 6.0$$

問3　pH＝1.00 の強酸性の条件では，水溶液中の陽イオン A^+ の比率が大きい（**精講** 参照）。また，$\log_{10}K_1 = -2.30$ は $K_1 = 10^{-2.30}$，$\log_{10}K_2 = -9.70$ は $K_2 = 10^{-9.70}$ になる。

$$K_1 = \frac{[A^0][H^+]}{[A^+]} \quad から \quad \frac{[A^+]}{[A^0]} = \frac{[H^+]}{K_1} \quad \cdots ①$$

$$K_2 = \frac{[A^-][H^+]}{[A^0]} \quad から \quad \frac{[A^-]}{[A^0]} = \frac{K_2}{[H^+]} \quad \cdots ②$$

pH＝1.00 つまり $[H^+]=10^{-1.00}$ のとき，①式と②式から

$$\frac{[A^+]}{[A^0]} = \frac{[H^+]}{K_1} = \frac{10^{-1.00}}{10^{-2.30}} = 10^{1.30} = 10^1 \times \underline{10^{0.30}} = 10 \times 2 = 2.0 \times 10$$

$\log_{10}2 = 0.30$ より $10^{0.30}=2$

$$\frac{[A^-]}{[A^0]} = \frac{K_2}{[H^+]} = \frac{10^{-9.70}}{10^{-1.00}} = 10^{-8.70} = 10^{-9+0.30} = 10^{-9} \times \underline{10^{0.30}} = 2.0 \times 10^{-9}$$

$\log_{10}2 = 0.30$ より $10^{0.30}=2$

よって，$[A^0] : [A^+] : [A^-] = 1 : 2.0 \times 10 : 2.0 \times 10^{-9}$

参考　A^+ の全体に対する割合は，　ア

$$\frac{[A^+]}{[A^+]+[A^0]+[A^-]} \times 100 = \frac{20}{20+1+2.0 \times 10^{-9}} \times 100 ≒ \frac{20}{20+1} \times 100 ≒ 95 〔\%〕$$

ア　イ

268

標問 99 ペプチド

答

〔I〕問1　ア：③　イ：⑤
ウ：③　エ：④　オ：⑥
カ：①
問2　化学反応式…2H₂NCH₂COOH
　　⟶ H₂NCH₂CONHCH₂COOH + H₂O
分子量：588
〔II〕問4　18%
問5　H₂N–CH₂–COO⁻
問6　A1, B1
問7　Ala-Leu-Arg-Pro-Lys-Gly-Tyr-Ser-Glu

問3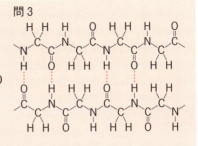

精講　混乱しやすい事項の整理

■**タンパク質の構造**

アミノ酸の分子間で，アミノ基 –NH₂ とカルボキシ基 –COOH から脱水縮合して生成した化合物を**ペプチド**という。このとき生成したアミド結合 –CONH– をとくに**ペプチド結合**という。2個のアミノ酸が縮合してできたペプチドをジペプチド，3個のアミノ酸が縮合したものはトリペプチドという。また，多数のアミノ酸が縮合したものはポリペプチドといい，タンパク質はポリペプチドで構成される高分子化合物である。

$$\underset{\alpha\text{-アミノ酸I}}{H_2N-\overset{R_1}{\underset{H}{C}}-\overset{}{\underset{O}{C}}-OH} + \underset{\alpha\text{-アミノ酸II}}{H-N-\overset{R_2}{\underset{H}{C}}-\overset{}{\underset{O}{C}}-OH} \longrightarrow \underset{\text{ジペプチド}}{H_2N-\overset{R_1}{\underset{H}{C}}-\overset{}{\underset{O}{C}}-\overset{H}{N}-\overset{R_2}{\underset{H}{C}}-\overset{}{\underset{O}{C}}-OH} + H_2O$$

（ペプチド結合）

■**タンパク質の反応**

タンパク質の立体構造は水素結合やその他の力によって保たれているが，これらの力は加熱や化学薬品に弱い。そのため，タンパク質の水溶液に，熱・強酸・強塩基・重金属イオン（Cu²⁺，Hg²⁺，Pb²⁺ など）・有機溶媒（アルコールなど）を作用させると凝固したり沈殿したりする。この反応は**タンパク質の変性**とよばれ，タンパク質の立体構造が変化するために起こる現象である。変性を起こしたタンパク質は，再びもとには戻らない場合が多い。

■**タンパク質やアミノ酸の検出反応**

(1)　**ニンヒドリン反応**（➡アミノ基 –NH₂ の検出）
　　アミノ酸やタンパク質にニンヒドリンの薄い水溶液を加えて温めると赤紫～青紫色になる。

(2)　**ビウレット反応**（➡ペプチド結合を2つ以上もつトリペプチド以上で起こる）

第3章　有機化学　269

水酸化ナトリウム水溶液を加え塩基性にした後，少量の硫酸銅(Ⅱ) CuSO₄ 水溶液を加えると，Cu²⁺ の錯イオンを生じて赤紫色になる。
(3) **キサントプロテイン反応**(➡ベンゼン環をもつアミノ酸やタンパク質の検出)
濃硝酸を加えて加熱すると，ベンゼン環がニトロ化されて黄色になり，冷却後，さらに濃アンモニア水などを加えて塩基性にすると橙黄色になる。
(4) **硫黄の検出**(➡硫黄 S を含むアミノ酸やタンパク質の検出)
水酸化ナトリウムを加えて加熱し，冷却後，酢酸鉛(Ⅱ)(CH₃COO)₂Pb 水溶液を加えると，硫化鉛(Ⅱ) PbS の黒色沈殿が生成する。

標問 99 の解説

〔Ⅰ〕 **問 1，3** タンパク質は，α-アミノ酸どうしのペプチド結合 $\underset{-C-N-}{\overset{O\ H}{\|\ |}}$ とよばれる共有結合（ア）により形成されている。

タンパク質を形成している α-アミノ酸の配列順序をタンパク質の一次構造という。タンパク質は，ペプチド結合の $\rangle$C=O と $\rangle$N-H の間で $\rangle$C=O…H-N$\langle$ のような水素結合（イ）を形成し，規則的な立体構造（→タンパク質の二次構造という）をつくり安定化している。タンパク質の二次構造には，次のような α-ヘリックス構造や β-シート構造がある。

α-ヘリックス構造
水素結合による右巻きらせん構造

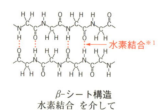
β-シート構造
水素結合 を介して
ポリペプチド鎖が並行
に並んだ板状構造

※1 水素結合は
水素結合 非共有電子対
X-H⋯:Y-(X, Y=F, O, N)
をみたすように書けばよい
(問3)。

この α-ヘリックス構造や β-シート構造，側鎖 R-どうしの水素結合やイオン結合，ジスルフィド結合※² -S-S-（ウ）などで複雑に折りたたまれた立体構造を，タンパク質の三次構造という。

システイン -CH₂-S̲-H やヒスチジン -CH₂-（イミダゾール環）に含まれる S や N の非共有電子対は，亜鉛や鉄などの金属イオンと配位結合（エ）により錯イオンを形成することができる。また，バリンのもつ無極性の側鎖 -CH(CH₃)(CH₃) 間で働くファンデルワールス力（オ）やアスパラギン酸の -CH₂-COO⁻ やリシンの -(CH₂)₄-NH₃⁺ の間で形成されるイオン結合（カ）がタンパク質の立体構造を安定化する。

※2 システインのもつ -SH
どうしの間につくられる
-S-S- のような共有結合を
ジスルフィド結合という。

問2

$$H_2N-CH_2-\overset{\overset{\displaystyle O}{\|}}{C}-O-H \;+\; H-\overset{\overset{\displaystyle H}{|}}{N}-CH_2-\overset{\overset{\displaystyle O}{\|}}{C}-OH$$

縮合する部分

グリシン　　　　　　　　　グリシン

$$\longrightarrow H_2N-CH_2-\overset{\overset{\displaystyle O}{\|}}{C}-\overset{\overset{\displaystyle H}{|}}{N}-CH_2-COOH \;+\; H_2O$$

グリシン2分子からなる鎖状のジペプチド

　グリシンの分子量は75なので，グリシン10分子からなる鎖状のペプチドの分子量は，

$$75\times 10 - 18\times 9 = 588$$

グリシン　　　H_2O　脱水される H_2O は9個

〔Ⅱ〕　問4　(1)の結果から，ペプチドXは，表にある9種類のアミノ酸が各1個ずつペプチド結合で連結している。

$$H_2N-\overset{\overset{\displaystyle R_1}{|}}{C}H-\overset{\overset{\displaystyle }{\underset{\underset{\displaystyle O}{\|}}{C}}}-\overset{\overset{\displaystyle H}{|}}{N}-\overset{\overset{\displaystyle R_2}{|}}{C}H-\overset{\overset{\displaystyle }{\underset{\underset{\displaystyle O}{\|}}{C}}}- \cdots\cdots\cdots -\overset{\overset{\displaystyle H}{|}}{N}-\overset{\overset{\displaystyle R_9}{|}}{C}H-COOH$$

(N末端)　　　　　　　　　　　　　　　　　　　(C末端)

$R_1 \sim R_9$ がすべて異なる

ペプチド結合

　表4のアミノ酸分子9個から H_2O が8個とれてペプチドX1個となるので，表4のアミノ酸9 mol から H_2O（分子量18）が8 mol とれてペプチドX1 mol になるともいえる。よって，ペプチドXの分子量は，表4のアミノ酸の分子量を使って，

$$89+174+75+147+105+181+115+146+131-18\times 8 = 1019$$

と求めることができる。また，このペプチドX1個の中には，表4より
$1+4+1+1+1+1+1+2+1=13$ 個のN原子（原子量14）が含まれていることがわかる。つまり，ペプチドX 1019 g（1 mol）の中に 13×14 g（13 mol）のN原子が含まれているので，窒素含有率は次のように求められる。

$$\frac{13\times 14}{1019}\times 100 \fallingdotseq 18 〔\%〕$$

問5　天然のタンパク質を構成する α-アミノ酸（約20種）の中で，グリシン Gly だけに不斉炭素原子がない。つまり，グリシン Gly は鏡像異性体をもたない。
　　　グリシンは，水溶液中の水素イオン濃度によって次のような状態になる。

$$H_3N^+-\overset{\overset{\displaystyle H}{|}}{\underset{\underset{\displaystyle H}{|}}{C}}-COOH \underset{H^+}{\overset{OH^-}{\rightleftharpoons}} H_3N^+-\overset{\overset{\displaystyle H}{|}}{\underset{\underset{\displaystyle H}{|}}{C}}-COO^- \underset{H^+}{\overset{OH^-}{\rightleftharpoons}} H_2N-\overset{\overset{\displaystyle H}{|}}{\underset{\underset{\displaystyle H}{|}}{C}}-COO^-$$

陽イオン　　　　　　　　双性イオン　　　　　　　陰イオン

◄━━━━ 酸性　　　　　　　　　　　　　　　　　塩基性 ━━━━►

　　よって，強アルカリ性水溶液中においてグリシンは，主に陰イオン $H_2N-CH_2-COO^-$ の状態になる。

問6，7　(1)～(4)の結果からわかることをまとめると次のようになる。

第3章　有機化学　　271

⑴ ペプチドXには表4にある9種類のアミノ酸が各1個ずつ含まれている。

⑵ N末端がアラニン Ala でC末端がグルタミン酸 Glu であることがわかるので，ペプチドXは次のように表すことができる。

Ala—□—□—□—□—□—□—□— Glu
(N末端)　　　　　　　　　　　　　　(C末端)

⑶ 酵素Aはリシン Lys のカルボキシ基側を切断するので，ペプチドXは，
……Lys┊—□—…　のように切断される。また，ペプチド A2 にアラニン Ala が含まれ，N末端からの順序の配列がアラニン Ala，ロイシン Leu，アルギニン Arg なので，ペプチドXは次のように表すことができる。

Ala—Leu—Arg—□—□—□—□—□— Glu
(N末端)　　　　　　　　　　　　　　　　(C末端)

ここで，ペプチド A2 には5種類のアミノ酸が含まれるので，酵素Aは次のようにペプチドXを切断したことがわかる。

Ala—Leu—Arg—□—Lys┊—□—□—□— Glu
　　　A2　　　　　　切断　　A1　　(C末端)

したがって，ペプチド A2 に含まれる残りのプロリン Pro がペプチド A2 の順序配列で不明なN末端から4個目であることがわかる。

Ala—Leu—Arg—Pro—Lys┊—□—□—□— Glu
　　　A2　　　　　　　　切断　　A1　　(C末端)

⑷ 酵素Bにより切断され得られたペプチド B2 はビウレット反応をしないペプチドなので，ジペプチドであることがわかる。また，ペプチド B2 のN末端がセリン Ser であることから，酵素Bは次のようにペプチドXを切断したことがわかる。

Ala—Leu—Arg—Pro—Lys—□—□┊Ser—Glu
(N末端)　　　　　　　　　B1　　　切断　　B2

最後に，ペプチド B1 のN末端から6個目と7個目は，残ったグリシン Gly とチロシン Tyr であり，その順番は酵素Bがベンゼン環を含むアミノ酸のカルボキシ基側を切断することから，ベンゼン環を含むアミノ酸であるチロシン Tyr がN末端から7個目になり，6個目がグリシン Gly になる。

HO—⬡—CH₂–CH–COOH　　H–CH–COOH
　　　　　　　　|　　　　　　　　　|
　　　　　　　NH₂　　　　　　　　NH₂
　　　　チロシン Tyr　　　　　グリシン Gly

Ala—Leu—Arg—Pro—Lys—Gly—Tyr　　Ser—Glu
　　　　　　　　　B1　　　　　　　　　B2

よって，ペプチドXは Ala—Leu—Arg—Pro—Lys—Gly—Tyr—Ser—Glu となり，ペプチド A1，A2 も決定する。

A1 は，Gly—Tyr—Ser—Glu，A2 は，Ala—Leu—Arg—Pro—Lys

A1，A2，B1，B2 の中で，キサントプロテイン反応に陽性なのは，ベンゼン環をもつアミノ酸チロシン Tyr を含む A1 と B1 である。

標問 100 酵素

答
問1 酵素は特定の立体構造をもつタンパク質を主体とする高分子化合物であり、結合できる基質は自らの立体構造に適合するものに限られるため、このような性質が現れる。

問2 (ア) デンプン　(イ) タンパク質　(ウ) 油脂　(エ) 過酸化水素

問3 $v_3 = \dfrac{k_1 k_3}{k_2 + k_3}[E][S]$

精講　混乱しやすい事項の整理

■酵素

タンパク質を主体とした高分子化合物であり、生体内の化学反応に対して触媒作用をもつ。酵素が触媒作用する物質を**基質**という。酵素は活性部位とよばれる場所で立体的に適合する基質と結合し、触媒作用を示すため、特定の基質にのみ作用する。これを**基質特異性**という。

酵素　基質　　酵素-基質複合体　　生成物

また、酵素を加熱したり、pH を変化させたりすると、酵素タンパク質の立体構造が変化するため基質と結合しにくくなり、活性が失われる。酵素には、**最適温度**や**最適 pH** が存在する。

■酵素の例

酵素	基質	生成物
アミラーゼ	デンプン	マルトース
マルターゼ	マルトース	グルコース
インベルターゼ (スクラーゼ)	スクロース	グルコースとフルクトース ←転化糖という
ラクターゼ	ラクトース	グルコースとガラクトース
チマーゼ (14種の酵素の混合物)	グルコース	エタノールと二酸化炭素 ←アルコール発酵
セルラーゼ	セルロース	セロビオース
ペプシン	タンパク質	ペプチドとアミノ酸
トリプシン	タンパク質	ペプチドとアミノ酸
リパーゼ	油脂	グリセリンと脂肪酸のモノエステルと脂肪酸　モノグリセリド
カタラーゼ	過酸化水素	酸素と水

Point 66　酵素は、基質特異性、最適温度、最適 pH をもつタンパク質を主体とした触媒である。

第3章　有機化学

標問 100 の解説

問1, 2　[精講] 参照。

問3　酵素はある特定の分子（基質）をとり込み，酵素-基質複合体を形成する。

この可逆変化を表したのが①式である。

$$E+S \underset{v_2}{\overset{v_1}{\rightleftarrows}} ES \quad \cdots ①$$

酵素-基質複合体は，やがて生成物ともとの酵素へと変化する。

この不可逆反応を表したのが②式である。

$$ES \xrightarrow{v_3} E+P \quad \cdots ②$$

$$\begin{cases} ①式で，v_1=k_1[E][S],\ v_2=k_2[ES] \\ ②式で，v_3=k_3[ES] \end{cases}$$

と表せる。見かけ上のESの増加速度は，生成速度 v_1 から減少速度 v_2 と v_3 を引いた値に相当するので，

$$\frac{\Delta[ES]}{\Delta t}=v_1-(v_2+v_3)$$

$$=k_1[E][S]-(k_2+k_3)[ES] \quad \cdots(\text{i})$$

基質の濃度 [S] がある程度大きい場合，酵素の数に限界があるので，すべての酵素が基質によって飽和すると [ES] は一定となる。このとき $\frac{\Delta[ES]}{\Delta t}=0$ なので，(i)式より，

$$0=k_1[E][S]-(k_2+k_3)[ES]$$

よって，　$[ES]=\dfrac{k_1}{k_2+k_3}[E][S] \quad \cdots(\text{ii})$

そこで，(ii)式を $v_3=k_3[ES]$ に代入すると，

$$v_3=\frac{k_1 k_3}{k_2+k_3}[E][S]$$

と表せる。

標問 101 核酸

答
問1 ア:デオキシリボース イ:リボース ウ:二重らせん エ:水素
問2 (e) 問3 30モル％

精講 混乱しやすい事項の整理

■核酸

五炭糖（ペントース）と窒素を含む有機塩基が縮合した化合物を**ヌクレオシド**という。さらにヌクレオシドが五炭糖のヒドロキシ基でリン酸とエステル結合したものを**ヌクレオチド**という。

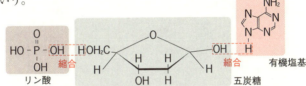

核酸はヌクレオチドどうしが五炭糖とリン酸のヒドロキシ基どうしで縮合した**ポリヌクレオチド**である。核酸には DNA（デオキシリボ核酸）と RNA（リボ核酸）があり，五炭糖と有機塩基の一部が異なる。DNA は遺伝情報の貯蔵庫であり，RNA は DNA の遺伝情報をもとにしたタンパク質の合成に関わっている。

構成成分＼核酸	DNA	RNA
五炭糖（ペントース）	デオキシリボース	リボース
有機塩基	アデニン(A)（C=Oをもたない），チミン(T)，グアニン(G)，シトシン(C)	アデニン(A)，グアニン(G)，シトシン(C)は共通。チミン(T)ではなくウラシル(U)を含む。
構造の一部	（DNA構造図：A, G を含む）	（RNA構造図：A, G を含む）

第3章 有機化学 275

■DNA の二重らせん構造

DNA は遺伝情報の貯蔵庫であり，通常は二本のヌクレオチド鎖がアデニン (A) とチミン (T)，グアニン (G) とシトシン (C) の塩基対で水素結合を形成し，二重らせん構造をとっている。

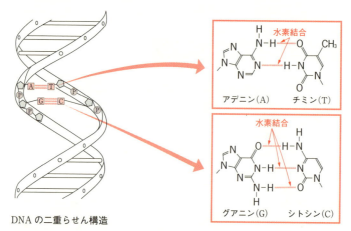

DNA の二重らせん構造

そこで二重らせん内では，アデニン (A) とチミン (T)，グアニン (G) とシトシン (C) はそれぞれ同数である。

標問 101 の解説

問1 精講 参照。

問2 (a)がアデニン，(b)がグアニン，(c)がチミン，(d)がシトシン，(e)がウラシルである。(c)と(e)を見比べると，$-CH_3$ が $-H$ となっているだけで同じような水素結合が形成できることから，(c)の代わりに(e)でもアデニンと塩基対を形成できる。

問3 互いに水素結合を形成しているアデニンとチミン，グアニンとシトシンの数は等しいので，グアニンのモル % を x とすると，

	アデニン(A)	チミン(T)	グアニン(G)	シトシン(C)
モル %	20	20	x	x

$20+20+x+x=100$

よって， $x=30$

標問 102 合成樹脂

答
問1 熱硬化性
問2 A：ポリスチレン　B：ポリ酢酸ビニル　C：ホルムアルデヒド
問3 ①　問4 a：CH₂=C(CH₃)-C(=O)-O-CH₃　b：CH₂=CH-Cl
問5 ノボラック

精講　混乱しやすい事項の整理

単量体が化学反応によって多数結合する反応を**重合**といい，生じた高分子化合物を**重合体**という。

■付加重合

炭素原子間の不飽和結合をもつ分子を適当な条件下で反応させると，以下のような反応が起こり，高分子化合物が得られる。これを**付加重合**という。

(1) ビニル系

$$\begin{matrix}H\\C\\H\end{matrix}=\begin{matrix}H\\C\\X\end{matrix} \xrightarrow{付加重合} \left[CH_2-\begin{matrix}H\\C\\X\end{matrix}\right]_n$$

-X	単量体	重合体	用途
-H	エチレン	ポリエチレン	容器，袋
-CH₃	プロピレン(プロペン)	ポリプロピレン	容器
-Cl	塩化ビニル	ポリ塩化ビニル	電線の被覆材，パイプ
-C≡N	アクリロニトリル	ポリアクリロニトリル	繊維
-O-C(=O)-CH₃	酢酸ビニル	ポリ酢酸ビニル	接着剤
-C₆H₅	スチレン	ポリスチレン	発泡スチロール

(2) ビニリデン系

$$\begin{matrix}H\\C\\H\end{matrix}=\begin{matrix}X\\C\\Y\end{matrix} \xrightarrow{付加重合} \left[CH_2-\begin{matrix}X\\C\\Y\end{matrix}\right]_n$$

-X	-Y	単量体	重合体	用途
-CH₃	-C(=O)-O-CH₃	メタクリル酸メチル	ポリメタクリル酸メチル	有機ガラス
-Cl	-Cl	塩化ビニリデン	ポリ塩化ビニリデン	ラップ

(3) テフロン

テトラフルオロエチレン　　テフロン※1

※1 テフロンは，鍋やフライパンの表面の加工に使われている。

第3章　有機化学　277

■縮合重合

単量体の間で水のような簡単な分子がとれ，縮合によって高分子化合物が得られる。これを**縮合重合**という。ポリエステルやポリアミドなどがある(p.281，282 参照)。

■付加縮合

(1) フェノール樹脂

フェノールとホルムアルデヒドを酸または塩基触媒と加熱すると，ノボラックやレゾールとよばれる生成物が得られる。ノボラックに硬化剤を加えたものやレゾールを加熱すると，重合が進み**フェノール樹脂**(ベークライト)という三次元網目構造をもつ合成樹脂が得られる。この反応は**付加縮合**とよばれている。[※2]

(2) アミノ樹脂

尿素やメラミンをホルムアルデヒドと付加縮合させると，**尿素樹脂(ユリア樹脂)**や**メラミン樹脂**といった**アミノ樹脂**が得られる。

■合成樹脂と熱による性質

(1) 熱可塑性樹脂

一般に，鎖状構造をもつ合成高分子化合物は，加熱すると軟らかくなり，粘土のように変形させることができる。このような性質をもつ合成樹脂を**熱可塑性樹脂**という。

(2) **熱硬化性樹脂**
　熱を加えて硬化させることで得られる合成樹脂で，一度硬化した後は，さらに加熱しても軟らかくならない。このような性質をもつ合成樹脂を**熱硬化性樹脂**という。フェノール樹脂，尿素樹脂，メラミン樹脂などがある。

合成高分子化合物の分子構造	加熱すると…
鎖状	軟らかくなる　（熱可塑性）
三次元網目状	硬いままである　（熱硬化性）

標問 102 の解説

問1　加熱して硬くなる合成樹脂は熱硬化性樹脂という。

問2　A：発泡スチロールは，ポリスチレンに空気を吹き込んで固めたものである。

　　B：ビニルアルコールは不安定なので，ポリビニルアルコールはポリ酢酸ビニルを加水分解することによって得られる（p.283 参照）。

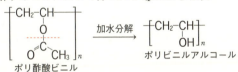

　　C：フェノール樹脂，尿素樹脂，メラミン樹脂はホルムアルデヒドを用いる。

問3　尿素樹脂やメラミン樹脂を総称してアミノ樹脂という。

問4　メタクリル酸はアクリル酸の水素原子がメチル基になった化合物であり，メタクリル酸メチルはメタクリル酸とメタノールのエステルである。

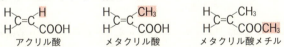

塩化ビニルはビニル基に塩素原子が結合した構造をもつ。

問5　フェノールとホルムアルデヒドを加熱するとき，酸触媒を用いるとノボラック，塩基触媒を用いるとレゾールとよばれる低重合度の生成物が得られる。

第3章　有機化学　279

標問 103	繊維

答

問1　1：シュワイツァー（シュバイツァー）　　2：縮合　　3：付加
　　　4：ポリ酢酸ビニル　　5：ビニロン

問2　$[C_6H_7O_2(OH)_3]_n + 3n(CH_3CO)_2O$
　　　　　　　$\longrightarrow [C_6H_7O_2(OCOCH_3)_3]_n + 3nCH_3COOH$

問3　ア：ビスコースレーヨン　　イ：アセテート（アセテート繊維）

問4　$1.3×10^2$

問5　0.82

問6　絹，羊毛，ナイロン6，ナイロン66，アラミド繊維

精講　混乱しやすい事項の整理

衣料として用いられる繊維は，**天然繊維**と**化学繊維**に分けることができる。

■**天然繊維**

天然繊維には，植物からとれる**植物繊維**（木綿（綿）や麻など）と，動物からとれる**動物繊維**（絹や羊毛など）がある。

(1)　**植物繊維**　**木綿**（綿）は植物のワタから，**麻**は植物のアサから得られる繊維である。木綿や麻などは，細長いセルロースが多数平行に並び，多くのヒドロキシ基 -OH があるため吸湿性に優れ，互いの -OH 間で水素結合を形成し，からみあってできている。セルロース $[C_6H_7O_2(OH)_3]_n$ は，多数の β-グルコース $C_6H_{12}O_6$ が脱水縮合して結びついてできた高分子である。

セロビオース $C_{12}H_{22}O_{11}$（二糖類）の単位
セルロースの構造

β-グルコースの分子

(2)　**動物繊維**　**絹**（シルク）は，カイコの吐き出したまゆ糸から得られる繊維であり，まゆ糸は**フィブロイン**と**セリシン**とよばれる2種類のタンパク質からできている。このまゆ糸を何本か合わせたものが生糸となり，生糸からセリシンをとり除くとフィブロインだけからなる繊維（絹糸）を得ることができる。

　羊毛は羊の体毛から得られる繊維であり，羊毛を構成するタンパク質は**ケラチン**とよばれ，硫黄 S を多く含んでいるので燃やすと強い臭気を発生する。

■**化学繊維(1)：再生繊維と半合成繊維**

木材からパルプとして得られる繊維の短いセルロース $[C_6H_7O_2(OH)_3]_n$ は，そのままでは糸にすることができないので，適当な溶媒に溶かした後に細孔から押し出して長

い繊維として再生する。これを**再生繊維**または**レーヨン**という。また，セルロースの基本骨格を変えずにヒドロキシ基の一部を化学変化させてつくられる繊維を**半合成繊維**という。

(1) **再生繊維**

① **ビスコースレーヨン**　セルロースを水酸化ナトリウム水溶液でアルカリ処理した後，二硫化炭素 CS_2 と反応させると，**ビスコース**という強い粘性のある赤橙色コロイド溶液が得られる。このビスコースを細孔から希硫酸中に押し出すと，セルロースが再生されて**ビスコースレーヨン**という繊維になる。ビスコースを薄い膜状に再生したものを**セロハン**といい，包装材料などに使われる。

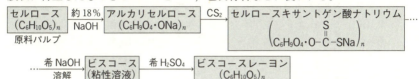

② **銅アンモニアレーヨン**　セルロースを**シュワイツァー試薬**（水酸化銅(Ⅱ) $Cu(OH)_2$ を濃アンモニア水に溶かした深青色の水溶液）に溶かし，細孔から希硫酸中に押し出すと得られる繊維を**銅アンモニアレーヨン**または**キュプラ**といい，衣類の裏地などに使われる。

(2) **半合成繊維**　セルロース $[C_6H_7O_2(OH)_3]_n$ に氷酢酸，無水酢酸，濃硫酸の混合溶液を作用させると，セルロースのヒドロキシ基がアセチル化され，トリアセチルセルロース $[C_6H_7O_2(OCOCH_3)_3]_n$ が得られる。

トリアセチルセルロースは溶媒に溶けにくいので，そのエステル結合の一部を加水分解することでジアセチルセルロース $[C_6H_7O_2(OH)(OCOCH_3)_2]_n$ にし，アセトンに溶けるようにする。このアセトン溶液を細孔から温かい空気中に押し出し，アセトンを蒸発させて**アセテート繊維**をつくる。

| セルロース
$[C_6H_7O_2(OH)_3]_n$ | 無水酢酸
$(CH_3CO)_2O$ → | トリアセチルセルロース
$[C_6H_7O_2(OCOCH_3)_3]_n$ | 加水分解
H_2O → | アセテート
$[C_6H_7O_2(OH)(OCOCH_3)_2]_n$ |

■ **化学繊維(2)：合成繊維**

直鎖状の合成高分子化合物を融解し，細孔から急伸しながら紡糸すると，細くて丈夫な合成繊維を得ることができる。合成繊維には，縮合重合で合成される**ポリアミド系合成繊維（ナイロン）**，**ポリエステル系合成繊維**（ポリエステル），付加重合で合成される**アクリル繊維**などがある。

(1) **ポリアミド系合成繊維（ナイロン）**　分子内に多くのアミド結合 –NHCO– をもつ高分子化合物を**ポリアミド系合成繊維**または**ナイロン**という。ナイロンは，絹の合成を目指して開発されたために化学構造も絹によく似ている。

第3章　有機化学　281

① **ナイロン66(6,6-ナイロン)** ヘキサメチレンジアミンとアジピン酸の縮合重合により合成される。耐摩耗性や弾力性がよく，くつ下やロープなどに使われる。

$n\text{H}_2\text{N}(\text{CH}_2)_6\text{NH}_2 + n\text{HOOC}(\text{CH}_2)_4\text{COOH}$
ヘキサメチレンジアミン　アジピン酸

$\longrightarrow \left[\text{N}(\text{CH}_2)_6\text{N}-\text{C}(\text{CH}_2)_4\text{C} \right]_n + 2n\text{H}_2\text{O}$
（アミド結合）
ナイロン66

② **アラミド繊維(ポリ-p-フェニレンテレフタルアミド繊維)** テレフタル酸ジクロリドとp-フェニレンジアミンの縮合重合により合成される。高強度，耐熱・耐薬品性に優れているため，ロープ，防弾チョッキ，消防服，宇宙船の材料などに使われている。

$n\text{ClOC}-\!\!\!\bigcirc\!\!\!-\text{COCl} + n\text{H}_2\text{N}-\!\!\!\bigcirc\!\!\!-\text{NH}_2$
テレフタル酸ジクロリド　　p-フェニレンジアミン

$\longrightarrow \left[\text{OC}-\!\!\!\bigcirc\!\!\!-\text{C}-\text{N}-\!\!\!\bigcirc\!\!\!-\text{N} \right]_n + 2n\text{HCl}$
（アミド結合）
ポリ-p-フェニレンテレフタルアミド

③ **ナイロン6(6-ナイロン)** 環状のε-カプロラクタムに少量の水を加え，加熱して合成する。環状構造が切れて，次のように**開環重合**が起こる。

$n\text{H}_2\text{C}\begin{smallmatrix}\text{CH}_2-\text{CH}_2-\text{C}=\text{O}\\\text{CH}_2-\text{CH}_2-\text{N}-\text{H}\end{smallmatrix} \longrightarrow \left[\text{N}-(\text{CH}_2)_5-\text{C} \right]_n$
ε-カプロラクタム　　　　　　　　ナイロン6
（アミド結合）

(2) **ポリエステル系合成繊維（ポリエステル）** 分子内に多くのエステル結合をもつ高分子化合物を**ポリエステル系合成繊維（ポリエステル）**という。絹・羊毛などと混紡しやすいことから，両方の繊維の長所をあわせもつ製品がつくられている。

① **ポリエチレンテレフタラート** テレフタル酸とエチレングリコールとの間で縮合重合により合成される。

$n\text{HOOC}-\!\!\!\bigcirc\!\!\!-\text{COOH} + n\text{HOCH}_2\text{CH}_2\text{OH}$
テレフタル酸　　　　　　エチレングリコール

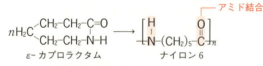

ポリエチレンテレフタラートは，軽量で丈夫であることから，繊維としてワイ

シャツなどに使われ，また，繊維以外にもペットボトルなどとして使われる。

(3) その他
① **ポリエチレン繊維** 通常のポリエチレンよりも分子量が10倍もある超高分子量のポリエチレン分子をそろえて繊維としたもの。密度が小さく高強度なので，ロープやヨットの帆布，航空機の材料などに使われる。

② **アクリル繊維** アクリロニトリルを付加重合させるとポリアクリロニトリルが得られる。

$$n\text{CH}_2=\text{CH} \atop \text{CN} \xrightarrow{\text{付加重合}} {\left[\text{CH}_2-\text{CH} \atop \text{CN}\right]}_n$$

アクリロニトリル　　　　ポリアクリロニトリル

ポリアクリロニトリルを主成分とする繊維を**アクリル繊維**といい，軽くてやわらかく，保湿性に優れているので，セーターや毛布などに使われる。

ポリアクリロニトリルを高温で処理して得られた繊維を**炭素繊維**（カーボンファイバー）といい，高強度・高弾性で耐熱性や耐薬品性に優れているので，ゴルフクラブ，釣りざおなどに使われる。

③ **ビニロン** ビニロンは，木綿によく似た感触をもつ日本で開発された合成繊維である。ポリビニルアルコール (PVA) の -OH 基の約3分の1が**アセタール化**されているので，分子中に親水基である -OH 基が残っており，繊維に適度な吸湿性を与えている。耐摩耗性が大きいので，作業服，テント，魚網などに用いられる。合成方法は次の通りである。

Step 1　アセチレンに酢酸を付加し酢酸ビニルをつくる。

アセチレン
H-C≡C-H　付加　→　
H O-C-CH₃
　　‖
　　O
酢酸
　　　　　　　　　H H
　　　　　　　　　C=C
　　　　　　　　　H O-C-CH₃
　　　　　　　　　　　‖
　　　　　　　　　　　O
　　　　　　　　　　酢酸ビニル

Step 2　酢酸ビニルを付加重合させる。

H H
C=C
H O-C-CH₃
　　‖
　　O
　　　付加重合　→　
［H H
　C-C
　H O-C-CH₃
　　　‖
　　　O　]ₙ
ポリ酢酸ビニル

Step 3　けん化してポリビニルアルコールをつくる。

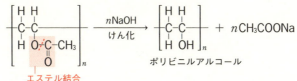

エステル結合

Step 4　ホルムアルデヒド水溶液でアセタール化する。

$$\cdots CH_2-CH-CH_2-CH\cdots \xrightarrow[\text{アセタール化}]{\substack{+HCHO \\ -H_2O}} \cdots CH_2-CH-CH_2-CH-CH_2-CH\cdots$$

OH　　OH　　　　　　　　　　　　　O—CH₂—O　　OH

ポリビニルアルコール　　　　　　　　　　　　　　　　　ビニロン

Point 68

繊維
- 天然繊維
  - 植 物 繊 維…木綿, 麻
  - 動 物 繊 維…絹, 羊毛
- 化学繊維
  - 再 生 繊 維…ビスコースレーヨン, 銅アンモニアレーヨン
  - 半合成繊維…アセテート繊維
  - 合 成 繊 維…ナイロン, アラミド繊維, ポリエステル,
    　　　　　　　ポリエチレン繊維, アクリル繊維, 炭素繊維,
    　　　　　　　ビニロン

標問 103 の解説

問1〜3　**精講** 参照。

問4
$$\left[\begin{matrix} C \\ \parallel \\ O \end{matrix} - \bigcirc - \begin{matrix} C \\ \parallel \\ O \end{matrix} - O-CH_2-CH_2-O \right]_n \Rightarrow \text{分子量}：192n$$

（C₁₀H₈O₄＝192）

したがって，　$192n=2.5\times10^4$　　よって，　$n \fallingdotseq 1.3\times10^2$

問5　ポリエチレン繊維 1 cm³ (0.97 g) のうち，結晶領域の体積を x (cm³) とすると非晶領域の体積は $(1-x)$ cm³ となる。すると，全質量について次の式が成立する。

$$\underset{\substack{\text{結晶領域〔g〕}}}{\underset{\text{g/cm}^3}{1.0\times x}} + \underset{\substack{\text{非晶領域〔g〕}}}{\underset{\text{g/cm}^3}{0.85\times(1-x)}} = 0.97 \qquad \text{よって，} \quad x=0.80 \text{〔cm}^3\text{〕}$$

したがって，結晶領域の質量分率は，

$$\frac{1.0\times0.80}{0.97} \fallingdotseq 0.82$$

問6　タンパク質，ポリアミド系合成繊維 (ナイロン) を答える。

標問 104 ゴム

答 問1 CH₂=CH-C=CH₂ (CH₃) 問2 加硫 問3 A：架橋 B：脱水

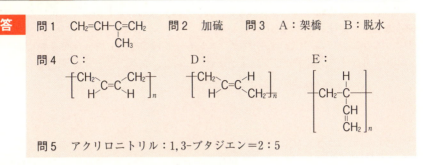

問5 アクリロニトリル：1,3-ブタジエン＝2：5

精講 混乱しやすい事項の整理

■ 天然ゴム

ゴムの木の樹皮に傷をつけると，**ラテックス**とよばれる白い粘性のある液体が得られる。これを集めて，有機酸などの凝固剤を加えて固めると**天然ゴム**（生ゴム）が得られる。

天然ゴムの主成分は，イソプレン C_5H_8 が付加重合した構造をもつポリイソプレン $(C_5H_8)_n$ である。

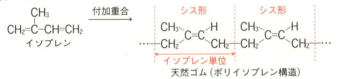

ポリイソプレンは，C=C結合のところで，シス形あるいはトランス形をとることができるが，天然ゴムはほとんどシス形をとっており，分子全体がまるまった形になっている。ある種の植物の樹液から得ることができるトランス形のポリイソプレンを**グタペルカ**とよび，硬く弾性に乏しく，歯科用充てん材などに使われる。

天然ゴムは弾性が小さく，耐熱性，耐寒性および耐久性が乏しい。また，空気中に放置すると，C=C結合部分の反応性が高いために空気中の酸素 O_2 や微量のオゾン O_3 により酸化され，ゴム弾性を失って劣化していく。そこで，天然ゴムに少量の硫黄 S を加えて加熱する（この操作を**加硫**という）と，適度な強度と弾性が得られたゴムである**弾性ゴム**を得ることができる。弾性ゴムは，加硫により**架橋構造**ができて弾性が強くなるだけでなく，強度も大きくなる。

天然ゴムに，多量の硫黄 S を加えて長時間加熱すると，**エボナイト**とよばれる黒色の硬い物質になる。エボナイトは，電球のソケットなどに使われる。

弾性ゴム

■合成ゴム

イソプレンに似た分子構造をもつ単量体を付加重合させると，天然ゴムに似た高分子化合物である**合成ゴム**が得られる。合成ゴムは，天然ゴムと同様に加硫することで適度な強度と弾性が得られたものになる。

(1) **ブタジエンゴム（BR）** 1,3-ブタジエン $CH_2=CH-CH=CH_2$ を付加重合させることにより合成する。耐摩耗性やガス不透過性があり，ゴムチューブなどに使われる。

$$n\,CH_2=CH-CH=CH_2 \longrightarrow \left[CH_2-CH=CH-CH_2\right]_n$$

1,3-ブタジエン　　　　　　ブタジエンゴム（BR）
（ポリブタジエン）

(2) **クロロプレンゴム（CR）** クロロプレン $CH_2=CCl-CH=CH_2$ を付加重合させることにより合成する。耐熱性があり，油にも溶けにくく，ベルトや接着剤などに使われる。

$$n\,CH_2=\underset{\underset{Cl}{|}}{C}-CH=CH_2 \longrightarrow \left[CH_2-\underset{\underset{Cl}{|}}{C}=CH-CH_2\right]_n$$

クロロプレン　　　　　クロロプレンゴム（CR）
（ポリクロロプレン）

(3) **スチレンブタジエンゴム（SBR）** 1,3-ブタジエン $CH_2=CH-CH=CH_2$ とスチレン $CH_2=CH-C_6H_5$ を共重合させることで合成される。耐摩耗性や耐熱性が大きく，自動車のタイヤなどに使われる。

$$x\,CH_2=CH-CH=CH_2 + y\,CH_2=CH \xrightarrow{\text{共重合}} \left[CH_2-CH=CH-CH_2\right]_x\left[CH_2-CH\right]_y$$

1,3-ブタジエン　　　　　スチレン　　　　　スチレンブタジエンゴム（SBR）

(4) **アクリロニトリルブタジエンゴム（NBR）** 1,3-ブタジエン $CH_2=CH-CH=CH_2$ とアクリロニトリル $CH_2=CH-CN$ を共重合させることで合成される。耐油性が大きく，石油ホース，耐油性パッキンなどに使われる。

$$x\,CH_2=CH-CH=CH_2 + y\,CH_2=\underset{\underset{CN}{|}}{CH} \xrightarrow{\text{共重合}} \left[CH_2-CH=CH-CH_2\right]_x\left[CH_2-\underset{\underset{CN}{|}}{CH}\right]_y$$

1,3-ブタジエン　　　アクリロニトリル　　アクリロニトリルブタジエンゴム（NBR）

(5) **シリコーンゴム（ケイ素ゴム）** シリコーンゴムは，耐熱性，耐寒性，耐薬品性に優れ，電子レンジのパッキンや印刷ロールなどに使われている。

$$\left[\underset{\underset{R}{|}}{\overset{\overset{R}{|}}{Si}}-O\right]_n \quad \left(\begin{array}{l}R=CH_3 \text{が通常のシリコーンゴム。}\\ R \text{の一部を} CH_2=CH- \text{にすると，ビニルシリコーンゴム。}\end{array}\right)$$

標問 104 の解説

問1　天然ゴムは，イソプレン（X）が付加重合した構造をもつ。

問3　B：1,3-ブタジエンは，工業的にはナフサの熱分解によって得られるが，1,4-ブタンジオールの脱水反応によってもつくることができる。

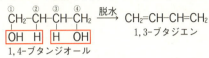

問4　1,3-ブタジエンから合成される重合体の構造は，付加重合の反応様式によって異なる。

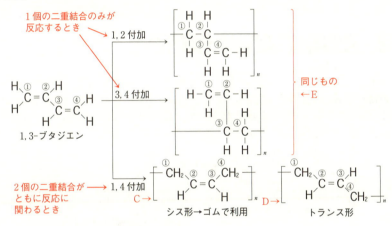

問5　NBR は次のように表すことができる。

$$\left[\text{CH}_2\text{-CH}\right]_x \left[\text{CH}_2\text{-CH=CH-CH}_2\right]_y \quad \Rightarrow \quad 分子量：53x+54y$$
　　　　　｜
　　　　　CN
　　（式量 53）　　　（式量 54）

NBR 1 個中に N 原子が x 個存在するので，NBR 1 個から $N_2 \frac{1}{2}x$ 個が発生する。

$$\underbrace{\frac{0.376}{53x+54y}}_{\substack{\text{NBR}\\ \text{[mol]}}} \times \underbrace{\frac{1}{2}x}_{\substack{\text{発生する}\\ N_2 \text{[mol]}}} = \underbrace{\frac{22.4}{22.4\times 10^3}}_{\substack{\text{標準状態にお}\\ \text{ける }N_2\text{[mol]}}} \qquad \text{よって，} y=\frac{5}{2}x$$

アクリロニトリル：1,3-ブタジエン$=x:y=x:\frac{5}{2}x=2:5$

標問 105 機能性高分子化合物

答

〔Ⅰ〕 問1 (ア) $HOOC-(CH_2)_2-CH-COOH$ (イ) $^-OOC-(CH_2)_2-CH-COO^-$
　　　　　　　　　　　　　　　　　$|$　　　　　　　　　　　　　　　　　　$|$
　　　　　　　　　　　　　　　　NH_3^+　　　　　　　　　　　　　　　　NH_2

問2 (ウ) 9.74　(エ) 3.22　(オ) 6.00

問3 (a) グルタミン酸　(b) セリン，グリシン，アラニン
　　 (c) リシン

〔Ⅱ〕 ⑥，⑦

〔Ⅲ〕 問1 ア：OH　イ：COOH　問2

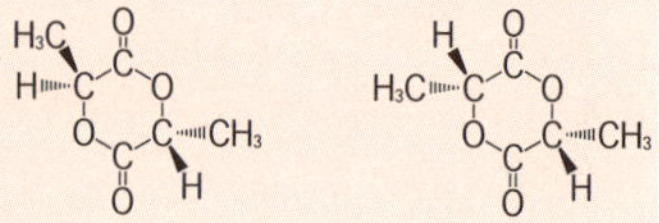

問3 ③

精講 まずは問題テーマをとらえる

■イオン交換樹脂

スチレンに少量の p-ジビニルベンゼンを混ぜて共重合させると，2本のポリスチレンの鎖が連結された架橋構造をもつポリスチレンが得られる。このポリスチレンは溶媒には溶けないが，その立体網目構造の間には溶媒が入り込むことができるので，さらに化学反応を行わせることができる。

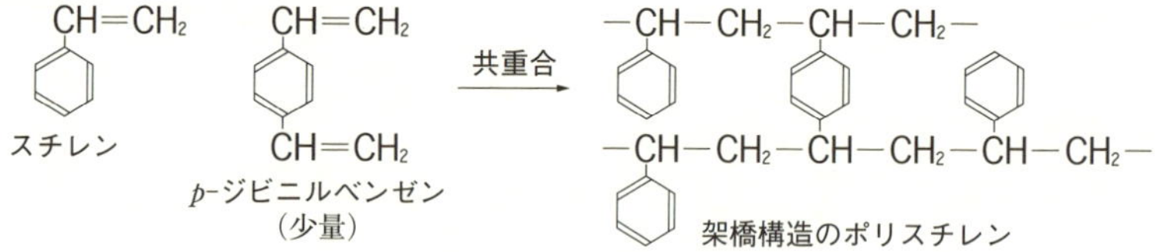

スチレン　　p-ジビニルベンゼン（少量）　　共重合　　架橋構造のポリスチレン

立体網目状のポリスチレンを濃硫酸でスルホン化すると，ベンゼン環にスルホ基 $-SO_3H$ が導入された**陽イオン交換樹脂**をつくることができる。この陽イオン交換樹脂をつめたカラム（筒状容器）の上部から，例えば塩化ナトリウム水溶液を流すと，スルホ基の H^+ が Na^+ と置き換わり，下から塩酸が流出してくる。このことを利用して，水溶液中の陽イオンを H^+ と交換することができる。

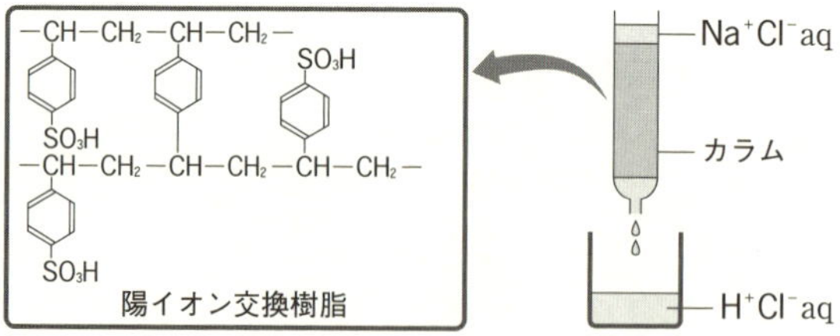

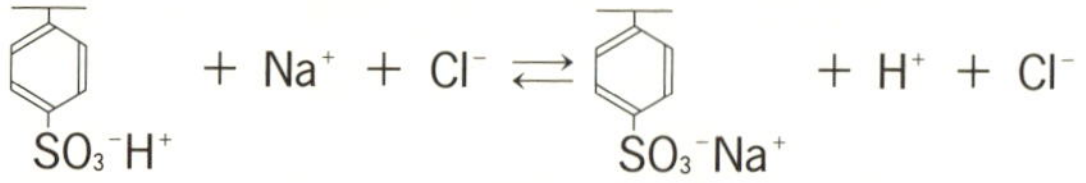

陽イオン交換樹脂

$+ Na^+ + Cl^- \rightleftarrows$ 　　$+ H^+ + Cl^-$

$SO_3^- H^+$　　　　　　　　　　$SO_3^- Na^+$

288

スルホ基の代わりに，塩基性の原子団，例えばアルキルアンモニウム基 $-N^+R_3OH^-$（Rはアルキル基）を導入すると，**陰イオン交換樹脂**をつくることができる。この陰イオン交換樹脂をつめたカラムの上部から，塩化ナトリウム水溶液を流すと，OH^- が Cl^- と置き換わり，下から水酸化ナトリウム水溶液が流出してくる。

$$\begin{array}{c} \text{(構造式)} \\ CH_2 \\ N^+(CH_3)_3OH^- \end{array} + Na^+ + Cl^- \rightleftharpoons \begin{array}{c} \text{(構造式)} \\ CH_2 \\ N^+(CH_3)_3Cl^- \end{array} + Na^+ + OH^-$$

標問 105 の解説

〔Ⅰ〕 **問1** グルタミン酸は，等電点が酸性側にあるので，酸性の溶液中で状態（Ⅰ）が主に存在する。この溶液を(ア)強酸性にすれば状態（Ⅱ）の陽イオンが，(イ)強塩基性にすれば状態（Ⅲ）の陰イオンが主に存在する。

$$\underset{\text{状態（Ⅱ）}}{\overset{(ア)}{HOOC-\underset{NH_3^+}{\rule{1cm}{0.3cm}}-COOH}} \xleftarrow{H^+} \underset{\text{状態（Ⅰ）}}{HOOC-\underset{NH_3^+}{\rule{1cm}{0.3cm}}-COO^-} \xrightarrow[(イ)]{OH^-} \underset{\text{状態（Ⅲ）}}{{}^-OOC-\underset{NH_2}{\rule{1cm}{0.3cm}}-COO^-}$$

強酸性のときに主に存在　**等電点：酸性で主に存在**　**強塩基性のときに主に存在**

参考 グルタミン酸の強酸性溶液を塩基で中和していくと，次のように変化していく。

$$\underset{NH_3^+}{HOOC-(CH_2)_2-CH-COOH} \xrightarrow{OH^-} \underset{NH_3^+}{HOOC-(CH_2)_2-CH-COO^-}$$

$$\xrightarrow{OH^-} \underset{NH_3^+}{{}^-OOC-(CH_2)_2-CH-COO^-} \xrightarrow{OH^-} \underset{NH_2}{{}^-OOC-(CH_2)_2-CH-COO^-}$$

問2, 3 実験① ポリペプチドAを酸性溶液中で加熱し，完全にα-アミノ酸にまで分解すると，この分解溶液中に5種類のα-アミノ酸（セリン，リシン，グルタミン酸，アラニン，グリシン）が検出された。

実験② 実験①で得られた分解溶液（5種類のα-アミノ酸の混合溶液）を強酸性（pH 2.5）にすると，5種類すべてのα-アミノ酸は陽イオンの比率が高くなる。この強酸性溶液を陽イオン交換樹脂のつまったカラムに流すと5種類のα-アミノ酸はすべて樹脂のH^+と置き換わってその表面に吸着される。5種類すべてのα-アミノ酸が吸着されているため，カラムから流出した液中にはα-アミノ酸を検出することができない。

実験③ 続いて，弱酸性（pH 4.0）の緩衝液をカラムに流していくと，実験②のpH 2.5からpHが次第に大きくなってきて，酸性側に等電点をもつグルタミン酸（問2の選択肢から等電点は2.5〜4.0までの 3.22 _{問2(エ)} を選ぶ）は全体の電荷が0にな

第3章 有機化学　289

るため，陽イオン交換樹脂に吸着することができなくなる。そのため，カラムから出てくる溶液(a)中にグルタミン酸が含まれることになる。

実験④　続いて，中性(pH 7.0)の緩衝液をカラムに流していくと，実験③のpH 4.0からpHが次第に大きくなってきて，中性付近に等電点をもつセリン(表1から等電点5.68)，グリシン(表1から等電点5.97)，アラニン(問2の選択肢から等電点は4.0〜7.0までの6.00 問2(オ) を選ぶ)の順で全体の電荷が0になっていくため，陽イオン交換樹脂に吸着することができなくなる。したがって，カラムから出てくる溶液(b)中にセリン，グリシン，アラニンが含まれることになる。

実験⑤　最後に，強塩基性(pH 11.0)の緩衝液をカラムに流していくと，実験④のpH 7.0からpHが次第に大きくなってきて，塩基性側に等電点をもつリシン(問2の選択肢から等電点は7.0〜11.0までの9.74 問2(ウ) を選ぶ)の全体の電荷が0になるため，陽イオン交換樹脂に吸着することができなくなる。したがって，カラムから出てくる溶液(c)中にリシンが含まれることになる。

〔Ⅱ〕(ア)，①　アセチレンを付加重合させると，薄膜状の**ポリアセチレン**が得られる。ポリアセチレンにヨウ素I_2などを添加すると，金属に近い電気伝導性を示す**導電性高分子（導電性樹脂）**が得られる。(→①は正しい)

$$n\,CH\equiv CH \xrightarrow{\text{付加重合}} +CH=CH+_n \xrightarrow{I_2\text{添加}} \text{導電性高分子（導電性樹脂）}$$

アセチレン　　　　　　　ポリアセチレン

(イ)　酢酸ビニルを付加重合させるとポリ酢酸ビニルが得られる。

$$n\,CH_2=CH\underset{OCOCH_3}{|} \longrightarrow +CH_2-CH\underset{OCOCH_3}{|}+_n$$

酢酸ビニル　　　　　　ポリ酢酸ビニル

(ウ)，②，③　ポリ酢酸ビニルを水酸化ナトリウムなどの塩基でけん化すると，ポリビニルアルコール(PVA)が得られる。(→②は正しい)

$$+CH_2-CH\underset{O-C-CH_3}{|}\underset{O}{}+_n \xrightarrow[\text{(けん化)}]{\text{NaOH} \atop \text{加水分解}} +CH_2-CH\underset{OH}{|}+_n$$

ポリ酢酸ビニル　　　　　　ポリビニルアルコール(PVA)

ポリビニルアルコール(PVA)をホルムアルデヒドで処理(アセタール化)すると，ビニロンが得られる。

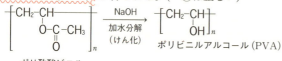

六員環構造を含む
(→③は正しい)

ビニロン

(エ)，④　スチレンとp-ジビニルベンゼンを共重合させると架橋構造のポリスチレンが得られ，これを濃硫酸でスルホン化すると陽イオン交換樹脂が得られる。陽イオン交換樹脂を塩化ナトリウム水溶液に加えると，樹脂中のH^+とNa^+が交換され，水溶液が酸性になる。(→④は正しい)

(オ), ⑤ 架橋したポリアクリル酸ナトリウム は, 水と接触すると, 多量の水を吸収する吸水性高分子(高吸水性樹脂)であり, 紙おむつなどに利用される。(→⑤は正しい)

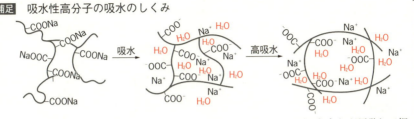

網目のすきまに水がとり込まれると, −COONa が電離し, −COO⁻ どうしが反発して網目のすきまが拡大する。このすきまに多量の水が入り, 網目の内側でイオンの濃度が高くなる。このために浸透圧が大きくなり多量の水を吸収する。吸収された水は −COO⁻ や Na⁺ に水和することですきまに保持される。

⑥ (誤り) A〜F のうち, 水に溶けるのは C(ポリビニルアルコール PVA)の 1 つだけである。ポリビニルアルコールは, −OH を多くもつので水に溶ける。

⑦ (誤り) 分子間で水のような簡単な分子がとれる縮合反応をくり返して結びつく反応が縮合重合であり, A〜G はいずれも縮合重合では得られない。縮合重合で得られるのは, PET やナイロン 66 など。

〔Ⅲ〕 ポリ乳酸 $+O-CH(CH_3)-CO+_n$ やポリグリコール酸 $+O-CH_2-CO+_n$ は, 最終的には微生物などにより二酸化炭素と水にまで分解されるので, 生分解性高分子とよばれる。ポリ乳酸やポリグリコール酸でつくられた糸は, 生体内で分解・吸収されるので, 外科手術用の縫合糸として利用されている。

乳酸 HO−C*H−COOH　　　　　　　グリコール酸 HO−CH₂−COOH
　　　　　CH₃　　*は不斉炭素原子を表す

問1 次のように, 鏡像異性体①と②は, 鏡に対し実像と鏡像の関係にあり, 重ね合せることができない。鏡像異性体①と②(イ)では R³ と R⁴ の位置だけが逆になっていることに注目したい。

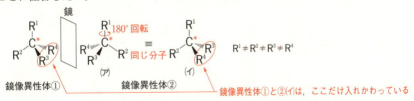

環状構造をもつ L–ラクチドは L–乳酸 2 分子を脱水縮合させることで合成される。つまり，L–ラクチドを加水分解することで L–乳酸が生じる。

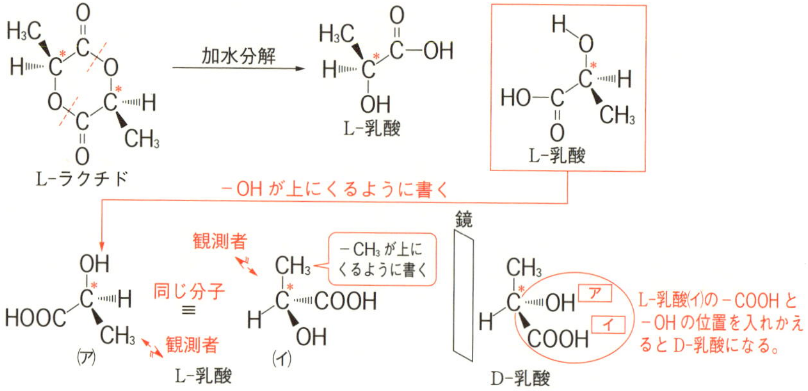

加水分解 → L–乳酸

L–ラクチド

L–乳酸

−OH が上にくるように書く

観測者　同じ分子 ≡　観測者　L–乳酸

−CH₃ が上にくるように書く

鏡

D–乳酸

(ア)(イ)　L–乳酸(イ)の −COOH と −OH の位置を入れかえると D–乳酸になる。

問2

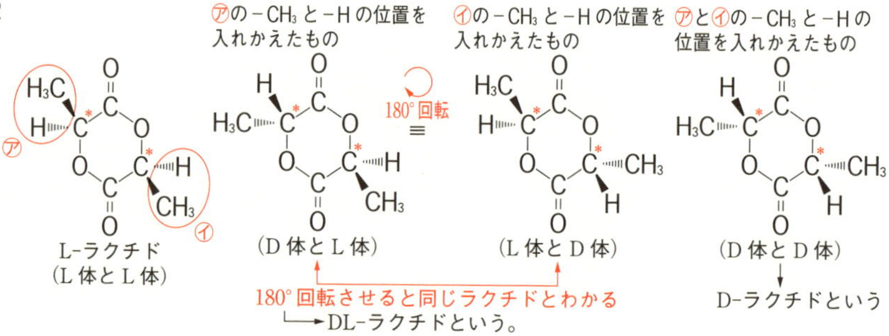

(ア)の −CH₃ と −H の位置を入れかえたもの　(イ)の −CH₃ と −H の位置を入れかえたもの　(ア)と(イ)の −CH₃ と −H の位置を入れかえたもの

L–ラクチド（L 体と L 体）　(D 体と L 体)　180°回転 ≡ (L 体と D 体)　(D 体と D 体)　D–ラクチドという

180°回転させると同じラクチドとわかる
└── DL–ラクチドという。

問3　ポリ–L–乳酸は，[ ]ₙ ≡ [ ]ₙ なので，◯ の −H と −CH₃ の位置を入れかえた [ ]ₙ がポリ–D–乳酸となり，⑤である。

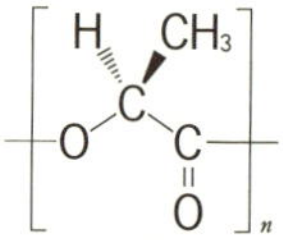

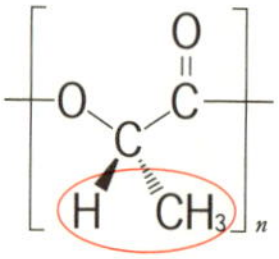

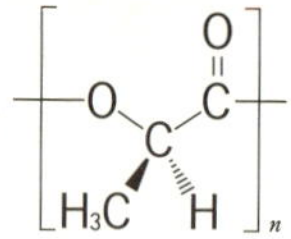

292

標問 106 感光性樹脂（フォトレジスト）

答 問1 ポリビニルアルコール　問2 (1) 174　(2) 7.4×10^4
問3 あ, う

標問 106 の解説

問1　ポリ酢酸ビニルのけん化により得られるのは，ポリビニルアルコール（→高分子化合物X）である（p.283）。

問2　(1) ポリビニルアルコール（高分子化合物X）とケイ皮酸塩化物が縮合すると，ポリケイ皮酸ビニルと塩化水素HClが生じる（(a)式）。

(2) くり返し単位を分けて考えるとよい。

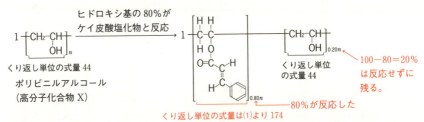

ポリビニルアルコール（高分子化合物X）の平均分子量が 2.2×10^4 なので，
　　$44n = 2.2 \times 10^4$ が成り立ち，$n = 500$ となる。
また，本反応により得られるポリケイ皮酸ビニルの平均分子量は，
　　$174 \times 0.80n + 44 \times 0.20n = 148n$
なので，$n = 500$ を代入すると，$148 \times 500 = 7.4 \times 10^4$ となる。

第3章 有機化学

問3 問題文からよみとれる内容は以下の通り。

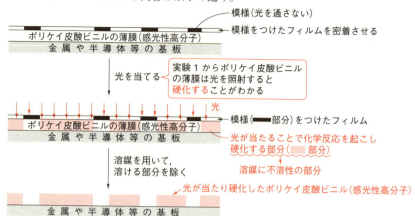

実験2では,光照射後の薄膜(光が当たり硬化したポリケイ皮酸ビニル)を強塩基の水溶液に加えて加熱している。これにより,光が当たり硬化したポリケイ皮酸ビニルのエステル結合がけん化され,Yの塩(NaOHを使えばNa塩,KOHを使えばK塩)が生成したことがわかる。このことから,次のけん化反応が起こったことが予想できる。

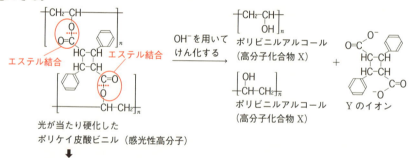

あ 光照射後は,ポリケイ皮酸ビニルの炭素–炭素二重結合が開裂しており,新たに生成した炭素–炭素単結合(新たな共有結合)により高分子鎖間にシクロブタン環の架橋構造ができることで,溶媒に対して溶けにくくなったと考えられる。誤り。(いの文章もヒントになる)

い 正しい。あの解説参照。

う ポリケイ皮酸ビニルの薄膜が熱の発生により化学反応を起こし硬化するのであれば,光照射前に高温にすると軟化する実験1の結果と矛盾する。誤り。

え 正しい。あの解説参照。

お 正しい。Yの塩と同時に,X(ポリビニルアルコール)も生成する。

〔化学 [化学基礎・化学] 標準問題精講（六訂版）解答・解説編〕鎌田真彰・橋爪健作　　　　S0e147